国家科学技术学术著作出版基金资助出版

环境激励下水工混凝土结构的损伤诊断理论与方法

郑东健　程　琳　杨　杰　著

科学出版社

北　京

内 容 简 介

本书主要阐述基于环境激励振动的水工混凝土结构的损伤诊断理论与方法。全书共9章。第1章介绍环境激励下水工混凝土结构损伤诊断方法研究的意义，以及国内外研究现状和存在的问题；第2章介绍环境激励下水工混凝土结构振动数据前处理和自由响应提取方法；第3章介绍环境激励下水工混凝土结构的模态识别和损伤诊断的模态指标；第4章介绍结构损伤诊断的时间序列分析模型；第5章介绍应用动力系统理论，提取水工混凝土结构损伤诊断指标的方法；第6章介绍结构健康诊断的波动理论和相关损伤诊断指标的计算方法；第7章在损伤指标提取的基础上，提出环境激励下基于有监督学习的水工混凝土结构损伤程度估算方法；第8章介绍水工结构损伤的状态空间和贝叶斯理论的结构辨识方法；第9章基于振动模型试验和某重力坝强震观测数据，验证本书所介绍的环境激励下损伤诊断方法的合理性和有效性。

本书可供水利工程、土木工程等相关学科科研、设计、管理技术人员参考，也可作为高等院校相关专业师生的参考书。

图书在版编目(CIP)数据

环境激励下水工混凝土结构的损伤诊断理论与方法 / 郑东健，程琳，杨杰著．—北京：科学出版社，2022.10

ISBN 978-7-03-064287-5

Ⅰ.①环… Ⅱ.①郑… ②程… ③杨… Ⅲ.①水工结构-混凝土结构-损伤(力学)-研究 Ⅳ.①TV331

中国版本图书馆CIP数据核字(2020)第017737号

责任编辑：周 炜 罗 娟 / 责任校对：任苗苗

责任印制：吴兆东 / 封面设计：陈 敬

科学出版社 出版

北京东黄城根北街16号

邮政编码：100717

http://www.sciencep.com

北京中科印刷有限公司 印刷

科学出版社发行 各地新华书店经销

*

2022年10月第 一 版 开本：720×1000 B5

2022年10月第一次印刷 印张：20 1/2

字数：413 000

定价：168.00元

(如有印装质量问题，我社负责调换)

序

由郑东健教授等撰写的《环境激励下水工混凝土结构的损伤诊断理论与方法》一书，即将由科学出版社出版，我很荣幸有机会事前阅读全稿，并欣然应允为该书写篇序言。

水工混凝土结构在服役过程中，由于环境荷载作用和疲劳效应、腐蚀效应及材料老化等各种不利因素的影响，将不可避免地产生损伤累积、抗力衰减和功能退化，从而影响结构的正常运行，甚至导致灾难性后果。因此，国内外广泛开展了水工建筑物的安全监测工作。在水工建筑物安全监测中，根据外荷载引起监测物理量的变化速度，可分为静态监测和动态监测两个方面。当外荷载变化缓慢时，应进行静态监测，如大坝在自重、水压力、扬压力及温度等荷载作用下进行的变形监测、渗透流量监测、应力和应变监测等。在外荷载快速变化时，应进行动态监测，如地震、泄流和机组运行等作用下产生的动力响应监测。目前主要依据静态监测信息对在役水工混凝土结构运行状态进行监控，而对于应用动力响应监测运行状态方面的研究较少。我国许多特大型工程地处高地震烈度区，泄流建筑物水流状态复杂，发电厂和泵站大型机组越来越多，利用实测动力响应数据，不但可以快速评估结构振(震)后状态，还可以诊断静力环境荷载作用下水工混凝土结构整体性态变化。很多有关静力环境荷载下原型观测资料分析理论及其应用的书籍已出版，但还少见基于环境激励，尤其是基于在地震作用下动力响应信息诊断水工混凝土结构状态的专著。该书全面系统地论述振(震)动监测资料的各种分析和建模方法，进而阐述水工混凝土结构损伤诊断理论，填补了水工混凝土结构原型动力观测资料分析的空白。

该书内容特色具体表现在以下几个方面：

基于随机支撑激励下结构的加速度响应，采用线性结构的离散状态空间模型，提出提取水工混凝土结构自由振动响应和脉冲响应的自然激励技术及随机减量技术。基于 Hankel 矩阵联合近似对角化技术，提出的环境激励下水工混凝土结构模态参数识别方法，提高了计算效率和模态识别能力，并采用综合谱带通滤波技术对时频域模态识别方法进行改进，有效避免了模式混叠和虚假模态的问题。

基于动力响应信息，建立水工混凝土结构健康诊断的时间序列分析模型，实现结构振(震)后状态快速评估，诊断结构静力荷载及环境作用下造成的损伤，弥补传统仅根据静态监测进行结构状态评价的不足。

应用动力系统理论，提出不同类型环境激励下，水工混凝土结构损伤诊断的非线性动力系统指标的提取方法，给出对结构损伤状态较敏感的非线性动力系统指标。同时，在波动法诊断方面进行了理论探索，为诊断水工混凝土结构损伤状态提供新的视角。

鉴于传统损伤诊断指标易受环境变化影响，应用主成分分析和流形学习的核主成分分析理论，提出水工混凝土结构损伤诊断指标的环境变量影响分离方法，建立非稳定环境激励和环境变量联合作用下结构损伤的诊断模型，提出环境激励下基于有监督学习的水工混凝土结构损伤程度估算方法。

研究水工混凝土结构动力响应的状态方程，根据状态空间法理论，建立结构状态的动力响应监控模型；通过引入结构刚度相对系数，基于实测动力响应信息提出结构刚度变化辨识方法，可实现结构刚度变化的时间和空间定位以及变化程度的估计。考虑到信息和模型的不确定性，将结构的不同损伤状态模拟与结构动力响应实测值相融合，提出结构损伤状态发生概率的计算方法。

该书紧密结合实际工程需求，从理论、方法到应用渐次展开，并注重工程实例的应用示范，是一本理论联系实际的著作，对提高我国水工混凝土结构损伤诊断水平有重要意义。

吴中如

中国工程院院士

2021年6月

前　言

大坝等水工混凝土结构的安全不仅关系到其社会经济效益，还直接影响下游人民的生命财产安全。因此，及时诊断大坝等水工混凝土结构的损伤状态有十分重要的理论意义和现实意义。目前主要依据静态监测信息对在役水工混凝土结构运行状态进行监控，而对于应用动力响应监测信息监控运行状态方面的研究较少。动力响应信息对结构损伤演化和整体性能的变化更具敏感性。基于振动的结构损伤诊断方法具有实时在线、无损、多层次和多尺度等优点，是结构损伤诊断的常用方法。但由于水工混凝土结构一般体积较大，常规的振动激励方法耗时费力，难以适用。大坝，尤其是高坝大库，在蓄水期时有不同程度诱发地震的可能，运行期也常遇到不同烈度的地震及泄流、波浪或机组运行引起的振动，这些地震等振动荷载是混凝土坝运行的不利荷载，但也是混凝土坝振动的自然激励源，可以为混凝土坝结构整体性态的诊断提供宝贵的动力响应信息。随着我国西部大开发的深入和区域调水工程的建设，高地震烈度区工程、高流速泄流建筑物、发电厂和泵站大型机组越来越多，利用实测动力响应数据，不但可以快速评估结构振后状态，还可以诊断静力环境荷载作用下水工混凝土结构的整体性态变化。但目前相关的理论研究还明显不足。为此，本书在国家自然科学基金重点项目“重大水工混凝土结构隐患病害检测与健康诊断研究”(50139030)和“多因素协同作用下混凝土坝长效服役的理论与方法”(51139001)及国家自然科学基金面上项目“静动结合的高拱坝健康性态监测和诊断方法研究”(51279052)、“混凝土坝结构动力响应信息挖掘与安全性态评价”(51579085)和“环境激励下水工混凝土结构的在线健康监测方法研究”(51409205)的联合资助下，综合应用结构动力学理论、信号处理技术、系统识别理论、混沌动力学理论和数值模拟技术等，开展基于环境激励振动的水工混凝土结构损伤诊断方法研究。

全书共 9 章，其主要内容包括：

第 1 章介绍环境激励下水工混凝土结构损伤诊断方法研究的意义，以及国内外研究现状和存在的问题。

第 2 章提出基于局部非线性投影的振动响应数据去噪方法。基于随机支撑激励下结构的加速度响应，提出提取水工混凝土结构自由振动响应和脉冲响应的自然激励技术及随机减量技术，并采用线性结构的离散状态空间模型，推导相应表达式。

第 3 章对环境激励下水工混凝土结构模态识别的时域方法、盲源分离算法和时频分解算法进行介绍。提出基于 Hankel 矩阵联合近似对角化技术的环境激励下水工混凝土结构模态参数识别方法，提高计算效率和模态识别能力，并采用综合谱带通滤波技术对时频域模态识别方法进行改进，有效避免了模式混叠和虚假模态的问题。

第 4 章介绍水工混凝土结构损伤诊断的动力响应时间序列分析模型，研究利用动力响应信息诊断振(震)动过程是否造成结构损伤，即结构振(震)后状态的评估方法。同时，研究两次振(震)动间隔时段内结构是否因静力荷载及环境影响造成损伤，即诊断静力环境下结构的损伤状态。

第 5 章应用动力系统理论，提出不同类型环境激励下，水工混凝土结构损伤诊断的非线性动力系统指标的提取方法，给出对结构损伤状态较敏感的非线性动力系统指标。

第 6 章介绍结构损伤诊断的波动理论和相关的损伤诊断指标，包括波走时、SH 波速和波数等的计算方法，分析水工混凝土结构状态波动法诊断的影响因素，通过数值仿真和试验研究重力坝损伤波动法诊断的可行性。

第 7 章在损伤指标提取的基础上，研究应用主成分分析和流形学习的核主成分分析理论，提出水工混凝土结构损伤诊断指标的环境变量影响分离方法，建立非稳定环境激励和环境变量联合作用下结构损伤的诊断模型。基于多输出支持向量机技术和实测响应资料，提出结构动力有限元模型的修正方法，建立环境变量作用下结构损伤诊断指标的预报模型，提出环境激励下基于有监督学习的水工混凝土结构损伤程度估算方法。

第 8 章研究结构动力响应的状态方程和递推表达式，根据状态空间法理论，建立结构状态的动力响应监控模型；通过引入结构刚度相对系数，应用卡尔曼滤波方程，由增益矩阵建立结构刚度相对系数的分量形式状态空间方程，提出结构刚度变化辨识方法，实现结构刚度变化的时间和空间定位以及变化程度的估计。考虑到信息和模型的不确定性，将结构的不同损伤状态模拟与结构动力响应实测值相融合，提出结构损伤状态发生概率的计算方法，建立结构刚度相对系数组合辨识模型。

第 9 章根据混凝土重力坝振动模型试验，获取无损和有损两种状态下结构的振动响应数据，并进行数据处理和模态参数识别，提取损伤诊断的模态指标和非线性动力系统指标，诊断结构的损伤状态，以验证本书所提出的环境激励下水工混凝土结构损伤指标提取算法和结构损伤诊断方法的合理性及有效性。

除作者外，对本书的研究内容做出贡献的主要还有仇建春博士、许炎鑫博士、罗德河硕士、谢荣晖硕士、葛鹏硕士、胡德华硕士、俞艳玲硕士、甘声玄硕士、仝飞硕士、侯恒硕士等。每位参与者的贡献体现在各章节的内容与参考文献中。

限于作者水平，书中难免存在疏漏和不妥之处，敬请广大读者批评指正。

作　者

2021年6月

目　录

第1章 绪 论

1.1 研究的目的和意义

大坝等水工混凝土结构的安全不仅关系到其社会经济效益，还直接影响下游人民的生命财产安全。目前，我国已建成一批大型和特大型水工混凝土结构，如三峡工程中的大坝、厂房和船闸等水工混凝土结构，300m 级超高混凝土拱坝中已建成的高 240m 的二滩拱坝、高 232.5m 的乌江构皮滩拱坝、高 294.5m 的小湾拱坝、高 270m 的乌东德大坝、高 278m 的溪洛渡拱坝、高 305m 的锦屏一级拱坝和高 289m 的白鹤滩大坝等。这些工程地形地质条件复杂，许多结构参数指标超过了规范或工程经验范围。实时获得这些水工混凝土结构整体和局部安全状态的相关信息，并根据这些信息进行结构的损伤诊断，对及时掌握结构的工作性态、确保工程安全有效运行有重要意义。但目前大坝等水工混凝土结构监测仪器采取点式布置，由静力状态采集的观测资料往往难以及时捕捉具有一定隐蔽性和随机性的结构损伤(如水工混凝土结构的裂缝)。常规的结构损伤检测诊断方法只适用于结构的局部损伤，难以实施大型水工混凝土结构的整体检测，而结构的振动参数可以同时反映结构的局部和整体损伤状态。因此，基于振动的结构损伤检测技术得到广泛关注[1,2]，同时，传感技术的发展为其进一步应用提供了可能。随着水工混凝土结构振动监测系统(如大坝强震观测系统和水电站厂房振动监测系统等)的建设，已经可以实现水工混凝土结构振动监测数据的实时获取，这为研究基于振动的水工混凝土结构损伤诊断方法提供了基础。

实际上，基于振动的结构损伤诊断方法已经在许多领域得到广泛应用[3-7]，但在水利土木工程中的应用仍处于模态参数的识别和损伤诊断的起步阶段。这是由于水利土木工程混凝土结构一般体积较大，难以激励。传统的大坝原型动力试验需要施加人工产生的激励，如起振机和爆破等，不仅耗费巨大，而且可能对结构产生破坏，并且这些人工激励与结构正常运行时可能遇到的振动激励相差很大。因此，有必要研究各种环境激励，包括地震、水流脉动和机组振动等作用下水工混凝土结构的损伤诊断方法。图 1.1.1 所示的坝体-地基-库水系统的边界十分复杂，结构受到的激励可以来自河床至山顶的地基脉动或地震发生时的运动，也可以来自泄洪引起的振动和库水的波浪激荡，还可以来自坝上机械或人为活动。一般情况下,水工混凝土结构的环境激励包括地震、脉动水压力、水电站和泵站厂房振源(可以分为水力、电力和机械三大类[8])和交通振动荷载(如坝顶公路上的车辆振动)等,而结构上任意一点的振动响应常是多个环境激励综合作用的结果。在大多数情况下,这些环境激励是无法直接进行测量的,并且环境激励源本身的性质也十分复杂。研究表明,上述环境激励普遍具有近似白噪声的宽谱特性。这种宽谱特性保证了结构本身的动力特征信息能够反映在环境激励下结构的振动响应中,从而为采用环境激励下结构的振动响应进行系统特性的诊断提供了可能。

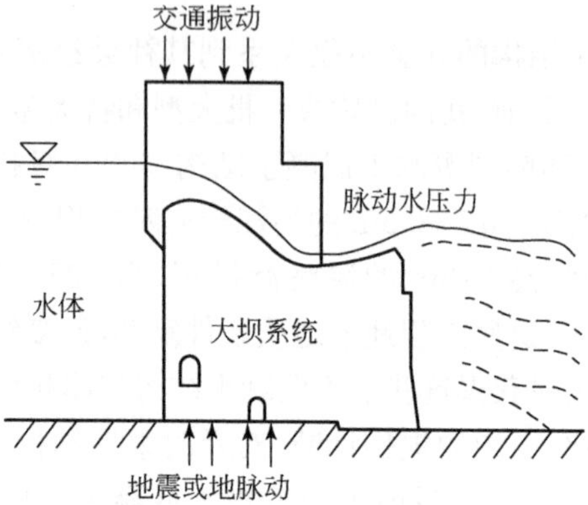

图 1.1.1　大坝上的各种环境激励源

因此,针对水工混凝土结构特点,研究环境激励下水工混凝土结构的损伤诊断原理和方法,对实时、无损和多尺度诊断水工混凝土结构的损伤状况,及时把握水工混凝土结构的工作性态,确保工程安全具有十分重要的理论意义和工程应用价值。

1.2　国内外研究现状

由于结构损伤会改变结构的动力特性,国内外学者提出了许多基于结构动力响应信号的损伤诊断方法。大体上可分为基于结构模态参数识别的模态类结构损伤诊断方法和直接基于振动响应数据的非模态类结构损伤诊断方法。其中,模态类结构损伤诊断方法是通过振动响应数据提取结构的模态参数,并计算模态指标,由模态指标的变化诊断结构的损伤。非模态类结构损伤诊断方法是直接应用振动响应时间序列提取特征指标,由特征指标的变化诊断结构的损伤状态,相应指标称为结构损伤诊断的非模态类指标。对模态类结构损伤诊断方法,模态参数识别是基础。为此,首先介绍模态参数识别方法的研究进展,然后分析结构损伤诊断模态类指标和非模态类指标的研究现状。

1.2.1 模态参数的识别方法

在各种研究结构振动特性的方法中,进行结构的模态参数识别是目前应用最广泛的方法[9-11]。根据识别和计算得到的模态指标来评价结构的状态,是基于振动的结构损伤诊断方法的基本思路。模态识别是振动工程理论的一个重要分支,是研究结构动力特性的一种近代方法,是系统识别理论在结构工程领域的重要应用,在本质上是动力学的反问题。目前,对水工混凝土结构进行模态识别主要有两种方式,即试验模态分析和运行模态分析。

1) 试验模态分析

试验模态分析(experimental modal analysis,EMA)是通过试验方法来确定线性定常结构模态参数(自振频率、阻尼比和振型等)的过程。EMA 最常用的方法是传统的频域法,包括单模态识别方法[12](直接估计法、最小二乘圆拟合法)和多模态识别方法。早期的模态参数识别以单模态识别法为主,该方法对模态耦合较小的系统(小阻尼、模态不密集)识别精度较高,对模态耦合较大的系统则需要采用多模态识别法。单模态识别法和多模态识别法是以结构的频响函数(或传递函数)为基础的。为了得到结构的频响函数必须同时测量结构的激励和响应,因此是输入-输出型的结构模态参数识别方法。

对大坝等水工混凝土结构实施试验模态分析,目前主要包括两种方式:大坝原型动力试验和大坝物理模型动力试验。大坝原型动力试验主要是通过起振机、小药量爆破和地脉动等方式来对大坝原型结构直接进行激励,然后测量结构的振动响应,以便计算其频响函数并进行模态识别。20 世纪 60 年代美国加利福尼亚州建筑局研制出机械式起振机,于 1967 年在美国的蒙特塞罗混凝土拱坝进行了首次大坝原型动力试验,并成功测定了大坝前四阶自振频率。我国 1978 年研制出起振机,并开始进行相关的试验和研究。张光斗等[13]根据起振机产生的人工激励对泉水拱坝的模态参数进行了识别。20 世纪 90 年代,陈厚群等[14]在湖南东江混凝土双曲拱坝和青海龙羊峡混凝土拱坝利用爆破法进行了大坝原型动力试验。此外,张翠然等[15]对佛子岭连拱坝,秦厚慈[16]对响洪甸混凝土重力拱坝也分别进行了原型动力试验,并根据试验结果识别了大坝的模态参数。苏克忠等[17]将我国大坝原型动力试验的相关研究成果整理成专著出版。表 1.2.1 是对国内外部分水工混凝土结构进行原型动力试验的统计。从表中可以看出,在大坝原型动力试验中,起振机产生的激励应用最为广泛,最常用的模态识别方法是传统频域法。

表 1.2.1 国内外部分水工混凝土结构原型动力试验的统计

国家	工程名称	激励方式	识别方法	自振频率/Hz				
				1 阶	2 阶	3 阶	4 阶	5 阶
中国	响洪甸混凝土重力拱坝[16]	起振机	传统频域法	4.10	4.30	5.10	6.10	7.00
	泉水拱坝[13]	起振机	传统频域法	3.96	4.30	6.85	7.75	8.83
	东江混凝土双曲拱坝[14]	爆破法	传统频域法	2.41	3.69	4.19	6.64	8.35
	湖南镇混凝土梯形坝[17]	起振机	传统频域法	3.65	4.20	5.15	6.10	6.80
	龙羊峡混凝土重力拱坝[17]	水下爆破	传统频域法	3.08	4.25	5.90	6.24	—
	佛子岭连拱坝[15]	起振机和水下爆破	传统频域法	4.39	7.13	9.81	13.23	16.48
	上桥闸墩[17]	起振机	传统频域法	2.85	5.20	—	—	—
	葛洲坝二江泄水闸闸墩[17]	起振机	传统频域法	4.00	8.50	—	—	—
日本	Kamishiiba 拱坝[18]	起振机	传统频域法	4.70	6.30	8.00	—	—
	Yahagi 拱坝[18]	起振机	传统频域法	3.34	3.41	—	—	—
美国	Pacoima 拱坝[18]	起振机	传统频域法	5.35	5.60	—	—	—
	Morrow Point 拱坝[18]	起振机	传统频域法	3.67	3.73	4.52	—	—
	Monticello 拱坝[18]	起振机	传统频域法	3.13	3.55	4.68	6.00	—
意大利	Ambiesta 拱坝[18]	起振机	传统频域法	4.11	4.72	7.20	—	—

除了进行大坝原型动力试验，部分学者还研究了采用物理模型试验来实现水工混凝土结构的振动模态分析。水工混凝土结构的物理模型是根据相似准则按比例缩小的结构物。采用结构的物理模型进行试验模态分析，其优点在于激励的施加更加方便和经济。一般可以采用脉冲锤、振动台和小型起振机等来对试验模型进行激励。物理模型试验的缺点在于物理模型和实际模型在边界条件方面可能存在较大差别。陈鹦[19]根据紧水滩拱坝的物理模型，王义锋等[20]根据某双曲拱坝的加重橡胶模型，练继建等[21]和苏雅雯[22]根据拉西瓦拱坝的大比例尺水弹性模型分别进行了试验模态分析，以便实现结构模态参数的识别。此外，Darbre 等[23]根据某拱坝的石膏模型，研究了大坝自振频率和水位的关系；何宗成[24]对某拱坝的石膏模型进行了研究，并在试验模型上模拟了裂缝，以研究裂缝对结构模态参数的影响；王山山等[25]在云南金安桥水电站混凝土重力坝 $5^{\#}$ 坝段的石膏模型上模拟了裂缝，进行了损伤诊断的研究。

2）运行模态分析

在进行大坝等水工混凝土结构的试验模态分析时，常用到一些人工产生的激励，如起振机产生的振动、人工爆破和锤击产生的脉冲波等。虽然这些人工产生的振动激励具有很好的可控性，但这些激励的缺点也是明显的。产生这些人工激励所需花费的成本巨大，部分类型的激励，如人工爆破等还可能对大坝产生损伤。此外，在这些人工激励下产生的结构振动，与结构正常运行时的状态相差很大，试验分析结果的应用受到限制。

环境激励下结构的模态参数识别，也称为结构的运行模态分析（operational modal analysis，OMA）或只输出（output-only）的模态分析技术[26-29]。OMA的一个显著特点是在激励满足一定假设条件的情况下，仅需要结构振动响应的数据就可以进行结构模态参数的识别，因此表现出以下优势：①环境激励下的模态参数识别结果符合结构的实际工况及边界条件，能真实地反映结构在工作状态下的动力特性，可用于结构的在线监测；②环境激励下的模态参数识别不需要施加人工激励，节省了试验费用，也避免了人工激励可能对结构产生的损伤，符合现代检测技术向无损检测（non-destructive evaluation，NDE）方向发展的趋势。环境激励下工程结构的模态参数识别问题可以追溯到20世纪60年代，Crawford等[30]首先应用环境激励进行了楼房固有频率的识别。在以后的几十年内，环境激励下结构模态参数识别方法取得了很大进展，一系列的识别方法被提出并在实际工程中得到应用。目前，环境激励下的模态参数识别方法已经广泛应用于航空器[31]、桥梁[32]、工业和民用建筑（如高层楼房[33]、古建筑[34]、铁塔、电视发射塔、海洋平台[35]、船舶[36]、石油井架[37]和空间网格状结构[38]）等的结构安全监测。随着OMA在多个工程领域的应用，一些OMA的商业软件也被开发出来。例如，国外的ARTeMIS、LMS Test. Lab[39]以及ME'scope软件[40]与国内北京东方振动和噪声技术研究所的DASP软件等。

水工混凝土结构与其他类型工程结构相比，一个显著特点是常需要考虑建筑和水体的相互作用。大型水利工程大多修建在深山峡谷中，泄洪的单宽流量很大，泄洪的功率很高，会引起建筑物的振动。通过现场测量建筑物的振动并进行分析可以识别建筑物的模态参数等反应结构整体和局部特性的特征参数。练继建、李火坤和李松辉等[41-43]分别根据泄流激励下结构的振动响应实测数据，采用不同的方法对二滩拱坝、李家峡的双排机厂房结构和某溢流坝的导墙模态参数进行了识别。张建伟等[44]还研究了根据泄流激励下结构的实测振动响应识别环境激励的力识别问题。水工强震监测的广泛应用，为获取水工建筑在微震、小地震和强震作用下的结构振动响应数据提供了很大的方便。对强震观测系统进行简单改装，如增加高灵敏度的传感器、改变触发方式等，就可以很方便地获取这些振动监测数据，并可以根据这些监测数据实时地进行结构的损伤诊断。寇立夯等[45]采用有源自回归（autoregressive with extra inputs，ARX）模型，根据二滩拱坝强震观测系统测得的地基和坝体强震反应来识别结构的模态参数。Loh等[46,47]基于强震观测资料对翡翠拱坝的模态参数进行了识别，并对库水位对模态参数的影响和非均匀输入对拱坝动力响应的影响等问题进行了研究;Mau 等[48]通过振动测试数据研究了拱坝的系统识别问题;Mostafiz 等[49]研究了闸门的动力特性;Darbre 等[23]采用地脉动激励的方法对瑞士 Mauvoisin 拱坝进行了现场测试,得到拱坝实际的固有频率,并研究了拱坝固有频率随库水位变化的规律;Proulx 等[50]用现场测试的方法系统地研究了 Emosson 拱坝在不同水位下结构动力特性的变化。

表 1.2.2 是对国内外部分水工混凝土结构进行 OMA 的统计。从表中可以看出,在进行水工混凝土结构的 OMA 时,主要采用环境激励中振动较显著的泄流激励和地震激励,采用的分析方法主要是计算效率较高的频域法、ARX 模型和时域的识别方法等。

表 1.2.2 国内外部分水工混凝土结构 OMA 的统计

国家	工程名称	激励方式	识别方法	自振频率/Hz				
				1 阶	2 阶	3 阶	4 阶	5 阶
中国	二滩拱坝[45]	强震	ARX 模型	1.49	1.55	2.23	2.90	—
	李家峡厂房结构[42]	泄流	特征系统实现	6.68	13.32	15.36	—	—
	青铜峡重力坝 1# 坝段	泄流	时频分解	7.99	6.57	44.64	—	—
瑞士	Mauvoisin 拱坝[23]	环境振动	频域法	1.88	2.12	2.36	2.49	2.70
	Emosson 拱坝[50]	环境振动	传统频域法	2.07	2.29	3.17	4.27	5.56
日本	Hitotsuse 拱坝	环境振动	频域法	2.58	3.80	4.60	—	—
土耳其	Berke 拱坝[51]	环境振动	频域法	2.75	3.41	4.78	5.56	—
美国	Pacoima 拱坝[52]	强震	传统频域法	4.73	5.06	—	—	—
伊朗	Saveh 拱坝[53]	环境振动	频域法	3.91	4.39	5.76	6.25	7.61

虽然国内外学者采用原型动力试验、物理模型试验和运行模态分析方法对大坝等水工混凝土结构的模态识别问题进行了很多相关研究,但是目前对水工混凝土结构而言,大部分模态参数识别是为了抗震分析,进行结构损伤诊断的研究不足。实际上,对于其他大型土木结构,如桥梁、海洋平台、房屋建筑等,已有很多采用识别的振动特征参数来进行结构损伤诊断的研究。因此,对水工混凝土结构开展相关研究,并将相关的分析方法应用于水工混凝土结构,具有十分重要的意义。

1.2.2 结构损伤诊断的模态指标

除了直接采用基本的模态参数,包括自振频率、阻尼比和模态振型等来进行结构损伤诊断,近年来,很多学者还提出采用基本模态参数的相关导出量,即模态指标来进行结构的损伤诊断。常用的模态指标包括模态置信准则(modal assurance criterion,MAC)、坐标模态置信准则(coordinate modal assurance criterion,COMAC)、模态曲率、模态柔度和模态应变能等。

1982年，Allemang等[54]提出采用模态置信因子来进行结构损伤诊断；1988年，Lieven等[55]在MAC指标的基础上提出了具有损伤定位功能的坐标模态置信因子。Pandey等[56]提出了模态柔度的概念，并通过数值分析证明模态柔度变化对结构损伤的敏感性要高于自振频率和位移模态；Raghavendrachar等[57]通过对一个三跨混凝土桥的数值分析和试验研究证实柔度比固有频率和振型对局部损伤更灵敏；Zhao等[58]将固有频率和振型与柔度进行了灵敏度分析对比，也证实柔度比固有频率和模态振型对损伤更敏感。

通过对位移模态和频响函数进行差分计算可以分别得到模态曲率指标和频响函数曲率指标。Pandey等[59]、邓炎等[60]和李功宇等[61]采用模态曲率指标进行了结构损伤诊断，并取得了较好的效果。Wahab等[62]提出曲率损伤因子(curvature damage factor，CDF)的概念，该指标概括了测点所有阶振型曲率的差异。Sampaio等[63]将频响函数曲率法分别与模态振型曲率法和损伤指数法这两种应用最广的方法进行比较。

Stubbs等[64]提出基于模态应变能减少的损伤识别法，并将该方法用于欧拉-伯努利梁；董聪等[65]提出结构应变模态是位置坐标的单调函数，适合于损伤定位；Shi等[66]运用模态应变能改变率指标在框架算例中证明该法的实用性；Shi等[66]还进行了一些改进，建立了结构损伤识别的单元模态应变能法和局部频率变化率法。

此外，Hong等[67]提出采用小波变换来对识别的结构位移模态进行分析，利用小波分析对信号空间局部化的性质，将位移模态中的奇异部分提出来，以确定损伤位置，同时通过计算奇异点的奇异性指数，即Lipschtiz指数的大小来反映识别结构损伤的程度。

1.2.3 结构损伤诊断的时间序列指标

时间序列是普遍存在的，有文本数据、图像数据、影像数据、脑扫描数据等数据类型，并广泛存在于经济、土木工程、机械工程、航空航天等领域。结构由振动引起的动力响应时间序列包含结构状态信息，通过对动力响应时间序列的分析，可识别结构的状态，是广泛的时间序列信息中的一种。近年来，利用动力响应时间序列信息进行结构的模态分析、预测、故障诊断及对序列信息进行处理等已有许多研究成果。Wu和Xu等[68,69]提出了利用结构振动引起的加速度、速度、位移等信息，基于神经网络方法对结构参数进行识别。许斌等[70]、郭永刚等[71]、赵永辉等[72]、刘宗政等[73]利用动力响应时间序列信息实现了对结构参数的提取和模态参数的识别，取得了较好的成果。许亮华等[74]通过对水工建筑物的强震加速度记录进行处理，实现了对遭受地震后的水工建筑物进行快速的安全评估。在预测方面的研究，刘辉等[75]对机车振动响应信息建立自回归(autoregressive,AR)模型,并进行振动信号的预测。沈德明等[76]用小波神经网络建立振动信息的时间序列预报模型,对关键的特征参数进行预报,从而实现故障预报。

利用时间序列模型进行结构状态识别研究时,按照输入振动波对系统的影响不同,可将动力响应时间序列分为平稳时间序列与非平稳时间序列(采用时变系统进行分析)。当激励的强度较小时,一般不会对结构的健康状况产生影响,因而可假设系统获得的动力响应时间序列为平稳时间序列信息;如果激励的强度较大,对结构产生了破坏,如受较强的地震作用时,震前和震后系统的参数会发生变化,可采用时变系统进行分析。以下针对结构状态诊断就不同时间序列分别进行综述。

1. 结构状态的平稳时间序列分析

结构状态的动力响应时间序列法分析是通过观测的大量时间序列信息建立模型,实现用较少参数反映序列所蕴含的结构动力特性[77],以此进行结构状态识别。常用的时间序列模型包括 AR 模型、自回归滑动平均(autoregressive moving average,ARMA)模型、ARX 模型及带外部输入的自回归滑动平均(autoregression moving average with exogenous input,ARMAX)模型等,其中 ARX 及 ARMAX 等都是利用系统的输入、输出信息建立模型,从而进行结构状态诊断。

对于只有输出信息的情况,可采用 AR、滑动平均(moving average,MA)、ARMA 等模型。结构的损伤导致刚度降低,因而结构损伤信息能够在 AR 等模型的系数改变中体现,从而进行损伤的识别。Nair 等[78]利用振动响应时间序列建立了 ARMA 模型,用 AR 模型的前三阶系数定义了结构损伤敏感因子(damage sensitive factor,DSF),并且进行了推导证明:

$$\mathrm{DSF}=\frac{\alpha_1}{\sqrt{\alpha_1^2+\alpha_2^2+\alpha_3^2}} \tag{1.2.1}$$

式中,DSF 为结构损伤敏感因子;α_1、α_2 和 α_3 为自回归模型的前三阶系数。

同时建立了两个损伤定位指标 LI_1 和 LI_2,能够定位小损伤,并在美国工程师协会(American Society of Civil Engineers,ASCE)基准模型中验证了损伤识别和定位的效果。马高等[79]、吴令红等[80]、吴森等[81]对基于时间序列模型系数进行损伤识别的方法进行了进一步的研究和应用。利用这类方法进行结构损伤识别,算法比较简单,可以实现在线诊断,但前提是建立了正确的时间序列模型。在其他方法的研究方面,王真等[82]利用时间序列模型的自回归系数构建灵敏度矩阵,通过求解损伤系数向量进行损伤位置和损伤程度的识别。该方法最大的优点在于仅利用单个传感器的响应时程数据就可以较好地实现单个单元和多个单元的损伤识别。但是这种方法的局限性在于只适用于小型的结构,对于大型复杂结构,如大体积混凝土坝,由于单元数量庞大无法进行灵敏度矩阵的建立，难以适用于大坝的结构损伤识别。

利用模型的残差建立损伤指标的方法也有大量学者在研究，这种方法可以实现损伤识别并进行损伤定位，但是对于复杂结构如何建立与结构物理参数相关的通用指标还有待深入研究。杜永峰等[83]建立了 AR 预测参考模型，利用预测参考模型和待识别工况的残差建立损伤指标进行识别；Fugate 等[84]利用结构振动响应序列建立 AR 模型，提取模型的残差作为损伤敏感特征量，采用质量控制图法对结构进行状态的监控，并且通过一个桥墩的试验验证了该方法的可行性。

对有输入和输出信息的系统可以采用 ARX 及 ARMAX 等模型进行描述，李万润等[85]利用 ARX 模型建立了伪传递函数，对待识别工况进行预测，将拟合度差异作为损伤指标；Gul 等[86]建立了 ARX 模型，用模型系数及拟合度定义损伤指标；Lu 等[87]利用改进的 ARX 模型进行损伤识别。若无法获得系统的输入信息，可将相邻测点的响应时间序列信息作为考察点的输入信息。

2. 时变系统的结构状态诊断

在受到较大振动作用时，结构可能会发生破坏，系统结构的参数难以保持不变，会随着时间的变化而改变。而传统的定常参数模型的方法在这种情况下存在一定的局限性，不能满足平稳性假设。

Xianya 等[88]提出了一种时变参数的辨识方法，这种方法对于慢时变系统的辨识效果较好，但是对系统参数快速时变时会产生较大的辨识误差，辨识效果往往不能达到要求，而自适应遗忘因子能很好地解决这类问题。因此，很多专家学者在此基础上开展了大量研究，得到改进的自适应遗忘因子的方法。阎晓明等[89]引入了自动调整遗忘因子，这种因子能够适应系统快速时变的参数辨识要求，如导弹控制系统等，并对模拟的多种参数变化形式进行辨识。胡昌华等[90]提出了一种遗忘因子模糊自调整的方法，实现了时变系统的参数估计，可适用于故障诊断。Cho 等[91]、Song 等[92]、王爱力等[93]、陈涵等[94]通过在最小二乘法中引入可变的遗忘因子，实现了对时变参数的快速跟踪识别。

在结构状态诊断方面，公茂盛[95]研究了基于强震记录的结构模态参数的识别，利用多模型自适应遗忘(adaptive forgetting through multiple models，AFMM)方法判断结构是否发生时变，并将响应序列分为三段，分别进行模态参数的识别。Anderson 提出的 AFMM 算法在参数发生阶跃变化时能很快地跟踪，但对连续时变参数的估计效果不佳，并且这种算法使用了多个最小二乘算法，计算的复杂度较高。总体上利用时变系统参数辨识方法进行结构损伤诊断方面的相关研究较少。

3. 诊断指标

损伤会改变结构的物理特性，进而导致其动力特征参数发生变化。这些特征参数也称为结构的损伤指标。除基于模态类指标的结构损伤诊断方法以外，近年来，非模态类损伤诊断方法发展迅速，该方法把直接根据结构振动响应时间序列提取的特征指标成功应用于结构的损伤诊断。这些特征指标一般包括两大类：线性的时间序列特征指标和非线性的时间序列特征指标。这类指标虽然不像模态参数具有明显的物理意义，但是和模态参数具有明确的映射关系，理论上也完全可以用来表征结构状态的损伤指标。采用这些非模态类的损伤指标来进行结构的损伤诊断常能够捕捉到一些容易忽略的结构信息，与传统的模态参数相比，这些特征参数常表现出更强的鲁棒性、对损伤的高敏感性和更广泛的适用性。以下对这两类结构损伤指标的研究和应用情况分别进行简要分析。

1）振动响应的线性时间序列特征指标

直接从振动响应信号的时间序列入手，不考虑结构振动系统本身的性质，采用一些信号处理的方法（傅里叶变换、小波变换和希尔伯特-黄变换（Hilbert-Huang transform，HHT）等）或数学模型（ARMA 模型和 AR 模型等）来分析振动响应信号，并根据信号处理的结果或数学模型的参数来反映结构的振动特性。根据这类分析方法定义的损伤诊断指标包括频域内的快速傅里叶变换（fast Fourier transform，FFT）谱、时域内的高斯自相关函数[96]、相关函数的相关函数[97]、ARMA 模型系数[98,99]、AR 模型系数[100]和互熵[101]，以及时频域内的小波损伤指标特征[102,103]和 HHT 特征量[104]等。

上述基于信号处理方法和数学模型提出的特征参数都有其对应的物理意义。例如，多自由度结构的振动可以采用一个等价的 ARMA 模型来表示，当结构发生损伤时，系统发生变化，对应的 ARMA 模型或 AR 模型的系数也必然会发生变化；而结构损伤同样会引起其自振频率的变化，使振动响应的频率成分发生变化，这便会在小波变换、HHT 和 Gabor 变换等时频变换后的分解系数中得到体现。

在以上分析方法中，基于小波变换的振动损伤特征提取方法是近年来研究的热点。这主要是因为小波变换具有良好的时频定位功能，除对线性结构响应数据具有很好的分析效果外，对非线性数据的分析同样具有很好的表现。小波变换类方法包含基于时域响应的分析方法和基于空间域响应的分析方法。基于时域响应的分析方法是把现场测量的各测点振动响应或其变换的时间序列直接进行小波变换，然后采用时频分解图的奇异点、小波变换系数和小波包能量谱[105]的变化等来进行结构的损伤诊断。基于空间域响应分析的方法是将空间域响应作为输入进行小波变换，可以实现损伤的定位。Wang 等[106]将这种方法应用到含有裂缝的梁的损伤诊断上，通过数值模拟表明裂缝导致结构位移响应特性变化，经小波变化后这种变化被放大。Hong 等[67]把模态振型进行连续小波变化，然后采用 Lipschitz 指数来判断损伤发生的位置，刘凌宇[107]研究了环境激励下基于小波包能量谱的钢框架结构损伤识别，Huang 等[108]又提出了采用二维小波变换进行结构损伤识别的方法。

虽然上述根据时间序列提取的各种指标在实际工程中已经有了一定应用，但应该看到，在上述指标的计算过程中一般都假定结构系统是线性的，指标直观的物理意义不明显，而且在小波变换、HHT 过程中常受到噪声干扰和边界效应问题的困扰。对于结构复杂、外界环境干扰显著的水工混凝土结构，上述指标的适用性有待提高。

2）振动响应的非线性时间序列特征指标

对于实际的工程结构，材料非线性、边界非线性和外部非线性激励的作用，使其受迫振动响应表现出非线性，甚至混沌的特性。这时采用模态参数来表征非线性结构的状态是不全面的。为此，需要研究根据结构的振动响应数据提取更为广义的非线性动力系统指标。如果将大坝的实测振动响应数据的时间序列看作某动力系统输出的离散采样，并假定外界激励稳定，通过对这些离散时间序列进行分析，得到反映动力系统特征的指标，就可以根据这些指标来评估大坝的安全性态。

目前常用的结构损伤诊断的非线性动力系统指标是一些在宏观层次上定义的非线性动力系统的吸引子特征量，包括关联维数[109]、Lyapunov 指数[110]、信息熵、近似熵[111]、Hurst 指数[112]和 Kolmogorov 熵等。许多吸引子特征量的提取算法对噪声较为敏感，为此许多学者又提出一些鲁棒性更强的诊断指标，包括根据振动响应时间序列在重构相空间内定义的广义独立性[113]、动力连续性[114]、非线性预测误差[115]、局部方差比[116]、相空间曲率[117]、Poincaré 截面特征量[118]和根据递归定量分析[119]定义的特征量等。

理论上讲，上述指标可用于任意动力系统，包括周期的、拟周期的和混沌的动力系统。但 Torkamani 等[120,121]、Nichols 等[122,123]、Overbey[124]和裘群海等[125]的研究表明，当结构受到混沌激励，甚至是超混沌激励时，这些特征参数对于结构损伤的敏感性更强。Olson[126]通过研究进一步表明，通过优化混沌激励信号的参数可以得到对结构损伤敏感性最强的混沌激励。

目前，采用非线性动力系统指标来进行结构损伤诊断的研究大多还停留在试验模拟和数值模拟的水平上[127,128]，在实际工程，尤其是像大坝这类复杂的工程结构中的应用还很少。这主要是由于在实际工程中，结构的荷载激励难以控制，而振动激励的性质又会直接影响结构振动响应的性质及诊断指标的计算结果。此外，实际工程中各种环境变量也会对非线性动力系统指标的提取结果产生很大影响。为了解决这些问题，一些学者也开始尝试进行相关的研究，例如，Nichols[129]采用非线性预测误差对受海浪激励的海岸结构进行安全监测，并指出即使是受随机激励的结构，状态空间吸引子类方法仍然是适用的。杨弘[130]针对二滩水电站水垫塘底板的实测振动响应，提出可以采用分形维数等非线性动力系统指标作为结构的安全监测指标。Ryue 等[131]根据结构损伤前后的吸引子关联维数和 Hausdorff 距离的变化进行悬臂梁裂缝的检测。从损伤指标的识别结果上看，Hausdorff 距离在识别损伤及量化裂缝大小上有较好的效果。Overbey 等[132]根据损伤前后的相空间拓扑结构的变化构建出用于识别的损伤因子，其优点在于不用建立初始的系统模型，直接用系统的相空间构建健康状况的参考模型。杨世锡等[133]详细分析了 Kolmogorov 熵的物理含义，并首次将 Kolmogorov 熵引入大型机械的故障诊断中，识别出机械的故障类型及严重程度。聂振华等[134]根据结构损伤前后的相空间拓扑变化值拟定损伤因子，通过弹簧振子验证了该方法的可行性。

1.2.4 结构状态的状态空间理论分析

状态空间分析思想起源于 19 世纪拉格朗日和哈密顿等在研究经典力学时提出的广义坐标与变分法。20 世纪 40 年代以来，Pontryagin 和 Bellman 等关于板极大值原理的研究，Kalman 等提出的卡尔曼滤波理论，Bellman 提出动态规划等研究成果，丰富了状态空间分析法，并将状态空间分析法引入现代控制理论，已成为现代控制论的标志[135,136]。

状态空间采用矩阵描述，当状态变量、输入变量或输出变量的数目增加时，并不增加系统描述的复杂性，状态空间分析法是时域方法，适合用计算机来计算。状态空间分析法不仅可以描述控制系统的输入、输出关系，而且还可以揭示能控性和能观性等反映控制系统构造的基本特性。因此，状态空间理论广泛应用于解决工程上自动控制系统的分析与设计问题，成为研究动态结构系统的重要工具[137]。

1. 结构状态预测

状态空间理论已开始应用在土木工程、水利工程、机械工程以及环境工程等领域，在结构状态的预测和力学行为的分析方面表现出显著的优越性。

钟阳等[138]从弹性地基上矩形薄板的基本方程出发，将其导向 Hamilton 体系的正则方程，再利用辛算法得出其解析解。雷庆关等[139]对弹性地基板的动力方程采用瞬时变分原理进行一系列变换，同时引入样条参数及其对时间的导数作为状态变量，建立弹性地基板动力响应问题的状态空间方程，实现了将动力响应量的计算转换为状态矢量的计算。钟岱辉等[140]考虑桩-土荷载相互作用的规律，提出了竖向桩与多层地基相互作用分析的增量状态方程，并用传递矩阵法给出该作用的全过程分析。方诗圣等[141]从层状饱和土非轴对称 Boit 固结问题的基本方程出发，选取层间接触面上的各变量作为状态变量，构建了该问题的状态方程。

王建国等[142]从框架结构杆单元的刚度矩阵出发，选取杆端位移和对应杆端力作为状态变量，推导了表示该状态变量递推关系的转换矩阵，即可以利用传递矩阵法求得框架结构任一层的状态矢量，提出单跨多层框架、高层框架和多跨多层壁式框架结构力学分析的状态变量传递法。胡启平等[143]将框架-剪力墙-薄壁筒斜交结构沿高度方向的空间坐标模拟成时间坐标，选取各构件的内力和位移等基本变量建立了状态空间表达式，进而得到结构任意截面的位移和内力。高洪俊等[144]基于 Timoshenko 梁理论，将现代控制论中的状态空间法应用于框架-剪切墙结构，构建了框架-剪切墙结构协同分析的状态空间表达式，并用精细积分法进行求解，得到框架-剪力墙结构协同工作的变形和内力。

周强等[145]将大跨度桥梁结构离散成多自由度体系，通过引入脉动风速的等效成型滤波器，建立扩展状态方程形式的桥梁风振方程，求解各响应变量的状态值，获得桥面结构挠度等响应值。黄胜伟等[146]结合水工建筑物的特点，建立了状态空间表达式，论述了状态空间理论在水工涵洞、翼墙结构和拱坝等典型水工结构中的具体应用。沈小璞等[147]阐述了用状态空间理论分析圆柱形拱坝静动力响应，并得出精度较高的应力与位移的计算结果。慕金波等[148]建立了时域内河流水质动态系统的离散状态空间模型，研究了模型阶次和参数的辨识方法，并实例验证了所建状态空间模型的合理性和有效性。沈小璞等[149]根据结构动力平衡方程，引入位移与速度为状态变量，导出状态方程，给出了非齐次状态方程的解，建立了状态空间迭代计算格式。滕红智等[150]针对有限的直接状态信息和大量的间接状态信息问题，结合齿轮箱全寿命试验结果，将振动信号特定频带能量作为间接状态信息，建立了 Gamma-状态空间模型，利用该模型对齿轮箱齿轮磨损情况进行了全面分析，并进行了磨损预测研究，通过与试验结果对比分析，验证了模型的有效性。姚智胜等[151]提出了基于状态空间模型的道路交通状态多点时间序列预测方法。利用道路交通状态的多点时间序列数据建立多维自回归模型并转化为状态空间模型形式，接着利用最大似然参数估计算法估计状态空间模型参数，从而得到多点道路交通状态的状态空间模型；其次，根据时间序列数据估计系统状态，利用卡尔曼滤波算法进行一步预测，并通过补充新的数据更新系统状态递推预测。结果表明，该模型是可行和有效的。洪军等[152]基于状态空间理论建立了精密机床装配过程的状态空间模型，根据每道工序装配偏差，预测装配调整工艺对整机精度的影响规律，通过精密机床装配过程的分析实例，验证了基于状态空间模型的精密机床装配精度预测与调整工艺方法的有效性。

2. 结构状态分析和辨识

Juang 等[153]提出了著名的基于状态空间理论的特征系统实现算法（eigensystem realization algorithm，ERA），并将其成功应用于美国伽利略号探测器的模态分析。Khdeir[154]还利用状态空间理论，对板壳的弹塑性、弯曲和边值等问题做了大量的分析和研究工作。基于 Roger 格式的有理函数，Chen 等[155]建立了结构多模态颤振力学分析的状态空间法，Wilde 等[156]基于 Karpel 格式的有理函数，开发出二维梁颤振力学分析的状态空间方法。王云峰等[157]提出了一种基于系统状态空间方程和最小均方根理论的结构动力学参数辨识方法，并利用系统的输入-输出数据建立 Hankel-Toeplitz 模型，应用归一化鲁棒最小均方根算法得到该模型参数的估计，同时求得系统的 Hankel 矩阵，再对 Hankel 矩阵进行奇异值分解，从而确定系统的阶次，最终确定系统状态空间模型的参数；吴日强等[158]给出了一种时变结构系统参数辨识的子空间方法，对多个时变系统的仿真辨识结果表明，所提出的方法是有效的，且计算量明显减小。马超等[159]提出一种改进正则化方法的状态空间载荷辨识方法，并将辨识结果与传统 Tikhonov 正则化的结果进行比较，数值仿真和试验结果表明所提出的方法在对状态空间载荷辨识方面具有更高的辨识精度和鲁棒性。许鑫等[160]提出一种基于状态空间法的识别线性时变结构瞬时频率的方法，通过特征值分解识别出系统的瞬时频率。林友勤等[161]将随机状态方程中的状态矩阵转换为能控标准型，将此状态空间模型应用于识别结构的异常性态。许鑫等[162]利用系统的激励和受迫响应数据，基于状态空间和小波变换理论，提出了一种识别时变系统刚度参数和阻尼参数的新方法。

Liu[163]提出一种基于多次测量整体数据的子空间法，识别了时变系统的模态参数。Adeli 等[164-166]、Jiang 等[167]和 Lam 等[168]将人工神经网络模型应用于土木工程结构动力响应的系统辨识和健康监控；Yuen 等[169]将子结构辨识方法运用于含有噪声响应的结构检测数据建模，Koh 等[170]将子结构辨识方法运用于不相关检测数据的结构建模；Caicedo 等[171]将自然激励技术（natural excitation technique，NExT）应用于基于模拟数据的一阶国际结构控制协会-美国土木工程师协会（International Association for Structural Control-American Society of Civil Engineering，IASC-ASCE）基准问题；Franco 等[172]将进化算法应用于结构系统的辨识问题；Jiang 等[173]、Butcher 等[174]、Khalid 等[175]、Story 等[176]改进了经典的神经网络，并分别将其应用于高层建筑的损伤探测、预应力混凝土的缺陷检测、磁流变阻尼的非线性辨识和结构损伤监测；Fuggini 等[177]将遗传算法应用于智能聚合建筑物的系统辨识；O'Byrne 等[178]将质构（纹理）分析应用于老化基础单元的损伤探测；Goulet 等[179]在建筑物周围振动监测数据的基础上运用误差域结构辨识方法辨识结构的参数；Glisic 等[180]将多种不同监测数据进行可视化处理。

鉴于基于概率逻辑学的贝叶斯推论在建筑结构不确定量和参数辨识中的优势，Oh 等[181]和 Wu 等[182]将贝叶斯概率逻辑学理论应用于地震早期预警系统的研究；Jiang 等[183]将子波包去噪技术引入结构系统的辨识；Beck[184]完整阐述了基于概率逻辑学的贝叶斯系统辨识；Papadimitriou 等[185]研究了基于有限数量振动传感器监测数据和卡尔曼滤波的金属结构疲劳预测；Hoi 等[186]将迭代概率方法应用于空气质量预测中时变模型的阶次选择,还将基于适应学习体制的改进多层传感器技术应用于空气质量预测[187];Yuen 等[188]提出了一种新颖有效的参数辨识和异常值检测的概率方法;Huang 等[189]提出了一种有效的贝叶斯压缩感测方法,并将其应用于结构健康监测的信号处理;Bensi 等[190]提出了一种有效的贝叶斯网络模型系统。

基于动力响应数据的实时状态估计进行结构状态参数辨识的文献较多。其中最著名的算法是 Kalman 等[191]提出的卡尔曼滤波以及 Jazwinski[192]提出的扩展卡尔曼滤波。自此以后,很多学者在这方面付出了大量努力。Lus 在 ASCE 基准问题的系统辨识和 Loh 等[193]在地震荷载作用下框架结构时域辨识中引入了基于卡尔曼滤波的最小二乘算法;Shumway 等[194]在时间序列平滑和预测中提出了自适应滤波算法,Koh 等[195]在结构参数辨识和不确定性估计,Lei 等[196]在基于有限输入和输出测量信号的结构损伤探测,Yuen 等[197]在含有噪声参数的在线估计中运用了自适应滤波算法;Ching 等[198]在不确定动态系统的贝叶斯状态和参数估计中运用了粒子滤波技术;Julier 等[199]将无迹卡尔曼滤波算法引入非线性系统的参数辨识,Wu 等[200]将无迹卡尔曼滤波应用于非线性系统的实时辨识。但相关方法在水工混凝土结构中的应用还不多见。

1.2.5　结构状态的波动理论分析

水工混凝土结构的动力响应是振动波从振动源向结构传播的反映。应用记录到的动力响应数据,通过分析振动波的传播过程,可以建立评价指标,从而进行结构健康诊断。通常采用的评价指标有行波波速、波走时(wave travel time,WTT)和波数等,这些指标仅与结构的物理性质有关,受环境变量、边界条件变化和坝体-坝基相互作用的影响小。基于波动理论的结构健康监测方法在结构损伤检测方向也已经取得了许多研究成果,如岩土工程测试领域[201]和结构损伤检测领域[202-207]都有比较广泛的应用。无损检测的波动法通常使用超声波进行检测,利用缺陷处反射回来的波检测部件的裂缝或其他缺陷,但超声波会沿传播路径迅速衰减且需要波发射器和波接收器。这种方法一般适用于结构构件的局部检测,但对混凝土坝这种大型结构,裂缝损伤位置未知,且常处于水下或人难以到达的位置,超声波检测方法难以适用。地震波等振动波的波长较长且衰减小,不需要波发射器,可以通过分析结构的地震等振动响应数据进行结构损伤识别[208]。

1. 波动法

20 世纪 90 年代以前,用波动法分析研究土木工程结构的学者较少,相关的理论成果不多。Uzgider 和 Aydogan 等[209,210]提出了一个简化的波传播计算方法,并将其应用到无阻尼响应框架和砌体结构的计算。Cai 等[211,212]和 Yong 等[213]开展了细长杆和桁架结构体系的波传播和散射理论的研究。Kanai 等[214]将波在弹性层中的多次反射模型用于研究结构的地震振动问题,把建筑的地震响应看成从自由边界(屋顶或土层交界面)反射回来的向上传播和向下传播的剪切波的叠加,并应用这个模型根据建筑的屋顶振动预测了建筑的底部振动,得到预测的振动和记录的振动有很好的一致性。Kawakami 等[215]介绍了一种新的波传播建模方法,该方法利用谱分析理论将受约束系统输入和输出的均方值最小化,有效地检测入射波和反射波的到达时间,并揭示其相对振幅。之后,国内外学者开展了波动法理论模型和评价指标的研究,其中以南加利福尼亚大学的 Todorovska 教授为代表的学者对波动法的理论研究和应用做出了卓越的贡献[210-230]。各国学者提出了许多关于波传播的理论研究模型,成功地把这些模型应用于实际建筑结构,并通过选取相应的评价指标对建筑结构进行损伤检测与识别。

1) 弹性体模型

Kanai 等[214]在 1963 年根据波在弹性层内多次反射传播的特点,提出把建筑结构看成均匀弹性体,入射波从结构底部射入,向结构顶部传播,当波到达结构顶部自由边界时,又从顶部反射,向结构底部传播,如此往返循环,直到入射波衰减消失。Kanai 按照这个原理推导出波传播的表达式,从理论上论述了只要知道地震波等振动波在结构内往返传播一次的时间,即使不知道结构的厚度、结构中的波速或其他常数,地基的振动也可以通过结构顶部记录的振动响应计算得到。在实际建筑和大坝中的应用表明,通过顶部记录的振动过程得到基础振动的理论过程与实际记录的振动过程非常接近。

2) 二维连续模型

为了定性研究波在建筑中传播的物理现象,Todorovska 等[216-218]提出了一种二维连续模型。把建筑看成一个均质完全弹性的二维模型,建立在均质土壤上,由单一的平面 SH 入射波激励,忽略土-结构的相互作用,假设波只在建筑的框架上传播,并求出该模型的封闭形式解析解。如图 1.2.1 所示,假设建筑在 x 方向的长度为L,高为 H,μ 和β 分别表示剪切模量和剪切波速,μ_x、β_x 和 μ_z、β_z 分别表示 x 和 z 方向的剪切模量和剪切波速,则可以推导出该模型中平面位移 $u(x,z,t)$的运动控制方程,如式(1.2.2)所示,最后根据边界条件可得到方程的解 $u(x,z,t)$。

$$\beta_x^2\frac{\partial^2 u(x,z,t)}{\partial x^2}+\beta_z^2\frac{\partial^2 u(x,z,t)}{\partial z^2}=\frac{\partial^2 u(x,z,t)}{\partial t^2} \tag{1.2.2}$$

通过研究发现:①建筑物的二维模型比一维模型更具有代表性,因为二维模型可以体现更为真实的激励源,并且在响应过程中可以观察到物理现象的变化;②能量从地面传递进入建筑物主要取决于地面振动波传递的相速度;③各向异性会改变振动特征函数的波数,建筑物在垂直方向上更灵活,将导致位移模式包含更短的波长;④若建筑物很长且位于非均质土壤,或者靠近的土壤在垂直方向材料性质不连续，或者一部分位于软地基、一部分位于硬地基时，只有用二维模型分析才有意义。

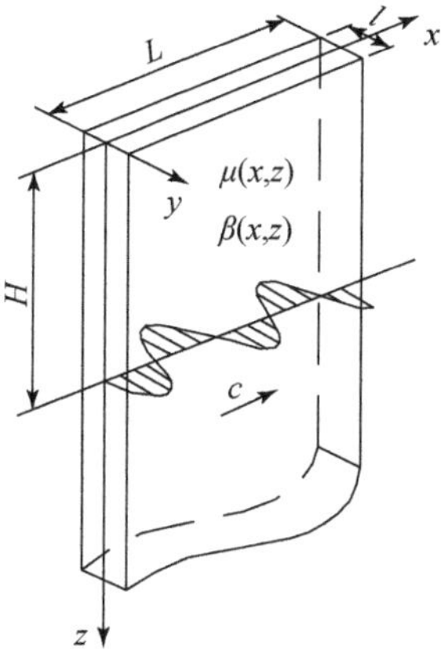

图 1.2.1 二维连续模型

3）一维分层连续模型

Şafak[219]在 1999 年提出了一维分层连续模型，把高层建筑物看作分层土壤介质的延伸，把建筑的每一层当作土壤介质的又一层，并推导出平面剪切波垂直传播方程。这个方程考虑了土壤和建筑的阻尼影响、集中地基的过滤影响和楼板质量的影响。简而言之，就是假设建筑物是对称的、只有剪切变形、不发生滑动或摇动，因此该模型不会发生扭转运动，楼板是刚性的，不会旋转。但是该模型没有完全考虑土-结构的相互作用，也没有考虑摇摆和二维散射的影响，仅考虑了土壤中有限刚度的影响。如图 1.2.2 所示，一栋多层建筑坐落于多层土壤上，受垂直传播剪切波激励。在土壤和地基中传播的地震波可以分为上行波和下行波，当上行波和下行波穿过一个分层界面时，其中一部分波发生反射，一部分波透射传播到下一层，并分别用反射系数和透射系数表示。根据每一层的波走时和各层交界面波的反射系数和透射系数可以计算得到各层的地震响应。通过分析发现，相比常用的振动法，对于分层建筑，基于该模型的波动法计算地震响应有以下几点优势：简单易行，高频更精确，包含阻尼和质量分布更准确，能够解释地基下面土层对能量的吸收，可以利用数字仿真软件仿真并扩展到非线性系统。

Trifunac 等[231]基于建筑物的一维分层连续模型，通过记录的水平振动响应数据计算得到脉冲响应函数，然后根据脉冲响应函数测量得到波走时，通过对地震过程前、中、后的波走时变化来进行结构损伤评价，发现结构出现损伤破坏时，波走时能够反映结构不同部分刚度变化的程度和空间分布，用该方法进行结构健康监测是有效的，并且可以用来估计地震波在结构中传播的衰减和结构的阻尼。不过该

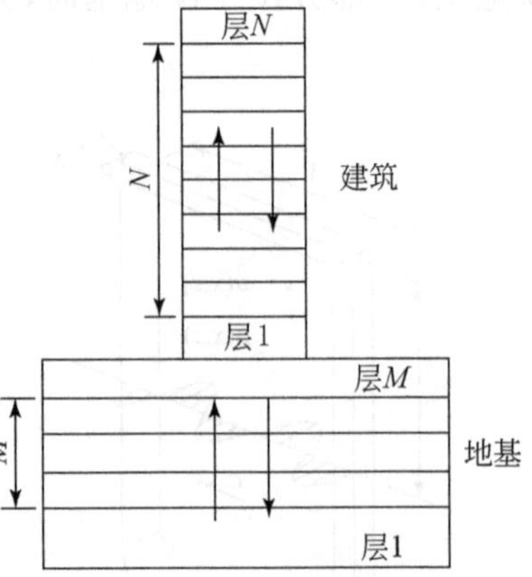

图 1.2.2 一维分层连续模型

方法的空间分辨率受传感器的数量、传感器之间的距离及时间分辨率(时间窗口的长度)的影响。

4) 分层剪切梁模型

2013 年,Todorovska 等[220]提出了分层剪切梁模型,把建筑看成弹性的分层剪切梁,建立在半空间上,建筑顶部无应力,底部受垂直入射平面剪切波激励。模型的每一层代表楼层的一层或多层,而且假定建筑只会发生水平振动,忽略由土-地基相互作用引起的基础振动。自上而下把模型各层编号,模型各层是均质各向同性的,厚度为 h_i,剪切模量为 μ_i,剪切波速为 $\beta_i=\sqrt{\mu_i/\rho_i}$,$i=1,2,\cdots,n$,层与层之间紧密连接,屋顶和各层分界处的位移为 $u_1,u_2,\cdots,u_n$。假设剪切波的入射角为 γ,$U(x,z,t)$为 y 方向的位移,$\tau_{xy}=\mu\dfrac{\partial U}{\partial z}$为相应的剪应力,则运动方程可以表示为

$$\frac{\partial}{\partial z}\begin{Bmatrix} u(z) \\ \tau_{xy}(z) \end{Bmatrix}=\begin{bmatrix} 0 & 1/\mu \\ \omega^2\left[\mu\left(\dfrac{1}{c_x}\right)^2-\rho\right] & 0 \end{bmatrix}\begin{Bmatrix} u(z) \\ \tau_{xy}(z) \end{Bmatrix} \tag{1.2.3}$$

Todorovska 等[220]基于该分层剪切梁模型提出解析脉冲响应函数,通过简化波传播理论模型精确解推导得到了直接算法,并对该算法的空间分辨率和精度进行了验证。用直接算法可计算得到脉冲时间变化、振幅、识别的剪切波速和层的质量因子 Q,然后对建筑的地震损伤进行评价检测。通过实例分析发现:①脉冲响应函数的分辨率受传感器的数量和数据的频带宽度影响;②识别的速度图不能同时兼顾细节和精度,平滑的模型识别出的速度误差较小;③脉冲的振幅受地基-结构的相互作用影响,不能单独用于计算结构的阻尼;④理论上可以用反射脉冲进行识别以弥补在某些层没有安装传感器的缺陷,实际上这种情况只有在有效数据的频带宽度足够大时才可行;⑤直接算法应用于密立根图书馆南北向响应得到的结果

比较稳定和真实；⑥用直接算法识别层数划分太多的模型时误差大，超出结构健康监测的容许范围。同时也验证了使用脉冲响应函数的波动法用于实际建筑结构系统识别和健康监测是稳健的，且对地基-结构相互作用不敏感，可用于结构的局部损伤评价。

Rahmani 等[232]基于分层剪切梁模型提出了两种新的拟合脉冲响应函数方法，即非线性最小二乘法(波形反演算法)和时移匹配法(射线迭代法)，改进了直接算法拟合精度差的问题。通过拟合由地震响应得到的脉冲响应函数确定建筑物的波速度剖面图，采用移动时间窗口中识别的速度变化进行结构健康监测，并得出该方法应用于全尺度数据时是可靠的，对混凝土建筑的损伤敏感，对地基-结构相互作用的变化不敏感。

Rahmani 等[233]提出了一种建筑响应时间速度分析的算法，用于快速评估强震后的结构健康，该算法是基于移动时间窗内建筑结构垂直相位速度的干涉估计，通过非线性最小二乘法拟合分层剪切梁的脉冲响应函数的脉冲。通过对一栋 12 层混凝土建筑的实例分析，验证了该方法对损伤破坏的敏感性和鲁棒性，对地基-结构相互作用影响不敏感。同时，指出拟合简单的剪切梁模型适合用于框架结构，对于有剪力墙的结构，用分层铁摩辛柯梁(Timoshenko beam，TB)模型拟合比较恰当。

5) TB 模型

TB 模型是 Timoshenko[221]在 1921 年分析了受弯曲、剪切和扭转作用的梁单元提出的模型，并得到相应的解析解，最后得出结论，剪切力是转动惯量的四倍。Mead[222]和 Park[223]分析了 TB 模型中的波传播规律，并将其应用于结构单元的无损检测和其他机械工程，但是由于参数范围和波长不同，这个研究成果并没有直接应用于建筑结构。2013 年，Ebrahimian 等[224,225]把建筑物看成一个均质的黏弹性 TB 模型，高度为 H，顶部无应力，底部固定的悬臂梁，受底部基础振动激励，如图 1.2.3 所示。可以从受地基振动激励的梁的强迫振动响应中解析得到这个模型的传递函数和脉冲响应函数，用不同高度的一系列脉冲响应函数研究了脉冲在梁内的传播规律，应用这个模型分析了在受地基振动激励时高层建筑物的波传播特点。从无量纲参数角度和相应建筑的取值范围提出了波频散的参数及其对模型的传递函数和脉冲响应函数的影响。TB 模型可以解释由弯曲引起的波频散，而且比剪切梁和其他离散非频散模型更能真实地分析高层建筑的波传播特点，并把这个模型应用于一栋九层钢筋混凝土结构，探究了由弯曲造成的分散波在结构中的传播规律。

2014 年，Ebrahimian 等[225]用基础固定的 TB 基准模型，通过两种非参数干涉技术对高层建筑中垂直波速估计的优势进行检验，拟合分层剪切梁与更宽频带范围内结构的脉冲响应函数，从而得到波速度剖面，并对其进行模型误差分析，这个误差可能会影响推断结构损伤的空间分布。

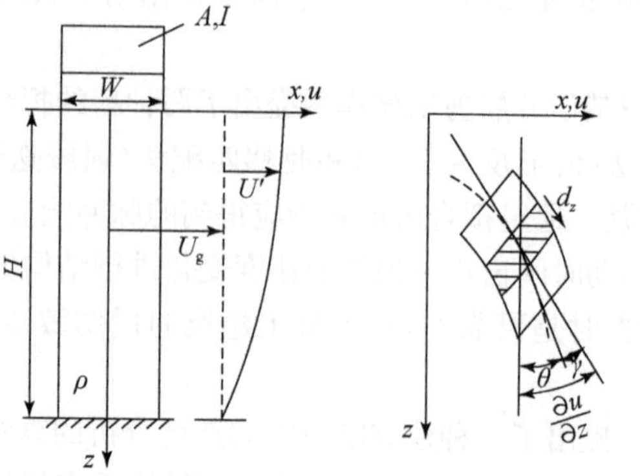

(a) TB悬臂梁模型　　(b) 变形单元

图 1.2.3　TB模型

6）分层 TB模型

2015 年，Ebrahimian 等[226]根据均质 TB 模型提出了一种分层连续性质的 TB 模型和基于该模型的系统识别算法。如图 1.2.4 所示，把建筑结构看成一个分层连续性质的 Timoshenko 悬臂梁，梁顶部无应力，底部受水平运动激励。模型的每一层对应建筑的几个楼层，假设每一层的介质都是均质各向同性的，层与层之间紧密连接，通过传播算子矩阵法可求得该模型频域内的解析解。该模型可用于解释剪切和弯曲变形、旋转惯性以及随高度变化的建筑特性。该系统识别算法是用

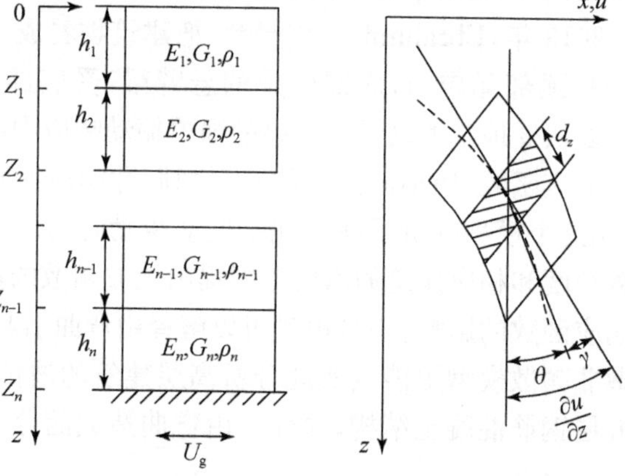

(a) 分层连续TB模型　　(b) 变形单元

图 1.2.4　分层 TB模型

Levenberg-Marquardt 方法进行非线性估计，收敛速度快，对用于建筑结构健康监测的波动法是一种新的发展，也可用于地震预警系统，在震后迅速进行安全评估和做出疏散决策以及一般状态诊断。实例分析表明：①与均匀或非均匀剪切梁模型相比，虽然分层的 TB 模型的模态频率的比率接近均匀剪切梁的相应比例，但分层的 TB 模型仍然是一个更好的物理模型；②拟合模型和观察到的脉冲响应函数在随后的建筑结构线性响应中预测得很准确；③可以通过监测拟合模型的垂直相速度的变化判断损伤破坏引起的刚度降低；④该模型对波长较长的波比较有效，但若要检测更多的局部损伤，则需要更详细的模型并拟合更宽的频带。

2. 波动法评价指标

基于检测结构模态特性（频率、振型等）变化的振动法是结构健康监测领域应用较广泛的方法之一。模态特性取决于结构的整体刚度，反映的是结构的整体特性。结构的模态特性对局部损伤并不敏感，因为出现局部破坏时整体刚度变化很小。但其对环境影响（温度）和边界条件（地基-结构系统）的变化敏感，有时环境因素的变化可能会造成和损伤一样的动力响应变化。

与模态参数识别法相比，波动法是一种新的结构健康监测方法，其对局部损伤更敏感，可以用较少的传感器数量确定局部损伤的位置，且对地基-结构的相互作用影响不敏感[234]。波动法侧重分析波在结构中传播的变化，把地震等振动响应看作结构中传播的从外部或内部边界以及交界面处反射和透射回来的波的叠加，通常用波自身属性（如行波波速、波走时和波数等）的变化来反映结构状态的变化。以 Todorovska 为代表的学者对基于波动法的结构损伤评价指标进行了大量研究，其中以波走时、波速和波数这三个评价指标的研究最多，同时提出和改进了许多关于评价指标计算的方法[235,236]。

1) 波走时

波走时就是波在结构中传播所消耗的时间，由局部损伤引起的刚度降低会导致波在损伤区域传播的时间增加，因此可以从振动（如地震）前后波走时的变化来判断结构是否出现损伤。波走时的变化只取决于传感器之间的物理性质，对局部损伤可能更敏感且不受地基-结构相互作用的影响。可以从记录的水平地震等振动响应计算得到脉冲响应函数，再从脉冲响应函数计算得到波走时，关于波走时的计算方法还有很多[235-238]。波走时也可用来估计结构的基本固定基频 f_1 及其在地震等振动过程中的变化。

2006 年，Snieder 等[239]研究一维波传播时最先提出用去卷积法计算脉冲响应函数测量波走时。Trifunac 等[231]在 2003 年用波走时作为评价指标，通过最大响应振幅前、中、后的波走时变化对某七层混凝土楼房进行了震后的安全评价。

Ivanovic 等[236]用 1994 年美国洛杉矶北岭大地震期间一栋七层钢筋混凝土建筑记录的强振动数据，探索了用互相关函数计算波走时的方法，用该方法可以检测波通过损伤区域时波走时的变化，但要求记录的振动数据较精确。Oyunchimeg 等[240]用改进的归一化的输入输出最小化（normalized input-output minimization, NIOM)方法处理建筑记录的地震响应数据，并测量得到了地震波在建筑中传播的波走时，发现对于地震期间出现破坏的建筑波走时明显增加，对于没有被破坏的建筑，波走时增加很小。

2）波速

波速取决于结构刚度和质量的分布，通过分析地震等振动期间记录的加速度响应数据识别出波垂直传播的波速，然后从波速的变化推断结构是否出现损伤破坏[233]。基于波速进行结构状态评价有以下优势[227,240,241]：鲁棒性强、对损伤敏感、不受地基-结构相互作用影响。Şafak[219]最早提出通过检测垂直波波速的变化进行结构健康监测，并通过数值模型进行了验证。Oyunchimeg 等[240]和 Todorovska 等[234,241,242]通过实例分析进一步证明了该方法。同时，Rahmani 等[233]还提出了一种计算波速的时间速度算法。

3）波数

波数是角频率与波速的比值，Todorovska 和 Trifunac 在 2001 年最先提出用波数这个评价指标对结构进行健康监测。Todorovska 和 Trifunac 用一栋七层的钢筋混凝土建筑监测到的四次地震响应数据近似估计了地震波的波数，发现根据波数计算得到的相速度在这四次地震中具有一致性[237,238]。Trifunac 等[231]分析了从 11 次记录的地震响应数据计算得到的低频波数，发现出现损伤的区域波数明显增加，没有出现损伤的区域波数变化不明显。因此，可以用波数识别局部损伤，但需要更多的传感器和更高精度的响应数据。

1.2.6 基于振动的结构损伤诊断方法

结构的损伤是指结构在几何、材料和边界条件等方面发生的变化，而且这种变化是不利的，会减小结构的承载能力，影响结构的正常运行。结构损伤一般有两种情况：一是结构的质量发生变化；二是结构的刚度降低。对于水工混凝土结构，其质量一般很少发生变化，或者说质量变化对结构影响不大，所以水工混凝土结构的损伤一般认为是结构的刚度发生了变化。为了保证大坝等水工混凝土结构的安全和正常运行，需要对其进行安全监测并根据监测到的信息进行结构的损伤诊断。

结构的损伤诊断问题在本质上是一种模式识别或特征分类问题[243]，可以分成图 1.2.5 所示的难度由低到高的四个级别。判定损伤是否存在，即结构的损伤识别，可以帮助我们尽可能早地发现结构潜在的损伤，并及时采取相应的工程处理措施,以避免更大的灾害发生。损伤识别问题本质上是一个二模式识别问题,即结构无损伤(一般用0表示)和结构有损伤(一般用1表示)两种模式的识别问题。对于一些不易通过常规观测和监测方式直接发现的结构损伤,通过一定的方法实现损伤的定位可以为后续的损伤检测和工程处理措施提供指导性的信息。当结构损伤已经被发现时,例如,大坝表面出现了明显的裂缝,人们最关心的问题是损伤的程度如何,以及在这种损伤程度下结构的承载能力还有多大,剩余的结构寿命还有多少。

★	判定是否存在损伤
★★	损伤定位
★★★	确定损伤程度
★★★★	评估结构剩余寿命

图 1.2.5 损伤诊断的四个级别

为了实现上述损伤诊断的四级目标,目前的结构损伤诊断方法主要包括有监督学习和无监督学习两类。无监督学习方法仅需要基准结构损伤指标的识别数据就可以实现结构损伤的识别,当采用的损伤指标具有损伤定位功能时,也可以实现损伤定位。有监督学习方法需要结构在不同损伤工况、不同损伤位置情况下损伤指标的识别数据,理论上可以实现损伤诊断的前三级目标;当与损伤力学和断裂力学结合时,也可以实现第四级目标,即结构剩余寿命的估算。对于大型水工混凝土结构,常常难以直接获得结构在不同损伤工况、不同损伤位置情况下的损伤指标识别数据,一般需要建立一个与实际结构尽可能一致的数值模型,并采用该模型模拟不同程度和不同位置的损伤,从而为损伤诊断提供数据。

根据上述的分析思路,研究人员已经开始尝试在水利工程中利用振动的方法来进行结构的损伤诊断。例如,王柏生等[244]根据对一实际拱坝的初步测试,着重分析了用振动法进行混凝土大坝结构损伤检测的可行性,证明用振动法来检测大坝的结构损伤是完全有可能的,并指出用振动法进行混凝土大坝结构损伤检测还需要研究的问题;王山山等[245]通过数值模拟研究了黄河大堤防渗墙在不同损伤情况下的动力特性及其变化规律,分析了振动法检测防渗墙损伤的可行性;祁德庆等[246]通过对结构损伤前后的动力特性进行分析,实现了对水下结构的损伤诊断;张建伟等[247]对环境激励下水电站厂房结构的损伤诊断问题进行了研究;练继建等[248]基于某大型水电站导墙泄流振动位移实测数据,采用随机减量技术和最小二乘复指数法对导墙的模态参数进行识别,然后根据识别的模态参数和带损伤的有限元模型计算分析结果来确定结构的损伤程度，并提出了该导墙结构的频率安全监控指标；李松辉[249]提出了基于机器学习理论的水工混凝土结构损伤诊断方法，并结合某大型导墙结构，以识别的频率作为损伤标示量，然后采用有监督学习的方法，根据有限元模拟数据，将最小二乘支持向量机用于结构损伤定位分析中，实现对结构损伤定位，并根据结构频率平方的变化来对结构的损伤程度进行评估；采用相似的方法还估算了青铜峡大坝的裂缝长度，并对结构的整体安全性进行了评价。

对于水工混凝土结构这类外界环境变量复杂的工程结构，研究各种环境变量对结构特征参数的影响，并加以模拟或消除是进行结构损伤诊断的关键一步。Yan 等[250]、Deraemaeker 等[251]及 Ni 等[252]已开始进行这方面的研究，并取得了一定的研究成果。

1.3 问题的提出

基于振动的水工混凝土结构损伤诊断方法，如何获得结构振动响应数据是关键，常规的振动激励方法耗时费力，难以实现实时在线诊断。地震和水流脉动等环境激励是水工混凝土结构的自然激励源，可以实现实时、无损和在线诊断，对实际工程较为适用。基于环境激励振动的水工混凝土结构损伤诊断方法目前仍处于尝试和探索阶段。具体来说主要有以下几个方面的问题需要进行更为深入的研究。

(1) 环境激励下水工混凝土结构的振动响应复杂，振动幅值小，振动监测数据常具有明显的非线性特征，且观测噪声的强度大，因此需要专门研究相应的数据预处理方法。

(2) 识别模态参数是计算模态指标及进行结构损伤诊断的基础。由于水工混凝土结构边界条件复杂，其振动观测数据容易受到多种外部因素的干扰，目前常用的环境激励下结构模态参数识别方法难以适应大坝等水工混凝土结构。原因主要包括：①结构遭受的环境激励一般是未知的，只能利用结构的输出，即动力响应来进行模态参数识别；②由于外部环境的影响和仪器设备的不确定性，监测噪声将不可避免，而环境激励下结构本身振动的幅值又很小，振动响应的信噪比很小；③工程结构较庞大复杂、系统自由度高、模态密集、测点的数目少、识别精度低且存在系统定阶的困难和虚假模态的问题。为了尽可能克服以上困难，需要研究适合环境激励下水工混凝土结构的模态参数识别方法。

(3) 水工混凝土结构在环境激励下的振动响应常具有较强的非线性特征，基于模态参数的结构损伤模态指标常难以适应。直接依据振动响应时间序列提取非线性动力系统特征指标进行结构损伤诊断，可以避免模态参数提取困难。传统的基于时间序列模型的损伤识别方法多数采用线性模型的假设。对于复杂、大体积水工混凝土结构能否直接利用动力响应时间序列获得其结构状态信息需要进一步研究。同时,结构损伤程度估计是结构状态辨识的重要内容。针对混凝土坝结构和环境荷载等非线性强的特点,结合动力响应时间序列信息,应用非线性动力系统理论,研究混凝土坝结构损伤程度的估计方法,有助于辨识混凝土坝在服役过程中的结构状态变化。但基于非线性动力系统指标的结构损伤诊断方法,目前主要还停留在试验和数值模拟阶段,其振动激励信号都是人工模拟的可控信号,即输入已知。因此,研究怎样从环境激励下水工混凝土结构动力响应时间序列中提取出鲁棒性强且对结构损伤敏感的动力响应时间序列指标具有十分重要的意义。

(4) 由于结构动力响应信息对结构整体状态变化和局部损伤的出现有较高敏感性,而结构刚度参数和阻尼参数等结构内在性能参数的变化,能够从本质上反映结构的损伤情形和具体的损伤部位。如果将刚度和阻尼参数作为状态变量,结合大坝动力响应的实测资料,建立包含结构内在性能参数的大坝结构状态安全监控模型,能够自适应地监控大坝动力响应和结构性能参数的变化。为此,通过研究状态空间理论的基本原理,从结构动力学的平衡方程出发,推导结构动力响应的状态方程和递推表达式,建立结构状态的动力响应监控模型,给出基于动力响应的结构状态在线判别方法。同时,考虑到环境激励和水工混凝土结构系统本身均存在诸多不确定性,鉴于贝叶斯推论在不确定量和参数辨识中的优势,通过模拟结构的不同损伤状态,结合结构动力响应实测值,研究结构损伤状态的发生概率,建立结构刚度相对系数组合辨识模型,这有利于把握混凝土坝运行过程中结构状态的改变,确保大坝工程的安全有效运行。

(5) 损伤诊断指标是评价水工混凝土结构损伤状态的依据,同时易受非稳定的环境激励和各种环境变量,如水位、温度和时间等变化的影响。常规方法识别得到的损伤指标变化可能是结构损伤引起的,但也可能是激励或环境变量变化引起的,从而给结构的损伤诊断带来困难。因此,如何从识别得到的损伤指标中消除非稳定的环境激励和环境变量的干扰,是研究基于环境激励下结构损伤诊断方法的重要一步。

(6) 基于波动理论的结构健康诊断方法不受环境和地基-结构相互作用的影响,目前研究成果多集中在框架结构,但混凝土坝在结构形式和作用荷载上与框架结构有较大的差异。运用环境激励下的混凝土坝动力响应资料、混凝土坝的结构特点和边界条件,研究波在混凝土坝中传播的数值模拟方法,探讨不同损伤状态混凝土坝中波的传播特性,分析典型波动指标对混凝土坝健康状态的敏感性,开展基于波动理论的混凝土坝结构损伤诊断方法,对及时把握水工混凝土结构健康状态有重要意义。

1.4　本书的主要内容

本书针对上述问题，以混凝土坝、船闸等水工混凝土结构为研究对象，在国家自然科学基金重点项目“重大水工混凝土结构隐患病害检测与健康诊断研究”(50139030)和“多因素协同作用下混凝土坝长效服役的理论与方法”(51139001)及国家自然科学基金面上项目“静动结合的高拱坝健康性态监测和诊断方法研究”(51279052)、“混凝土坝结构动力响应信息挖掘与安全性态评价”(51579085)和“环境激励下水工混凝土结构的在线健康监测方法研究”(51409205)的联合资助下，研究基于环境激励振动的水工混凝土结构损伤诊断的相关理论方法，主要包括以下内容。

(1) 深入分析环境激励下水工混凝土结构振动响应的特点，通过研究常规振动数据处理和自由响应提取的方法，针对性地提出环境激励下水工混凝土结构振动数据的去噪和自由响应提取技术。

(2) 分析结构模态参数识别的时域类方法和二阶盲辨识方法的基本原理，比较不同结构模态参数识别方法的优势和不足，针对环境激励下水工混凝土的结构特点，研究相应的结构模态参数识别技术以及密集模态和虚假模态的分解与剔除方法；提出环境激励下水工混凝土结构损伤诊断的模态指标，分析各模态指标对损伤的敏感性，为应用模态指标诊断水工混凝土结构的损伤状态奠定基础。

(3) 介绍结构健康诊断的时间序列指标，包括时间序列模型系数、小波变换指标和 HHT 指标等的计算理论和方法。

(4) 分析环境激励下水工混凝土结构振动响应时间序列的非线性成因，研究非线性动力系统及其差异性的表征方法。比较分析常用非线性动力系统指标对结构损伤的敏感性，提出基于环境激励的水工混凝土结构非线性动力系统指标的提取方法。

(5) 介绍结构健康诊断的波动理论和相关的损失诊断指标，包括波走时、波数和 SH 波速等的计算方法，并对基于波动理论的损伤诊断指标在环境激励下水工混凝土结构的健康诊断中的应用进行展望。

(6) 分析非稳定环境激励和环境变量对水工混凝土结构模态参数和非线性动力系统指标的影响，研究该影响的消减方法，确定应用模态指标和非线性动力系统指标进行结构损伤状态诊断的控制限，建立结构损伤诊断模型。

(7) 基于某典型混凝土坝典型坝段制作试验模型，根据不同损伤状态下实测的振动响应，提取不同类型的结构损伤诊断指标，验证这些指标对结构损伤表征的效果。采用某混凝土重力坝的强震观测数据，验证不同类型结构损伤指标和损伤诊断方法的工程适用性，为环境激励下水工混凝土结构的健康诊断提供经验。

参考文献

[1] 村井秀児，伊藤博幸，内海栄一. 动态设计的研究[J]. 小松技报，1979，25(2)：73-82.

[2] Yan Y J，Cheng L，Wu Z Y，et al. Development in vibration-based structural damage detection technique[J]. Mechanical Systems and Signal Processing，2007，21(5)：2198-2211.

[3] Farrar C，Doebling S. The state of the art in vibration-based structural damage identification，a short course[R]. Madrid：Los Alamos Dynamics Ltd，2000.

[4] Farrar C，Doebling S，Duffey T. Vibration-based damage detection[C]//Ewins D，Inman D. Structural Dynamics 2000：Current Status and Future Directions. London：Research Studies Press，2001.

[5] Farrar C，Doebling S，Nix D. Vibration-based structural damage identification [J]. Philosophical Transactions of the Royal Society of London Series A：Mathematical，Physical and Engineering Sciences，2001，359(1778)：131-149.

[6] Doebling S W，Farrar C R，Prime M B，et al. Damage identification and health monitoring of structural and mechanical systems from changes in their vibration characteristics：A literature review[J]. Shock & Vibration Digest，1996，30(11)：2043-2049.

[7] 张建伟. 基于动力检测的水工结构损伤诊断研究进展[C]//大坝技术及长效性能国际研讨会，郑州，2011.

[8] 孙万泉. 水电站厂房结构振动分析及动态识别[D]. 大连：大连理工大学，2004.

[9] 练继建. 黄河李家峡水电站双排机组真机试验研究报告[R]. 天津：天津大学，2004.

[10] 陈厚群. 中国水工结构重要强震数据及分析[M]. 北京：地震出版社，2000.

[11] 郭永刚，苏克忠，常廷改. 大坝强震监测与震害预警问题的探讨[J]. 大坝与安全，2006，(2)：7-10.

[12] 顾培英，邓昌，吴福生. 结构模态分析及其损伤诊断[M]. 南京：东南大学出版社，2007.

[13] 张光斗，张楚汉，李未显，等. 泉水拱坝的振动测量与分析[J]. 中国科学 A 辑：数学，1986，16(1)：100-116.

[14] 陈厚群，侯顺载，苏克忠，等. 东江拱坝坝体库水地基动力相互作用现场试验研究报告[R]. 北京：中国水利水电科学研究院，1993.

[15] 张翠然，胡晓. 佛子岭连拱坝动力试验及模态参数识别[J]. 水利水电技术，2002，33(12)：58-60.

[16] 秦厚慈. 试验模态分析法在拱坝试验研究中的应用[J]. 水力发电，1990，(8)：57-60.

[17] 苏克忠，郭永刚，常廷改. 大坝原型动力试验[M]. 北京：地震出版社，2006.

[18] 寇立夯，金峰，迟福东，等. 国内外混凝土拱坝原型振动试验分析[J]. 水力发电学报，2007，26(5)：31-37.

[19] 陈鹦. 脉冲锤击法进行拱坝的试验模态分析[J]. 振动与冲击，1993，12(4)：56-61.

[20] 王义锋，高明. 拱坝实验模态分析[J]. 水利水运科学研究，1991，(1)：51-61.

[21] 练继建，张建伟，李火坤，等. 泄洪激励下高拱坝模态参数识别研究[J]. 振动与冲击，2007，

26(12):101-105.

[22] 苏雅雯. 基于现代时频方法的泄流结构振动响应信号降噪及模态识别研究[D]. 南昌:南昌大学,2011.

[23] Darbre G R, Smet C D, Kraemer C. Natural frequencies measured from ambient vibration response of the arch dam of Mauvoisin[J]. Earthquake Engineering and Structure Dynamics, 2000, 29(5):577-586.

[24] 何宗成. 基于振动的混凝土拱坝损伤识别试验研究[D]. 杭州:浙江大学,2006.

[25] 王山山,杨振宇. 重力坝特性测试方法模型试验研究[J]. 振动与冲击,2012,31(10):1-3.

[26] 续秀忠,华宏星,陈兆能. 基于环境激励的模态参数辨识方法综述[J]. 振动与冲击,2003,21(3):1-5.

[27] 徐士代. 环境激励下工程结构模态参数识别[D]. 南京:东南大学,2006.

[28] Rainieri C. Operational Modal Analysis for Seismic Protection of Structures[D]. Naples: University of Naples Federico II,2008.

[29] Cunha A, Caetano E. From input-output to output-only modal identification of civil engineering structures[C]//Proceedings of the First International Operational Analysis Conference, Copenhagen, 2005.

[30] Crawford R, Ward H S. Determination of the natural periods of buildings[J]. Bulletin of the Seismological Society of America, 1964, 54(6):1743-1756.

[31] 霍幸莉,田福礼,裴承鸣. 环境激励下运输类飞机颤振试飞技术研究[J]. 强度与环境,2011,38(1):22-25.

[32] 蒲黔辉,秦世强,施洲,等. 环境激励下钢筋混凝土拱桥模态参数识别[J]. 西南交通大学学报,2012,47(4):539-545.

[33] 杨雄. 环境激励下高层建筑模态识别及其对结构风效应的相关研究[D]. 广州:广州大学,2011.

[34] 张岩,杨娜. 环境激励下古建筑木结构模态参数识别与分析[J]. 武汉理工大学学报,2010,32(9):292-295.

[35] 杨何振. 环境激励下海洋平台结构模态参数识别与损伤诊断研究[D]. 青岛:中国海洋大学,2004.

[36] 万岭. 环境激励下船舶结构模态参数识别研究[D]. 大连:大连理工大学,2010.

[37] 张丽娜. 基于环境激励的石油井架结构损伤识别研究[D]. 大庆:大庆石油学院,2009.

[38] 刘伟. 空间网格状结构健康监测系统关键技术研究[D]. 哈尔滨:哈尔滨工业大学,2009.

[39] LMS Test. Lab 软件功能中文说明书[M]. 北京:比利时 LMS 公司北京代表处,2009.

[40] 孙卫青. ME'scope 模态分析软件培训教程[R]. 北京:米勒贝姆振动与声学系统(北京)有限公司,2007.

[41] 李火坤,练继建. 高拱坝泄流激励下基于频域法的工作模态参数识别[J]. 振动与冲击,2008,27(7):149-153.

[42] 练继建,李火坤,张建伟. 基于奇异熵定阶降噪的水工结构振动模态 ERA 识别方法[J]. 中国科学 E 辑:技术科学,2008,38(9):1398-1413.

[43] 李松辉,练继建.基于支持向量机及模态参数识别的导墙结构损伤诊断研究[J].水利学报,2008,39(6):652-657.

[44] 张建伟,练继建,王海军.水工结构泄流激励动力学反问题研究进展[J].水利学报,2009,40(11):1326-1332.

[45] 寇立夯,金峰,阳剑,等.基于强震记录的二滩拱坝模态参数识别[J].水力发电学报,2009,28(5):51-56.

[46] Loh C H, Wu T S. Identification of Fei-Tsui arch dam from both ambient and seismic response data[J]. Soil Dynamics and Earthquake Engineering,1996,15(7):465-483.

[47] Loh C H, Wu T C. System identification of Fei-Tsui arch dam from forced vibration and seismic response data[J]. Journal of Earthquake Engineering,2000,4(4):511-537.

[48] Mau S T, Wang S. Arch dam system identification using vibration test data[J]. Earthquake Engineering and Structural Dynamics,2010,18(4):491-505.

[49] Mostafiz R C, Robert L H. Dynamic performance evaluation of gate vibration[J]. Journal of Structural Engineering, ASCE,1999,125(4):445-452.

[50] Proulx J, Patrick P, Julien R. An experimental investigation of water level effects on the dynamic behavior of a large arch dam[J]. Earthquake Engineering and Structural Dynamics,2001,30(8):1147-1166.

[51] Sevim B, Altunişik A C, Bayraktar A. Earthquake behavior of Berke Arch Dam using ambient vibration test results[J]. Journal of Performance of Constructed Facilities,2012,26(6):780-792.

[52] Alves S W, Hall J F. Generation of spatially nonuniform ground motion for nonlinear analysis of a concrete arch dam[J]. Earthquake Engineering and Structural Dynamics,2006,35(11):1339-1357.

[53] Mivehchi M R, Ahmadi M T. Evaluation of discrepancies between the dynamic characteristics of mathematical and prototype model of concrete arch dam[C]//Proceedings of 13th World Conference on Earthquake Engineering, Vancouver,2004.

[54] Allemang R J, Brown D L. Correlation coefficient for modal vector analysis [C]//Proceedings of the 1st International Modal Analysis Conference, Orlando,1982.

[55] Lieven N A J, Ewins D J. Spatial correlation of mode shapes, the coordinate modal assurance criterion[C]//Proceedings of the 6th International Modal Analysis Conference, Kissimmee,1988.

[56] Pandey A K, Bisws M, Samman M M. Damage detection from changes in curvature mode shapes[J]. Journal of Sound and Vibration,1991,145(2):321-332.

[57] Raghavendrachar M, Aktan A E. Flexibility by multi reference impact testing for bridge diagnostics[J]. Journal of Structural Engineering,1992,118(8):2186-2203.

[58] Zhao J, Dewolf J T. Sensitivity study for vibrational parameters used in damage detection[J]. Journal of Structural Engineering,1999,125(4):410-416.

[59] Pandey A K, Bisws M. Damage detection in structures using changes in flexibility[J].

Journal of Sound and Vibration, 1994, 169(1): 3-17.
[60] 邓炎，严普强. 桥梁结构损伤的振动模态检测[J]. 振动、测试与诊断，1999，19(3)：157-163.
[61] 李功宇，郑华文. 损伤结构的曲率模态分析[J]. 振动、测试与诊断，2002，22(2)：136-141.
[62] Wahab M M A, de Roeck G. Damage detection in bridges using modal curvatures: Application to a real damage scenario[J]. Journal of Sound and Vibration, 1999, 226(2): 217-235.
[63] Sampaio R P C, Maia N M M, Silva J M M. Damage detection using the frequency-response-function curvature method[J]. Journal of Sound and Vibration, 1999, 226(5): 1029-1042.
[64] Stubbs N, Kim J T. Damage localization in structures without baseline modal parameters[J]. AIAA Journal, 1996, 34(8): 1644-1649.
[65] 董聪，丁辉，高嵩. 结构损伤识别和定位的基本原理和方法[J]. 中国铁道科学，1999，20(3)：89-94.
[66] Shi Z Y, Law S S, Zhang M L. Structural damage localization from modal strain energy change[J]. Journal of Sound and Vibration, 1998, 218(5): 825-844.
[67] Hong J C, Kim Y Y, Lee H C, et al. Damage detection using the Lipschitz exponent estimated by the wavelet transform: Applications to vibration modes of a beam [J]. International Journal of Solids and Structures, 2002, 39(7): 1803-1816.
[68] Wu Z, Yokoyama K, Harada T. A soft post-earthquake damage identification methodology using vibration time series[J]. Smart Materials & Structures, 2005, 14(3): 116-124.
[69] Xu B, Chen G, Wu Z. Parametric identification for a truss structure using axial strain[J]. Computer-Aided Civil and Infrastructure Engineering, 2010, 22(22): 210-222.
[70] 许斌，龚安苏，贺佳，等. 基于神经网络模型的结构参数提取新方法[J]. 工程力学，2011，28(4)：35-41.
[71] 郭永刚，许亮华，水小平. 基于脉冲响应数据的 ARMA 法建模以及模态参数识别[J]. 地震工程与工程振动，2006，26(5)：167-171.
[72] 赵永辉，邹经湘. 利用 ARMAX 模型识别结构模态参数[J]. 振动与冲击，2000，19(1)：36-38.
[73] 刘宗政，陈恳，郭隆德，等. 基于环境激励的桥梁模态参数识别[J]. 振动、测试与诊断，2010，30(3)：300-303.
[74] 许亮华，郭永刚，杜修力. 水工建筑物强震动加速度记录的分析处理[J]. 地震工程与工程振动，2012，32(5)：26-32.
[75] 刘辉，潘迪夫，李燕飞. 基于时间序列分析的机车振动信号建模和预测[J]. 铁道机车车辆，2007，27(4)：34-37.
[76] 沈德明，高亹. 小波网络在振动信号时间序列预报中的应用[J]. 振动、测试与诊断，2000，20(3)：34-37.
[77] 杨叔子，吴雅，王治藩. 时间序列分析的工程应用[M]. 武汉：华中理工大学出版社，1991.
[78] Nair K K, Kiremidjian A S, Law K H. Time series-based damage detection and localization algorithm with application to the ASCE benchmark structure[J]. Journal of Sound and

Vibration,2006,291(1):349-368.

[79] 马高,屈文忠,陈明祥.基于时间序列的结构损伤在线诊断[J].武汉大学学报(工学版),2008,41(1):81-85.

[80] 吴令红,熊晓燕.基于时间序列分析的结构损伤检测[J].煤矿机电,2009,(4):71-72,75.

[81] 吴森,韦灼彬,王绍忠,等.基于AR模型和主成分分析的损伤识别方法[J].振动、测试与诊断,2012,32(5):841-845.

[82] 王真,程远胜.基于时间序列模型自回归系数灵敏度分析的结构损伤识别方法[J].工程力学,2008,25(10):38-43.

[83] 杜永峰,李万润,李慧,等.基于时间序列分析的结构损伤识别[J].振动与冲击,2012,31(12):108-111.

[84] Fugate M L,Sohn H,Farrar C R. Vibration-based damage detection using statistical process control[J]. Mechanical Systems & Signal Processing,2001,15(4):707-721.

[85] 李万润,杜永峰,倪一清,等.基于伪传递函数的高耸结构损伤识别[J].振动、测试与诊断,2015,35(1):63-69.

[86] Gul M,Catbas F N. Structural health monitoring and damage assessment using a novel time series analysis methodology with sensor clustering[J]. Journal of Sound and Vibration,2011,330(6):1196-1210.

[87] Lu Y,Gao F. A novel time-domain auto-regressive model for structural damage diagnosis[J]. Journal of Sound and Vibration,2005,283(3-5):1031-1049.

[88] Xianya X,Evans R J. Paper:Discrete-time adaptive control for deterministic time-varying systems[J]. Automatica,1984,20(3):309-319.

[89] 阎晓明,李言俊,陈新海.一种自动调整遗忘因子的快速时变参数辨识方法[J].自动化学报,1991,17(3):336-339.

[90] 胡昌华,许化龙.时变参数估计的新方法及在故障诊断中的应用[J].西北工业大学学报,1996,14(4):517-521.

[91] Cho Y S,Kim S B,Powers E J. Time-varying spectral estimation using AR models with variable forgetting factors[J]. IEEE Transactions on Signal Processing,2002,39(6):1422-1426.

[92] Song S,Lim J S,Baek S,et al. Gauss Newton variable forgetting factor recursive least squares for time varying parameter tracking[J]. Electronics Letters,2000,36(11):988-990.

[93] 王爱力,黄敏.自调整遗忘因子的有色噪声时变系统辨识[J].微计算机信息,2009,25(3):243-244.

[94] 陈涵,刘会金,李大路,等.可变遗忘因子递推最小二乘法对时变参数测量[J].高电压技术,2008,34(7):1474-1477.

[95] 公茂盛.基于强震记录的结构模态参数识别与应用研究[D].哈尔滨:中国地震局工程力学研究所,2005.

[96] Okafor A C,Chandrashekhara K,Jiang Y P. Location of impact in composite plates using waveform-based acoustic emission and Gaussian cross-correlation techniques [C]//

Proceedings of the SPIE, Newport Beach, 1996.

[97] Li X Y, Law S S. Matrix of the covariance of covariance of acceleration responses for damage detection from ambient vibration measurements[J]. Mechanical Systems and Signal Processing, 2010, 24(4): 945-956.

[98] Brincker R, Anderson P, Martinez M E, et al. Modal analysis of an offshore platform using two different ARMA approaches[D]//Proceedings of the 14th International Modal Analysis Conference, Santa Barbara, 1994.

[99] Garcia G V, Osegueda R. Combining damage index method and ARMA method to improve damage[C]//Proceedings of the IMAC XVIII: A Conference on Structural Dynamics, San Antonio, 2000.

[100] Owen J S, Eccles B J, Choo B S, et al. The application of auto-regressive time series modeling for the time-frequency analysis of civil engineering structures[J]. Engineering Structures, 2001, 23(5): 521-536.

[101] 孙万泉. 泄洪激励下高拱坝损伤识别的互熵矩阵曲率法[J]. 工程力学, 2012, 29(9): 30-36.

[102] Okafor A C, Dutta A. Structural damage detection in beams by wavelet transforms[J]. Smart Materials and Structures, 2009, 9(6): 906-917.

[103] 曹茂森. 基于损伤指标小波分析的结构损伤特征提取与辨识基本问题研究[D]. 南京: 河海大学, 2005.

[104] Huang N E, Shen Z, Long S R, et al. The empirical mode decomposition and the Hilbert spectrum for nonlinear and non-stationary time series analysis[J]. Proceedings of Royal Society of London Series, 1998, 454(1971): 903-995.

[105] 丁幼亮, 李爱群, 邓群. 小波包分析和信息融合在结构损伤预警中的联合应用[J]. 工程力学, 2010, 27(8): 72-76.

[106] Wang Q, Deng X M. Damage detection with spatial wavelets[J]. International Journal of Solids and Structures, 1999, 36(23): 3443-3468.

[107] 刘凌宇. 环境激励下基于小波包能量谱的钢框架结构损伤识别研究[D]. 西安: 西安建筑科技大学, 2015.

[108] Huang Y, Meyer D, Nemat-Nasser S. Damage detection with spatially distributed 2D continuous wavelet transform[J]. Mechanics of Materials, 2009, 41(10): 1096-1107.

[109] Craig C, Nelson R D, Penman J. The use of correlation dimension in condition monitoring of systems with clearance[J]. Journal of Sound and Vibration, 2000, 231(1): 1-17.

[110] Clément A. An alternative to the Lyapunov exponent as a damage sensitive feature[J]. Smart Materials and Structures, 2011, 20(2): 1-17.

[111] Yan R, Gao R X. Approximate entropy as a diagnostic tool for machine health monitoring[J]. Mechanical Systems and Signal Processing, 2007, 21(2): 824-839.

[112] Azizpour H, Sotudeh-Gharebagh R, Zarghami R, et al. Vibration time series analysis of bubbling and turbulent fluidization[J]. Particuology, 2012, 10(3): 292-297.

[113] Arnhold J, Grassberger P, Lehnertz K, et al. A robust method for detecting interdependences: Application to intracranially recorded EEG[J]. Physica D: Nonlinear Phenomena, 1999, 134(4):419-430.

[114] Pecora L M, Carroll T L, Heagy J F. Statistics for continuity and differentiability: An application to attractor reconstruction from time series[J]. Fields Institute Communications, 1997, 11:49-62.

[115] Schreiber T. Detecting and analyzing non-stationary in a time series with nonlinear cross predictions[J]. Physical Review Letters, 1997, 78(5):843-846.

[116] Todd M D, Nichols J M, Pecora L M, et al. Vibration-based damage assessment utilizing state space geometry changes: Local attractor variance ratio[J]. Smart Materials and Structures, 2001, 10(5):1000-1008.

[117] Cusumano J P, Chatterjee A. Steps towards a qualitative dynamics of damage evolution[J]. International Journal of Solids and Structures, 2000, 37(44):6397-6417.

[118] Manoach E, Samborski S, Mitura A, et al. Vibration based damage detection in composite beams under temperature variations using Poincare maps[J]. International Journal of Mechanical Sciences, 2012, 62(1):120-132.

[119] Iwaniec J, Uhl T, Staszewski W J, et al. Detection of changes in cracked aluminum plate determinism by recurrence analysis[J]. Nonlinear Dynamics, 2012, 70(1):125-140.

[120] Torkamani S, Butcher E A, Todd M D, et al. Hyperchaotic probe for damage identification using nonlinear prediction error[J]. Mechanical Systems and Signal Processing, 2012, 29:457-473.

[121] Torkamani S, Butcher E A, Todd M D, et al. Detection of system changes due to damage using a tuned hyperchaotic probe[J]. Smart Materials and Structures, 2011, 20(2):1-16.

[122] Nichols J M, Trikey S T, Todd M D, et al. Structural health monitoring through chaotic interrogation[J]. Meccanica, 2003, 38(2):239-250.

[123] Nichols V. Systems identification through chaotic interrogation[J]. Signal Process, 2003, 17(4):871-881.

[124] Overbey L A. Time series analysis and feature extraction techniques for structural health monitoring applications[D]. San Diego: University of California, 2008.

[125] 裘群海，徐超，吴斌. 基于混沌激励与吸引子分析的结合面损伤识别方法[J]. 振动与冲击，2012, 31(11):118-132.

[126] Olson C C. Evolutionary algorithms, chaotic excitations, and structural health monitor: On global search methods for improved damage detection via tailored inputs[D]. San Diego: University of California, 2008.

[127] Worden K, Farrar C R, Haywood J, et al. A review of nonlinear dynamics applications to structural health monitoring[J]. Structural Control and Health Monitoring, 2008, 15(4):540-567.

[128] Adams D E, Nataraju M. A nonlinear dynamical systems framework for structural

diagnosis and prognosis[J]. International Journal of Engineering Science, 2002, 40(17): 1919-1941.

[129] Nichols J M. Structural health monitoring of offshore structures using ambient excitation[J]. Applied Ocean Research, 2003, 25(3): 101-114.

[130] 杨弘. 二滩水电站水垫塘底板动力响应特性与安全监测指标研究[D]. 天津: 天津大学, 2004.

[131] Ryue J, White P R. The detection of cracks in beams using chaotic excitations[J]. Journal of Sound and Vibration, 2007, 307(3-5): 627-638.

[132] Overbey L A, Todd M D. Analysis of local state space models for feature extraction in structural health monitoring[J]. Structural Health Monitoring, 2007, 6(2): 145-172.

[133] 杨世锡, 汪慰军. 柯尔莫哥洛夫熵及其在故障诊断中的应用[J]. 机械科学与技术, 2000, 19(1): 6-8.

[134] 聂振华, 马宏伟. 基于重构相空间的结构损伤识别方法[J]. 固体力学学报, 2013, 34(1): 83-92.

[135] 范崇, 孟繁华. 现代控制理论基础[M]. 上海: 上海交通大学出版社, 1990.

[136] 严拱天. 现代状态空间分析在航天动力学估计与控制的应用[J]. 控制工程, 1991, (2): 37-77.

[137] 马彬. 基于状态空间法的水下结构模态分析[D]. 大连: 大连理工大学, 2007.

[138] 钟阳, 张永山. 弹性地基上矩形薄板问题的 Hamilton 正则方程及解析解[J]. 固体力学学报, 2005, 26(3): 325-328.

[139] 雷庆关, 沈小璞, 王建国. 弹性地基板动力响应问题的多变量样条状态空间精细法[J]. 工业建筑, 2007, 37(1): 62-65.

[140] 钟岱辉, 傅传国. 桩与多层地基相互作用分析的增量传递矩阵法[J]. 工业建筑, 1999, 29(6): 37-47.

[141] 方诗圣, 王建国, 王秀喜. 层状饱和土 Boit 固结问题状态空间法[J]. 力学学报, 2003, 35(2): 206-212.

[142] 王建国, 于传君, 蒋楠. 多层框架分析的状态变量传递法[J]. 合肥工业大学学报, 1998, 21(4): 6-10.

[143] 胡启平, 张华. 框架-剪力墙-薄壁筒斜交结构分析的状态空间法[J]. 工程力学, 2006, 23(4): 125-129.

[144] 高洪俊, 王羡农, 闰亚光, 等. 框剪结构协同分析的状态空间法[J]. 西安科技大学学报, 2007, 27(4): 573-575.

[145] 周强, 孙炳楠, 唐锦春. 大跨度桥梁风振响应的状态空间法分析[J]. 浙江大学学报, 1995, 29(6): 665-673.

[146] 黄胜伟, 张良成, 陶韶思. 状态空间理论在水利工程中的应用[J]. 山东农业大学学报(自然科学版), 2001, 32(1): 33-38.

[147] 沈小璞, 陈荣毅, 王建国. 基于状态空间理论分析圆柱形拱坝静动力响应[J]. 华中科技大学学报(城市科学版), 2008, 25(4): 64-69.

[148] 慕金波，侯克复．建立河流水质模型的状态空间分析法．南京理工大学学报，1994,(2)：50-57.

[149] 沈小璞，肖卓．高层建筑结构动力时程响应分析的状态空间迭代法[J]．建筑结构学报，1998,19(5):8-16.

[150] 滕红智，赵建民，贾希胜，等．基于状态空间模型的齿轮磨损预测研究[J]．机械科学与技术，2011,30(12):2086-2091.

[151] 姚智胜，邵春福．基于状态空间模型的道路交通状态多点时间序列预测[J]．中国公路学报，2007,20(4):113-117.

[152] 洪军，郭俊康，刘志刚，等．基于状态空间模型的精密机床装配精度预测与调整工艺[J]．机械工程学报，2013,49(6):114-121.

[153] Juang J N, Pappa R S. An eigensystem realization algorithm for modal parameter identification and model reduction[J]. Journal of Guidance, Control and Dynamics, 1985, 8(5):620-627.

[154] Khdeir A A. A Remark on the state-space concept applied to bending[J]. Buckling and Free Vibration of Composite Laminates, Computer and Structures, 1996, 59(5):813-817.

[155] Chen X Z, Kareem A. Aeroelastic analysis of bridges under multi-correlated winds: Integrated state-space approach[J]. Journal of Engineering Mechanics, 2001, 127(11): 1124-1134.

[156] Wilde K, Fujino Y. Aerodynamic control of bridge deck flutter by active surfaces[J]. Journal of Engineering Mechanics, 1998, 124(7):718-727.

[157] 王云峰，程伟，陈江攀．基于状态空间和 NR-LMS 的结构参数辨识方法[J]．北京航空航天大学学报，2014,40(4):517-522.

[158] 吴日强，于开平，邹经湘．改进的子空间方法及其在时变结构参数辨识中的应用[J]．工程力学，2002,19(4):67-89.

[159] 马超，华宏星．基于改进正则化方法的状态空间载荷识别技术[J]．振动与冲击，2015,34(11):146-149.

[160] 许鑫，史治宇，龙双丽．基于小波状态空间法的时变结构瞬时频率识别[J]．中国机械工程，2011,22(8):901-904,925.

[161] 林友勤，任伟新．随机状态空间模型在结构异常识别中的应用[J]．福州大学学报(自然科学版)，2007,35(4):577-581.

[162] 许鑫，史治宇．用于时变系统参数识别的状态空间小波方法[J]．工程力学，2011,28(3):23-28.

[163] Liu K. Extension of modal analysis to linear time-varying systems[J]. Journal of Sound and Vibration, 1999, 226(1):149-167.

[164] Adeli H. Neural networks in civil engineering: 1989-2000[J]. Computer-Aided Civil and Infrastructure Engineering, 2001, 16(2):126-142.

[165] Adeli H, Jiang X. Dynamic fuzzy wavelet neural network model for structural system identification[J]. Journal of Structural Engineering, ASCE, 2006, 132(1):102-111.

[166] Adeli H, Jiang X. Intelligent Infrastructure-Neural Networks, Wavelets, and Chaos Theory for Intelligent Transportation Systems and Smart Structures[M]. Boca Raton: CRC Press, Taylor & Francis, 2009.

[167] Jiang X, Adeli H. Dynamic wavelet neural network for nonlinear identification of high rise buildings[J]. Computer-Aided Civil and Infrastructure Engineering, 2005, 20(5): 316-330.

[168] Lam H F, Yuen K V, Beck J L. Structural health monitoring via measured Ritz vectors utilizing artificial neural networks[J]. Computer-Aided Civil and Infrastructure Engineering, 2006, 21(4): 232-241.

[169] Yuen K V, Katafygiotis L S. Substructure identification and health monitoring using noisy response measurements only[J]. Computer-Aided Civil and Infrastructure Engineering, 2006, 21(4): 280-291.

[170] Koh C G, Shankar K. Substructural identification method without interface measurement[J]. Journal of Engineering Mechanics, 2003, 129(7): 769-776.

[171] Caicedo J M, Dyke S J, Johnson E A. Natural excitation technique and eigensystem realization algorithm for phase I of the IASC-ASCE benchmark problem: Simulated data[J]. Journal of Engineering Mechanics, 2004, 130(1): 49-60.

[172] Franco G, Betti R, Luş H. Identification of structural systems using an evolutionary strategy[J]. Journal of Engineering Mechanics, 2004, 130(10): 1125-1139.

[173] Jiang X, Adeli H. Pseudospectra, music, and dynamic wavelet neural network for damage detection of highrise buildings[J]. International Journal for Numerical Methods in Engineering, 2007, 71(5): 606-629.

[174] Butcher J B, Day C R, Austin J C, et al. Defect detection in reinforced concrete using random neural architectures[J]. Computer-Aided Civil and Infrastructure Engineering, 2014, 29(3): 191-207.

[175] Khalid M, Yusof R, Joshani M, et al. Nonlinear identification of a magneto-rheological damper based on dynamic neural networks[J]. Computer-Aided Civil and Infrastructure Engineering, 2014, 29(3): 162-177.

[176] Story B A, Fry G T. A structural impairment detection system using competitive arrays of artificial neural networks[J]. Computer-Aided Civil and Infrastructure Engineering, 2014, 29(3): 180-190.

[177] Fuggini C, Chatzi E, Zangani D. Combining genetic algorithms with a meso-scale approach for system identification of a smart polymeric textile[J]. Computer-Aided Civil and Infrastructure Engineering, 2013, 28(3): 227-245.

[178] O'Byrne M, Schoefs F, Ghosh B, et al. Texture analysis based damage detection of ageing infrastructural elements[J]. Computer-Aided Civil and Infrastructure Engineering, 2013, 28(3): 162-177.

[179] Goulet J A, Michel C, Smith I F. Hybrid probabilities and error-domain structural identification using ambient vibration monitoring[J]. Mechanical Systems and Signal

Processing,2013,37(1):199-212.
[180] Glisic B, Yarnold M T, Moon F L, et al. Advanced visualization and accessibility to heterogeneous monitoring data[J]. Computer-Aided Civil and Infrastructure Engineering, 2014,29(5):382-398.
[181] Oh C K,Beck J L,Yamada M. Bayesian learning using automatic relevance determination prior with an application to earthquake early warning[J]. Journal of Engineering Mechanics, 2008,134(12):1013-1020.
[182] Wu S, Beck J, Heaton T H. Earthquake probability-based automated decision-making framework for earthquake early warning[J]. Computer-Aided Civil and Infrastructure Engineering,2013,28(10):737-752.
[183] Jiang X,Mahadevan S,Adeli H. Bayesian wavelet packet denoising for structural system identification[J]. Structural Control and Health Monitoring,2007,14(2):333-356.
[184] Beck J L. Bayesian system identification based on probability logic[J]. Structural Control and Health Monitoring,2010,17(7):825-847.
[185] Papadimitriou C, Fritzen C P, Kraemer P, et al. Fatigue predictions in entire body of metallic structures from a limited number of vibration sensors using Kalman filtering[J]. Structural Control and Health Monitoring,2011,18(5):554-573.
[186] Hoi K I,Yuen K V,Mok K M. Iterative probabilistic approach for selection of time-varying model classes[J]. Procedia Engineering,2011,14:2585-2592.
[187] Hoi K I,Yuen K V,Mok K M. Improvement of the multilayer perceptron for air quality modelling through an adaptive learning scheme[J]. Computers and Geosciences,2013,59:148-155.
[188] Yuen K V,Mu H Q. A novel probabilistic method for robust parametric identification and outlier detection[J]. Probabilistic Engineering Mechanics,2012,30(4):48-59.
[189] Huang Y, Beck J L, Wu S, et al. Robust Bayesian compressive sensing for signals in structural health monitoring[J]. Computer-Aided Civil and Infrastructure Engineering, 2013,29(3):160-179.
[190] Bensi M,Kiureghian A D,Straub D. Efficient Bayesian network modeling of systems[J]. Reliability Engineering and System Safety,2013,112:200-213.
[191] Kalman R E,Bucy R S. New results in linear filtering and prediction theory[J]. Journal of Basic Engineering,1961,83(3):95-108.
[192] Jazwinski A H. Stochastic Processes and Filtering Theory[M]. New York: Academic Press,1970.
[193] Loh C H,Lin C Y,Huang C C. Time domain identification of frames under earthquake loading[J]. Journal of Engineering Mechanics,2000,126(7):693-703.
[194] Shumway R H,Stoffer D S. An approach to time series smoothing and forecasting using the EM algorithm[J]. Journal of Time Series Analysis,1982,3(4):253-264.
[195] Koh C G,See L M. Identification and uncertainty estimation of structural parameters[J].

Journal of Engineering Mechanics,1994,120(6):1219-1236.
[196] Lei Y, Jiang Y, Xu Z. Structural damage detection with limited input and output measurement signals[J]. Mechanical Systems and Signal Processing,2012,28(5):229-243.
[197] Yuen K V, Liang P F, Kuok S C. Online estimation of noise parameters for Kalman filter[J]. Structural Engineering and Mechanics,2013,47(3):361-381.
[198] Ching J, Beck J L, Porter K A. Bayesian state and parameter estimation of uncertain dynamical systems[J]. Probabilistic Engineering Mechanics,2006,21(1):81-96.
[199] Julier S J, Uhlmann J K. New extension of the Kalman filter to nonlinear systems, in AeroSense'97[J]. International Society for Optics and Photonics,1997,3068:182-193.
[200] Wu M, Smyth A W. Application of the unscented Kalman filter for real-time nonlinear structural system identification[J]. Structural Control and Health Monitoring, 2007, 14(7):971-990.
[201] 孙笑,赵明阶,汪魁,等. 波动理论在岩土工程测试中的应用研究进展[J]. 重庆交通大学学报(自然科学版),2013,32(1):58-62.
[202] 陈震,徐远杰. 基于波动理论的高进水塔非线性有限元分析[J]. 土木工程学报,2010,(S1):560-566.
[203] 孙海蛟,林哲,赵德有. 基于波动理论的管结构损伤检测方法[J]. 无损检测,2009,31(1):68-71.
[204] 苗晓婷. 基于导波的结构健康监测中特征提取技术与损伤识别方法的研究[D]. 上海:上海交通大学,2011.
[205] 周邵萍,张蒲根,吕文超,等. 基于导波的弯管裂纹缺陷的检测[J]. 机械工程学报,2015,51(6):58-65.
[206] 严刚. 基于应力波和时频分析的复合材料结构损伤监测和识别[D]. 南京:南京航空航天大学,2005.
[207] 张伟,罗松南,童桦. 瞬态波在非均匀损伤混凝土介质中的传播[J]. 湖南大学学报(自科科学版),2006,33(6):38-41.
[208] Chang P C, Flatau A, Liu S C. Review paper: Health monitoring of civil infrastructure[J]. Acoustics Speech & Signal Processing Newsletter IEEE,2003,2(3):257-267.
[209] Uzgider E, Aydogan M. Simple and efficient method for the dynamic response of 2D frames subject to ground motions [C]//Proceedings of the 8th European Conference on Earthquake Engineering, Lisbon, 1986.
[210] Aydogan M, Uzgider E. Simple numerical method for the earthquake response of brick masonry structures[J]. Bulletin of Technical University of Istanbul,1988,1(3):415-431.
[211] Cai G Q, Lin Y K. Localization of wave propagation in disordered periodic structures[J]. AIAA Journal,1991,29(3):450-456.
[212] Cai G Q, Lin Y K. Wave propagation and scattering in structural networks[J]. Journal of Engineering Mechanics, ASCE,1991,117(7):1555-1574.
[213] Yong Y, Lin Y K. Dynamic response analysis of truss type structural networks: A wave

propagation approach[J]. Sound and Vibration,1992,156(1):27-35.
[214] Kanai K,Yoshizawa S. Some new problems of seismic vibrations of a structure. Part 1[J]. Bulletin of the Earthquake Research Institute of the University of Tokyo,1963,41(4):825-833.
[215] Kawakami H,Haddadi H R. Modeling wave propagation by using normalized input-output minimization method[J]. Soil Dynamics and Earthquake Engineering, 1998, 17(2):117-126.
[216] Todorovska M I,Trifunac M D. Antiplane earthquake waves in long structures[J]. Journal of Engineering Mechanics,1989,115(12):2687-2708.
[217] Todorovska M I, Trifunac M D. Propagation of earthquake waves in buildings with soft first floor[J]. Journal of Engineering Mechanics,1990,116(4):892-900.
[218] Todorovska M I,Lee V W. Seismic waves in buildings with shear walls or central core[J]. Journal of Engineering Mechanics,1989,115(12):2669-2686.
[219] Şafak E. Wave-propagation formulation of seismic response of multistory buildings[J]. Journal of Structural Engineering,1999,125(4):426-438.
[220] Todorovska M I, Rahmani M T. System identification of buildings by wave travel time analysis and layered shear beam models—Spatial resolution and accuracy[J]. Structural Control & Health Monitoring,2013,20(5):686-702.
[221] Timoshenko S P. On the correction for shear of the differential equation for transverse vibrations of prismatic bars[J]. Philosophical Magazine Series 6,1921,41(245):744-746.
[222] Mead D J. Wave propagation in Timoshenko beams[J]. Strojnicky Casopis, 1985, 36:556-584.
[223] Park J. Transfer function methods to measure dynamic mechanical properties of complex structures[J]. Journal of Sound and Vibration,2005,288(1-2):57-79.
[224] Ebrahimian M,Todorovska M I. Wave propagation in a Timoshenko beam building model[J]. Journal of Engineering Mechanics,2014,140(5):70-75.
[225] Ebrahimian M,Rahmani M,Todorovska M I. Nonparametric estimation of wave dispersion in high-rise buildings by seismic interferometry[J]. Earthquake Engineering & Structural Dynamics,2014,43(15):2361-2375.
[226] Ebrahimian M, Todorovska M I. Structural system identification of buildings by a wave method based on a nonuniform Timoshenko beam model[J]. Journal of Engineering Mechanics,2015,141(8):04015022.
[227] Rahmani M,Ebrahimian M,Todorovska M I. Wave dispersion in high-rise buildings due to soil-structure interaction[J]. Earthquake Engineering & Structural Dynamics, 2015, 44(2):317-323.
[228] 刘喜武. 弹性波场论基础[M]. 青岛:中国海洋大学出版社,2008.
[229] 河海大学. 水工钢筋混凝土结构学[M]. 5 版. 北京:中国水利水电出版社,2016.
[230] 史文谱. 线弹性 SH 波散射理论及几个问题研究[M]. 北京:国防工业出版社,2013.

[231] Trifunac M D, Ivanović S S, Todorovska M I. Wave propagation in a seven-story reinforced concrete building: III. Damage detection via changes in wavenumbers[J]. Soil Dynamics and Earthquake Engineering, 2003, 23(1): 65-75.

[232] Rahmani M, Todorovska M I. 1D system identification of buildings during earthquakes by seismic interferometry with waveform inversion of impulse responses—Method and application to Millikan library[J]. Soil Dynamics and Earthquake Engineering, 2013, 47(1): 157-174.

[233] Rahmani M, Ebrahimian M, Todorovska M I. Time-wave velocity analysis for early earthquake damage detection in buildings: Application to a damaged full-scale RC building[J]. Earthquake Engineering & Structural Dynamics, 2015, 44(4): 619-636.

[234] Todorovska M I, Trifunac M D. Earthquake damage detection in the Imperial County Services Building III: Analysis of wave travel times via impulse response functions[J]. Soil Dynamics & Earthquake Engineering, 2008, 28(5): 387-404.

[235] Rahmani M, Todorovska M I. 1D System identification of a 54-story steel frame building by seismic interferometry[J]. Earthquake Engineering & Structural Dynamics, 2014, 43(4): 627-640.

[236] Ivanovic S S, Trifunac M D, Todorovska M D. On identification of damage in structures via wave travel times[J]. NATO Science Series E: Applied Sciences, 2001, 373: 447-467.

[237] Todorovska M I, Ivanović S S, Trifunac M D. Wave propagation in a seven-story reinforced concrete building: I. Theoretical models[J]. Soil Dynamics and Earthquake Engineering, 2001, 21(3): 211-223.

[238] Todorovska M I, Ivanović S S, Trifunac M D. Wave propagation in a seven-story reinforced concrete building: II. Observed wavenumbers [J]. Soil Dynamics and Earthquake Engineering, 2001, 21(3): 225-236.

[239] Snieder R, Safak E. Extracting the building response using seismic interferometry: Theory and application to the Millikan Library in Pasadena, California [J]. Bulletin of the Seismological Society of America, 2006, 96(2): 586-598.

[240] Oyunchimeg M, Kawakami H. A new method for propagation analysis of earthquake waves in damaged buildings: Evolutionary normalized input-output minimization (NIOM) [J]. Journal of Asian Architecture & Building Engineering, 2003, 2(1): 9-16.

[241] Todorovska M I. Seismic interferometry of a soil-structure interaction model with coupled horizontal and rocking response[J]. Bulletin of the Seismological Society of America, 2009, 99(2A): 611-625.

[242] Todorovska M I. Soil-structure system identification of Millikan Library north-south response during four earthquakes (1970-2002): What caused the observed wandering of the system frequencies?[J]. Bulletin of the Seismological Society of America, 2009, 99(2A): 626-635.

[243] Sohn H, Farrar C R, Hunter N F, et al. Structural health monitoring using statistical

pattern recognition techniques [J]. Journal of Dynamic Systems, Measurement, and Control,2001,123(4):706-711.

[244] 王柏生,何宗成. 混凝土大坝结构损伤检测振动法的可行性[J]. 建筑科学与工程学报,2005,22(2):51-56.

[245] 王山山,任青文. 黄河大堤防渗墙质量无损检测方法研究[J]. 河海大学学报,2004,32(4):405-409.

[246] 祁德庆,黄彬辉. 水下工程结构的损伤诊断分析[J]. 振动与冲击,2006,25(3):183-185.

[247] 张建伟,李火坤,练继建. 基于环境激励的厂房结构损伤诊断与安全评价[J]. 振动、测试与诊断,2012,32(4):670-695.

[248] 练继建,张建伟,王海军. 基于泄流响应的导墙损伤诊断研究[J]. 水力发电学报,2008,27(1):96-101.

[249] 李松辉. 基于机器学习和模态参数识别理论的水工结构损伤诊断方法研究[D]. 天津:天津大学,2008.

[250] Yan A M, Kerschen G, Boe P D, et al. Structural damage diagnosis under varying environmental conditions—Part I: A linear analysis [J]. Mechanical Systems and Signal Processing,2005,19(4):847-864.

[251] Deraemaeker A, Reynders E, Roeck G D, et al. Vibration-based structural health monitoring using output-only measurements under changing environment[J]. Mechanical Systems and Signal Processing,2008,22(1):34-56.

[252] Ni Y Q, Hua X G, Fan K Q, et al. Correlating modal properties with temperature using long-term monitoring data and support vector machine technique[J]. Engineering Structures,2005,27(12):1762-1773.

第 2 章　环境激励下水工混凝土结构振动数据前处理和自由响应提取方法

2.1 引　　言

一般对于结构振动问题的研究需要考虑三个方面的内容，即激励、结构系统和振动响应。任意时刻，大坝等水工混凝土结构的振动响应是由激励和结构本身的性质及运行环境共同决定的。因此，对于环境激励下水工混凝土结构的振动问题，应从环境激励、结构系统、运行环境和振动响应四个方面来进行研究。环境激励下的水工混凝土结构，结构系统的特性和激励源的性质都是未知的，这时需要对激励的性质进行一定简化，才能采用相关的数学模型来进行处理，并识别特征参数。为了使简化更为合理，需要研究常见的水工混凝土结构环境激励的性质。

结构系统的动力问题可分为线性动力问题(结构质量、阻尼和劲度均与结构的响应及时间无关)和非线性动力问题(包括几何非线性和材料非线性)。本书主要的研究对象是混凝土材料的水工结构，在设计工况下，应保持线弹性工作状态。因此，以下主要讨论线性、定常和稳定的结构系统，即对振动荷载满足线性叠加原理，结构的质量、刚度和阻尼等不随时间变化，并且激励和响应满足傅里叶变换及拉普拉斯变换条件的系统。在结构的动力分析过程中，另一个重要的问题是阻尼的模拟。目前，常用的阻尼模型包括黏性阻尼(黏性比例阻尼和一般黏性阻尼)和结构阻尼(结构比例阻尼和一般结构阻尼)。在水利工程中，应用最广泛的还是黏性阻尼模型。黏性比例阻尼模型(如瑞利阻尼)对应的结构阻尼矩阵是可对角化的，系统能够在模态坐标系下进行解耦，对应的模态分析称为实模态分析；一般黏性阻尼模型对应的阻尼矩阵不能直接对角化，相应的模态分析称为复模态分析。水工混凝土结构运行环境的影响，主要包括库水位、温度及结构和材料的时变性。

振动响应观测数据常受观测噪声、仪器误差和其他干扰的影响，不能直接用来分析。与其他类型结构的振动观测数据相比，环境激励下水工混凝土结构振动观测数据本身具有一些比较特殊的性质，如外界随机干扰强度大、监测数据量大和性质复杂等。因此，对于水工混凝土结构振动响应观测数据，除一些常规的监测数据处理方式外，还需研究专门的处理方法。

针对上述问题，本章从环境激励源和响应数据处理两个方面来进行分析。首先对大坝等水工混凝土结构两种最重要的环境激励源，即地震和泄流激励的性质及其简化方法进行研究；然后根据环境激励下水工混凝土结构振动响应数据的特点，研究振动响应数据的处理和结构自由振动响应的提取方法，提出适用于环境激励下水工混凝土结构振动问题的数据前处理方法。

2.2 环境激励

一般情况下，水工混凝土结构的环境激励包括地震（包括地脉动、微震和强震）、脉动水压力、水电站和泵站厂房振源及交通振动荷载等。考虑到激励源的强弱，对水工混凝土结构而言，地震和泄流激励是混凝土大坝最主要的环境激励源。一般环境激励信号都是非平稳的信号，其性质十分复杂。但在许多实际工程应用中，常常是将其简化为一种或几种理想激励信号综合的形式。这种简化一般能够满足工程应用对精度的要求。最常见的简化方式是将它们简化为理想白噪声或带限白噪声。

理想白噪声的激励信号 $F(t)$ 是指功率谱密度 $S_{FF}(f)$ 在整个频域内 $f\in(-\infty,+\infty)$ 均匀分布的随机信号，即

$$S_{FF}(f)=S_0,\quad f\in(-\infty,+\infty) \tag{2.2.1}$$

式中，S_0 为恒定的功率谱密度值。

理想白噪声的相关函数 $R_{FF}(\tau)$ 可以表示为

$$R_{FF}(\tau)=2\pi S_0\delta(\tau) \tag{2.2.2}$$

式中，$\delta(\tau)=\begin{cases}1, & \tau=0\\ 0, & \tau\neq 0\end{cases}$。由式(2.2.2)可以看出，在两个不同时刻，理想白噪声激励信号是不相关的。

宽带白噪声随机激励信号是一种在一定频段范围 $[f_1,f_2]$ 内有平稳的功率谱值，在频段外的功率谱值为 0 的信号，也称为带限白噪声信号，其功率谱为

$$S_{FF}(f)=\begin{cases}S_0, & f\in[f_1,f_2]\\ 0, & \text{其他}\end{cases} \tag{2.2.3}$$

带限白噪声信号的相关函数 $R_{FF}(\tau)$ 可以表示为

$$R_{FF}(\tau)=\frac{2S_0}{\tau}\sin(f_2\tau-f_1\tau) \tag{2.2.4}$$

由式(2.2.3)可以看出，对于带限白噪声激励信号，当带宽 $[f_1,f_2]$ 足够大时，信号便趋近于理想白噪声信号。

从产生的机理上来看，微震[1,2]一般是由水流、风、地脉动和人为活动等作用引起的，各种影响因素无一突出，始终连续不断地存在。图 2.2.1 是一条实测的微震记录及其功率谱。从时域信号可以看出，信号没有明显的趋势或峰值，功率谱比较

宽。在一般情况下,这种微震由于振动幅值很小,频带较宽,为 0.1～100Hz,且持续时间很长,可以近似满足平稳和各态历经条件,故在应用中可以将其看作一个带限的白噪声[3]。

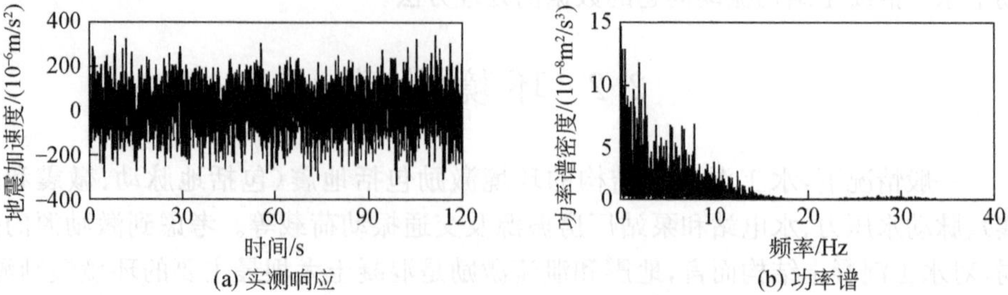

图 2.2.1　实测地脉动及其功率谱

较强烈地震的性质由震源的破裂状态、介质中的传播和局部场条件等因素决定。而这些因素是会随时间发生变化的,因此严格来讲,强地震波是一个不平稳的随机过程。图 2.2.2 是 El-Centro 地震波及其功率谱。从图中可以看出,地面强震运动信号的功率谱相对要窄一些,并具有一些较明显的优势频率,这些优势频率反映的是基础结构的自振频率。对于强烈的地震激励,目前的处理方式,尤其是在模态参数识别时,一般是先简化为平稳的带限白噪声,然后采用特定的方法消除优势频率的影响。

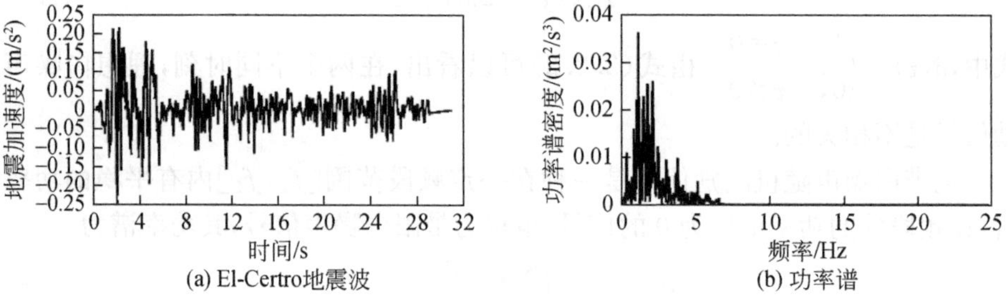

图 2.2.2　El-Centro 地震波及其功率谱

溢流坝等泄水建筑物和水力机械(压力钢管、水轮机和蜗壳等)常受高度紊动水流的作用,其基本特征是流速和压力会随着时间不断发生变化,即所谓的脉动。在实际工程问题中,由于结构本身和水流流态的复杂性,泄流对水工混凝土结构产生的振动激励是十分复杂的,常需要进行一系列简化和假设。根据溢流坝的原型观测和模型试验资料可知,水流脉动压力的平均频率为 30～35Hz,主频率为 20～30Hz,一般高于坝体的主频率[4]。刘昉等[5]试验测得的水流脉动压力的功率谱表明,脉动压力的功率谱呈窄带有色噪声形式分布。当从时频分析的角度研究振动响应的数据时，尤其是模态参数识别时，也常将这种激励视为平稳的宽带白噪声[6]。

为了分析各种环境激励对水工混凝土结构响应的作用情况，可以计算以下相干函数(凝聚函数)：

$$\gamma_{FY}^2(\omega)=\frac{|S_{FY}(\omega)|^2}{S_F(\omega)S_Y(\omega)} \tag{2.2.5}$$

式中，$S_F(\omega)$和 $S_Y(\omega)$分别为激励 $f(t)$和响应信号 $y(t)$的傅里叶变换；$S_{FY}(\omega)$为激励和响应信号的互功率谱，根据随机振动理论中的维纳-辛钦公式，互功率谱密度函数 $S_{FY}(\omega)$(互谱)和互相关函数 $R_{fy}(t)$互为傅里叶变换对，即

$$S_{FY}(\omega)=\int_{-\infty}^{+\infty}R_{fy}(t)\mathrm{e}^{-\mathrm{j}\omega t}\,\mathrm{d}t \tag{2.2.6}$$

通过计算相干函数 $\gamma_{FY}^2(\omega)$，可以分析激励荷载对大坝响应的作用情况、噪声干扰的大小以及结构的非线性状况。理想线性系统在单输入条件下，无外界干扰时，结构的激励和响应的相干函数应该为 1。但实际结构中，诸多因素包括噪声干扰、结构非线性和多点激励同时作用，使相干函数不为 1。对于多激励的情况，可以分别计算出每一个激励对大坝响应的相干函数，以便评价各个激励对响应的贡献大小。

2.3　环境激励下水工混凝土结构振动数据的前处理

实测的振动激励和响应数据一般不能直接用来进行分析，测量仪器的误差以及各种干扰因素的存在会使采集系统得到的数据偏离真实值，如出现零点漂移和噪声干扰等。为了使采样数据尽可能接近真实值，减小分析中的误差，要对实测的结构振动响应数据进行前处理[7,8]。

2.3.1　基线和长期漂移校正

实测的振动信号，由于放大器温度变化产生的零点漂移、传感器频率范围外低频率性能的非稳定以及传感器周围的环境干扰，往往会偏离基线，甚至偏离基线的大小还会随时间发生改变。偏离基线随时间变化的整个过程称为信号的趋势项。为了消除趋势项需要进行基线校正，常用的方法包括最小二乘法和数字递归滤波法等。

Kanai[9] 提出采用以下形式的递归滤波器来进行基线调整：

$$a_j=\frac{1+q}{2}(a_j'-a_{j-1}')+qa_{j-1} \tag{2.3.1}$$

式中，a_j' $(j=1,2,\cdots,N)$为未校正的实测加速度；a_j $(j=1,2,\cdots,N)$为校正后的加

速度；q 为接近 1 但小于 1 的滤波参数，q 的取值决定了高通滤波器的低频特性。

当数据的采样间隔为 Δt 时，可以得到其对应的频响函数为

$$H(\omega)=\frac{1+q}{2}\frac{1-\mathrm{e}^{-\mathrm{i}\omega t}}{1-q\mathrm{e}^{-\mathrm{i}\omega t}} \tag{2.3.2}$$

取 $|H(\omega)|$ 的有效值为 S，与其对应的低频截止角频率 $\omega_c=2\pi f_c$ 和滤波参数 q 的关系如下：

$$\omega_c\Delta t=\frac{2S(1-q)}{[(1+q)^2-4qS^2]^{1/2}} \tag{2.3.3}$$

以上的校正过程相当于从原信号中滤除一些低频的分量，这些低频分量的最高频率是 $f_1=\omega_c/2\pi$。

2.3.2 基于 AFMM 算法的时变性判定

n 自由度线性系统，激励与响应之间的关系可用高阶微分方程来描述。当环境激励采用带限白噪声来模拟时，在离散时域内，该微分方程可以表示为自回归滑动平均时序模型的形式：

$$y_k=\boldsymbol{\phi}_k^{\mathrm{T}}\boldsymbol{\theta},\quad k=1,2,\cdots,N_s \tag{2.3.4}$$

式中，$\boldsymbol{\phi}_k=[y_{k-1},\cdots,y_{k-n_a},e_{k-1},\cdots,e_{k-n_b}]^{\mathrm{T}}$；$\boldsymbol{\theta}=[\alpha_{k-1},\cdots,\alpha_{k-n_a},\beta_{k-1},\cdots,\beta_{k-n_b}]^{\mathrm{T}}$，为模型系数；$n_a$ 和 n_b 分别为输出和白噪声对应的时延；y_k 为 k 时刻某测点的振动响应观测数据；α_j 为自回归模型对应的参数；β_j 为 MA 模型对应的参数；e_k 为均值为 0 的高斯噪声，用来模拟环境激励；N_s 为样本数。

当环境激励以支撑激励的形式施加，并考虑对激励采用 Clough 教授提出的均匀输入的处理方法时，有以下的 ARX 模型：

$$y_k=\boldsymbol{\phi}_k^{\mathrm{T}}\boldsymbol{\theta}+e_k,\quad k=1,2,\cdots,N \tag{2.3.5}$$

式中，向量 $\boldsymbol{\phi}_k=[y_{k-1},\cdots,y_{k-n_a},u_{k-1},\cdots,u_{k-n_b}]^{\mathrm{T}}$，$u_{k-m}\in\mathbf{R}^m$ 为 $(k-m)$ 时刻的基础激励 $(m=1,2,\cdots,n_b)$。

理论上，可以采用 ARMA 模型或 ARX 模型来拟合每一个振动观测时间序列，以达到数据平滑的目的，根据平滑后的时间序列绘制的功率谱也称为现代谱[5]。但是，对于实际的强震记录还要考虑系统时变性的问题。

图 2.3.1 所示为一条典型的大坝强震记录，其可以划分成三个区段，即地震前(Ⅰ)、地震时(Ⅱ)和地震后(Ⅲ)。地震波未到来时(Ⅰ段)或地震后(Ⅲ段)，由于振动幅值小，结构的性质一般不会出现时变的特性，这时可以直接采用上述的 ARMA 模型或 ARX 模型来进行分析。当微小地震作用时，Ⅱ段对应的系统一般也是稳定的。然而，当强烈地震作用时，由于振动幅值很大，振动过程中大坝分缝和坝基断层节理的张开及闭合，或者地震引起的损伤，都可能使地震响应出现较强的时变特性。对于具有时变特性的响应记录，直接采用上述的 ARMA 模型或

ARX 模型来进行数据处理或提取定常结构对应的特征参数(如模态参数)显然是不合适的。

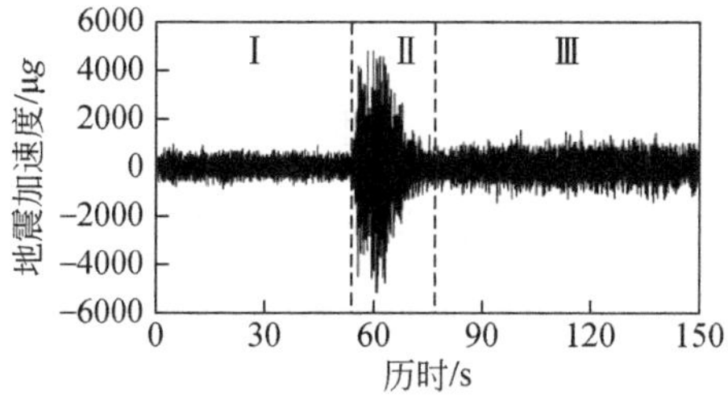

图 2.3.1 典型的强震记录分段

考虑时变问题,这时式(2.3.4)和式(2.3.5)可以写成以下递归形式[10]:

$$\begin{cases}\boldsymbol{\theta}_{k+1}=\boldsymbol{\theta}_k+\boldsymbol{w}_k\\ y_k=\boldsymbol{\phi}_k^{\mathrm{T}}\boldsymbol{\theta}_k+e_k\end{cases},\quad k=1,2,\cdots,N \tag{2.3.6}$$

式中,$\boldsymbol{\theta}_k$ 为包含描述 k 时刻系统真实参数的 n 维向量;$\boldsymbol{\phi}_k$ 为包含输入与输出的向量;$\boldsymbol{w}_k$ 和 e_k 为扰动噪声。

如果 $\boldsymbol{w}_k$ 和 e_k 都是高斯白噪声,且均值为 0,方差分别为 R_1 和 R_2,那么可以根据卡尔曼滤波给出模型参数 $\boldsymbol{\theta}_k$ 的最优估计[11]。对于时变的系统,一种处理方式是利用具有变化方差的高斯扰动 $R_1(t)$来代替恒定的方差 R_1。这时,$\boldsymbol{w}_k$ 不再是高斯白噪声,卡尔曼滤波无法给出最优解,上述问题变为一个非线性滤波问题。由 Anderson[12]提出的 AFMM 是一种求解该非线性滤波问题的较好方法。AFMM 算法的具体实施步骤参见文献[12]。通过设定合理的参数 R_2,可以实现振动响应时变特性的判定。当根据 AFMM 算法估算得到的模型式(2.3.6)的预测误差超过 R_2时,就认为系统发生了突变;否则系统继续保持稳定。对于实测的大坝地震响应数据,当突变被探测出来时,应采用非稳定系统的数据处理方法来进行专门处理。一般情况下,若地震未对结构造成损伤,在地震发生前后(图 2.3.1 中Ⅰ段和Ⅲ段)模型参数 $\boldsymbol{\theta}_k$ 应保持不变;反之,若地震对结构造成不可逆损伤,地震发生后(Ⅲ段)模型系数 $\boldsymbol{\theta}_k$ 与地震发生前(Ⅰ段)的会有明显不同。因此,AFMM 算法还可以实现结构强震损伤的在线识别[10]。

2.3.3 数字滤波去噪

对振动信号进行数字滤波的目的是滤除信号中的噪声或虚假成分。实测结构振动响应数据 $y(t)$ 中总包含噪声

$$y(t)=y^*(t)+\nu(t) \tag{2.3.7}$$

式中,$y^*(t)$为不含噪声的真实信号;$\nu(t)$为噪声分量。

一般情况下，信号中噪声的大小可采用信噪比(signal to noise ratio，SNR)来表征：

$$\mathrm{SNR}=10\lg(\sigma_{y^*}^2/\sigma_v^2) \tag{2.3.8}$$

式中，$\sigma_{y^*}^2$ 为无噪声真实信号的方差；σ_v^2 为噪声分量的方差。

此外，考虑 Nyquist-Shannon 采样定理：

$$f_s=\frac{1}{\Delta t}=2f_{\mathrm{Nyquist}}\geqslant 2f_{\max} \tag{2.3.9}$$

式中，f_s 为采样频率；Δt 为采样的时间间隔；f_{Nyquist} 为 Nyquist 频率；$f_{\max}$ 为连续信号有效频率中的最高频率。这时，响应数据的有效频率成分中的最大频率 $f_{\max}<f_{\mathrm{Nyquist}}=0.5f_s$，Nyquist 频率 f_{Nyquist} 之上的高频分量应该全部被滤除。

图 2.3.2 总结了对水工混凝土结构振动监测数据进行数字滤波的过程。数字滤波实现的方法包括频域方法和时域方法。数字滤波的频域方法就是采用实测的振动响应信号进行快速傅里叶变换，得到其频谱，然后根据滤波的要求，将需要滤除的频率对应的功率谱值直接设为 0，或加渐变过渡带后再设置为 0，再对处理后的谱进行快速傅里叶逆变换(inverse fast Fourier transform，IFFT)恢复时域的信号。数字滤波器的时域处理方法是对离散的信号数据进行差分方程数学运算，以达到滤波的目的。常用的数字滤波器包括无限长单位冲激响应(infinite impulse response，IIR)滤波器、数字滤波器和有限长单位冲激响应(finite impulse response，FIR)滤波器。在设计滤波器时，一些重要的技术指标包括通带截止频率、阻带截止频率、通带波动系数、阻带波动系数及滤波器的阶次。

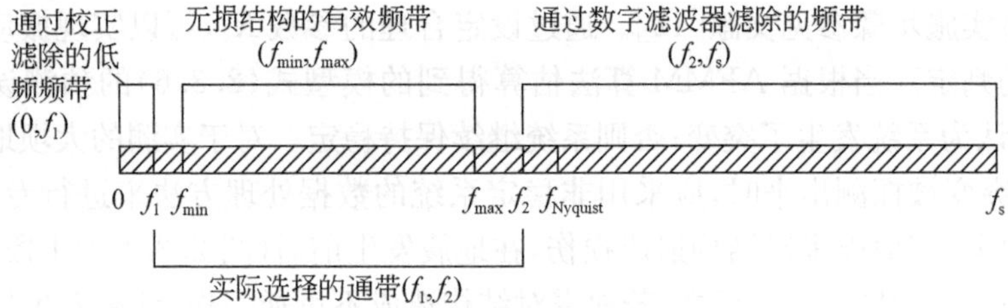

图 2.3.2 振动信号的数字滤波

上述数字滤波过程可以滤除有效频带外的部分干扰信号，但对于通带(f_1，f_2)内的噪声干扰信号则无法去除。为了去除通带内的噪声干扰信号，目前常用的监测数据去(降)噪方法包括[8]小波(包)去噪法、卡尔曼滤波和 HHT 等。

1. 经典傅里叶变换的去噪方法

1807 年，法国热学工程师傅里叶在研究热理论时，提出了傅里叶信号分析方法，并引入了傅里叶变换，从而搭起从时域到频域的桥梁。傅里叶变换可以让时域内难以表现的信号特征在频域内一览无余。研究发现，很多事物在本质上的区别就在于频率的不同，因此将信号转化到频域进行分析能更详细深入地挖掘其本征信息。傅里叶变换通过引入频率，将各种信号函数转化为不同频率的波的线性叠加，进而转化为频谱分析。傅里叶变换是震动资料处理中最基本的理论，以傅里叶理论为基础的频域滤波方法依然是震动资料去噪的一种主要方法。混凝土坝强震资料的采集和进站首先要进行防假频处理；对于振动资料的很多处理步骤都要设定一定的频率范围(频率的上下限)，以便在进一步分析处理前剔除明显的噪声污染；对含有工业干扰的振动资料要进行陷波处理[13]；在震动资料最后出站时也要用带通滤波进行修饰性处理，这些都要用到频域滤波方法，即经典傅里叶变换的方法。

傅里叶变换可以将信号分解为多个正弦、余弦函数的叠加或者组合，这些正弦函数和余弦函数的频率就代表将信号从时域转向了频域，从而直观地显示出幅值和频谱的大小。

假设某个信号为 $f(t)$，则将 $f(t)$进行连续傅里叶变换得到 $F(\omega)$：

$$F(\omega)=\int_{-\infty}^{+\infty}f(t)\mathrm{e}^{-\mathrm{i}\omega t}\,\mathrm{d}t \tag{2.3.10}$$

由式(2.3.10)进行傅里叶逆变换，可以得到信号 $f(t)$为

$$f(t)=\frac{1}{2\pi}\int_{-\infty}^{+\infty}F(\omega)\mathrm{e}^{\mathrm{i}\omega t}\,\mathrm{d}\omega \tag{2.3.11}$$

通过上面的傅里叶变换和傅里叶逆变换，可以完成信号在时域和频域的互相转换，有利于对信号进一步分析。

经典傅里叶变换得到的是整组信号的频谱，如果想对短时的信号特征进行分析，就显得力不从心了，于是引入短时(窗口)傅里叶变换，它可以同时得到频域和时域的信号性态[14]。要对一段时间的信号进行傅里叶变换，需要利用窗函数，即对信号函数 $f(t)$进行傅里叶变换时，将窗外信号的频率设为 0，从而只对窗内的部分信号进行傅里叶变换。短时傅里叶变换可以定义为

$$F_g f(\omega,t)=\int_{-\infty}^{+\infty}f(x)\bar{g}(x-t)\mathrm{e}^{-\mathrm{i}x\omega}\,\mathrm{d}x \tag{2.3.12}$$

相对地，短时傅里叶变换的逆变换为

$$f(t)=\frac{1}{2\pi}\int_{-\infty}^{+\infty}\int_{-\infty}^{+\infty}F_g f(\omega,t)g(x-t)\mathrm{e}^{\mathrm{i}x\omega}\,\mathrm{d}\omega\,\mathrm{d}t \tag{2.3.13}$$

式中，$g(x)$为窗函数，且 $\bar{g}(x)$为 $g(x)$的共轭函数；$\mathrm{e}^{-\mathrm{i}x\omega}$用来作为频率限制的参数，$g(x)$与 $\mathrm{e}^{-\mathrm{i}x\omega}$的乘积起到了时频局部化作用；$g(x)$与初始信号 $f(t)$的乘积表示特定时间段的信号，对这段时间的信号进行傅里叶变换就能得到时域下的频域特征，$F_g f(\omega,t)$可以大致反映出信号函数在 t 时刻频率为 ω 的信号成分比例。

长久以来，傅里叶变换都是信号去噪的主要方法之一，利用窗口傅里叶变换可

以实现对信号局部信息的分析研究。不过，短时傅里叶变换也有缺陷，例如，要想获取多分辨率的特征，就需要不断地变换窗函数，由此会导致计算量增加[15]。除此之外，傅里叶变换在将信号进行去噪处理时，通常假定信号是平稳的且其频谱的特征明显有别于噪声，但在强震过程中，输入信号大都是非线性、非平稳信号，此时傅里叶变换的基函数就变得难以选择，最终导致傅里叶变换的去噪效果不甚理想。

2. 小波分解和重构去噪方法

小波分析起源于20世纪80年代后期[16]，它是为了解决傅里叶变换时，窗口函数选定时窗口大小和形状固定的缺陷而产生的，它解决了时频分析局部化的问题，通过灵活改变窗口和形状，可以在信号的不同部分进行多分辨率下的研究，并且能够在分辨率和频率中间自由选择。目前，小波去噪方法主要有三种。

第一种方法是利用小波变换在不同尺度上的模极大值来去噪。该方法是由Mallat等首先提出的[16]，他们建立了小波变换与Lipschitz指数之间的关系，通过小波变换来判断信号奇异点的具体位置。此方法首先利用含噪信号小波系数的模极大值的位置和幅值来对信号的表征进行分析，根据真实信号与噪声信号的局部奇异值的不同和模极大值传播特性的不同来对噪声进行处理。由于噪声和原始信号在小波变换不同尺度上的传播状态不同，噪声的模极大值幅度会随着变换尺度的减小而迅速减小，而原始信号的模极大值随尺度的变化正好相反[17]，可以剔除由噪声产生的模极大值点，保留原始信号所对应的模极大值，最后将筛选后的模极大值对小波系数进行重构，从而还原真实信号。基于小波变换的模极大值法对噪声信号的依赖较小，因而无须知晓噪声的方差，适合低信噪比信号的去噪处理。与此同时，该方法也存在一定的缺陷，例如，对小波分解尺度的把握不够精确，尺度较小时，容易受到噪声影响；尺度较大时，容易丢失某些局部奇异性。另外，寻找极大值点计算量较大，而且遇到掺杂有脉冲信号时，容易产生伪极值点。

第二种方法是利用原始信号和噪声信号在小波变换不同尺度上小波系数之间的相关性来对噪声进行剔除。通过对原始信号与噪声信号在不同尺度上的模极大值不同的传播特性进行分析，表明原始信号经过小波变换得到各尺度的小波系数之间的相关性很强，特别是在边缘位置相关性更强。而噪声信号的小波变换在各尺度的小波系数没有显著相关，而且噪声信号的小波变换在小尺度的各层次里比较集中。基于单小波变换去噪理论，谢荣生等[18]对多小波变换进行了研究，利用相关算法得到了多小波噪声方差阈值，并基于这个阈值提出了新的信号滤波方法。Chen等[19]在多小波阈值去噪中引入了邻域系数的概念，进一步研究了多小波的阈值化问题，并用试验证实了其相比传统多小波阈值法的优越性。利用小波系数相关性的去噪方法在信号边缘的分析上比较强势，效果也比较稳定，缺点是需要对噪声的方差进行估计，计算量比较大。

第三种方法是小波阈值去噪，是由 Donoho 等[20]在小波变换基础上提出的，其关键在于如何区别小波分解后的各尺度信号哪些有用，哪些需要当成噪声来剔除，这种方法可以实现在最小均方误差下的近似最优。Donoho 等认为，小波变换具有较强的去数据相关性的能力，可以将有效信号的能量集中在较大的小波系数上，而将噪声能量分散于整个小波域内。于是，有效信号的小波系数幅值便明显大于噪声信号的小波系数，大于阈值的小波系数可以认为是由有效信号生成的；反之，小于阈值的小波系数便可以当成噪声而剔除。目前，小波阈值去噪方法的改进主要是在阈值的选取方式和阈值函数的优化方面。例如，Cui 等[21]在软、硬阈值的基础上，提出了修正阈值的方法，克服了硬阈值去噪方法中不连续的缺点，降低了软阈值去噪方法的永久性偏差。Huang 等[22]根据小波系数和噪声尺度的不同，采用不同的阈值进行去噪，并通过试验证实了其与固定阈值方法相比的优越性。

3. 经验模态分解滤波与去噪方法

经验模态分解(empirical mode decomposition，EMD)方法是 Huang 等[22]和杨永锋[23]为了更精确地描述频率随时间的变化而提出的，这种方法可以对一个信号进行平稳化处理，即将信号中不同尺度的波动和变化逐级提取出来，形成一系列具备信号不同特征尺度的数据序列，这些频率由大到小的序列称为固有模态函数(intrinsic mode function，IMF)。最低频率的 IMF 分量通常代表原始信号的趋势或均值，目前，EMD 方法是提取数据序列趋势或者均值的最优方法。另外，这些 IMF 分量经过 Hilbert 变换后，可以赋予它们具备物理意义的瞬时特征，显示出不同尺度上所代表的物理信息。EMD 方法不同于以傅里叶变换为基础的线性和稳态谱分析，它是一种全新的时频分析方法，尤其适用于非线性和非稳态数据的处理。

在当前常用的信号处理方法中，傅里叶变换能够在频域内得到信号较高的分辨率，但在时域内则几乎没有分辨能力。小波变换方法能够同时得到时域、频域的高分辨率，但也容易产生虚假谐波，导致后续的分析失去了原本的物理意义[24]。基于 EMD 方法的 Hilbert 谱在线性分析中具有跟小波谱一致的特性表现，但在 Hilbert 谱时域、频域内其分辨率远高于小波谱，因而能够准确反映出信号代表的大坝原有的物理特性。EMD 方法具有比小波更强的局部特征，因此适合处理非线性、间歇性信号，它也是目前处理这类信号的最好方法。在工程实践中，EMD 方法已得到广泛应用，如故障检测、系统分析、信息融合等，而其中信号消噪是 EMD 方法的一个重要应用方向[25]。

目前,基于EMD方法的信号去噪方面的研究已经取得很大进展,概括起来主要有以下几种。

(1) 基于EMD尺度滤波的去噪。这种方法是对含噪声信号进行经验模态分解,得到各阶IMF,其中每个IMF分量都描述了信号在某一分辨尺度上的模态特征,将特定的某些IMF分量进行组合,就可以组成高通滤波器、低通滤波器和带通滤波器。于伟凯等[26]利用EMD与Hilbert变换对信号的瞬态参数进行提取,构造时间尺度滤波器,利用分段IMF的尺度参数特征进行了信号的滤波;戴桂平等[27]也利用IMF所代表的信号能量在时空尺度上的分布规律,构造了时间尺度滤波器,然后对信号进行重构,从而达到非平稳信号去噪的目的。

(2) 基于EMD的阈值去噪。这种方法的基本思想是先用EMD对信号进行分解,得到各阶的IMF分量,然后对各分量设定一个类似于小波去噪中防止高频信号丢失的阈值,最后重构信号。钱勇等[28]在EMD的基础上对局部放电信号进行分析,根据含噪信号分解后各IMF分量的统计特性,利用向量阈值方法对IMF分量进行向量重组及阈值过滤处理,最后经信号重构完成去噪。张守成等[29]利用高斯白噪声的统计特性提出硬阈值去噪方法,通过估算IMF中白噪声的能量来剔除与噪声能量相当的IMF分量,最后重构信号。

(3) 基于IMF的滤波去噪。这种方法利用不同的滤波器,如中值滤波、均值滤波等,先对IMF进行滤波,然后进行信号的重构。肖小兵等[30]提出了一种奇异谱分析(singular spectrum analysis,SSA)与EMD相结合的去噪方法,首先利用SSA对分解得到的所有IMF分量进行去噪处理,然后将频率最高的IMF分量作为噪声,估算剩余IMF分量的能量比值,对剩余所有IMF分量进行SSA,最后根据能量比值选择合适的奇异值分解(singular value decomposition,SVD)方法进行分量重构,从而得到去噪后的IMF分量。黄长军等[31]提出了一种针对IMF分量进行梯度参数滤波的自适应滤波方法,通过剔除对应尺度的噪声信息,达到去噪的目的,并通过与Goldstein滤波和圆周期中值滤波的对比,证实了方法的有效性。胡小丽等[32]通过分析软硬阈值方法的优劣,提出了EMD+SG(Savitzky-Golay)滤波方法,首先利用SG滤波器对前$N/2$个IMF分量根据最小二乘法和一元多阶多项式进行滤波处理,然后通过拟合的邻域最佳值作为去噪后的值,与剩余一半IMF分量进行重构处理,从而完成去噪过程。

4. 盲源分离降噪方法

一直以来,对多信号混叠的复合信号进行分离是各种现代信号处理方法,如傅里叶变换、窗口傅里叶变换和小波变换等难以解决的问题。而传统的信号分析方法,如主成分分析(principal component analysis,PCA)和SVD等只能得到互不相关的信号，而无法分离出完全独立的信号。对此，20 世纪 80 年代提出的盲源分离概念很好地解决了这个问题，后续又发展出盲信号分离、盲解卷积、多信道盲解卷积以及盲均衡等理论，并且在人工神经网络等领域成为主导的研究方向之一。

简单来说，盲源分离就是将采集到的混合信号进行分离得到原始信号的过程，它是一种由人工神经网络、统计信号处理及相关信息理论等相结合产生的方法[33]。盲源分离属于无监督学习，它的基本思想是抽取统计独立的特征量作为输入样本，而不会丢失信息，它的关键在于分离矩阵的寻优算法。当前对盲源分离理论的研究大多是基于线性混叠条件进行的，但现实中更多的是非线性混叠的情形，对于线性混叠可以采用信息论准则和高阶累积量作为基础，而非线性混叠则需要利用线性模型进行拓展和采用自组织特征映射等方法进行分析。

早期的独立成分分析(independent component analysis，ICA)等盲源分离方法的前提假设大都是无噪声或对计算的影响可以忽略的状况，而利用盲源分离技术对掺杂噪声的混叠信号进行处理是其在应用的过程中必须要解决的问题。为了解决噪声条件下算法性能受限的缺陷，Cichocki 等[34]提出了含噪数据盲源分离的鲁棒技术，探索出噪声条件下的独立分量分析方法。还有很多学者将主流的信号去噪方法与盲源分离理论相结合，焦卫东等[35]将带通滤波与盲源分离相结合，提出了一种新的改进方法；李鸿燕等[36]将维纳滤波去噪与 ICA 方法相结合，实现了含噪混合图像的盲源分离；Ming 等[37]将小波去噪与时频盲源分离技术相结合，对胎儿心电图(fetal electrocardiogram，FECG)图像进行了提取；Lin 等[38]针对噪声环境下信号干扰盲源分离的问题，提出了四阶累积量矩阵和后置小波去噪联合近似对角化(joint approximate diagonalization，JAD)的新方法。

盲源分离降噪方法与 EMD 方法不同，盲源分离强调的是首先提高信号的信噪比，然后对混叠信号进行分离；EMD 方法是先对信号进行模态分解，然后对不同频率的 IMF 分量进行针对性的去噪。前者在处理不含噪的混叠信号方面具有更强的优势，但强震下的坝体振动信号一般都是非平稳、非线性信号，此时盲源分离降噪方法的精确性更多地依靠其他滤波方法对信号的前端过滤，这也导致计算步骤烦琐、计算量增大。

5. 基于稀疏分解去噪方法

稀疏信号是指大部分信号数据的值为 0 或接近 0 的信号，因为在实际应用中大部分信号并不是稀疏的，所以有必要将其通过某种方式转换为稀疏信号来分析，将复杂信号简化为若干稀疏的信号单元可以简化信号分析的过程，基于这种思想，可以假设信号为一组信号单元的近似线性组合。利用信号单元的概念，可以将信号按照基单元的不同分为正交分解和稀疏分解两种：正交分解表示基信号单元是正交的，这类变换包括经典傅里叶变换、短时傅里叶变换和小波变换等，它们都可以看成以正交基为基础的信号分析问题；稀疏分解的信号单元不仅不正交，反而具有一定程度的相关性。

对信号分解来说，其目的就是将复杂的信号转化为能量幅值更小的稀疏信号，通过一定的变换系数来对其在不同尺度上进行分析，进而减少信号的冗余，剔除无用的噪声，这其实就是稀疏分解的目的。现实的问题是，基于正交分解概念的变换方法大都被基函数的正交性和完备性所限制，因而只对部分信号具有稀疏的能力。稀疏分解的出现将信号的稀疏化变得更简单、更灵活，通过冗余过完备原子库来对信号进行表达，使其具备更广泛的时频特性，同时也能更好地对信号进行表征。

目前，应用较多的块稀疏分解去噪方法主要是匹配追踪类稀疏分解，它通过连续的迭代筛选出符合条件的部分原子线性组合来逼近真实信号。这种方法可以简化信号分解去噪的过程，由全局的分解转化为模块的分解，通过原子匹配来更简洁地表达信号、摒弃噪声[39]。邵君[40]通过对稀疏分解匹配追踪(matching pursuit, MP)算法的研究，提出了信号集合划分的方法来对完备原子库进行研究，通过原子间的等价关系，将原子库简化为原子代表，从而优化了稀疏分解的过程。乔雅莉[41]通过对稀疏表示理论和重构算法的研究，将小波去噪转换成了最优化问题，采用最速下降和正交匹配追踪(orthogonal matching pursuit, OMP)重构方法建立了基于稀疏表示的小波去噪模型，并对图像信号进行了去噪，证实了这种方法对低信噪比的图像和信号的有效性。稀疏分解方法虽然可以简化信号分解去噪的过程，但在遇到非零的块稀疏信号频繁出现时，匹配原子的过程会变得效率低下，而且对于高信噪比和混叠信号的处理效果不尽如人意。

6. 基于奇异值分解的去噪方法

SVD是由Beltrami和Jordan创立的，与传统的信号分析方法不同，SVD方法将含噪信号构造成Hankel矩阵，其基本思想是利用真实信号和噪声信号在Hankel矩阵中的奇异值分布特点不同：真实信号相邻行的相关性比较高，奇异值在某点会有较大的突变；而噪声信号之间相互独立，因此其Hankel矩阵一般是满秩矩阵，奇异值变化幅度很小，基本没有波动。基于上述原理，可以将Hankel矩阵中奇异值突变的点作为真实信号与噪声信号的分界，以此来确定信号降噪的阶次。

在利用SVD方法对信号进行去噪处理时，需要对原始信号进行矩阵转换，如何将一维信号转换为多维矩阵是研究者探索的难点之一。赵学智等[42]构造了两种矩阵来对奇异值分解进行研究：一种是将信号进行连续截断来构造的矩阵，另一种是通过吸引子重构建立的矩阵，由于两种矩阵正交性不同，可得到对信号的不同表征。王志武[43]曾对Toeplitz矩阵和Hankel矩阵分别进行了SVD分析，证实不同的矩阵构造使得 SVD 分析的结果差异巨大。除此之外，在 SVD 处理的过程中，如何确定有效奇异值的个数也是决定去噪效果优劣的决定因素之一，如果奇异值个数较多，会使重构的信号仍旧包含噪声；如果剩余奇异值个数较少，就会丧失部分真实信号。对此，Zhao 等[44]提出了奇异值差分谱的概念，利用奇异值的正向差分序列来描述复杂信号奇异值突变的状态，根据差分谱的峰值来对有效的奇异值进行自主选取，并以此对矩阵数列与 SVD 去噪向量之间的关系进行研究，证实了它是一种对称的抛物线。

尽管与 SVD 相关的新方法和新理论层出不穷，但 SVD 方法中过多的因素会影响去噪的精度，因此相比于传统傅里叶变换和窗口傅里叶变换、Wigner-Ville 和小波变换等方法，SVD 方法还是处于劣势的。

7. 去噪效果的常用评价指标

1) 信噪比

信噪比是信号与噪声的幅度或能量的比值，它是测量信号含噪水平的一般性指标，经常用来评价信号去噪效果的好坏。假设 n 为含噪信号离散点的个数，k 为信号的离散点，$f(k)$为初始信号，$\hat{f}(k)$为去噪后的信号，则

$$\begin{cases} \mathrm{SNR}=10\lg\left(\dfrac{p_{\mathrm{s}}}{p_{\mathrm{n}}}\right) \\ p_{\mathrm{s}}=\dfrac{1}{n}\sum\limits_{k=1}^{n} f^2(k) \\ p_{\mathrm{n}}=\dfrac{1}{n}\sum\limits_{k=1}^{n}\left[f(k)-\hat{f}(k)\right] \end{cases} \tag{2.3.14}$$

式中，p_{s} 为初始信号的功率；p_{n} 为信号中掺杂的噪声功率。由式(2.3.14)可知，信噪比(SNR)即信号功率与噪声功率的比值，SNR 越大，则信号成分越多，代表去噪效果越理想。

为了进一步对比去噪效果的好坏，利用去噪前后信号的 SNR 来定量评价去噪效果的优劣。定义指标信噪比增益为

$$A_{\mathrm{SNR}}=\frac{\mathrm{SNR}_{f_1}}{\mathrm{SNR}_{f_0}} \tag{2.3.15}$$

式中，SNR_{f_0} 为去噪前的信噪比；SNR_{f_1} 为去噪后的信噪比。信噪比增益 A_{SNR} 的值越大，说明去噪后的信号主导力越强，因此去噪效果也越好。

2) 均方根误差

目前评价去噪效果的常用指标还有均方误差(mean square error，MSE)和均方根误差(root mean square error，RMSE)：

$$\mathrm{MSE}=\frac{1}{N}\sum_{n=1}^{N}[f(n)-\hat{f}(n)]^2 \tag{2.3.16}$$

$$\mathrm{RMSE}=\sqrt{\frac{1}{N}\sum_{n=1}^{N}f(n)-\hat{f}(n)} \tag{2.3.17}$$

式中，$f(n)$为原始信号；$\hat{f}(n)$为去噪后的估计信号；N为样本长度。MSE和RMSE的值越小，说明去噪效果越好。

3）平滑度

现实中，上面两种方法在信号去噪程度较小或者未去噪时，得到的SNR会很高，MSE和RMSE的值也会很小，因此容易造成误判，不能全面反映去噪效果的优劣。这时可以引入另一个评价信号去噪效果的重要指标——平滑度，其定义为

$$r=\frac{\sum_{n=1}^{N}[\hat{f}(n+1)-\hat{f}(n)]^2}{\sum_{n=1}^{N}[f(n+1)-f(n)]^2} \tag{2.3.18}$$

由式(2.3.18)可知，信号足够长时，去噪后的信号方差的平方根与原始信号方差的平方根之比可以反映去噪后信号的平滑度：r值越小，信号的平滑度越高，去噪质量也就越好。

2.3.4　局部非线性投影去噪方法

数字滤波和小波变换等时频类去噪法在本质上是线性数据的去噪方法。在环境激励下，水工混凝土结构振动响应数据的性质是十分复杂的，它可能既含有由结构非线性和激励非线性产生的非线性甚至混沌的响应分量，也可能含有由随机激励引起的随机响应，同时还带有监测噪声。常规的时频类数据去噪方法可能会引起非线性动力系统吸引子结构的改变，破坏原来的动力系统，不适用于非线性数据的去噪。因此，对具有明显非线性特征的数据需要采用非线性的去噪方法，才能更有效地去除噪声的干扰。

对于一个含噪声的观测时间序列$\{y_k\}(k=1,2,\cdots,n)$，采用延迟坐标法重构其吸引子：

$$\boldsymbol{Y}_k=[y(k),y(k+\tau),\cdots,y(k+(m-1)\tau)],\quad k=1,2,\cdots,n-(m-1)\tau \tag{2.3.19}$$

式中，m为嵌入维数；τ为延迟时间。嵌入维数m和延迟时间τ的选择具体方法将在第4章进行研究。

对于任意一个相点$\boldsymbol{Y}_k$，它的半径为ε的邻域为

$$U_k=\{\boldsymbol{Y}_j:\|\boldsymbol{Y}_k-\boldsymbol{Y}_j\|<\varepsilon\} \tag{2.3.20}$$

对邻域内的所有点进行平均，有

$$\bar{\boldsymbol{Y}}_k=\frac{1}{N(U_k)}\sum_{\boldsymbol{Y}_j\in U_k}\boldsymbol{Y}_j \tag{2.3.21}$$

式中，$N(U_k)$为邻域内的相点数。

Schreiber[45]提出的简单去噪法的基本思路是对所有相点采用以上的均值$\bar{\boldsymbol{Y}}_k$代替原来的相点$\boldsymbol{Y}_k$。而 Grassberger 等[46]提出的局部投影法则是在邻域U_k内，通过 PCA 方法进行局部流形的去噪，即对局部协方差矩阵$\boldsymbol{C}_k\in\mathbf{R}^{m\times m}$

$$\boldsymbol{C}_k=\frac{1}{N(U_k)}\sum_{\boldsymbol{Y}_j\in U_k}(\boldsymbol{Y}_j-\bar{\boldsymbol{Y}}_j)^{\mathrm{T}}(\boldsymbol{Y}_j-\bar{\boldsymbol{Y}}_j) \tag{2.3.22}$$

进行特征值分解，采用其前$r(<m)$个主成分来进行重构：

$$\boldsymbol{C}_k=\boldsymbol{U}_r\boldsymbol{S}_r\boldsymbol{V}_r+\boldsymbol{\Psi} \tag{2.3.23}$$

式中，$\boldsymbol{S}_r$为以前r个特征值为对角元素的对角阵；$\boldsymbol{U}_r$和$\boldsymbol{V}_r$为r阶酉矩阵；$\boldsymbol{\Psi}$为噪声的效应。

目前主成分数目r的选择最常采用的方法是将所有的特征值按降序排列，以序号为横坐标，特征值为纵坐标绘制成图，图中出现突变点的位置所对应的奇异值的序号即为m的值。这种方法主要是基于这样的认识：噪声和环境量的影响在本质上是不同的，体现在奇异值谱上就会发生突变[47]。

局部投影法实际上是一种局部线性投影法，线性投影通过 PCA 方法来确定。非线性尤其是混沌系统的吸引子常表现出十分复杂的结构，即使在小的邻域内，流形曲线的曲率也可能出现很大的变化，这时采用 PCA 方法进行分析时，只能通过增加主成分的数目来拟合局部的流形，从而大大减弱了 PCA 方法的去噪能力。为此，本书提出局部非线性投影的去噪方法，其中非线性投影的过程采用的是核主成分分析(kernal PCA，KPCA)方法[48]来实现的。局部非线性投影方法将邻域U_k内的点通过非线性投影$\Theta(\cdot)$投影到特征空间，通过选择合理的投影$\Theta(\cdot)$可以将原来空间内具有非线性结构的数据最大限度地转化成特征空间内具有简单线性结构的数据，然后在特征空间内采用 PCA 方法来去噪，最后将去噪后的数据经过逆投影转化成原空间的数据，从而实现去噪的过程。

基于局部非线性投影的非线性振动响应信号去噪方法的流程如下。

(1) 对实测的振动响应时间序列$\{y_k\}(k=1,2,\cdots,n)$，采用延迟坐标法得到式(2.3.19)所示的吸引子，重构时选择的嵌入维数m要比吸引子的本征维数大，以保证降维消噪的过程有意义；对重构的吸引子的每一个相点$\boldsymbol{Y}_k$得到其邻域U_k，并采用式(2.3.21)计算邻域的形心$\bar{\boldsymbol{Y}}_k$；采用计算得到的形心对所有邻域内的相点进行标准化，使数据内的点均值变为 0。

(2) 在特征空间内计算协方差函数矩阵，设非线性投影$\Theta(\cdot)$使得重构吸引子被投影到特征空间，得到 $\Theta(\boldsymbol{Y}_1),\cdots,\Theta(\boldsymbol{Y}_{N_s})$。在特征空间内可以计算协方差函数矩阵：

$$\boldsymbol{C}_\Theta=\frac{1}{N(U_k)}\sum_{\boldsymbol{Y}_j\in U_k}[\Theta(\boldsymbol{Y}_i),\Theta(\boldsymbol{Y}_j)]\in\mathbf{R}^{m\times m} \tag{2.3.24}$$

式中

$$[\Theta(\boldsymbol{Y}_i),\Theta(\boldsymbol{Y}_j)]=\boldsymbol{K}_{ij}=\kappa(\boldsymbol{Y}_i,\boldsymbol{Y}_j),\quad i,j=1,2,\cdots,N_s \tag{2.3.25}$$

$\boldsymbol{K}_{ij}(i,j=1,2,\cdots,N)$为核矩阵，核矩阵可通过核函数 $\kappa(\cdot)$来计算。本书选用的核函数是高斯型函数 $\kappa(x,y)=\exp(-|x-y|/\sigma^2)$。对上述的协方差函数矩阵 $\boldsymbol{C}_\Theta$ 进行特征值分解，并采用前 r 个主成分来进行重构，然后再对重构的数据进行逆投影，从而实现非线性去噪过程。

(3) 在上述分析过程中，核参数优化和逆投影是两个关键步骤。本书选用的逆投影方法是 Mika 等[49]提出的，而核函数的优化则根据 Jørgensen 等[50]提出的方法来进行。逆投影后与原始相点对应序号的数据 $\boldsymbol{Y}'_k$，即为对原始数据的修正。

(4) 对于每个相点，或选择部分相点，重复(1)～(3)的过程，得到修正后的吸引子；然后再从式(2.3.19)所示的重构吸引子的第一个分量和最后一个分量对应时间指数的数据中，得到去噪后的时间序列$\{y_k^*\}(k=1,2,\cdots,n)$。

图 2.3.3 是采用局部非线性投影法和局部线性投影法，对以下 Lorenz 吸引子

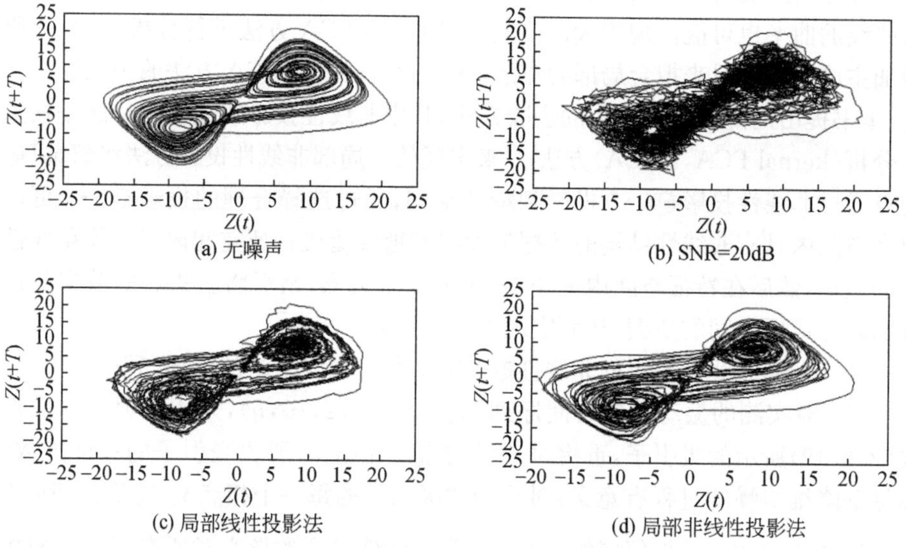

图 2.3.3 两种方法的去噪效果对比

$$\begin{cases}\eta\dot{x}=s(y-x)\\\eta\dot{y}=rx-y-xz\\\eta\dot{z}=xy-bz\end{cases}\tag{2.3.26}$$

的第三个状态变量 z 的响应进行去噪的效果。设定系统参数 $s=10,r=28,b=8/3,\eta=1$。重构吸引子的时间延迟 $\tau=10$，嵌入维数 $m=3$。从图中可以看出，局部非线性投影法的去噪效果更好，去噪后数据重构的吸引子更光滑。

2.4　水工混凝土结构自由振动响应的提取方法

结构的自由振动响应和脉冲响应是很多模态参数识别方法的基础，以下首先对两种根据结构的随机受迫振动响应提取自由响应（或脉冲响应）的方法，即自然激励技术 NExT 和随机减量技术（random decrement technique，RDT）进行研究。考虑到目前 NExT 和 RDT 的相关理论常是基于结构的位移振动响应进行证明和推导的，而加速度响应是水工混凝土结构中最常见的振动观测量，因此对于这两种方法，研究与加速度响应对应的相关理论具有重要意义。目前在 NExT 和 RDT 的理论推导中，一般都是采用脉冲响应函数的积分形式，即 Duhamel 积分来进行，推导结果的表达形式复杂且不易理解。为此，本书采用一般黏性阻尼系统的离散状态空间模型，推导随机支撑激励作用下结构绝对加速度响应相关函数矩阵的表达形式，以证明 NExT 和 RDT 对加速度响应的适用性。虚拟脉冲响应函数法是最近提出的一种结构自由响应提取方法，本节最后对该方法的相关理论进行介绍。

2.4.1　结构自由振动响应提取的自然激励技术和随机减量技术

对于 n 自由度黏性比例阻尼系统，结构的位移自由振动响应可以表达为

$$\boldsymbol{x}(t)=\sum_{i=1}^{n}\boldsymbol{\Phi}_iQ_i\mathrm{e}^{-\sigma_it}\sin(\omega_{\mathrm{d}i}t+\varphi_i)=\sum_{i=1}^{n}\boldsymbol{A}_i\mathrm{e}^{-\sigma_it}\sin(\omega_{\mathrm{d}i}t+\varphi_i)\tag{2.4.1}$$

式中，$\boldsymbol{\Phi}_i$ 为结构的第 i 阶模态振型；$Q_i=\sqrt{q_{0i}^2+\left(\dfrac{\dot{q}_{0i}+\sigma_iq_{0i}}{\omega_{\mathrm{d}i}}\right)^2}$；$\varphi_i$ 为相位，$\varphi_i=\arctan\dfrac{\omega_{\mathrm{d}i}q_{0i}}{\dot{q}_{0i}+\sigma_iq_{0i}}$；$\sigma_i$ 为衰减系数，$\sigma_i=\dfrac{c_i}{2m_i}$；$\omega_{\mathrm{d}i}$ 为第 i 阶阻尼固有角频率，$\omega_{\mathrm{d}i}=\omega_{0i}\sqrt{1-\xi_i^2}$，$\omega_{0i}$ 为第 i 阶无阻尼固有角频率，ξ_i 为阻尼比，下标 d 表示有阻尼系统，0 表示无阻尼系统。

对于一般黏性阻尼系统，自由振动可以表达为

$$\begin{aligned}\boldsymbol{x}(t)&=\boldsymbol{\Phi}\boldsymbol{\Lambda}(t)\boldsymbol{q}(0)+\boldsymbol{\Phi}^*\boldsymbol{\Lambda}^*(t)\boldsymbol{q}^*(0)\\&=\sum_{i=1}^{n}(\boldsymbol{\Phi}_iq_i(0)\mathrm{e}^{\lambda_it}+\boldsymbol{\Phi}_i^*q_i^*(0)\mathrm{e}^{\lambda_i^*t})\\&=2\mathrm{Re}\{\boldsymbol{\Phi}\boldsymbol{\Lambda}(t)\boldsymbol{q}(0)\}\end{aligned}\tag{2.4.2}$$

式中，对角阵 $\boldsymbol{\Delta}(t)=\mathrm{diag}(\mathrm{e}^{\lambda_1 t},\mathrm{e}^{\lambda_2 t},\cdots,\mathrm{e}^{\lambda_n t})$，$\boldsymbol{\Delta}^*(t)$ 是其共轭；$\begin{bmatrix}\boldsymbol{q}(0)\\\boldsymbol{q}^*(0)\end{bmatrix}=\widetilde{\boldsymbol{\Phi}}^{-1}z(0)=\widetilde{\boldsymbol{\Phi}}^{-1}\begin{bmatrix}\boldsymbol{x}(0)\\\dot{\boldsymbol{x}}^*(0)\end{bmatrix}$，$\widetilde{\boldsymbol{\Phi}}_i=\begin{bmatrix}\boldsymbol{\Phi}_i\\\lambda_i\boldsymbol{\Phi}_i\end{bmatrix}$，$\boldsymbol{q}(0)$ 和 $\boldsymbol{q}^*(0)$ 分别为初始的模态响应及其共轭；λ_i 为系统第 i 个特征值；$\boldsymbol{\Phi}^*$ 为振型矩阵 $\boldsymbol{\Phi}=[\boldsymbol{\Phi}_1,\boldsymbol{\Phi}_2,\cdots,\boldsymbol{\Phi}_n]$ 的共轭；算子 $\mathrm{Re}\{\cdot\}$ 表示取数据的实部。

结构系统在单位脉冲力 $\delta(t)$ 作用下的响应为脉冲响应，其中单位脉冲函数 $\delta(t)$ 可以表达为

$$\delta(t-\tau)=0,\quad t\neq\tau \tag{2.4.3}$$

式中，τ 为单位脉冲力作用时刻；并且

$$\int_{-\infty}^{+\infty}\delta(t-\tau)\mathrm{d}t=1 \tag{2.4.4}$$

对于多自由度系统，如果结构仅在第 l 个自由度方向作用单位脉冲力，在结构的第 p 个自由度上产生的位移脉冲响应如下。

黏性比例阻尼：

$$h_{pl}(t)=\sum_{i=1}^{n}\frac{\boldsymbol{\Phi}_{ip}\boldsymbol{\Phi}_{il}^{\mathrm{T}}}{m_i\omega_{\mathrm{d}i}}\mathrm{e}^{-\sigma_i t}\sin(\omega_{\mathrm{d}i}t) \tag{2.4.5}$$

一般黏性阻尼：

$$h_{pl}(t)=\sum_{i=1}^{n}\left(\frac{\boldsymbol{\Phi}_{ip}\boldsymbol{\Phi}_{il}}{a_i}\mathrm{e}^{\lambda_i t}+\frac{\boldsymbol{\Phi}_{ip}^*\boldsymbol{\Phi}_{il}^*}{a_i^*}\mathrm{e}^{\lambda_i^* t}\right) \tag{2.4.6}$$

式中，a_i 和 a_i^* 为仅与结构本身有关的常数；$\boldsymbol{\Phi}_{ip}$ 和 $\boldsymbol{\Phi}_{il}$ 为第 i 阶振型的两个不同分量。

从上述结构自由振动响应的表达式(2.4.1)和式(2.4.2)，以及结构脉冲响应的表达式(2.4.5)和式(2.4.6)中可以看出，结构的自由振动响应和脉冲响应的表达式中仅含有反映结构本身性质的模态参数(自振频率、阻尼比和振型等)，不包含外界激励的影响，因而许多模态参数的提取方法正是以结构的自由振动响应或脉冲响应为基础的。然而，当对边界条件复杂和受各种随机的环境激励作用的大坝进行模态分析时，容易得到的常常只能是随机的受迫振动响应信号。如果能根据这些受迫振动信号提取结构的自由响应或脉冲响应，无疑会对模态参数等系统特征参数的识别提供很大的便利。为此，以下研究两种根据结构随机受迫振动响应提取自由振动响应的方法，即 NExT 和 RDT。这两种方法的基本假设为基准无损的结构是线性的，以及外界环境激励满足带限白噪声的要求。

1. NExT

James 等[51]于 1995 年提出的 NExT，是从结构的随机响应中获得结构脉冲响

应的一种有效方法，是结构识别领域内的一个重大进步。

单自由度(single-degree-of-freedom，SDOF)结构的受迫振动响应可以根据脉冲响应 $h(t)$ 采用卷积的形式，即 Duhamel 积分来表达：

$$x(t)=\int_{0}^{t}h(t-\tau)f(\tau)\mathrm{d}\tau \tag{2.4.7}$$

$$\dot{x}(t)=\int_{-\infty}^{t}\dot{h}(t-\tau)f(\tau)\mathrm{d}\tau+h(0)f(t)=\int_{-\infty}^{t}\dot{h}(t-\tau)f(\tau)\mathrm{d}\tau \tag{2.4.8}$$

$$\ddot{x}(t)=\int_{-\infty}^{t}\ddot{h}(t-\tau)f(\tau)\mathrm{d}\tau+\dot{h}(0)f(t)=\int_{-\infty}^{t}\ddot{h}(t-\tau)f(\tau)\mathrm{d}\tau+\frac{1}{m}f(t) \tag{2.4.9}$$

n 自由度黏性比例阻尼结构的受迫振动可以解耦为 n 个模态坐标上的单自由度振动：

$$\ddot{q}_j(t)+2\xi_j\omega_{0j}\dot{q}_j(t)+\omega_{0j}^2q_j(t)=F_j(t),\quad j=1,2,\cdots,n \tag{2.4.10}$$

式中，$F_j(t)=\dfrac{\boldsymbol{\Phi}_j^{\mathrm{T}}f(t)}{m_j}$；$q_j(t)$ 为模态响应。

以上任意一个自由度上的受迫振动响应都可以采用式(2.4.7)～式(2.4.9)所示的脉冲函数的积分形式来表达。当结构的阻尼模型是黏性比例阻尼时，结构的 n 个模态矢量 $\boldsymbol{\Phi}_1,\boldsymbol{\Phi}_2,\cdots,\boldsymbol{\Phi}_n$ 构成 n 维空间的一组正交基，故 n 维结构振动位移响应可以用它们来线性表示：

$$\boldsymbol{x}(t)=\boldsymbol{\Phi q}(t),\quad \dot{\boldsymbol{x}}(t)=\boldsymbol{\Phi}\dot{\boldsymbol{q}}(t),\quad \ddot{\boldsymbol{x}}(t)=\boldsymbol{\Phi}\ddot{\boldsymbol{q}}(t) \tag{2.4.11}$$

根据上述坐标变换可以得到结构响应间的互相关函数矩阵如下：

$$\boldsymbol{R}_{xx}(\tau)=\boldsymbol{\Phi R}_{qq}(\tau)\boldsymbol{\Phi}^{\mathrm{T}},\quad \boldsymbol{R}_{\dot{x}\dot{x}}(\tau)=\boldsymbol{\Phi R}_{\dot{q}\dot{q}}(\tau)\boldsymbol{\Phi}^{\mathrm{T}},\quad \boldsymbol{R}_{\ddot{x}\ddot{x}}(\tau)=\boldsymbol{\Phi R}_{\ddot{q}\ddot{q}}(\tau)\boldsymbol{\Phi}^{\mathrm{T}} \tag{2.4.12}$$

式中，模态坐标响应的相关函数矩阵可以表达为

$$\boldsymbol{R}_{qq}(\tau)=\int_{0}^{+\infty}\int_{0}^{+\infty}\boldsymbol{R}_{ff}(\tau+s_1-s_2)h(s_1)h(s_2)\mathrm{d}s_1\mathrm{d}s_2 \tag{2.4.13}$$

$$\boldsymbol{R}_{\dot{q}\dot{q}}(\tau)=\int_{0}^{+\infty}\int_{0}^{+\infty}\boldsymbol{R}_{ff}(\tau+s_1-s_2)\dot{h}(s_1)\dot{h}(s_2)\mathrm{d}s_1\mathrm{d}s_2 \tag{2.4.14}$$

$$\begin{aligned}\boldsymbol{R}_{\ddot{q}\ddot{q}}(\tau)=&\int_{0}^{+\infty}\int_{0}^{+\infty}\boldsymbol{R}_{ff}(\tau+s_1-s_2)\ddot{h}(s_1)\ddot{h}(s_2)\mathrm{d}s_1\mathrm{d}s_2\\&+\int_{0}^{+\infty}\boldsymbol{R}_{ff}(\tau-s_2)\ddot{h}(s_2)\mathrm{d}s_2+\int_{0}^{+\infty}\boldsymbol{R}_{ff}(\tau+s_1)\ddot{h}(s_1)\mathrm{d}s_1+\boldsymbol{R}_{ff}(\tau)\end{aligned} \tag{2.4.15}$$

式中，$\boldsymbol{R}_{ff}(\tau)$ 为各点激励间的相关函数矩阵。

当结构受理想白噪声激励时，根据式(2.4.11)～ 式(2.4.13)分别进行推导，可以得到 n 自由度黏性比例阻尼系统第 p 个自由度方向位移振动响应和第 l 个自由度方向的位移振动响应间的相关函数 $R_{plk}(\tau)=E[x_{pk}(t+\tau)x_{lk}(t)]$ 的表达

形式：

$$R_{plk}(\tau)=\sum_{r=1}^{n}\frac{\Phi_{ir}\Phi_{kr}G_{ijk}}{m_r\omega_{dr}}\mathrm{e}^{-\sigma_i t}\sin(\omega_{dr}t+\theta_r) \tag{2.4.16}$$

式中，G_{ijk}为与测点与模态阶次有关的常数；θ_r为相位角。

对于一般黏性阻尼系统，可以表达为

$$R_{plk}(\tau)=\sum_{r=1}^{n}(b_{lr}\Phi_{pr}\mathrm{e}^{\lambda_r\tau}+b_{lr}^{*}\Phi_{pr}^{*}\mathrm{e}^{\lambda_r^{*}\tau}) \tag{2.4.17}$$

式中，b_{lr}为仅与参考点 l 和模态阶次 r 有关的常数。

分别对比式(2.4.16)和式(2.4.5)、式(2.4.17)和式(2.4.6)可以看出，白噪声激励下结构响应间的相关函数和结构脉冲响应的表达形式是相近的，只有常数项的差别，它们与结构的自由振动响应式(2.4.1)和式(2.4.2)类似，都仅含有结构本身的特征参数。因此，结构受白噪声激励时，可以采用各测点响应间的互相关函数来代替结构的脉冲响应函数。

在实际工程中，为了使用 NExT，一个响应信号要被选为参考信号，根据参考信号和其他响应信号可以求得互谱密度函数，对互谱密度函数进行傅里叶逆变换就能得到互相关函数。参考信号通道位置的选择必须考虑到在该位置所有的模态能够被观测到，如果参考通道位置在某一模态的节线上，该模态将不能被观测到，即不能被识别出来。一般情况下，可以选取响应较小的测点作为参考点。图 2.4.1 为高斯白噪声激励下含有噪声的结构响应信号采用 NExT 处理后的效果。从图中可以看出，NExT 处理后信号的功率谱中特征频率更为明显，而且噪声的干扰减弱。

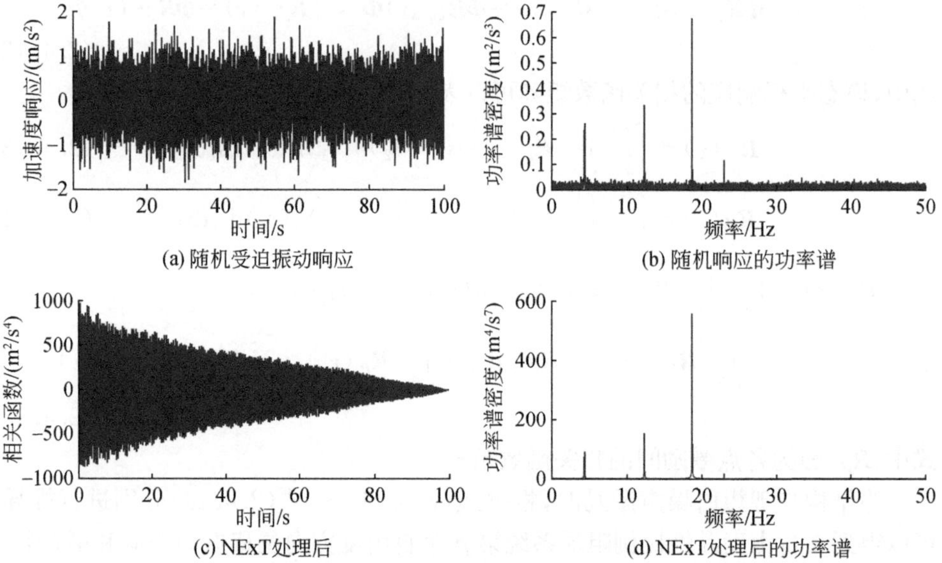

图 2.4.1　高斯白噪声激励下含有噪声的结构响应信号采用 NExT 处理后的效果

2. RDT

RDT 最早是由 Cole[52]提出的，它是一种从结构的随机响应中提取自由响应的方法。该方法的基本思想是通过对满足一定初始条件的响应时间序列的子样进行平均来消除随机激励的影响[53-55]。

以单自由度线性结构的振动为例，假定初始位移为 x_0，初始速度为$\dot{x}_0$，对结构的振动平衡方程进行拉普拉斯变换后再进行逆变换，可以得到

$$x(t)=x_0g(t)+\dot{x}_0h'(t)+\int_0^t \frac{f(\tau)}{m}h'(t-\tau)\mathrm{d}\tau=d_1(t)+d_2(t)+d_3(t) \tag{2.4.18}$$

式中，$d_1(t)$、$d_2(t)$和 $d_3(t)$分别为初始位移引起的响应、初始速度引起的响应和随机激励 $f(t)$引起的响应；$h'(t)=\mathrm{e}^{-\xi\omega_0 t}\sin\omega_\mathrm{d}t/\omega_\mathrm{d}$；$g(t)=\mathrm{e}^{-\xi\omega_0 t}\cos(\omega_\mathrm{d}t-\varphi)/\sqrt{1-\xi^2}$。

设结构上某测点的振动位移随机响应为 $x(t)(t=1,2,\cdots,N)$。这时，如图 2.4.2 所示，在水平穿越触发条件 $x(t)=x_\mathrm{s}$ 的情况下，穿越点对应的时刻分别为 $t_1,t_2,\cdots,t_N$。分别以 $t_1,t_2,\cdots,t_N$为初始时刻，取 N 个样本长度为M 的子时间序列。这 N 个子时间序列是原始时间序列$x(t)$的一个长度为M 的子样。RDT 特征量 $\delta_{xx}(\tau)$是这 N 个长度为M 的子样叠加后的平均，即

$$\delta_{xx}(\tau)=E[x(t+\tau)\,|\,x(0)=x_\mathrm{s}]=\frac{1}{N}\sum_{k=1}^{N}x(t_k+\tau)\,|\,x(t_k)=x_\mathrm{s} \tag{2.4.19}$$

可以看出，对于位移响应 $x(t)$，当采用水平穿越的触发条件时，这些子时间序列的初值对应初始位移 $d_1(0)=x_\mathrm{s}$。如果随机响应信号是均值为 0 的平稳随机过程，经过多次平均后，随机激励对应的响应 $d_3(t)$ 趋于 0。同时，随着初始斜率的正负交替变化，初速度引起的响应 $d_2(t)$在多次平均后也趋于 0。因此，最终平均的结果是初始位移产生的自由振动响应。

Asmussen 等[56,57]研究表明，平稳的各态历经的随机位移振动响应的随机减量特征量与自相关函数成正比关系。对于水平穿越的触发条件，这种正比关系可以表示为

$$\delta_{xx}=E[x(t+\tau)\,|\,x(0)=x_0]=\frac{R_{xx}(\tau)}{R_{xx}(0)}x_\mathrm{s} \tag{2.4.20}$$

式中，$R_{xx}(\tau)$为随机响应 $x(t)$的自相关函数。根据前面的分析，白噪声激励下结构响应间的自相关函数 $R_{xx}(\tau)$与结构的脉冲响应具有相近的表达形式，而 RDT 特征量又与自相关函数 $R_{xx}(\tau)$成正比关系，这就间接说明，RDT 特征量也可以反映结构的自由振动特性。RDT 特征量和触发条件的类型相关，不同的触发条件会产生不同的表达形式，对于其他形式的触发条件可以参考文献[58]。

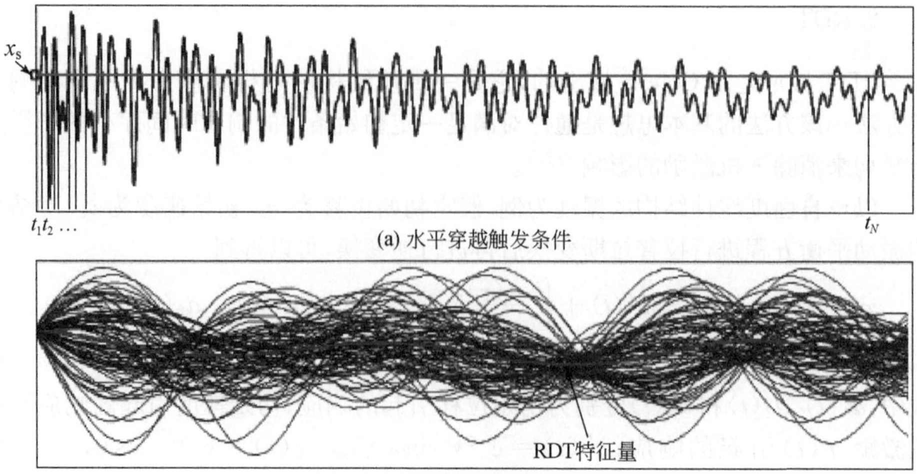

图 2.4.2　RDT 的原理

2.4.2　支撑激励作用下由加速度受迫响应提取自由振动

上述对 NExT 和 RDT 的证明，基本上都是针对结构的位移响应来进行的。可以证明，对于结构的速度响应，以上分析同样适用，即在外部环境激励和观测噪声的性质接近高斯白噪声时，可以分别采用 NExT 和 RDT 来从随机位移和速度响应中提取结构的脉冲响应和自由响应。然而，对于结构的加速度响应，则不一定可以得到类似的结论。

从式(2.4.12)和式(2.4.15)可以看出，与位移和速度响应间的协方差函数不同，一般情况下，加速度响应间的协方差矩阵还包含外部激励的效应。由于实际的环境激励不可能是完全理想的白噪声，当采用 NExT 来获取结构的脉冲响应时，必然会产生很大的误差。然而，对于水工混凝土结构受地震等支撑激励的情况，当采用 RDT 或 NExT 对结构的绝对加速度响应进行处理时，却可以大大减少外部激励引起的误差。下面对这一问题进行深入研究。

与其他动力荷载相比，地震问题的特殊之处在于激励是以支撑运动的形式施加的。大坝强震仪的观测数据一般都是地震激励下大坝的绝对加速度响应(相对于地震未发生时的静止参考目标的运动)。地震激励下结构的振动问题本身是一个十分复杂的问题，严格来讲，需要考虑振动传播过程中存在的无限地基的辐射阻尼和不均匀输入等问题。但实际应用中通常采用 Clough[59] 提出的简化方法来处理这一问题，即均匀输入，假定截断边界面上各点的地震加速度在同一时刻是相同的，建筑物就像置于无限大的振动台上一样，计算域上各点作用惯性力。

对于 n 自由度的黏性比例阻尼系统，Li 等[60]通过推导得到在高斯白噪声支撑激励作用下，结构任意两个自由度上的绝对加速度响应间的相关函数的表达形式为

$$\begin{aligned} R_{pl}(\tau) &= S\int_0^{+\infty}\ddot{h}_p(t)\ddot{h}_l(t+\tau)\mathrm{d}t \\ &= S\sum_{j=1}^{n}\sum_{i=1}^{n}\Phi_{pi}\Phi_{lj}\frac{\Phi_{\mathrm{f}i}\Phi_{\mathrm{f}j}}{\omega_{\mathrm{d}i}\omega_{\mathrm{d}i}}\mathrm{e}^{-\xi_j\omega_j\tau}\left[A_{ij}\cos(\omega_{\mathrm{d}j}\tau)+B_{ij}\sin(\omega_{\mathrm{d}j}\tau)\right] \\ &= S\sum_{j=1}^{n}\sum_{i=1}^{n}\Phi_{pi}\Phi_{lj}\frac{\Phi_{\mathrm{f}i}\Phi_{\mathrm{f}j}}{\omega_{\mathrm{d}i}\omega_{\mathrm{d}i}}\mathrm{e}^{-\xi_j\omega_j\tau}C_{ij}\sin(\omega_{\mathrm{d}j}\tau+\varphi_j) \end{aligned} \tag{2.4.21}$$

式中，A_{ij}、B_{ij} 和 C_{ij} 为与模态参数无关的常数；S 为高斯白噪声的功率谱幅值；φ_j 为初相位。

可以看出，上述的互相关函数和式(2.4.5)所示的结构脉冲响应有相近的表达形式。因此，对于黏性比例阻尼系统，可以根据实测的白噪声支撑激励下结构绝对加速度响应计算互相关函数来代替脉冲响应函数。

Li 等的推导[60]是根据式(2.4.9)所示的 Duhamel 积分来进行的，推导过程困难，表达形式复杂且不易理解。对于 n 自由度的一般黏性阻尼系统，由于结构系统无法直接解耦，采用 Duhamel 积分来进行推导会更加困难。以下采用离散系统的状态空间模型进行推导。

n 自由系统在支撑激励作用下的平衡方程为

$$\boldsymbol{M}\ddot{\boldsymbol{x}}(t)+\boldsymbol{C}\dot{\boldsymbol{x}}(t)+\boldsymbol{K}\boldsymbol{x}(t)=-\boldsymbol{M}\boldsymbol{S}\ddot{\boldsymbol{a}}_g(t) \tag{2.4.22}$$

式中，$\boldsymbol{M}$、$\boldsymbol{C}$ 和 $\boldsymbol{K}$ 分别为系统的质量矩阵、阻尼矩阵和劲度矩阵；地震加速度向量 $\boldsymbol{a}_g=[a_{gx},a_{gy},a_{gz}]^{\mathrm{T}}$；矩阵 $\boldsymbol{S}=[\boldsymbol{I}_3,\boldsymbol{I}_3,\cdots,\boldsymbol{I}_3]^{\mathrm{T}}\in\mathbf{R}^{n\times3}$，$\boldsymbol{I}_3$ 为三阶单位矩阵。

n 自由度一般黏性阻尼结构的振动平衡方程在状态空间的表达式如下：

$$\dot{\boldsymbol{z}}(t)=\boldsymbol{A}_{\mathrm{c}}\boldsymbol{z}(t)+\boldsymbol{B}_{\mathrm{c}}\boldsymbol{u}(t) \tag{2.4.23}$$

式中，连续系统的状态矩阵 $\boldsymbol{A}_{\mathrm{c}}=\begin{bmatrix}0 & \boldsymbol{I}\\ -\boldsymbol{M}^{-1}\boldsymbol{K} & -\boldsymbol{M}^{-1}\boldsymbol{C}\end{bmatrix}\in\mathbf{R}^{2n\times2n}$，$\boldsymbol{I}$ 为单位矩阵；状态向量 $\boldsymbol{z}(t)=[\boldsymbol{x}(t),\dot{\boldsymbol{x}}(t)]^{\mathrm{T}}\in\mathbf{R}^{2n}$；输入矩阵 $\boldsymbol{B}_{\mathrm{c}}=\begin{bmatrix}0\\ \boldsymbol{M}^{-1}\boldsymbol{B}_2\end{bmatrix}\in\mathbf{R}^{2n\times m}$ 表示外界激励 $\boldsymbol{u}(t)\in\mathbf{R}^m$ 的分布状况。

若结构的观测向量为 $\boldsymbol{y}(t)\in\mathbf{R}^l$，则有以下观测方程：

$$\boldsymbol{y}(t)=\boldsymbol{G}\boldsymbol{z}(t)+\boldsymbol{D}\boldsymbol{u}(t) \tag{2.4.24}$$

式中，观测量 $\boldsymbol{y}(t)$ 可以是位移、速度和加速度中的任意一种或几种，只是不同观测量所对应的观测矩阵 $\boldsymbol{G}\in\mathbf{R}^{l\times2n}$ 和直接传递矩阵 $\boldsymbol{D}\in\mathbf{R}^{l\times2n}$ 不同。定义对角矩阵 $\boldsymbol{C}_d$、$\boldsymbol{C}_v$ 和 $\boldsymbol{C}_a$ 分别为结构位移、速度和加速度的观测选择矩阵。若第 l 个观测量是结构

第 i 个自由度上的某种响应量，则对应观测选择矩阵的第 l 行第 i 列的元素为 1，否则为 0。这时观测矩阵为

$$\boldsymbol{G}=[\boldsymbol{C}_d-\boldsymbol{C}_a\boldsymbol{M}^{-1}\boldsymbol{K}\quad \boldsymbol{C}_v-\boldsymbol{C}_a\boldsymbol{M}^{-1}\boldsymbol{C}] \tag{2.4.25}$$

当观测量是位移或速度响应时，矩阵 $\boldsymbol{D}=0$，否则

$$\boldsymbol{D}=\boldsymbol{C}_a\boldsymbol{M}^{-1}\boldsymbol{B}_2 \tag{2.4.26}$$

式(2.4.23)所表达的结构振动的状态方程是一阶矢量微分方程组。假定 $\boldsymbol{z}(t_0)=\boldsymbol{z}_0$，则方程的解为

$$\boldsymbol{z}(t)=\mathrm{e}^{\boldsymbol{A}_c(t-t_0)}\boldsymbol{z}_0+\int_{t_0}^{t}\mathrm{e}^{\boldsymbol{A}_c(t-\tau)}\boldsymbol{B}_c\boldsymbol{u}(\tau)\mathrm{d}\tau \tag{2.4.27}$$

注意 $\mathrm{e}^{\boldsymbol{A}}=\boldsymbol{I}+\boldsymbol{A}+\frac{1}{2!}\boldsymbol{A}^2+\frac{1}{3!}\boldsymbol{A}^3+\cdots$，将上述系统进行离散化，对信号进行等间隔 Δt 采样，并加入零阶保持器。式(2.4.27)表示的是一个齐次方程的解(第一项表示自由振动)和一个受迫振动方程特解的组合。采样的时间点为 $t=t_0+k\Delta t(k=0,1,\cdots,s)$，并加入零阶保持器，这时可以得到

$$\boldsymbol{z}_{k+1}=\boldsymbol{A}\boldsymbol{z}_k+\boldsymbol{B}\boldsymbol{u}_k \tag{2.4.28}$$

式中，$\boldsymbol{A}$ 为离散状态空间矩阵，它与连续状态空间矩阵 $\boldsymbol{A}_c$ 之间的关系可以表达为

$$\boldsymbol{A}=\mathrm{e}^{\boldsymbol{A}_c\Delta t} \tag{2.4.29}$$

离散输入矩阵 $\boldsymbol{B}=\left(\int_0^{\Delta t}\mathrm{e}^{\boldsymbol{A}_c\tau}\mathrm{d}\tau\right)\boldsymbol{B}_c$，当 $\boldsymbol{A}_c$ 可逆时，可以得到其与连续系统的输入矩阵 $\boldsymbol{B}_c$ 之间存在以下关系：

$$\boldsymbol{B}=\boldsymbol{A}_c^{-1}[\boldsymbol{A}-\boldsymbol{I}]\boldsymbol{B}_c \tag{2.4.30}$$

这时，若系统初始状态为 $\boldsymbol{z}_0$，则有

$$\boldsymbol{z}_k=\boldsymbol{A}^k\boldsymbol{z}_0+\sum_{i=1}^{k}\boldsymbol{A}^i\boldsymbol{B}\boldsymbol{u}_{k-i} \tag{2.4.31}$$

离散化对结构的观测没有影响，故离散系统对应的观测方程为

$$\boldsymbol{y}_k=\boldsymbol{G}\boldsymbol{z}_k+\boldsymbol{D}\boldsymbol{u}_k \tag{2.4.32}$$

当考虑系统误差 $\boldsymbol{w}_k$ 和观测噪声 $\boldsymbol{v}_k$ 的影响时，以上模型被转换成“确定-随机”离散状态空间模型：

$$\begin{cases}\boldsymbol{z}_{k+1}=\boldsymbol{A}\boldsymbol{z}_k+\boldsymbol{B}\boldsymbol{u}_k+\boldsymbol{w}_k\\ \boldsymbol{y}_k=\boldsymbol{G}\boldsymbol{z}_k+\boldsymbol{D}\boldsymbol{u}_k+\boldsymbol{v}_k\end{cases} \tag{2.4.33}$$

式中，$\boldsymbol{w}_k$ 为系统误差；$\boldsymbol{v}_k$ 为观测噪声。

对于 n 自由度的一般黏性阻尼结构，根据式(2.4.33)所示的离散状态空间模型，可以推导出实测振动响应间的相关函数矩阵的表达形式为

$$\begin{aligned}\boldsymbol{R}_{yy}(\tau)&=E[\boldsymbol{y}_{k+\tau}\boldsymbol{y}_k^{\mathrm{T}}]\\&=E[(\boldsymbol{G}\boldsymbol{A}^{\tau}\boldsymbol{z}_k+\sum_{i=1}^{\tau}\boldsymbol{G}\boldsymbol{A}^{i-1}\boldsymbol{B}\boldsymbol{u}_{k+\tau-i}+\boldsymbol{D}\boldsymbol{u}_{k+\tau}+\boldsymbol{v}_{k+\tau})(\boldsymbol{G}\boldsymbol{z}_k+\boldsymbol{D}\boldsymbol{u}_k+\boldsymbol{v}_k)^{\mathrm{T}}]\end{aligned} \tag{2.4.34}$$

假定观测噪声与结构响应和激励是不相关的。这时,相关函数矩阵可以表达为

$$\boldsymbol{R}_{yy}(\tau)=\boldsymbol{R}^{\mathrm{S}}(\tau)+\boldsymbol{R}^{\mathrm{L}}(\tau)+\boldsymbol{R}^{\mathrm{N}}(\tau) \tag{2.4.35}$$

式中

$$\boldsymbol{R}^{\mathrm{S}}(\tau)=\boldsymbol{G}\boldsymbol{A}^{\tau}\boldsymbol{R}_{zz}(0)\boldsymbol{G}^{\mathrm{T}} \tag{2.4.36}$$

仅与结构的初始状态和结构系统参数(模态参数)有关,与结构的自由振动和脉冲响应具有相近的表达形式;$\boldsymbol{R}^{\mathrm{L}}(\tau)$是外部激励的效应:

$$\begin{aligned}\boldsymbol{R}^{\mathrm{L}}(\tau)=&\sum_{i=1}^{\tau}\boldsymbol{G}\boldsymbol{A}^{i-1}\boldsymbol{B}E(\boldsymbol{u}_{k+\tau-i}\boldsymbol{z}_k^{\mathrm{T}})\boldsymbol{G}^{\mathrm{T}}+\boldsymbol{G}E(\boldsymbol{z}_{k+\tau}\boldsymbol{u}_k^{\mathrm{T}})\boldsymbol{D}^{\mathrm{T}}\\&+\boldsymbol{D}E(\boldsymbol{u}_{k+\tau}\boldsymbol{z}_k^{\mathrm{T}})\boldsymbol{G}^{\mathrm{T}}+\boldsymbol{D}E(\boldsymbol{u}_{k+\tau}\boldsymbol{u}_k^{\mathrm{T}})\boldsymbol{D}^{\mathrm{T}}\end{aligned} \tag{2.4.37}$$

当观测量是位移或速度响应时,$\boldsymbol{D}=0$,$\boldsymbol{R}^{\mathrm{L}}(\tau)=\sum\limits_{i=1}^{\tau}\boldsymbol{G}\boldsymbol{A}^{i-1}\boldsymbol{B}E(\boldsymbol{u}_{k+\tau-i}\boldsymbol{z}_k^{\mathrm{T}})\boldsymbol{G}^{\mathrm{T}}$;$\boldsymbol{R}^{\mathrm{N}}(\tau)$是外部观测噪声的效应。

$$\boldsymbol{R}^{\mathrm{N}}(\tau)=\boldsymbol{R}_{vv}(\tau) \tag{2.4.38}$$

假设实际的结构可以离散为作用于 s 个节点的集中质量的有限元模型,结构的总自由度为 $n=3s$。当测量的是 n 个绝对加速度响应时,$\boldsymbol{C}_d=\boldsymbol{C}_v=0_n$,可以得到以下的一系列结论:

$$\boldsymbol{G}=[-\boldsymbol{C}_a\boldsymbol{M}^{-1}\boldsymbol{K}\quad -\boldsymbol{C}_a\boldsymbol{M}^{-1}\boldsymbol{C}],\quad \boldsymbol{D}=\boldsymbol{C}_a\boldsymbol{M}^{-1} \tag{2.4.39}$$

式中,地震加速度向量 $\boldsymbol{a}_g=[a_{gx},a_{gy},a_{gz}]^{\mathrm{T}}$。

定义向量 $\boldsymbol{A}_g(t)=\boldsymbol{S}\boldsymbol{a}_g(t)=[\boldsymbol{a}_g(t)^{\mathrm{T}},\boldsymbol{a}_g(t)^{\mathrm{T}},\cdots,\boldsymbol{a}_g(t)^{\mathrm{T}}]^{\mathrm{T}}\in\mathbf{R}^{n\times 1}$。将式(2.4.39)代入式(2.4.24)所示的观测方程中进行推导,并考虑观测噪声的效应,可得

$$\boldsymbol{y}'(t)=\boldsymbol{C}_a\ddot{\boldsymbol{x}}(t)+\boldsymbol{v}(t)=\boldsymbol{G}\boldsymbol{z}(t)-\boldsymbol{C}_a\boldsymbol{A}_g(t)+\boldsymbol{v}(t) \tag{2.4.40}$$

对于受基础激励的结构,以上所谓的加速度响应是结构相对于边界的相对运动 $\boldsymbol{y}'(t)$,而在地震的过程中大地本身也是在运动的,加速度传感器测量得到的是绝对加速度 $\ddot{\boldsymbol{x}}^a(t)$,这时,有

$$\boldsymbol{y}(t)=\boldsymbol{C}_a\ddot{\boldsymbol{x}}^a(t)+\boldsymbol{v}(t)=\boldsymbol{y}'(t)+\boldsymbol{C}_a\boldsymbol{A}_g(t)=\boldsymbol{G}\boldsymbol{z}(t)+\boldsymbol{v}(t) \tag{2.4.41}$$

离散形式的表达为

$$\boldsymbol{y}_k=\boldsymbol{G}\boldsymbol{z}_k+\boldsymbol{v}_k \tag{2.4.42}$$

这相当于在观测方程(2.4.24)中,令矩阵 $\boldsymbol{D}=0$。这时,观测方程的形式与观测量是位移或速度时对应的观测方程形式是一致的。可以计算得到响应间的协方差函数矩阵的表达式如下:

$$\boldsymbol{R}_{yy}(\tau)=\boldsymbol{G}\boldsymbol{A}^{\tau}\boldsymbol{R}_{zz}(0)\boldsymbol{G}^{\mathrm{T}}+\sum_{i=1}^{\tau}\boldsymbol{G}\boldsymbol{A}^{i-1}\boldsymbol{B}E(\boldsymbol{u}_{k+\tau-i}\boldsymbol{z}_k^{\mathrm{T}})\boldsymbol{G}^{\mathrm{T}}+\boldsymbol{R}_{vv}(\tau) \tag{2.4.43}$$

可见,对于基础激励下结构振动的绝对加速度响应,各测点间的协方差函数矩阵中激励效应 $\boldsymbol{R}^{\mathrm{L}}(\tau)$表达式(2.4.37)右边最后三项都可以消除,只剩下一些微小

的高阶项 $\sum_{i=1}^{\tau} \boldsymbol{G}\boldsymbol{A}^{i-1}\boldsymbol{B}E(\boldsymbol{u}_{k+\tau-i}\boldsymbol{z}_k^{\mathrm{T}})\boldsymbol{G}^{\mathrm{T}}$。

目前,在一般的工程应用中各种环境激励和观测噪声都假定为随机的带限白噪声序列,当时间延迟足够大时,$\tau > \tau_0$,其中 τ_0 为松弛时间,在与它对应的式(2.4.43)所示的协方差函数矩阵中,环境激励和观测噪声效应足够小。对于理想噪声,$\tau_0=1$;对于实际环境激励,τ_0 可以取得稍大一些。这时,相关函数矩阵的表达式(2.4.43)中的第二项和第三项也都可以忽略,因此可以得到以下表达形式:

$$\boldsymbol{R}_{yy}(\tau) \approx \boldsymbol{G}\boldsymbol{A}^{\tau}\boldsymbol{R}_{zz}(0)\boldsymbol{G}^{\mathrm{T}}, \quad \tau > \tau_0 \tag{2.4.44}$$

由式(2.4.36)可知,这时 $\boldsymbol{R}_{yy}(\tau)$ 与结构的自由振动和脉冲响应具有相近的表达形式,即对受随机支撑激励的结构而言,可以采用自然激励技术对实测的绝对加速度响应进行处理,以结构各测点响应间的互相关函数代替其脉冲响应。Li 等[60]和 Ku 等[61]通过采用式(2.4.9)所示的脉冲响应函数的积分形式进行推导,得到与上面相似的结果,在这里采用离散状态空间模型,重新证明这个问题,从而使推导过程大大简化。由式(2.4.20)可知,对于采用水平穿越触发条件的 RDT,RDT 特征量和相关函数成比例关系,因此上述的推导也间接证明了 RDT 技术对白噪声支撑激励下结构的绝对加速度响应是适用的。

图 2.4.3(a) 是一个受白噪声支撑激励 4 自由度结构的第一个自由度的振动响应自相关函数 $R_{y_1y_1}(\tau)$ 和脉冲响应函数 $R_{11}^{\mathrm{S}}(\tau)$ 的对比,采用自相关函数代替脉冲响应时产生的误差如图 2.4.3(b)所示。由图 2.4.3 可以看出,在白噪声的支撑激励下,当 $\tau>0$ 时,采用 NExT 特征量来代替结构的脉冲响应所产生的误差是很小的。

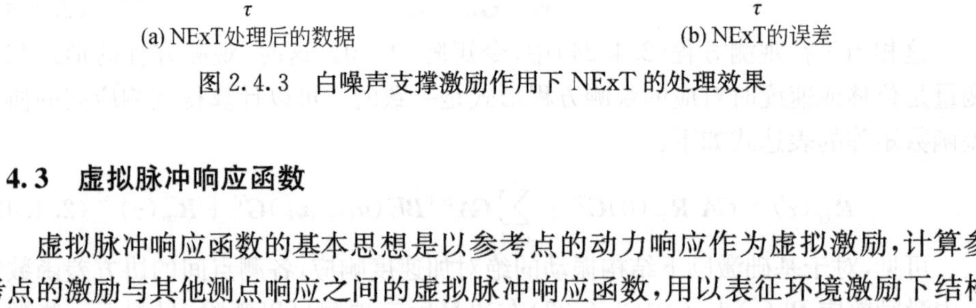

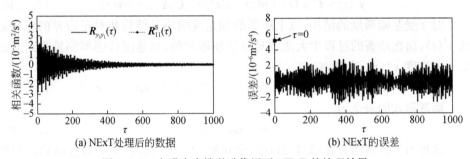

图 2.4.3 白噪声支撑激励作用下 NExT 的处理效果

2.4.3 虚拟脉冲响应函数

虚拟脉冲响应函数的基本思想是以参考点的动力响应作为虚拟激励,计算参考点的激励与其他测点响应之间的虚拟脉冲响应函数,用以表征环境激励下结构动力系统的动力特性。虚拟脉冲响应函数的理论分析简述如下。为了便于表述，以下分析在频域中进行。激励和响应进行傅里叶变换后在频域内有以下关系：

$$Y(\omega)=H(\omega)U(\omega) \tag{2.4.45}$$

式中，$Y(\omega)$为响应的傅里叶变换；$U(\omega)$为激励的傅里叶变换；$H(\omega)$为频率响应函数。

令参考点 j 的响应（虚拟激励）$y_j(t)$和测点 i 的响应 $y_i(t)$的互谱密度及虚拟激励 $y_j(t)$的自谱密度分别为 $G_{yu}(\omega,i,j)$ 和 $G_{uu}(\omega,j)$，表示为

$$G_{yu}(\omega,i,j)=Y^*(\omega,j)Y(\omega,i),\quad G_{uu}(\omega,j)=Y^*(\omega,j)Y(\omega,j) \tag{2.4.46}$$

式中，$Y(\omega,i)$和$Y(\omega,j)$分别为响应 $y_i(t)$和虚拟激励 $y_j(t)$的傅里叶变换；$Y^*(\omega,i)$和 $Y^*(\omega,j)$分别为它们的复共轭。由式(2.4.45)可知，$Y(\omega,i)$和 $Y(\omega,j)$可以表示为

$$Y(\omega,i)=H(\omega,i)U(\omega),\quad Y(\omega,j)=H(\omega,j)U(\omega) \tag{2.4.47}$$

将式(2.4.47)代入式(2.4.46)，并按式(2.4.48)计算频率响应函数 $H_{yu}(\omega,i,j)$：

$$\begin{aligned}H_{yu}(\omega,i,j)&=\frac{G_{yu}(\omega,i,j)}{G_{uu}(\omega,j)}\\&=\frac{Y^*(\omega,j)gY(\omega,i)}{Y^*(\omega,j)gY(\omega,j)}\\&=\frac{(H^*(\omega,j)U^*(\omega))(H(\omega,i)U(\omega))}{(H^*(\omega,j)U^*(\omega))(H(\omega,j)U(\omega))}\\&=\frac{H^*(\omega,j)H(\omega,i)}{H^*(\omega,j)H(\omega,j)}\end{aligned} \tag{2.4.48}$$

从上述推导可以看出，两点响应的互谱密度仍然与激励频谱相关，即对互谱密度的傅里叶逆变换求得的互相关函数仍然具有一定的激励依赖性。然而，两点响应的频率响应函数 $H_{yu}(\omega,i,j)$可以有效地消除激励频谱的影响。也就是说，对频率响应函数 $H_{yu}(\omega,i,j)$进行傅里叶逆变换得到的虚拟脉冲响应函数可以有效地克服环境激励的随机性和不确定性，从而具有更好的环境激励鲁棒性，可以适用于环境振动测试下工程结构的特征参数提取。

参考文献

[1] 杨学林，陈云敏，蔡袁强，等. 利用地脉动确定地基自振频率[J]. 岩土工程学报，1995，17(4)：51-55.

[2] 许建聪，孙红月. 地脉动作用下的岩土动力响应研究[J]. 振动工程学报，2004，17(2)：147-152.

[3] 张光斗，张楚汉，李未显，等. 泉水拱坝的振动测量与分析[J]. 中国科学 A 辑：数学，1986，1：102-114.

[4] 麦家煊. 水工建筑物[M]. 北京：清华大学出版社，2004.

[5] 刘昉,练继建,辜晋德. 基于自回归模型的水流脉动压力频谱特征研究[J]. 水利学报,2009,40(11):1397-1402.

[6] 练继建,李火坤,张建伟. 基于奇异熵定阶降噪的水工结构振动模态 ERA 识别方法[J]. 中国科学 E 辑:技术科学,2008,38(9):1398-1413.

[7] 马强. 强震数据实时处理方法研究[D]. 哈尔滨:中国地震局工程力学研究所,2002.

[8] 王济,胡晓. MATLAB 在振动信号处理中的应用[M]. 北京:中国水利水电出版社,2006.

[9] Kanai K. Semi-empirical formula for the seismic characteristics of the ground[J]. Bulletin of the Earthquake Research Institute,1957,35(2):307-325.

[10] 公茂盛. 基于强震记录的结构模态参数识别与应用研究[J]. 哈尔滨:中国地震局工程力学研究所,2005.

[11] Ljung L. System Identification—Theory for the User[M]. 2nd ed. Upper Saddle River: Prentice Hall,1999.

[12] Anderson P. Adaptive forgetting in recursive identification through multiple models[J]. International Journal of Control,1985,42(11):1175-1193.

[13] 张军华. 地震资料去噪方法[M]. 青岛:中国石油大学出版社,2011.

[14] 吴勇. 基于小波的信号去噪方法研究[D]. 武汉:武汉理工大学,2007.

[15] 王婷. EMD 算法研究及其在信号去噪中的应用[D]. 哈尔滨:哈尔滨工程大学,2010.

[16] Mallat S,Hwang W L. Singularity detection and processing with wavelets[J]. IEEE Transactions on Information Theory,1992,38(2):617-643.

[17] 张兆宁,董肖红,潘云峰. 基于小波变换模极大值去噪方法的改进[J]. 电力系统及其自动化学报,2005,17(2):9-12.

[18] 谢荣生,李汉杰,孙枫,等. 基于多小波噪声方差阈值的信号滤波方法[J]. 哈尔滨工程大学学报,2002,23(2):51-54.

[19] Chen G Y,Bui T D. Multiwavelets denoising using neighboring coefficients[J]. Signal Processing Letters IEEE,2003,10(7):211-214.

[20] Donoho D L,Johnstone I M. Adapting to unknown smoothness via wavelet shrinkage[J]. Journal of the American Statistical Association,1995,90(432):1200-1224.

[21] Cui H M,Zhao R M,Hou Y L. Improved threshold denoising method based on wavelet transform[J]. Physics Procedia,2012,33(1):1354-1359.

[22] Huang Z,Fang B,He X,et al. Image denoising based on the dyadic wavelet transform and improved threshold[J]. International Journal of Wavelets,Multiresolution and Information Processing,2009,7(3):269-280.

[23] 杨永锋. 经验模态分解在振动分析中的应用[M]. 北京:国防工业出版社,2013.

[24] Farge M. Wavelet transforms and their applications to turbulence[J]. Annual Review of Fluid Mechanics,1992,24(1):395-458.

[25] Long S R,Lai R J,Huang N E,et al. Blocking and trapping of waves in an inhomogeneous flow[J]. Dynamics of Atmospheres and Oceans,1993,20(1-2):79-106.

[26] 于伟凯,刘彬. 基于 EMD 的时间尺度去噪方法的研究[J]. 计量技术,2006,(11):12-15.

[27] 戴桂平，张愉，谢储晖. 基于 EMD 时间尺度的去噪方法研究[J]. 苏州市职业大学学报，2007，18(2)：58-60.

[28] 钱勇，黄成军，陈陈，等. 基于经验模态分解的局部放电去噪方法[J]. 电力系统自动化，2005，29(12)：53-56.

[29] 张守成，张玉洁，刘海生. 一种改进的 EMD 硬阈值去噪算法[J]. 计算机测量与控制，2014，22(11)：3659-3661.

[30] 肖小兵，刘宏立，马子骥. 基于奇异谱分析的经验模态分解去噪方法[J]. 计算机工程与科学，2017，39(5)：919-924.

[31] 黄长军，郭际明，喻小东，等. 干涉图 EMD-自适应滤波去噪法[J]. 测绘学报，2013，42(5)：707-714.

[32] 胡小丽，金明. 基于 EMD 的图像信号去噪的改进算法[J]. 电子测量技术，2009，32(11)：58-61.

[33] 李舜酩. 振动信号的盲源分离技术及应用[M]. 北京：航空工业出版社，2011.

[34] Cichocki A, Douglas S C, Amari S. Robust techniques for independent component analysis (ICA) with noisy data[J]. Neurocomputing, 1998, 22(1-3): 113-129.

[35] 焦卫东，杨世锡，吴昭同. 机械声源信号的带通滤波盲分离[J]. 振动工程学报，2003，16(3)：344-348.

[36] 李鸿燕，郝润芳，马建芬，等. 基于维纳滤波和快速独立分量分析的有噪混合图像盲分离[J]. 计算机应用研究，2007，24(10)：161-162.

[37] Ming M A, Ning W, Sanya L. Extraction of FECG based on time frequency blind source separation and wavelet de-noising[C]//International Conference on Bioinformatics and Biomedical Engineering, Beijing, 2009.

[38] Lin B, Zhang B N, Guo D S. Blind source separation in noisy environment and applications in satellite communication anti-jamming[C]//Conference on Computational Intelligence and Industrial Applications, Wuhan, 2009.

[39] 史丽丽. 基于稀疏分解的信号去噪方法研究[D]. 哈尔滨：哈尔滨工业大学，2013.

[40] 邵君. 基于 MP 的信号稀疏分解算法研究[D]. 成都：西南交通大学，2006.

[41] 乔雅莉. 基于稀疏表示的图像去噪算法研究[D]. 北京：北京交通大学，2009.

[42] 赵学智，叶邦彦，陈统坚. 矩阵构造对奇异值分解信号处理效果的影响[J]. 华南理工大学学报(自然科学版)，2008，36(9)：86-93.

[43] 王志武. 强噪声背景下机械故障微弱信号特征提取方法研究[D]. 太原：中北大学，2014.

[44] Zhao X, Ye B. Selection of effective singular values using difference spectrum and its application to fault diagnosis of headstock[J]. Mechanical Systems & Signal Processing, 2011, 25(5): 1617-1631.

[45] Schreiber T. Extremely simple nonlinear noise reductionmethod[J]. Physical Review E, 1993, 47(4): 2401-2404.

[46] Grassberger P, Hegger R, Kantz H, et al. On noise reduction methods for chaotic data[J]. Chaos, 1993, 3(2): 127-141.

[47] 虞鸿,吴中如,包腾飞,等.基于主成分的大坝观测数据多效应量统计分析[J].中国科学 E 辑:技术科学,2010,53:1088-1097.

[48] Scholköpf B, Smola A, Müller K R. Nonlinear component analysis as a kernel eigenvalue problem[J]. Neural Computation, 1998, 10(5): 1299-1319.

[49] Mika S, Schölkopf B, Smola A, et al. Kernel PCA and de-noising in feature spaces[C]// Proceedings of the 1998 Conference on Advances in Neural Information Processing Systems Ⅱ. Cambridge: MIT Press, 1999.

[50] Jørgensen K W, Hansen L K. Model selection for Gaussian kernel PCA denoising[J]. IEEE Transactions on Neural Networks and Learning Systems, 2012, 23(1): 163-168.

[51] James G H, Carne T G, Lauffer J P. The natural excitation technique for modal parameter extraction from operating structures[J]. The International Journal of Analytical and Experimental Modal Analysis, 1995, 10(4): 260-277.

[52] Cole H A. On-line failure detection and damping measurement of aerospace structures by random decrementsignatures[R]. Washington DC: NASA, 1973.

[53] Ibrahim S R. Random decrement technique for modal identification ofstructures[J]. Journal of Spacecraft and Rockets, 1977, 14(11): 696-700.

[54] Vandiver J K, Dunwoody A B, Campbell R B, et al. A mathematical basis for the random decrement vibration signature analysis technique[J]. Journal of Mechanical Design, 1982, 104(2): 307-313.

[55] Brincker R, Krenk S, Kirkegaard P H, et al. Identification of dynamical properties from correlation function estimates[J]. Bygningsstatiske Meddelelser, 1992, 63(1): 1-38.

[56] Asmussen J C, Brincker R. A new approach for predicting the variance of random decrement functions[C]//Proceedings of the 16th International Modal Analysis Conference, Santa Barbara, 1998.

[57] Asmussen J C, Brincker R, Ibrahim S R. Statistical theory of the vector random decrement technique[J]. Journal of Sound and Vibration, 1999, 226(2): 329-344.

[58] 刘斌,丁桦,时忠明.随机减量触发条件分析[J].振动与冲击,2007,26(7):27-31.

[59] Clough R W. Nonlinear mechanisms in the seismic response of arch dams[C]//Proceedings of the International Research Conference on earthquake Engineering, Skopje, 1980.

[60] Li X Y, Law S S. Matrix of the covariance of covariance of acceleration responses for damage detection from ambient vibration measurements[J]. Mechanical Systems and Signal Processing, 2010, 24(4): 945-956.

[61] Ku C J, Cermak J E, Chou L S. Biased modal estimates from random decrement signatures of forced acceleration responses[J]. Journal of Structural Engineering, 2007, 133 (8): 1180-1185.

第3章 环境激励下水工混凝土结构的模态识别和损伤诊断的模态指标

3.1 引　　言

对实测振动数据进行预处理后，通过识别结构的模态参数，应用相关模态指标评价结构的损伤状态，是基于振动的结构损伤诊断方法的基本思路。常用的结构损伤诊断的模态指标包括自振频率、阻尼和振型三种基本的模态参数，以及模态柔度和模态曲率等基本模态参数导出量。这些模态指标具有明确的物理意义，可以表征结构整体的损伤状态，部分指标（如振型、模态柔度等）还具有损伤定位功能。在海洋平台、机械设备、桥梁和高层建筑物等工程中，基于模态指标的结构损伤诊断方法已经有了较广泛的研究和应用，并取得了很多有价值的研究成果。进行模态参数识别是利用模态指标进行结构损伤诊断的前提。目前，水工混凝土结构模态参数的识别主要采用的是传统频域方法和 ARX 模型法。这两种方法在本质上都是输入-输出型的模态识别方法，都需要同时测量结构激励和响应。由于水工混凝土结构体型的特点，传统的结构振动激励方法常难以适用，应用环境激励作为激励源是自然的选择。

环境激励下结构模态参数的识别也称为结构的运行模态分析（OMA），其通过对环境激励进行一定假设，实现基于实测振动响应数据的结构模态参数识别。环境激励下的实测振动响应符合结构的实际工况及边界条件，由其识别的模态参数能真实地反映结构工作状态下的动力特性，可用于结构的在线监测。环境激励下的模态参数识别方法主要包括频域类方法[1-3]、时域类方法、盲源分离（blind source seperation，BSS）算法和时频分解算法（小波变换、Gabor 变换和 HHT 等）等。频域法，包括峰值拾取（peak picking，PP）法和增强功率谱频域分解法等，计算效率较高，方法实现难度小，但其假定，即输入为理想白噪声、结构为小阻尼和密集模态应正交化等比较严格，而且在系统定阶和虚假模态剔除方面表现较差，对环境激励下水工混凝土结构的模态识别问题适用性较差。在时域内，根据结构的随机振动响应来进行模态识别，是近十几年来随着计算机技术发展起来的一种方法，具有鲁棒性强和识别精度高等多种优点，但该类方法采用奇异值分解或 QR 分解技术，计算效率较低。基于时频变换技术的模态参数识别方法将对信号在时间轴的分析推广到时频平面内，由此获得更加丰富的结构响应信号特征信息，并且该方法的计算效率较高，但对于模态密集耦合的系统，常会出现模式混叠问题，并在剔除虚假模态方面存在困难。基于 BSS 算法的结构模态参数识别方法是目前系统识别领域最新的研究热点，具有鲁棒性强和计算效率高等特点，但该方法的模态识别能力受到测点数目的限制。

虽然上述结构运行模态分析方法在多个工程领域已经有应用，但在水利工程领域，由于运行环境激励的复杂性，以及结构系统的高自由度、模态密集、观测自由度有限和外界干扰强度大等特点，很难将上述模态识别方法直接加以应用。为此，本章针对水工混凝土结构及其振动响应的特点，在深入分析结构模态参数识别的时域类方法和盲源分离算法基本原理的基础上，通过融合不同模态参数识别方法的优势，研究环境激励下水工混凝土结构模态参数识别技术，提出分离密集模态和剔除虚假模态的方法，分析比较结构损伤诊断模态指标对损伤的敏感性，为应用模态指标进行水工混凝土结构损伤诊断提供基础；同时，针对时频域分解算法在分离密集模态和剔除虚假模态的困难，采用综合谱带通滤波技术对算法进行改进。最后，在结构模态参数识别的基础上，比较分析了典型模态指标对结构损伤程度和损伤位置的敏感性。

3.2 模态参数的时域识别方法

相比于频域法对结构激励和观测数据的一些苛刻要求，时域模态参数识别方法常仅需要少数几个测点，甚至一个测点的振动响应数据，就能直接进行模态参数的识别，对于体型庞大、测点数目有限的土木和水利等大型工程结构的运行模态分析表现出很大优势。目前，模态参数的时域识别方法可以分为两大类：低阶的时域模态参数识别方法和高阶的时域模态参数识别方法。高阶的时域模态参数识别方法包括复指数法、最小二乘复指数法和多参考时域法等。这类方法常需要大量监测数据，以保证计算的精度，因而计算量很大，鲁棒性差。常见的低阶时域模态参数识别方法包括 Ibrahim 时域方法、矢量自回归滑动平均模型法、ERA、协方差驱动的随机子空间识别(covariance-driven stochastic subspace identification，SSI-Cov)方法和数据驱动的随机子空间识别(data-driven stochastic subspace identification，SSI-Data)方法等。下面主要讨论低阶的时域模态参数识别方法。

低阶的时域模态参数识别方法 ERA 和 SSI-Cov 在求解系统矩阵的过程中，对 Hankel 矩阵采用了 SVD 技术。这与传统的高阶时域模态参数识别方法相比表现出以下优越性：①从逼近论的观点来看，通过 SVD 技术可以得到 Hankel 矩阵在状态空间的一个最佳逼近；②从信号处理方面看，SVD 技术实现了数据消噪；③便于模型定阶和去除虚假模态。SSI-Data 方法直接根据实测数据来进行模态参数识别,并采用 QR 分解和卡尔曼滤波状态空间来实现系统矩阵的估计,是目前时域模态参数识别领域中最先进的方法,具有深厚的理论基础。鉴于以上特点,本书主要对 ERA、SSI-Cov 和 SSI-Data 三种模态参数识别方法进行讨论。这三种方法在本质上都是状态空间类的模态参数识别方法。

3.2.1 时域模态参数识别方法的基本假设和基本方程

1. 基本假设

环境激励下结构的模态参数识别问题虽然不需要环境激励的实测数据,但要求满足一定的假定条件。H_1:激励源是白噪声或带限白噪声,谱足够平坦;H_2:激励的谱要足够宽,可以覆盖人们关心的结构自振频率的范围;H_3:观测噪声是平稳的随机白噪声;H_4:振动系统是可观的和可控的。

系统的可控性是指可以通过调整输入 $u(t)$,使处于任意初始状态的系统经过有限的时间到达预先设定的某一系统状态。对于振动的结构系统,其直观的意义是可以选择一些激励点使系统的各阶模态都被激励出来。根据 Juang[4] 的推导,n 自由度线性定常系统可控的条件是

$$\mathrm{rank}(\boldsymbol{Q}_p)=n \tag{3.2.1}$$

式中,$\boldsymbol{Q}_p=[\boldsymbol{B}\quad \boldsymbol{AB}\quad \cdots\quad \boldsymbol{A}^{p-1}\boldsymbol{B}]$;矩阵 $\boldsymbol{A}$ 和 $\boldsymbol{B}$ 的定义分别见式(2.4.29)和式(2.4.30)。

系统的可观性是指对于任意给定的系统输入 $u(t)$,通过有限时间内测量得到的系统输出,可以唯一地确定系统初始时刻的状态,即能够通过有限时间内的系统输出观测来确定系统的状态。对于振动的结构系统,其直观的意义是振动观测数据中包含结构所有各阶模态的信息。

2. 基本方程

式(2.4.33)给出了线性一般黏性阻尼结构振动的状态空间模型。水工混凝土结构的环境激励一般是不可以直接测量的随机输入,而且大部分环境激励都可以假定为零均值的高斯白噪声过程,即满足假设条件 H_1、H_2 和 H_3。这种环境激励 $\boldsymbol{u}_k$ 和系统误差 $\boldsymbol{w}_k$ 以及观测噪声 $\boldsymbol{v}_k$ 相比,在幅值上并没有显著的差异。这时,式(2.4.33)所示的离散状态空间模型可以简化为以下随机离散状态空间模型,即

$$\begin{cases}\boldsymbol{z}_{k+1}=\boldsymbol{A}\boldsymbol{z}_k+\boldsymbol{w}_k\\ \boldsymbol{y}_k=\boldsymbol{G}\boldsymbol{z}_k+\boldsymbol{v}_k\end{cases} \tag{3.2.2}$$

根据假设条件 $H_1 \sim H_3$,系统误差 $\boldsymbol{w}_k$ 和观测噪声 $\boldsymbol{v}_k$ 满足以下方程:

$$E\left[\begin{pmatrix} \boldsymbol{w}_k \\ \boldsymbol{v}_k \end{pmatrix} \begin{pmatrix} \boldsymbol{w}_j^{\mathrm{T}} & \boldsymbol{v}_j^{\mathrm{T}} \end{pmatrix}\right]=\begin{pmatrix} \boldsymbol{Q} & \boldsymbol{S} \\ \boldsymbol{S}^{\mathrm{T}} & \boldsymbol{R} \end{pmatrix}\delta_{kj},\quad E(\boldsymbol{w}_k)=0,\quad E(\boldsymbol{v}_k)=0 \tag{3.2.3}$$

定义

$$\boldsymbol{\Sigma}=E[\boldsymbol{z}_k \quad \boldsymbol{z}_k^{\mathrm{T}}],\quad \boldsymbol{R}_i=E[\boldsymbol{y}_{k+i} \quad \boldsymbol{y}_k^{\mathrm{T}}],\quad \boldsymbol{T}=E[\boldsymbol{z}_{k+1} \quad \boldsymbol{y}_k^{\mathrm{T}}] \tag{3.2.4}$$

并考虑到 $E[\boldsymbol{z}_k \quad \boldsymbol{w}_k^{\mathrm{T}}]=0$ 和 $E[\boldsymbol{z}_k \quad \boldsymbol{v}_k^{\mathrm{T}}]=0$,则可以得到以下一系列表达式:

$$\boldsymbol{\Sigma}=\boldsymbol{A}\boldsymbol{\Sigma}\boldsymbol{A}^{\mathrm{T}}+\boldsymbol{Q} \tag{3.2.5}$$

$$\boldsymbol{T}=\boldsymbol{A}\boldsymbol{\Sigma}\boldsymbol{G}^{\mathrm{T}}+\boldsymbol{S} \tag{3.2.6}$$

$$\boldsymbol{R}_0=\boldsymbol{G}\boldsymbol{\Sigma}\boldsymbol{G}^{\mathrm{T}}+\boldsymbol{R} \tag{3.2.7}$$

$$\boldsymbol{R}_i=\boldsymbol{G}\boldsymbol{A}^{i-1}\boldsymbol{T} \tag{3.2.8}$$

式(3.2.5)~式(3.2.8)是采用时域方法进行结构模态参数识别的基础方程。在计算协方差矩阵 $\boldsymbol{R}_i\in\mathbf{R}^{l\times l}$ 时,一般不直接采用所有实测的响应进行计算,而是通过选取 r 个测点的响应作为参考,分别计算所有 l 个测点的响应值与 r 个参考点之间的互(自)相关函数,从而得到

$$\boldsymbol{R}_i^{\mathrm{ref}}=E[\boldsymbol{y}_{k+i}\boldsymbol{y}_k^{\mathrm{ref\,T}}]\in\mathbf{R}^{l\times r} \tag{3.2.9}$$

式中,$\boldsymbol{y}_k^{\mathrm{ref}}$ 为 r 个参考输出组成的向量,$\boldsymbol{y}_k^{\mathrm{ref}}\in\mathbf{R}^r$。引入参考输出并采用矩阵 $\boldsymbol{R}_i^{\mathrm{ref}}\in\mathbf{R}^{l\times r}$ 来代替协方差矩阵 $\boldsymbol{R}_i$,在保证计算精度的前提下,可以减少冗余和计算所需的内存。

3. 模态参数识别

当识别出结构的离散系统矩阵 $\boldsymbol{A}$ 和观测矩阵 $\boldsymbol{G}$ 以后,可以计算结构的模态参数,对连续系统矩阵 $\boldsymbol{A}_{\mathrm{c}}$ 进行谱分解:

$$\boldsymbol{A}_{\mathrm{c}}=\boldsymbol{\Psi}_{\mathrm{c}}\boldsymbol{\Lambda}_{\mathrm{c}}\boldsymbol{\Psi}_{\mathrm{c}}^{-1} \tag{3.2.10}$$

式中,$\boldsymbol{\Psi}_{\mathrm{c}}$ 为连续系统矩阵的特征向量;$\boldsymbol{\Lambda}_{\mathrm{c}}$ 为由复特征值为主对角元素形成的对角矩阵。一般矩阵 $\boldsymbol{A}_{\mathrm{c}}$ 有 $2n$ 个共轭对形式的复特征值 λ_i^* 和 λ_i,即

$$\begin{cases}\lambda_i=-\sigma_{\mathrm{m}i}+\mathrm{j}\omega_{\mathrm{m}i}=-\xi_{\mathrm{m}i}\omega_{\mathrm{m}i}+\mathrm{j}\omega_{\mathrm{m}0i}\sqrt{1-\xi_{\mathrm{m}i}^2} \\ \lambda_i^*=-\sigma_{\mathrm{m}i}-\mathrm{j}\omega_{\mathrm{m}i}=-\xi_{\mathrm{m}i}\omega_{\mathrm{m}i}-\mathrm{j}\omega_{\mathrm{m}0i}\sqrt{1-\xi_{\mathrm{m}i}^2}\end{cases},\quad i=1,2,\cdots,n \tag{3.2.11}$$

式中,$\sigma_{\mathrm{m}i}$ 为衰减系数;$\omega_{\mathrm{m}i}$ 为有阻尼角频率;$\omega_{\mathrm{m}0i}$ 为无阻尼角频率;$\xi_{\mathrm{m}i}$ 为阻尼比;下标 m 表示一般黏性阻尼系统,0 表示无阻尼系统。

对识别出的离散系统矩阵 $\boldsymbol{A}$ 进行谱分解可以得到

$$\boldsymbol{A}=\boldsymbol{\Psi}\boldsymbol{\Lambda}\boldsymbol{\Psi}^{-1} \tag{3.2.12}$$

式中,$\boldsymbol{\Psi}$ 为离散系统矩阵的特征向量;$\boldsymbol{\Lambda}$ 为复特征值的对角矩阵,$\boldsymbol{\Lambda}=\mathrm{diag}(\lambda_1,\cdots,\lambda_n)$。

根据离散系统矩阵 $\boldsymbol{A}$ 和连续系统矩阵 $\boldsymbol{A}_{\mathrm{c}}$ 的关系 $\boldsymbol{A}=\mathrm{e}^{\boldsymbol{A}_{\mathrm{c}}\Delta t}$,可以得到离散系统的特征值 λ_i 和连续系统特征值 $\lambda_{\mathrm{c}i}$ 之间的关系:

$$\lambda_i = e^{\lambda_{ci}\Delta t} \quad 或 \quad \lambda_{ci} = \frac{\ln\lambda_i}{\Delta t}, \quad i = 1,2,\cdots,n \tag{3.2.13}$$

这时，根据式(3.2.11)可知，结构的自振频率可以采用式(3.2.14)进行计算：

$$\omega_{mi} = \sqrt{\text{Re}\{\lambda_i\}^2 + \text{Im}\{\lambda_i\}^2}, \quad f_{mi} = 2\pi\sqrt{\text{Re}\{\lambda_i\}^2 + \text{Im}\{\lambda_i\}^2}, \quad i = 1,2,\cdots,n \tag{3.2.14}$$

阻尼比可以表达为

$$\xi_{mi} = \frac{\text{Re}\{\lambda_i\}}{\omega_{mi}}, \quad i = 1,2,\cdots,n \tag{3.2.15}$$

根据观测方程可知，l 个测量自由度对应的振型的分量由以下表达式进行计算：

$$\boldsymbol{\Phi}^l = \boldsymbol{G\Phi} \tag{3.2.16}$$

3.2.2 协方差驱动的时域模态参数识别

时域模态参数识别方法的关键是根据实测的振动响应估计出结构的系统矩阵 $\boldsymbol{A}$ 和观测矩阵 $\boldsymbol{G}$。不同时域模态参数识别方法本质的不同体现在矩阵 $\boldsymbol{A}$ 和 $\boldsymbol{G}$ 的估计方法不同。协方差驱动的时域模态参数识别方法，是以式(3.2.9)计算得到的结构响应协方差矩阵为依据构建 Hankel 矩阵，并进行奇异值分解，然后识别系统矩阵进行模态参数识别。这实际上是间接采用了 2.4 节中的 NExT，即用结构各测点振动响应间的互相关函数代替脉冲响应函数。ERA 和 SSI-Cov 方法都属于这类方法。

1. 特征系统实现算法

定义以下 Hankel 矩阵：

$$\boldsymbol{H}(k-1) = \begin{bmatrix} \boldsymbol{R}_k^{\text{ref}} & \boldsymbol{R}_{k+1}^{\text{ref}} & \cdots & \boldsymbol{R}_{k+q-1}^{\text{ref}} \\ \boldsymbol{R}_{k+1}^{\text{ref}} & \boldsymbol{R}_{k+2}^{\text{ref}} & \cdots & \boldsymbol{R}_{k+q}^{\text{ref}} \\ \vdots & \vdots & & \vdots \\ \boldsymbol{R}_{k+p-1}^{\text{ref}} & \boldsymbol{R}_{k+p}^{\text{ref}} & \cdots & \boldsymbol{R}_{k+p+q-2}^{\text{ref}} \end{bmatrix} \in \mathbf{R}^{pl\times qr} \tag{3.2.17}$$

式中，参数 p 和 q 分别为可观指数和可控指数，p 和 q 的选择要保证 $\text{rank}(\boldsymbol{H}(0)) \geqslant n$；$\boldsymbol{R}_i^{\text{ref}}$ 的计算见式(3.2.9)。

考虑式(3.2.8)，可以得到

$$\boldsymbol{H}(0) = \boldsymbol{O\Gamma} \tag{3.2.18}$$

$$\boldsymbol{H}(1) = \boldsymbol{OA\Gamma} \tag{3.2.19}$$

$$\boldsymbol{H}(k-1) = \boldsymbol{OA}^{k-1}\boldsymbol{\Gamma} \tag{3.2.20}$$

式中，$\boldsymbol{O}=\begin{bmatrix}\boldsymbol{G}\\\boldsymbol{GA}\\\vdots\\\boldsymbol{GA}^{p-1}\end{bmatrix}$；$\boldsymbol{\Gamma}=[\boldsymbol{T}\quad \boldsymbol{AT}\quad \cdots\quad \boldsymbol{A}^{q-1}\boldsymbol{T}]$。

对 Hankel 矩阵 $\boldsymbol{H}(0)$ 实施奇异值分解：

$$\boldsymbol{H}(0)=\boldsymbol{USV}^{\mathrm{T}}=[\boldsymbol{U}_n\quad \boldsymbol{U}_2]\begin{bmatrix}\boldsymbol{S}_n & 0\\0 & \boldsymbol{S}_2\end{bmatrix}\begin{bmatrix}\boldsymbol{V}_n\\\boldsymbol{V}_2\end{bmatrix}\tag{3.2.21}$$

式中，$\boldsymbol{S}_n$ 为以前 n 个最大特征值为对角元素的对角矩阵；$\boldsymbol{U}_n$ 和 $\boldsymbol{V}_n$ 为对应的特征向量，并且 $\boldsymbol{V}_n\boldsymbol{V}_n^{\mathrm{T}}=\boldsymbol{U}_n\boldsymbol{U}_n^{\mathrm{T}}=\boldsymbol{I}_n$。理论上 $\boldsymbol{S}_2=0$ 成立，这时有

$$\boldsymbol{H}(0)=\boldsymbol{U}_n\boldsymbol{S}_n\boldsymbol{V}_n^{\mathrm{T}}\tag{3.2.22}$$

但实际中是无法做到 $\boldsymbol{S}_2=0$ 的，一般通过奇异值谱来确定 n 值的大小。将 Hankel 矩阵 $\boldsymbol{H}(0)$ 的所有奇异值（或其对数）依降序绘制成图，当图形出现转折时，系统的阶次选定为该转折出现之前的奇异值数目。

由于矩阵 $\boldsymbol{H}(0)$ 的 Moore-Penrose 广义逆矩阵为

$$\boldsymbol{H}^{+}=\boldsymbol{V}_n\boldsymbol{S}_n^{-1}\boldsymbol{U}_n^{\mathrm{T}}\tag{3.2.23}$$

则可以得到以下表达式成立：

$$\boldsymbol{H}(0)\boldsymbol{H}^{+}\boldsymbol{H}(0)=\boldsymbol{U}_n\boldsymbol{S}_n\boldsymbol{V}_n^{\mathrm{T}}(\boldsymbol{V}_n\boldsymbol{S}_n^{-1}\boldsymbol{U}_n^{\mathrm{T}})\boldsymbol{U}_n\boldsymbol{S}_n\boldsymbol{V}_n^{\mathrm{T}}=\boldsymbol{H}(0)\tag{3.2.24}$$

将式(3.2.18)代入式(3.2.24)可以得到

$$\boldsymbol{O\Gamma H}^{+}\boldsymbol{O\Gamma}=\boldsymbol{O}(\boldsymbol{\Gamma H}^{+}\boldsymbol{O})\boldsymbol{\Gamma}=\boldsymbol{O\Gamma}\tag{3.2.25}$$

故

$$\boldsymbol{\Gamma H}^{+}\boldsymbol{O}=\boldsymbol{I}\tag{3.2.26}$$

将 $\mathbf{R}_k^{\mathrm{ref}}$ 写成以下形式：

$$\boldsymbol{R}_k^{\mathrm{ref}}=[\boldsymbol{I}_l\quad 0_l\quad \cdots\quad 0_l]\left[\begin{array}{c|ccc}\boldsymbol{R}_k^{\mathrm{ref}} & \boldsymbol{R}_{k+1}^{\mathrm{ref}} & \cdots & \boldsymbol{R}_{k+q-1}^{\mathrm{ref}}\\\hline \boldsymbol{R}_{k+1}^{\mathrm{ref}} & \boldsymbol{R}_{k+2}^{\mathrm{ref}} & \cdots & \boldsymbol{R}_{k+q}^{\mathrm{ref}}\\\vdots & \vdots & & \vdots\\\boldsymbol{R}_{k+p-1}^{\mathrm{ref}} & \boldsymbol{R}_{k+p}^{\mathrm{ref}} & \cdots & \boldsymbol{R}_{k+p+q-2}^{\mathrm{ref}}\end{array}\right]\begin{bmatrix}\boldsymbol{I}_r\\0_r\\\vdots\\0_r\end{bmatrix}=\boldsymbol{E}_p^{\mathrm{T}}\boldsymbol{H}(k-1)\boldsymbol{E}_q\tag{3.2.27}$$

根据式(3.2.18)～式(3.2.27)进行推导，可以得到

$$\boldsymbol{R}_k^{\mathrm{ref}}=\boldsymbol{E}_p^{\mathrm{T}}\boldsymbol{U}_n\boldsymbol{S}_n^{1/2}\left[\boldsymbol{S}_n^{-1/2}\boldsymbol{U}_n^{\mathrm{T}}\boldsymbol{H}(1)\boldsymbol{V}_n\boldsymbol{S}_n^{-1/2}\right]^{k-1}\boldsymbol{S}_n^{1/2}\boldsymbol{V}_n^{\mathrm{T}}\boldsymbol{E}_q\tag{3.2.28}$$

对比式(3.2.8)和式(3.2.28)，可以得出以下结论：

$$\boldsymbol{A}=\boldsymbol{S}_n^{-1/2}\boldsymbol{U}_n^{\mathrm{T}}\boldsymbol{H}(1)\boldsymbol{V}_n\boldsymbol{S}_n^{-1/2}\tag{3.2.29}$$

$$\boldsymbol{G}=\boldsymbol{E}_p^{\mathrm{T}}\boldsymbol{U}_n\boldsymbol{S}_n^{1/2}\tag{3.2.30}$$

$$\boldsymbol{T}=\boldsymbol{S}_n^{1/2}\boldsymbol{V}_n^{\mathrm{T}}\boldsymbol{E}_q\tag{3.2.31}$$

得到离散系统矩阵 $\mathbf{A}$ 和观测矩阵 $\boldsymbol{G}$ 以后，便可以根据式(3.2.14)～式(3.2.16)进行

模态参数识别。

2. 协方差随机子空间识别法

典型的 SSI-Cov 方法是采用 Toeplitz 矩阵：

$$\boldsymbol{T}_{1/q}^{\mathrm{ref}}=\begin{bmatrix}\boldsymbol{R}_q^{\mathrm{ref}} & \boldsymbol{R}_{q-1}^{\mathrm{ref}} & \cdots & \boldsymbol{R}_1^{\mathrm{ref}}\\ \boldsymbol{R}_{q+1}^{\mathrm{ref}} & \boldsymbol{R}_q^{\mathrm{ref}} & \cdots & \boldsymbol{R}_2^{\mathrm{ref}}\\ \vdots & \vdots & & \vdots\\ \boldsymbol{R}_{2q-1}^{\mathrm{ref}} & \boldsymbol{R}_{2q-2}^{\mathrm{ref}} & \cdots & \boldsymbol{R}_q^{\mathrm{ref}}\end{bmatrix} \tag{3.2.32}$$

进行分析。可以看出，Toeplitz 矩阵 $\boldsymbol{T}_{1/q}^{\mathrm{ref}}$ 与特征系统实现算法中使用的 Hankel 矩阵 $\boldsymbol{H}(0)$ 相比，只是子矩阵的排列顺序不同，每一行的子矩阵与 Hankel 矩阵相比排列顺序相反，并且参数 p 和 q 被设定为 $p=q$。因此，这两个矩阵并没有本质区别，本书仍然采用式(3.2.17)所示的 Hankel 矩阵来进行分析。

考虑式(3.2.22)所示的 $\boldsymbol{H}(0)$ 的奇异值分解形式，若存在可逆的加权矩阵 $\boldsymbol{W}_1\in\mathbf{R}^{ql\times ql}$ 和 $\boldsymbol{W}_2\in\mathbf{R}^{ql\times ql}$，并假定矩阵 $\boldsymbol{W}_1\boldsymbol{H}(0)\boldsymbol{W}_2$ 可以进行奇异值分解：

$$\boldsymbol{W}_1\boldsymbol{H}(0)\boldsymbol{W}_2=\boldsymbol{U}\boldsymbol{D}\boldsymbol{V}^{\mathrm{T}}=[\boldsymbol{U}_1\quad \boldsymbol{U}_2]\begin{bmatrix}\boldsymbol{S}_1 & 0\\ 0 & \boldsymbol{S}_2\end{bmatrix}\begin{bmatrix}\boldsymbol{V}_1\\ \boldsymbol{V}_2\end{bmatrix}=\boldsymbol{U}_1\boldsymbol{S}_1\boldsymbol{V}_1^{\mathrm{T}} \tag{3.2.33}$$

则

$$\begin{aligned}\boldsymbol{H}(0)&=\boldsymbol{W}_1^{-1}(\boldsymbol{W}_1\boldsymbol{H}(0)\boldsymbol{W}_2)\boldsymbol{W}_2^{-1}\\ &=\boldsymbol{W}_1^{-1}(\boldsymbol{U}_1\boldsymbol{S}_1^{1/2}\boldsymbol{T}\boldsymbol{T}^{-1}\boldsymbol{S}_1^{1/2}\boldsymbol{V}_1)\boldsymbol{W}_2^{-1}\\ &=(\boldsymbol{W}_1^{-1}\boldsymbol{U}_1\boldsymbol{S}_1^{1/2}\boldsymbol{T})(\boldsymbol{T}^{-1}\boldsymbol{S}_1^{1/2}\boldsymbol{V}_1\boldsymbol{W}_2^{-1})\end{aligned} \tag{3.2.34}$$

对比式(3.2.18)，可以得到

$$\boldsymbol{O}=\boldsymbol{W}_1^{-1}\boldsymbol{U}_1\boldsymbol{S}_1^{1/2}\boldsymbol{T},\quad \boldsymbol{\Gamma}=\boldsymbol{T}^{-1}\boldsymbol{S}_1^{1/2}\boldsymbol{V}_1\boldsymbol{W}_2^{-1} \tag{3.2.35}$$

式中，$\boldsymbol{T}$ 为奇异变换矩阵，可以任意选取，这里取 $\boldsymbol{T}=\boldsymbol{I}$。

根据式(3.2.19)可以推导出系统矩阵 $\boldsymbol{A}$ 的估计值：

$$\boldsymbol{A}=\boldsymbol{O}^{+}\boldsymbol{H}(1)\boldsymbol{\Gamma}^{+}=\boldsymbol{D}_1^{-1/2}\boldsymbol{U}_1^{\mathrm{T}}\boldsymbol{W}_1\boldsymbol{H}(1)\boldsymbol{W}_2\boldsymbol{V}_1\boldsymbol{D}_1^{-1/2} \tag{3.2.36}$$

当采用不同的加权矩阵 $\boldsymbol{W}_1$ 和 $\boldsymbol{W}_2$ 时，可以得到矩阵 $\boldsymbol{A}$ 不同形式的估计。当取加权矩阵 $\boldsymbol{W}_1=\boldsymbol{I}_q$ 和 $\boldsymbol{W}_2=\boldsymbol{I}_q$ 时，有

$$\boldsymbol{A}=\boldsymbol{S}_n^{-1/2}\boldsymbol{U}_n^{\mathrm{T}}\boldsymbol{H}(1)\boldsymbol{V}_n\boldsymbol{S}_n^{-1/2} \tag{3.2.37}$$

与特征系统实现算法有相同的表达式(3.2.29)，可以看出特征系统实现算法是协方差驱动的随机子空间识别方法的一种特例。

3.2.3　数据驱动的时域模态参数识别

数据驱动的时域模态参数识别方法，是指不需要对监测数据进行处理以获得功率谱或协方差函数，而是直接从时域观测信号获得模态参数的方法。典型的数

据驱动的时域模态参数识别方法 SSI-Data 是通过将未来输出的行空间投影到过去输出的行空间来代替协方差的计算，从而达到消噪的目的。

1. Hankel 矩阵的构造与分解

构造 Hankel 矩阵：

$$
\boldsymbol{H}^{\text{ref}}=\frac{1}{\sqrt{j}}\left[\begin{array}{cccc}
\boldsymbol{y}_0^{\text{ref}} & \boldsymbol{y}_1^{\text{ref}} & \cdots & \boldsymbol{y}_{j-1}^{\text{ref}} \\
\boldsymbol{y}_1^{\text{ref}} & \boldsymbol{y}_2^{\text{ref}} & \cdots & \boldsymbol{y}_j^{\text{ref}} \\
\vdots & \vdots & & \vdots \\
\boldsymbol{y}_{i-1}^{\text{ref}} & \boldsymbol{y}_i^{\text{ref}} & \cdots & \boldsymbol{y}_{i+j-2}^{\text{ref}} \\
\hline
\boldsymbol{y}_i & \boldsymbol{y}_{i+1} & \cdots & \boldsymbol{y}_{i+j-1} \\
\boldsymbol{y}_{i+1} & \boldsymbol{y}_{i+2} & \cdots & \boldsymbol{y}_{i+j} \\
\vdots & \vdots & & \vdots \\
\boldsymbol{y}_{2i-1} & \boldsymbol{y}_{2i} & \cdots & \boldsymbol{y}_{2i+j-2}
\end{array}\right]=\begin{bmatrix}\boldsymbol{Y}_{0|i-1}^{\text{ref}} \\ \boldsymbol{Y}_{i|2i-1}\end{bmatrix}=\begin{bmatrix}\boldsymbol{Y}_{\text{p}}^{\text{ref}} \\ \boldsymbol{Y}_{\text{f}}\end{bmatrix}\in\mathbf{R}^{(r+l)i\times j}
\tag{3.2.38}
$$

式中，$\boldsymbol{y}_k^{\text{ref}}$ 为 k 时刻 r 个参考测点的观测值，$\boldsymbol{y}_k^{\text{ref}}\in\mathbf{R}^r$；$\boldsymbol{y}_k$ 为 k 时刻所有 l 个测点的观测值，$\boldsymbol{y}_k\in\mathbf{R}^l$；参数 j 根据统计分析的需要，理论上应该使其满足 $j\to+\infty$，实际中尽可能取一个大的值。同时定义：

$$
\boldsymbol{H}^{\text{ref}}=\left[\begin{array}{c}
\boldsymbol{Y}_{0|i}^{\text{ref}} \\
\hline
\tilde{\boldsymbol{Y}}_{i|i}^{\text{ref}} \\
\hline
\boldsymbol{Y}_{i+1|2i-1}
\end{array}\right]=\begin{bmatrix}\boldsymbol{Y}_{\text{p}}^{\text{ref}} \\ \boldsymbol{Y}_{\text{f}}\end{bmatrix}
\tag{3.2.39}
$$

对上述 Hankel 矩阵进行 QR 分解：

$$
\boldsymbol{H}^{\text{ref}}=\begin{pmatrix}\boldsymbol{Y}_{\text{p}}^{\text{ref}} \\ \boldsymbol{Y}_{\text{f}}\end{pmatrix}=\boldsymbol{R}\boldsymbol{Q}^{\text{T}}
$$

$$
\begin{array}{c} \\ \\ =\end{array}
\begin{array}{rc}
 & \\
 & \\
ri & \updownarrow \\
r & \updownarrow \\
l-r & \updownarrow \\
l(i-1) & \updownarrow
\end{array}
\begin{array}{cccc}
ri & r & l-r & l(i-1) \\
\leftrightarrow & \leftrightarrow & \leftrightarrow & \leftrightarrow \\
\boldsymbol{R}_{11} & 0 & 0 & 0 \\
\boldsymbol{R}_{21} & \boldsymbol{R}_{22} & 0 & 0 \\
\boldsymbol{R}_{31} & \boldsymbol{R}_{32} & \boldsymbol{R}_{33} & 0 \\
\boldsymbol{R}_{41} & \boldsymbol{R}_{42} & \boldsymbol{R}_{43} & \boldsymbol{R}_{44}
\end{array}
\begin{array}{c}
j\to+\infty \\
\leftrightarrow \\
\boldsymbol{Q}_1^{\text{T}} \\
\boldsymbol{Q}_2^{\text{T}} \\
\boldsymbol{Q}_3^{\text{T}} \\
\boldsymbol{Q}_4^{\text{T}}
\end{array}
\begin{array}{cl}
 & \\
 & \\
\updownarrow & ri \\
\updownarrow & r \\
\updownarrow & l-r \\
\updownarrow & l(i-1)
\end{array}
\tag{3.2.40}
$$

式中，符号↔和↕分别指示矩阵列和行的范围。

定义未来输出的行空间在过去输出的行空间上的投影为

$$
\boldsymbol{P}_i^{\text{ref}}=\boldsymbol{Y}_{\text{f}}/\boldsymbol{Y}_{\text{p}}^{\text{ref}}=\boldsymbol{Y}_{\text{f}}\boldsymbol{Y}_{\text{p}}^{\text{refT}}\left(\boldsymbol{Y}_{\text{p}}^{\text{ref}}\boldsymbol{Y}_{\text{p}}^{\text{refT}}\right)^{+}\boldsymbol{Y}_{\text{p}}^{\text{ref}}
\tag{3.2.41}
$$

$$
\boldsymbol{P}_{i-1}^{\text{ref}}=\boldsymbol{Y}_{\text{f}}^{-}/\boldsymbol{Y}_{\text{f}}^{\text{ref}+}=\boldsymbol{Y}_{\text{f}}^{-}\boldsymbol{Y}_{\text{f}}^{\text{ref}+\text{T}}\left(\boldsymbol{Y}_{\text{f}}^{\text{ref}+}\boldsymbol{Y}_{\text{f}}^{\text{ref}+\text{T}}\right)^{+}\boldsymbol{Y}_{\text{f}}^{\text{ref}+}
\tag{3.2.42}
$$

这时根据表达式(3.2.40)可以看出：

$$\boldsymbol{P}_i^{\text{ref}}=\begin{bmatrix}\boldsymbol{R}_{21}\\ \boldsymbol{R}_{31}\\ \boldsymbol{R}_{41}\end{bmatrix}\boldsymbol{Q}_1^{\text{T}}\in\mathbf{R}^{li\times j} \tag{3.2.43}$$

$$\boldsymbol{P}_{i-1}^{\text{ref}}=[\mathbf{R}_{41}\quad \boldsymbol{R}_{42}]\begin{bmatrix}\boldsymbol{Q}_1^{\text{T}}\\ \boldsymbol{Q}_2^{\text{T}}\end{bmatrix}\in\mathbf{R}^{l(i-1)\times j} \tag{3.2.44}$$

根据随机子空间识别理论，投影矩阵 $\boldsymbol{P}_i^{\text{ref}}$ 可分解为观测矩阵 $\boldsymbol{O}_i$ 和卡尔曼滤波状态序列 $\hat{\boldsymbol{X}}_i$ 的乘积；投影矩阵 $\boldsymbol{P}_{i-1}^{\text{ref}}$ 可分解为观测矩阵 $\boldsymbol{O}_{i-1}$ 和卡尔曼滤波状态序列 $\hat{\boldsymbol{X}}_{i+1}$ 的乘积，即

$$\boldsymbol{P}_i^{\text{ref}}=\begin{bmatrix}\boldsymbol{G}\\ \boldsymbol{GA}\\ \boldsymbol{GA}^2\\ \vdots\\ \boldsymbol{GA}^{i+1}\end{bmatrix}[\hat{\boldsymbol{x}}_i\quad \hat{\boldsymbol{x}}_{i+1}\quad \cdots\quad \hat{\boldsymbol{x}}_{i+j-1}]=\boldsymbol{O}_i\hat{\boldsymbol{X}}_i \tag{3.2.45}$$

$$\boldsymbol{P}_{i-1}^{\text{ref}}=\begin{bmatrix}\boldsymbol{G}\\ \boldsymbol{GA}\\ \boldsymbol{GA}^2\\ \vdots\\ \boldsymbol{GA}^{i+1}\end{bmatrix}[\hat{\boldsymbol{x}}_{i+1}\quad \hat{\boldsymbol{x}}_{i+2}\quad \cdots\quad \hat{\boldsymbol{x}}_{i+j}]=\boldsymbol{O}_{i-1}\hat{\boldsymbol{X}}_{i+1} \tag{3.2.46}$$

对投影矩阵 $\boldsymbol{P}_i^{\text{ref}}$ 进行奇异值分解，有

$$\boldsymbol{P}_i^{\text{ref}}=\boldsymbol{U\Sigma V}^{\text{T}}=[\boldsymbol{U}_1\quad \boldsymbol{U}_2]\begin{bmatrix}\boldsymbol{S}_1 & 0\\ 0 & 0\end{bmatrix}\begin{bmatrix}\boldsymbol{V}_1^{\text{T}}\\ \boldsymbol{V}_2^{\text{T}}\end{bmatrix}=\boldsymbol{U}_1\boldsymbol{S}_1\boldsymbol{V}_1^{\text{T}} \tag{3.2.47}$$

2. 卡尔曼滤波器状态预测

卡尔曼滤波器在 SSI-Data 方法中的作用是产生一个理想的预报状态量。对于初始协方差 $\boldsymbol{R}_0=E[\hat{z}_0,\hat{z}_0^{\text{T}}]=0$，并且观测量 $\boldsymbol{y}_0,\boldsymbol{y}_1,\cdots,\boldsymbol{y}_{k-1}$ 给定的情况，非稳定状态卡尔曼滤波器估计 $\hat{z}_{k+1}$ 可以采用以下递推式获得

$$\hat{\boldsymbol{z}}_{k+1}=\boldsymbol{A}\hat{\boldsymbol{z}}_k+\boldsymbol{K}_k(\boldsymbol{y}_k-\boldsymbol{G}\hat{\boldsymbol{z}}_k) \tag{3.2.48}$$

$$\boldsymbol{K}_k=(\boldsymbol{T}-\boldsymbol{A}\boldsymbol{R}_k\boldsymbol{G}^{\mathrm{T}})(\boldsymbol{R}_0-\boldsymbol{G}\boldsymbol{R}_k\boldsymbol{G}^{\mathrm{T}})^{-1} \tag{3.2.49}$$

$$\boldsymbol{R}_{k+1}=\boldsymbol{A}\boldsymbol{R}_k\boldsymbol{A}^{\mathrm{T}}+(\boldsymbol{T}-\boldsymbol{A}\boldsymbol{R}_k\boldsymbol{G}^{\mathrm{T}})(\boldsymbol{R}_0-\boldsymbol{G}\boldsymbol{R}_k\boldsymbol{G}^{\mathrm{T}})^{-1}(\boldsymbol{T}-\boldsymbol{A}\boldsymbol{R}_k\boldsymbol{G}^{\mathrm{T}})^{\mathrm{T}} \tag{3.2.50}$$

这样可以得到观测矩阵及卡尔曼滤波状态序列：

$$\boldsymbol{O}_i=\boldsymbol{U}_1\boldsymbol{S}_1^{1/2},\quad \boldsymbol{O}_{i-1}=\boldsymbol{O}_i(1:l(i-1),:) \tag{3.2.51}$$

$$\hat{\boldsymbol{X}}_i=\boldsymbol{O}_i^{+}\boldsymbol{R}_i^{\mathrm{ref}},\quad \hat{\boldsymbol{X}}_{i+1}=\boldsymbol{O}_{i-1}^{+}\boldsymbol{R}_{i-1}^{\mathrm{ref}} \tag{3.2.52}$$

3. 系统矩阵和观测矩阵识别

计算随机状态空间模型方程组：

$$\begin{bmatrix}\hat{\boldsymbol{X}}_{i+1}\\ \boldsymbol{Y}_{i|i}\end{bmatrix}=\begin{bmatrix}\boldsymbol{A}\\ \boldsymbol{G}\end{bmatrix}\hat{\boldsymbol{X}}_i+\begin{bmatrix}\boldsymbol{w}_i\\ \boldsymbol{v}_i\end{bmatrix} \tag{3.2.53}$$

式中，输出序列$\boldsymbol{Y}_{i|i}=\begin{bmatrix}\boldsymbol{R}_{21} & \boldsymbol{R}_{22} & 0\\ \boldsymbol{R}_{31} & \boldsymbol{R}_{32} & \boldsymbol{R}_{33}\end{bmatrix}$，可得结构系统矩阵$\boldsymbol{A}$及观测矩阵$\boldsymbol{G}$的最小二乘解及噪声序列：

$$\begin{bmatrix}\boldsymbol{A}\\ \boldsymbol{G}\end{bmatrix}=\begin{bmatrix}\hat{\boldsymbol{X}}_{i+1}\\ \boldsymbol{Y}_{i|i}\end{bmatrix}\hat{\boldsymbol{X}}_i^{+} \tag{3.2.54}$$

$$\begin{bmatrix}\boldsymbol{w}_i\\ \boldsymbol{v}_i\end{bmatrix}=\begin{bmatrix}\hat{\boldsymbol{X}}_{i+1}\\ \boldsymbol{Y}_{i|i}\end{bmatrix}-\begin{bmatrix}\boldsymbol{A}\\ \boldsymbol{G}\end{bmatrix}\hat{\boldsymbol{X}}_i \tag{3.2.55}$$

3.2.4 时域模态参数识别方法的自动定阶和参数识别流程

1. 基于稳态图法的参数识别自动定阶

将上述时域模态参数识别方法应用到实际工程中时，会遇到两个主要的挑战：剔除虚假模态和模型定阶。随机振动理论中的谱密度关系为

$$\boldsymbol{S}_{YY}(\omega)=|\boldsymbol{H}(\omega)|^2\boldsymbol{S}_{FF}(\omega) \tag{3.2.56}$$

式中，$\boldsymbol{S}_{YY}(\omega)$为响应信号的功率谱密度；$\boldsymbol{S}_{FF}(\omega)$为输出信号的功率谱密度；$\boldsymbol{H}(\omega)$为结构的频率响应函数。

对于理想白噪声和带限白噪声激励，由于其功率谱为常数，从式(3.2.56)可以看出，可以直接从响应信号的功率谱中识别结构的自振频率。实际环境激励的谱不一定是十分平坦的，很有可能含有优势的频率，这时结构响应信号的功率谱中同时包含结构系统自振频率与激励信号优势频率。这些激励信号优势频率也会反映在 Hankel 矩阵的奇异值谱中，这时采用奇异值谱来进行系统定阶便会出现困难。若人为设定的结构系统阶次与结构实际阶次不同，就会产生不合理的模态识别结

果。若初始选定的阶次大于系统的阶次，则会产生虚假模态；反之，则会出现模态泄漏。

目前稳态图法[5]是解决系统定阶和剔除虚假模态问题最具优势的方法。稳态图法的基本思路如图 3.2.1 所示。依次假定模型系统的阶次为 $d_{\min}, d_{\min}+2, \cdots, d_{\max}$（$d_{\min}$和 $d_{\max}$均为偶数），可以得到相应于不同阶次的状态空间模型，逐次对各个阶次的模型进行模态参数辨识，再将所有得到的模态参数绘制于同一幅图上。用在某一模型阶次下估计得到的特征频率、阻尼比和模态振型与取前一更小模型阶次时得到的估计值进行比较，以此类推，如果所得差值一直保持在预先设定的稳定准则范围内，则认为估计得到的模态特征是稳定的物理模态。随着模型阶次的增加，图中各稳定极点会排列为一条纵向直线，称为稳定轴。相反，虚假模态的极点随着阶次的增加变得分散，并非稳定。在稳态图中横坐标为频率，纵坐标为系统矩阵的阶次，背景曲线通常采用模态指示函数或功率谱密度函数。此外，可以根据所测试结构的具体情况进行人为判别，例如，分析识别得到的各阶模态阻尼比，通常阻尼比大于 10%或小于 1%时，可以认为是虚假模态。图中的 MAC 定义为

$$\mathrm{MAC}(j)=\frac{\boldsymbol{\Phi}_j^{\mathrm{sH}}\boldsymbol{\Phi}_j^{\mathrm{c}}}{(\boldsymbol{\Phi}_j^{\mathrm{sH}}\boldsymbol{\Phi}_j^{\mathrm{s}})(\boldsymbol{\Phi}_j^{\mathrm{cH}}\boldsymbol{\Phi}_j^{\mathrm{c}})},\quad j=1,2,\cdots,l \tag{3.2.57}$$

式中，$\boldsymbol{\Phi}_j^{\mathrm{s}}$ 和 $\boldsymbol{\Phi}_j^{\mathrm{c}}$ 分别为结构第 j 阶振型的理论值和识别值；上标 H 为共轭转置算子。由于模态的理论值未知，$\boldsymbol{\Phi}_j^{\mathrm{c}}$ 可以采用上一步的识别结果。

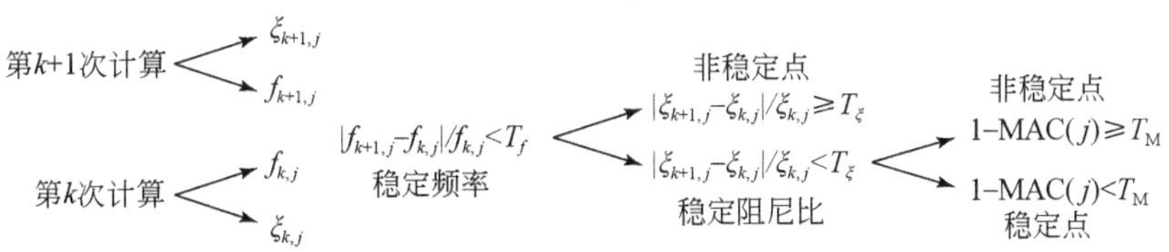

图 3.2.1　稳态图法

频率误差 T_f 一般取 1%；阻尼误差 T_ξ 一般取 5%；MAC 误差 T_{M} 一般取 5%

2. 模态参数识别流程和数值算例

综上所述，对环境激励下水工混凝土结构进行模态参数识别的具体步骤归纳如下。

(1) 给定模态识别方法和模态识别方法相关的参数，设定系统的初始阶次 $n = d_{\min}$和最大阶次 $d_{\max}$（$d_{\min}$和 $d_{\max}$均为偶数）。

(2) 对于协方差驱动的识别算法，形成 Hankel 矩阵 $\boldsymbol{H}(0)$ 和 $\boldsymbol{H}(1)$；对于数据驱动的识别算法，形成式(3.2.38)所示的矩阵 $\boldsymbol{H}^{\mathrm{ref}}$。在协方差驱动的识别算法中，对 Hankel 矩阵或加权后的矩阵进行奇异值分解；在数据驱动的识别算法中，对矩

阵 $\boldsymbol{H}^{\mathrm{ref}}$ 进行 QR 分解。

(3) 根据给定的模态参数识别方法，得到离散系统矩阵 $\boldsymbol{A}$ 和观测矩阵 $\boldsymbol{G}$ 的估计。

(4) 计算矩阵 $\boldsymbol{A}$ 的特征值 λ_i 和特征向量 $\boldsymbol{\Phi}_i$；根据式(3.2.14)～式(3.2.16)计算连续系统的特征值、无阻尼自振频率、带阻尼的特征角频率、衰减系数、阻尼比和模态振型。

(5) 若模型阶次 $n < d_{\max}$，则设定模型阶次为 $n = n+2$，转步骤(1)继续进行计算，并根据稳态图识别出稳定的模态；否则停止计算，挑选出最终的稳定模态。

下面采用以上时域模态参数识别方法对图 3.2.2 所示的 4 自由度一般黏性阻尼的弹簧-质量-阻尼(K-M-C)系统的模态参数进行识别。该系统的模态参数有精确的理论解，便于对各种模态参数识别方法的精度进行评价。其中的参数：$m_1=m_2=m_3=1\mathrm{kg}$，$m_4=0.9\mathrm{kg}$，$k_1=k_2=k_3=6000\mathrm{N/m}$，$k_4=5500\mathrm{N/m}$，$c_1=c_2=0.6\mathrm{N}\cdot\mathrm{s}^2/\mathrm{m}$，$c_3=c_4=0.55\mathrm{N}\cdot\mathrm{s}^2/\mathrm{m}$，系统的初始状态设为 0。白噪声激励 $f(t)$ 作用于质量块 m_4。结构振动观测量是位移，采样的频率是 100Hz。四阶模态参数，即频率、阻尼比和振型的理论值见表 3.2.1。不同信噪比(SNR)水平下采用不同的时域方法，即 ERA、SSI-Cov 和 SSI-Data 进行模态识别的结果见表 3.2.2。

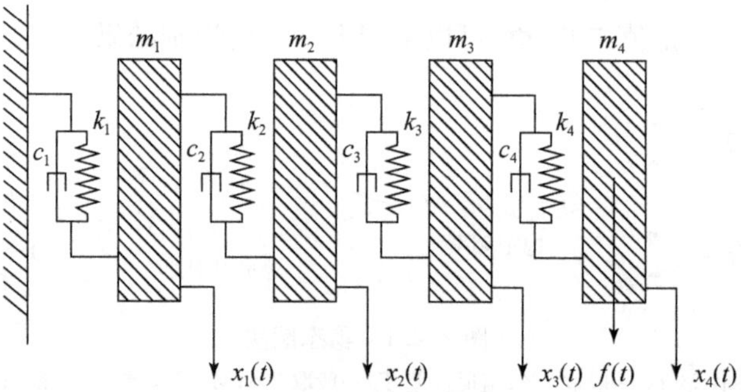

图 3.2.2　4 自由度一般黏性阻尼的弹簧-质量-阻尼系统

表 3.2.1　四阶模态参数的理论值

模态参数	第一阶	第二阶	第三阶	第四阶
频率/Hz	4.367	6.368	18.718	23.057
阻尼比/%	0.17	0.38	0.59	0.70
复模态振型	1.000	1.000	1.000	1.000
	$1.874-i7.413\times10^{-5}$	$0.993-i2.136\times10^{-4}$	$-0.305+i1.897\times10^{-4}$	$-1.498+i1.434\times10^{-3}$
	$2.514-i1.317\times10^{-4}$	$-0.013-i2.272\times10^{-4}$	$-0.907-i4.735\times10^{-4}$	$1.243-i9.864\times10^{-4}$
	$2.867+i8.774\times10^{-5}$	$-1.0967+i2.401\times10^{-4}$	$0.718+i2.689\times10^{-4}$	$-0.511+i1.098\times10^{-4}$

表 3.2.2　不同噪声水平下模态参数的识别结果

SNR	模态阶次	ERA			SSI-Cov			SSI-Data		
		频率/Hz	阻尼比/%	MAC	频率/Hz	阻尼比/%	MAC	频率/Hz	阻尼比/%	MAC
无噪声	1	4.367	0.19	1.000	4.367	0.19	1.000	4.367	0.16	1.000
	2	6.368	0.38	1.000	6.368	0.38	1.000	6.368	0.38	1.000
	3	18.719	0.59	1.000	18.720	0.59	1.000	18.720	0.59	1.000
	4	23.057	0.70	1.000	23.056	0.70	1.000	23.056	0.70	1.000
50dB	1	4.367	0.19	1.000	4.367	0.19	1.000	4.367	0.16	1.000
	2	6.368	0.38	1.000	6.368	0.38	1.000	6.368	0.38	1.000
	3	18.719	0.59	1.000	18.719	0.59	1.000	18.720	0.59	1.000
	4	23.057	0.70	1.000	23.056	0.70	1.000	23.056	0.70	1.000
0dB	1	4.367	0.20	1.000	4.367	0.20	1.000	4.367	0.17	1.000
	2	6.368	0.38	1.000	6.368	0.38	1.000	6.368	0.38	1.000
	3	18.719	0.59	0.998	18.720	0.59	0.999	18.720	0.59	0.999
	4	—	—	—	—	—	—	23.056	0.72	0.998

注：—表示未识别出来，下同。

从以上识别结果可以看出，当 SNR＝0dB 时，ERA 和 SSI-Cov 方法只能正确识别前三阶模态，而 SSI-Data 方法则可以识别所有的四阶模态。这主要是由于相比于前两种方法，SSI-Data 方法采用 QR 分解技术和卡尔曼滤波状态空间技术，可以更好地减小噪声对模态识别结果的干扰。

在以上计算中，系统的阶次是已知的。对于实际的工程问题，尤其是噪声水平高的数据，还存在系统定阶的困难。如图 3.2.3 所示，无噪声数据的奇异值 σ 对数谱在第 9 个奇异值附近有明显跳跃，可以确定系统的阶次为 8，模态阶次为 4；而对于 SNR＝0dB 的数据，则从奇异值对数谱中很难确定系统的阶次。这时，可以采用稳态图法来识别系统的模态参数。设定系统的最小阶次和最大阶次分别为 $d_{\min}=$

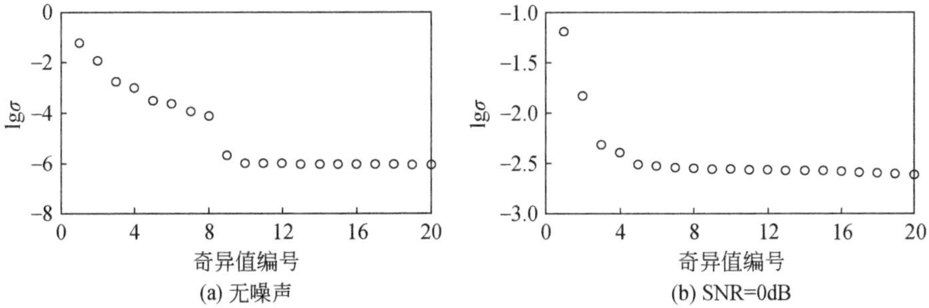

图 3.2.3　采用奇异值谱定阶

2，d_{max}=32，对频率、阻尼比和模态置信因子容差分别取1%、5%和5%。对于SNR=0dB的数据，采用稳态图后，识别得到的模态参数见表3.2.3。对比表3.2.2和表3.2.3可以看出，采用稳态图后，三种方法都能正确地识别出结构的各阶模态参数。

表3.2.3　SNR=0dB时采用稳态图后的模态参数识别结果

模态阶次	ERA			SSI-Cov			SSI-Data		
	频率/Hz	阻尼比/%	MAC	频率/Hz	阻尼比/%	MAC	频率/Hz	阻尼比/%	MAC
1	4.368	0.19	0.999	4.368	0.19	0.999	4.367	0.16	1.001
2	6.368	0.38	0.999	6.368	0.38	0.998	6.368	0.38	0.999
3	18.720	0.59	0.998	18.720	0.59	0.998	18.720	0.59	0.998
4	23.090	0.88	0.997	23.091	0.78	0.998	23.035	0.71	0.998

为了验证稳态图法在剔除虚假模态方面的表现，采用含优势频率f_1=10Hz和f_2=22Hz的正弦激励信号与白噪声$w(t)$的混合信号$f(t)=20\sin(20\pi t)+20\sin(44\pi t)+w(t)$来对结构进行激励。采用稳态图剔除虚假模态的效果如图3.2.4所示。可以看出，激励的优势频率f_1和f_2在响应信号的功率谱上较为明显，但是通过稳态图可以在模态识别时将这两个激励的优势频率剔除。

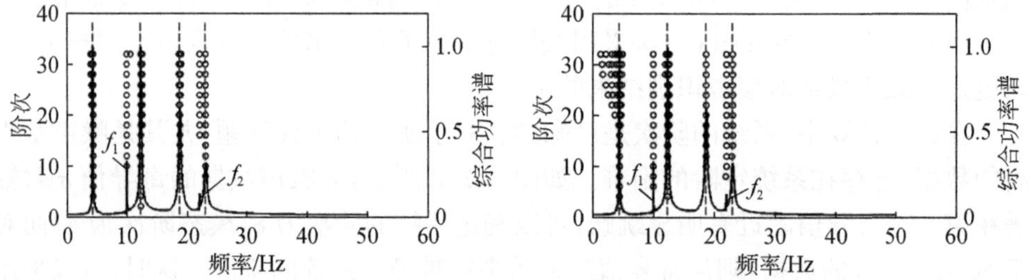

(a) SSI-Cov识别方法　　(b) SSI-Data识别方法

∘ 所有识别模态　--- 稳定模态　— 综合功率谱

图3.2.4　稳态图剔除虚假模态

3.3　基于BSS的模态参数识别

时域模态参数识别方法的优势之一在于其应用了鲁棒性强的奇异值分解或QR分解技术。但这两种数值技术也存在计算效率较低的问题。基于BSS技术的结构模态参数识别是21世纪初才发展起来的一种结构识别新方法。由于在系统识别方面表现出很多良好的性质，该方法受到广泛关注。国际著名杂志

Mechanical Systems and Signal Processing 曾出版专刊[6]对这种方法进行介绍。由于 BSS 技术在进行模态参数识别时采用了鲁棒性强和计算效率高的联合近似对角化技术，对大型工程结构的模态参数识别问题有很好的应用前景[7-9]。

3.3.1　BSS 的基本理论

BSS 问题的一个典型例子是"鸡尾酒会问题"。鸡尾酒会上不同人在同一房间内的讲话被一些麦克风记录下来，得到观测信号，每一个观测信号都是所有人声音的混合。这时，问题的关键在于如何从这些观测信号中分离出不同人的讲话，即源信号。

BSS 问题的实质是在源信号与混合通道参数未知的情况下，仅通过传感器观测信号来估计源信号和混合通道参数。信息的"盲"(未知性)包含两个方面：一是源信号未知；二是混合通道的参数未知。

考虑以下线性混合模型：

$$\boldsymbol{y}(t)=\boldsymbol{Q}\boldsymbol{s}(t)+\boldsymbol{v}(t) \tag{3.3.1}$$

式中，$\boldsymbol{y}(t)$为 l 维观测信号；混合矩阵 $\boldsymbol{Q}$ 为未知的列满秩矩阵；$\boldsymbol{s}(t)$为 p 维未知源向量，$l\geqslant p$；$\boldsymbol{v}(t)$为噪声向量，并且 $\boldsymbol{v}(t)$与 $\boldsymbol{s}(t)$是相互独立的。

如图 3.3.1 所示，对于线性混合的 BSS 问题，其任务就是找到分离矩阵 $\boldsymbol{P}=\boldsymbol{Q}^{+}$，这时源向量 $\boldsymbol{s}(t)$便可以从观测向量中分离出来，并得到其最优的估计 $\hat{\boldsymbol{s}}(t)$：

$$\hat{\boldsymbol{s}}(t)=\boldsymbol{P}\boldsymbol{y}(t) \tag{3.3.2}$$

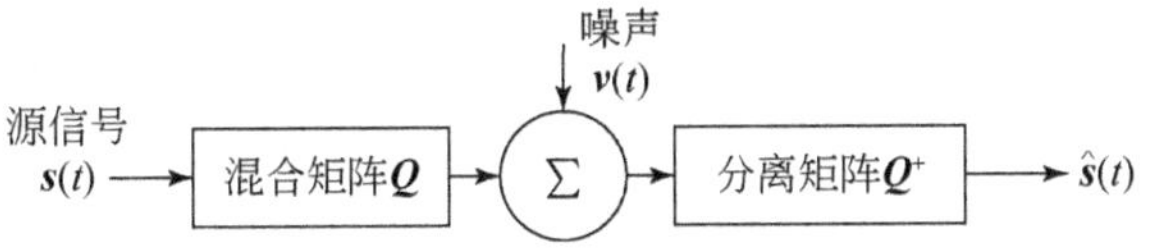

图 3.3.1　BSS 问题的基本原理

除式(3.3.1)所示的线性混合形式以外，源信号的混合方式可能还有卷积混合 $\boldsymbol{y}(t)=\boldsymbol{Q}(t)*\boldsymbol{s}(t)+\boldsymbol{v}(t)$和非线性混合 $\boldsymbol{y}(t)=f(\boldsymbol{s}(t))+\boldsymbol{v}(t)$。

从理论上讲，如果仅通过观测信号来恢复源信号和混合矩阵，常常是无解或无穷多解。这时需要一些关于系统本身和源信号的先验性知识才能正确地求解 BSS 问题。这些先验性知识以基本假定 $A_1\sim A_4$的形式给出。A_1：混合矩阵 $\boldsymbol{Q}$ 列满秩；A_2：源空间域不相关，具有不同的自相关函数；A_3：源信号是平稳信号或是方差时变意义上的二阶非平稳信号；A_4：噪声信号与源信号相互独立。

对于线性混合的BSS 问题，常用的分离实现算法包括 ICA、多重未知信号提取算法(algorithm for multiple unknown signals extraction，AMUSE)、二阶盲辨识(second order blind identification，SOBI)算法和二阶非平稳源分离(second order nonstationary separation,SONS)算法等。其中,由 Belouchrani 等[10]提出的基于 JAD 技术的 SOBI 算法在实际应用中表现出识别精度高和鲁棒性强等优点,以下对其进行讨论。

3.3.2 二阶盲辨识算法

定义一组混合信号的时滞相关函数矩阵 $\boldsymbol{R}_{yy}(\tau_i)(i=1,2,\cdots,T;\tau_i>0)$,考虑观测噪声是高斯白噪声,根据式(3.3.1)和式(3.3.2)可以得到各源信号之间的相关函数矩阵的表达式为

$$\boldsymbol{R}_{ss}(\tau_i)=E(\boldsymbol{P}\boldsymbol{y}(t)\boldsymbol{y}(t-\tau_i)^{\mathrm{T}}\boldsymbol{P}^{\mathrm{T}})=\boldsymbol{P}\boldsymbol{R}_{yy}(\tau_i)\boldsymbol{P}^{\mathrm{T}},\quad i=1,2,\cdots,T;\quad \tau_i>0 \tag{3.3.3}$$

根据假设条件 A_2,并考虑源信号之间的独立性,$\boldsymbol{R}_{ss}(\tau_i)$应该是一个对角矩阵。这时,从式(3.3.3)可以看出,任意一个时延 $\tau_i(i=1,2,\cdots,T;\tau_i>0)$,理论上都应该存在矩阵 $\boldsymbol{P}$,使 $\boldsymbol{R}_{yy}(\tau_i)$对角化。这在实际中常无法实现,因此可以转而求解以下优化问题[11,12]:

$$\min J_{\mathrm{off}}(\boldsymbol{U})=\sum_{i=1}^{T}\alpha_i\parallel \mathrm{off}(\boldsymbol{U}^{\mathrm{H}}\boldsymbol{R}_{yy}(\tau_i)\boldsymbol{U})\parallel^2 \tag{3.3.4}$$

式中,运算符号 off(·)表示提取矩阵的所有非主对角元素的平方和;α_i 为权系数;$\boldsymbol{U}$ 为通过优化得到的对角化矩阵。

在绝大多数的盲源分离实现算法中,具有以下约束条件:

$$\boldsymbol{R}_{ss}(0)=\boldsymbol{W}\boldsymbol{R}_{yy}(0)\boldsymbol{W}^{\mathrm{T}}=\boldsymbol{I} \tag{3.3.5}$$

这一约束条件也称为白化条件,白化的目的是使各混合通道的信号经过变换后相互独立,具有单位方差,以避免优化过程出现零解。因此,求解盲源分离问题的第一个步骤是对监测数据进行白化处理:

$$\bar{\boldsymbol{y}}(t)=\boldsymbol{W}\boldsymbol{y}(t) \tag{3.3.6}$$

式中,$\bar{\boldsymbol{y}}(t)$为白化后的数据,并且满足 $E[\bar{\boldsymbol{y}}(t)\bar{\boldsymbol{y}}^{\mathrm{T}}(t)]=\boldsymbol{I}$;$\boldsymbol{W}$ 为白化矩阵,一般采用 PCA 方法来确定白化矩阵 $\boldsymbol{W}$:

$$\boldsymbol{W}=\boldsymbol{D}^{-1/2}\boldsymbol{F}^{\mathrm{T}} \tag{3.3.7}$$

式中,矩阵 $\boldsymbol{D}$ 为以矩阵 $\boldsymbol{R}_{yy}(0)$的特征值为对角元素的对角矩阵;$\boldsymbol{F}$ 为 $\boldsymbol{R}_{yy}(0)$的特征向量组成的矩阵。

当对数据进行白化处理后,式(3.3.4)所示的优化问题变为

$$\min J_{\mathrm{off}}(\boldsymbol{U})=\sum_{i=1}^{T}\alpha_i\parallel \mathrm{off}(\boldsymbol{U}^{\mathrm{H}}\boldsymbol{W}\boldsymbol{R}_{yy}(\tau_i)\boldsymbol{W}^{\mathrm{T}}\boldsymbol{U})\parallel^2 \tag{3.3.8}$$

式中,时滞协方差矩阵 $\boldsymbol{R}_{yy}(\tau_i)$ 可以采用式(3.3.9)进行估算:

$$\boldsymbol{R}_{yy}(\tau_i)=\frac{1}{N}\sum_{k=1}^{N}\boldsymbol{y}(k)\boldsymbol{y}^{\mathrm{T}}(k-\tau_i) \tag{3.3.9}$$

用数值方法可以对以上不同延迟所对应的协方差矩阵进行 JAD，即求解式(3.3.8)所示的优化问题。常用的 JAD 实现技术包括雅可比方法、交替最小二乘法、并行因子分析、子空间拟合技术和旋转矢量法等。这时可以得到在 JAD 意义上广义的正交矩阵 $\boldsymbol{U}$(而不是仅使某一个时滞协方差矩阵对角化)。这时，分离矩阵为

$$\boldsymbol{P}=\boldsymbol{Q}^{+}=\boldsymbol{U}^{\mathrm{H}}\boldsymbol{W} \tag{3.3.10}$$

源信号的估计为

$$\hat{\boldsymbol{s}}(t)=\boldsymbol{P}^{\mathrm{H}}\boldsymbol{W}\boldsymbol{y}(t) \tag{3.3.11}$$

混合矩阵为

$$\boldsymbol{Q}=\boldsymbol{W}^{+}\boldsymbol{U} \tag{3.3.12}$$

式中，$\boldsymbol{W}^{+}$ 为 $\boldsymbol{W}$ 矩阵的广义逆矩阵。

3.3.3　基于二阶盲辨识的模态参数识别方法

对于一般黏性阻尼结构，其状态变量 $\boldsymbol{z}(t)$ 和模态响应之间存在以下关系：

$$\boldsymbol{z}(t)=\begin{bmatrix}\boldsymbol{x}(t)\\ \dot{\boldsymbol{x}}(t)\end{bmatrix}=\widetilde{\boldsymbol{\Phi}}\widetilde{\boldsymbol{q}}(t) \tag{3.3.13}$$

式中，$\widetilde{\boldsymbol{q}}(t)=\begin{bmatrix}\boldsymbol{q}(t)\\ \boldsymbol{q}^{*}(t)\end{bmatrix}$，$\boldsymbol{q}(t)$ 为结构模态响应，$\boldsymbol{q}^{*}(t)$ 为其共轭；$\widetilde{\boldsymbol{\Phi}}=\begin{bmatrix}\boldsymbol{\Phi} & \boldsymbol{\Phi}^{*}\\ \boldsymbol{\Phi}\boldsymbol{\Lambda} & \boldsymbol{\Phi}^{*}\boldsymbol{\Lambda}^{*}\end{bmatrix}$，复模态矩阵 $\boldsymbol{\Phi}=[\boldsymbol{\Phi}_1,\boldsymbol{\Phi}_2,\cdots,\boldsymbol{\Phi}_n]$，$\boldsymbol{\Phi}_i$ 为结构第 i 阶复模态向量，$\boldsymbol{\Phi}^{*}$ 为 $\boldsymbol{\Phi}$ 的共轭；对角矩阵 $\boldsymbol{\Lambda}=\mathrm{diag}[\lambda_1,\lambda_2,\cdots,\lambda_n]$，$\boldsymbol{\Lambda}^{*}$ 为其共轭。

对于结构的自由振动响应，对应的观测方程为 $\boldsymbol{y}(t)=\boldsymbol{G}\boldsymbol{z}(t)$，考虑观测噪声的影响 $\boldsymbol{v}(t)$，这时根据式(3.3.13)进行推导可以得到

$$\boldsymbol{y}(t)=\boldsymbol{L}\widetilde{\boldsymbol{q}}(t)+\boldsymbol{v}(t) \tag{3.3.14}$$

式中，混合矩阵 $\boldsymbol{L}=\boldsymbol{G}\widetilde{\boldsymbol{\Phi}}$。

将式(3.3.14)与式(3.3.1)对比可以看出，当结构的各阶模态响应相互独立时(满足假设条件 A_1)，结构的自由振动响应可以看作各阶模态响应的线性混合，各阶模态响应看作结构的虚拟源信号，混合矩阵即为 $\boldsymbol{L}=\boldsymbol{G}\widetilde{\boldsymbol{\Phi}}$。因此，可以采用 JAD 技术由实测的振动响应来分离出虚拟的源信号，即模态响应 $\widetilde{\boldsymbol{q}}(t)$。当 $\boldsymbol{G}=\boldsymbol{I}_{2n}$，即有 $2n$ 个相互独立的观测量时，理论上讲，结构所有的 n 阶模态响应都能分离出来。每一阶模态响应代表一个单自由度振动系统，可以采用单模态识别法来识别对应的模态参数。图 3.3.2 归纳了基于盲源分离的结构模态参数识别方法的基本原理。

由于结构系统矩阵 $\boldsymbol{A}_{\mathrm{c}}$ 满足正交化条件，即 $\widetilde{\boldsymbol{\Phi}}^{\mathrm{H}}\boldsymbol{A}_{\mathrm{c}}\widetilde{\boldsymbol{\Phi}}=\begin{bmatrix}\boldsymbol{\Lambda} & 0\\ 0 & \boldsymbol{\Lambda}^{*}\end{bmatrix}$，根据离散和连

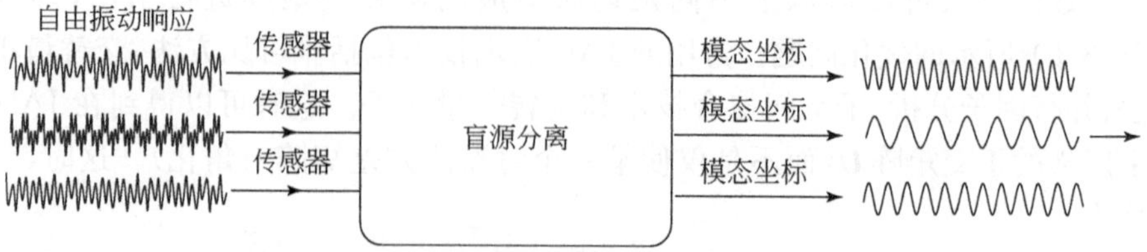

图 3.3.2 基于盲源分离的结构模态参数识别原理

续动力系统矩阵的特征值之间的关系 $\boldsymbol{A}=\mathrm{e}^{\boldsymbol{A}_c\Delta t}$，可以得到

$$\widetilde{\boldsymbol{\Phi}}^{\mathrm{H}}\boldsymbol{A}\widetilde{\boldsymbol{\Phi}}=\boldsymbol{\Sigma} \tag{3.3.15}$$

式中，对角矩阵 $\boldsymbol{\Sigma}=\mathrm{diag}[\mathrm{e}^{\lambda_1\Delta t},\cdots,\mathrm{e}^{\lambda_n\Delta t},\mathrm{e}^{\lambda_1^*\Delta t},\cdots,\mathrm{e}^{\lambda_n^*\Delta t}]$；$\Delta t$ 为采样间隔。

这时，由矩阵特征值的性质可以得到

$$\boldsymbol{A}^{\tau}=\widetilde{\boldsymbol{\Phi}}\boldsymbol{\Sigma}^{\tau}\widetilde{\boldsymbol{\Phi}}^{\mathrm{H}} \tag{3.3.16}$$

式中，矩阵的幂次 τ 为时延；上标 H 为共轭转置算子。

对于结构的自由振动，由于外部激励 $u=0$，在不考虑观测噪声的情况下，响应间的协方差函数矩阵的表达式(2.4.34)变为

$$\boldsymbol{R}_{yy}(\tau)=E[\boldsymbol{y}(t)\boldsymbol{y}^{\mathrm{T}}(t+\tau)]=\boldsymbol{G}\boldsymbol{A}^{\tau}\boldsymbol{R}_{zz}(0)\boldsymbol{G}^{\mathrm{T}} \tag{3.3.17}$$

考虑到式(3.3.13)所示的坐标变换，可以得到

$$\boldsymbol{R}_{zz}(0)=E[\boldsymbol{z}(t)\boldsymbol{z}(t)^{\mathrm{H}}]=\widetilde{\boldsymbol{\Phi}}E[\widetilde{\boldsymbol{q}}(t)\widetilde{\boldsymbol{q}}(t)^{\mathrm{H}}]\widetilde{\boldsymbol{\Phi}}^{\mathrm{H}}=\widetilde{\boldsymbol{\Phi}}\boldsymbol{R}_{\widetilde{q}\widetilde{q}}(0)\widetilde{\boldsymbol{\Phi}}^{\mathrm{H}} \tag{3.3.18}$$

将式(3.3.16)和式(3.3.18)代入式(3.3.17)进行推导，这时可以得到

$$\boldsymbol{R}_{yy}(\tau)=\boldsymbol{G}\widetilde{\boldsymbol{\Phi}}\boldsymbol{\Sigma}^{\tau}\boldsymbol{R}_{\widetilde{q}\widetilde{q}}(0)\widetilde{\boldsymbol{\Phi}}^{\mathrm{H}}\boldsymbol{G}^{\mathrm{H}} \tag{3.3.19}$$

令 $\boldsymbol{L}=\boldsymbol{G}\widetilde{\boldsymbol{\Phi}}$，$\boldsymbol{R}=\boldsymbol{R}_{\widetilde{q}\widetilde{q}}(0)\boldsymbol{L}^{\mathrm{H}}$，可以得到式(3.3.19)的另一种表达形式：

$$\boldsymbol{R}_{yy}(\tau)=\boldsymbol{L}\boldsymbol{\Sigma}^{\tau}\boldsymbol{R} \tag{3.3.20}$$

对于结构的自由振动，模态响应间的相关函数 $\boldsymbol{R}_{\widetilde{q}\widetilde{q}}(\tau)=\boldsymbol{\Sigma}^{\tau}\boldsymbol{R}_{\widetilde{q}\widetilde{q}}(0)$，这时有

$$\boldsymbol{R}_{yy}(\tau)=\boldsymbol{L}\boldsymbol{R}_{\widetilde{q}\widetilde{q}}(\tau)\boldsymbol{L}^{\mathrm{H}} \tag{3.3.21}$$

根据分解形式(3.3.21)可以看出，如果各阶模态响应相互独立，矩阵 $\boldsymbol{R}_{\widetilde{q}\widetilde{q}}(\tau)$ 是对角矩阵时，可以对一系列响应的协方差矩阵，即 $\boldsymbol{R}_{yy}(\tau_1)$，$\boldsymbol{R}_{yy}(\tau_2)$，…，$\boldsymbol{R}_{yy}(\tau_T)$ 实施 JAD。而 JAD 是通过求解式(3.3.8)所示的优化问题来实现的。

上述推导都是针对结构的自由振动响应而言的，而对于实际水工混凝土结构的模态参数识别问题，结构的自由振动响应常常是无法直接获得的。但注意到，SOBI 算法采用的是一组混合信号的时滞相关函数矩阵来进行 JAD。根据 NExT 的相关推导，当结构受带限白噪声激励，并且观测噪声也是带限白噪声序列时，协方差矩阵中结构激励和观测噪声的效应会很快衰减并趋近 0。因此，当进行 JAD 时，只要选择的各时滞相关函数矩阵的时滞 τ 足够大，就可以减少激励和观测噪声

的影响，随机振动响应间的协方差函数矩阵可以近似地替代式(3.3.17)所示的自由振动响应间的协方差函数矩阵，即 $\boldsymbol{R}_{yy}(\tau)\approx\boldsymbol{G}\boldsymbol{A}^{\tau}\boldsymbol{R}_{zz}(0)\boldsymbol{G}^{\mathrm{T}},\tau>\tau_0$。这时，与 SOBI 算法对应的优化问题式(3.3.8)变为

$$\min J_{\mathrm{off}}(\boldsymbol{U})=\sum_{i=1}^{T}\alpha_i\parallel \mathrm{off}(\boldsymbol{U}^{\mathrm{H}}\boldsymbol{W}\boldsymbol{R}_{yy}(\tau_i)\boldsymbol{W}^{\mathrm{T}}\boldsymbol{U})\parallel^2,\quad \tau_i>\tau_0 \tag{3.3.22}$$

求解该优化问题，便得到在 JAD 意义下的广义对角化矩阵 $\boldsymbol{U}$ 和分离矩阵 $\boldsymbol{L}^{+}=\boldsymbol{U}^{\mathrm{H}}\boldsymbol{W}$。

1. 各阶模态响应间的相关性分析

为了采用 SOBI 算法来进行结构模态参数的识别，必须使系统满足盲源分离的假设条件。其中，一条重要的假设 A_2 要求源空间域不相关，具有不同的自相关函数。这就要求各虚拟的源向量，即各阶模态坐标是相互独立的，才能保证式(3.3.21)中的 $\boldsymbol{R}_{\tilde{q}\tilde{q}}(\tau)$ 是对角矩阵，$\tau>\tau_0$。对于无阻尼系统，结构自由振动的表达式为

$$x=\sum_{i=1}^{n}\boldsymbol{\Phi}_i\boldsymbol{Q}_i\sin(\omega_{0i}t+\varphi_i)=\sum_{i=1}^{n}\boldsymbol{D}_i\sin(\omega_{0i}t+\varphi_i) \tag{3.3.23}$$

式中，ω_{0i} 为第 i 阶无阻尼角频率；φ_i 为初相位。

对于两阶(第 i 阶和第 j 阶)不同的模态响应，有

$$\int_{-\infty}^{0}\sin(\omega_{0i}t+\varphi_i)\sin(\omega_{0j}t+\varphi_j)\mathrm{d}t=0 \tag{3.3.24}$$

根据上述表达式可以推断，无阻尼振动的自由响应，在测试数据无限长的情况下，模态响应之间是不相关的。当采用有限长度的 K 个离散采样数据进行分析时，如果满足系统任意一阶频率是 f_{s}/K 的整数倍，那么正交性依然可以满足，即

$$\sum_{k=1}^{K}\sin(\omega_{0i}k\Delta t+\varphi_i)\sin(\omega_{0j}k\Delta t+\varphi_j)=0 \tag{3.3.25}$$

而在实际的结构分析中，由于受到阻尼、外界激励和观测噪声的影响，上述独立性只能是近似的。由于源信号在严格意义上不是相互独立的，协方差矩阵 $\boldsymbol{R}_{\tilde{q}\tilde{q}}(\tau)$ 并不是对角矩阵，理论上不存在 $\boldsymbol{L}^{+}$ 矩阵使 $\boldsymbol{R}_{yy}(\tau)$ 对角化。但可以看到，SOBI 算法并不要求完全的对角化，而是将一组协方差矩阵做近似的对角化，即将对角化问题转化成式(3.3.8) 所示的优化问题，因此 SOBI 算法具有很强的鲁棒性。大量实际应用也表明，对于具有弱阻尼的结构系统，SOBI 算法的识别精度是很高的。因此，将 SOBI 算法应用于弱阻尼的水工混凝土结构模态参数的识别问题是可行的。

2. 增加虚拟测点

根据盲源分离问题的假设条件 A_1，混合矩阵是列满秩的。由式(3.3.13)和式(3.3.14)可以看出，对于一般黏性阻尼结构，混合矩阵 $\boldsymbol{L}$ 的阶次为 $2n$。这就要

求振动响应的测点数必须满足 $l\geqslant 2n$，才能得到有意义的分离结果(当测点数 $l=2n$ 时，有唯一解；测点数 $l>2n$ 时对应最小二乘解)。而在一般实际工程中，测点数最多只能等于结构的自由度 n，以下讨论测点数 $l=n$ 的情况。

对于测点数 $l=n$ 的情况，由于系统的阶次是 $2n$，为了能够正确识别结构的模态参数，必须至少增加 n 个独立的测点。在三种振动响应量(位移、速度和加速度)中，位移和速度、速度和加速度是相互独立的(相位相差 90°)，因此当仅有一种响应量时，可以通过积分或差分的方法得到与之独立的响应量的数据。积分和差分计算的误差较大，McNeill[13]采用 Hilbert 变换把观测数据 $\boldsymbol{y}_0$ 的相角旋转 90°，得到数据 $\boldsymbol{y}_{90}$，然后采用 $\boldsymbol{y}_0$ 和 $\boldsymbol{y}_{90}$ 组成的新数据来进行模态分析：

$$\boldsymbol{y}=\begin{bmatrix}\boldsymbol{y}_0\\ \boldsymbol{y}_{90}\end{bmatrix} \tag{3.3.26}$$

这相当于采用解析形式来近似表达 $\boldsymbol{y}(t)$：

$$\boldsymbol{y}(t)=\boldsymbol{y}_0(t)+\mathrm{i}H[\boldsymbol{y}_0(t)]=\boldsymbol{y}^{\mathrm{R}}(t)+\mathrm{i}\boldsymbol{y}^{\mathrm{I}}(t) \tag{3.3.27}$$

式中，$\boldsymbol{y}^{\mathrm{R}}(t)=\boldsymbol{y}_0(t)$ 和 $\boldsymbol{y}^{\mathrm{I}}(t)=H[\boldsymbol{y}_0(t)]$ 分别为解析信号的实部和虚部，$\mathrm{i}=\sqrt{-1}$ 为虚数单位。

采用解析的形式来讨论结构模态参数的盲识别问题最早是由 McNeill 提出的。但他仅给出了与位移响应对应的表达形式。以下对位移响应和加速度响应都进行了研究。

根据 Huang 的推导，结构的自由振动响应可以表达为

$$\boldsymbol{x}(t)=2\mathrm{Re}\{\boldsymbol{\Phi}\boldsymbol{q}(t)\},\quad \dot{\boldsymbol{x}}(t)=2\mathrm{Re}\{\boldsymbol{\Phi}\dot{\boldsymbol{q}}(\mathrm{t})\},\quad \ddot{\boldsymbol{x}}(t)=2\mathrm{Re}\{\boldsymbol{\Phi}\ddot{\boldsymbol{q}}(t)\} \tag{3.3.28}$$

式中，Re{ · }为计算复数的实部。

对于结构的自由振动，若观测量是位移响应，位移选择输出矩阵为 $\boldsymbol{C}_d$，则式(3.3.27)所示的解析信号可以表达为

$$\boldsymbol{y}(t)=\boldsymbol{C}_d(\boldsymbol{x}^{\mathrm{R}}(t)+\mathrm{i}\boldsymbol{x}^{\mathrm{I}}(t))=\boldsymbol{C}_d\boldsymbol{\Phi}\boldsymbol{q}(t) \tag{3.3.29}$$

若假定复模态矩阵 $\boldsymbol{\Phi}=\boldsymbol{\Phi}^{\mathrm{R}}+\mathrm{i}\boldsymbol{\Phi}^{\mathrm{I}}$，复矩阵 $\boldsymbol{q}(t)=\boldsymbol{q}^{\mathrm{R}}(t)+\mathrm{i}\boldsymbol{q}^{\mathrm{I}}(t)$，$\boldsymbol{\Phi}^{\mathrm{R}}$ 和 $\boldsymbol{\Phi}^{\mathrm{I}}$ 分别为复模态矢量的实部和虚部；$\boldsymbol{q}^{\mathrm{R}}(t)$ 和 $\boldsymbol{q}^{\mathrm{I}}(t)$ 分别为复模态坐标响应的实部和虚部，这时可以得到以下表达式：

$$\boldsymbol{y}(t)=\begin{bmatrix}\boldsymbol{y}^{\mathrm{R}}(t)\\ \boldsymbol{y}^{\mathrm{I}}(t)\end{bmatrix}=\boldsymbol{L}\tilde{\boldsymbol{q}}(\mathrm{t})\in\mathbf{R}^{2l\times 1} \tag{3.3.30}$$

式中，$\boldsymbol{L}=\begin{bmatrix}\boldsymbol{C}_d\boldsymbol{\Phi}^{\mathrm{R}} & -\boldsymbol{C}_d\boldsymbol{\Phi}^{\mathrm{I}}\\ \boldsymbol{C}_d\boldsymbol{\Phi}^{\mathrm{I}} & \boldsymbol{C}_d\boldsymbol{\Phi}^{\mathrm{R}}\end{bmatrix}\in\mathbf{R}^{2l\times 2l}$；$\tilde{\boldsymbol{q}}(t)=\begin{bmatrix}\boldsymbol{q}^{\mathrm{R}}(t)\\ \boldsymbol{q}^{\mathrm{I}}(t)\end{bmatrix}\in\mathbf{R}^{2l\times 1}$。

这时 $\boldsymbol{y}(t)$ 的协方差函数矩阵可以表达为

$$\boldsymbol{R}_{yy}(\tau)=\boldsymbol{L}\boldsymbol{R}_{\tilde{q}\tilde{q}}(\tau)\boldsymbol{L}^{\mathrm{H}} \tag{3.3.31}$$

式中，$\boldsymbol{R}_{\tilde{q}\tilde{q}}(\tau)=\begin{bmatrix}\boldsymbol{R}_{q^{\mathrm{R}}q^{\mathrm{R}}}(\tau) & 0_{n\times n}\\ 0_{n\times n} & \boldsymbol{R}_{q^{\mathrm{I}}q^{\mathrm{I}}}(\tau)\end{bmatrix}$。

对于环境激励下的水工混凝土结构，由于结构的位移振动响应一般很小，测量误差大，加速度响应是最常用的观测量。对于结构加速度自由响应，若加速度选择输出矩阵为 $\boldsymbol{C}_a$，式(3.3.27)所示的解析信号可以表达为

$$\boldsymbol{y}(t)=\boldsymbol{C}_a[\ddot{\boldsymbol{x}}^{\mathrm{R}}(t)+\mathrm{i}\ddot{\boldsymbol{x}}^{\mathrm{I}}(t)]=\boldsymbol{C}_a\boldsymbol{\Phi}\,\ddot{\boldsymbol{q}}(t) \tag{3.3.32}$$

若假定由各阶复模态响应形成的复矩阵 $\ddot{\boldsymbol{q}}(t)=\ddot{\boldsymbol{q}}^{\mathrm{R}}(t)+\mathrm{i}\ddot{\boldsymbol{q}}^{\mathrm{I}}(t)$，$\ddot{\boldsymbol{q}}^{\mathrm{R}}(t)$和$\ddot{\boldsymbol{q}}^{\mathrm{I}}(t)$分别是复模态坐标响应的实部和虚部，这时可以得到以下表达式：

$$\boldsymbol{y}(t)=\begin{bmatrix}\boldsymbol{y}^{\mathrm{R}}(t)\\ \boldsymbol{y}^{\mathrm{I}}(t)\end{bmatrix}=\boldsymbol{L}\tilde{\ddot{\boldsymbol{q}}}(t)\in\mathbf{R}^{2l\times 1} \tag{3.3.33}$$

式中，$\tilde{\ddot{\boldsymbol{q}}}(t)=\begin{bmatrix}\ddot{\boldsymbol{q}}^{\mathrm{R}}(t)\\ \ddot{\boldsymbol{q}}^{\mathrm{I}}(t)\end{bmatrix}\in\mathbf{R}^{2l\times 1}$。

这时 $\boldsymbol{y}(t)$的协方差函数矩阵可以表达为

$$\boldsymbol{R}_{yy}(\tau)=\boldsymbol{L}\boldsymbol{R}_{\tilde{\ddot{q}}\tilde{\ddot{q}}}(\tau)\boldsymbol{L}^{\mathrm{H}} \tag{3.3.34}$$

式中，$\boldsymbol{R}_{\tilde{\ddot{q}}\tilde{\ddot{q}}}(\tau)=\begin{bmatrix}\boldsymbol{R}_{\ddot{q}^{\mathrm{R}}\ddot{q}^{\mathrm{R}}}(\tau) & 0_{n\times n}\\ 0_{n\times n} & \boldsymbol{R}_{\ddot{q}^{\mathrm{I}}\ddot{q}^{\mathrm{I}}}(\tau)\end{bmatrix}$。

式(3.3.31)与式(3.3.34)表达形式类似，都可以进行联合近似对角化。通过求解式(3.3.22)所示的优化问题，便得到在 JAD 意义下的广义对角化矩阵 $\boldsymbol{U}$ 和分离矩阵 $\boldsymbol{L}^{+}=\boldsymbol{U}^{\mathrm{H}}\boldsymbol{W}$。根据分离矩阵可以得到各阶模态响应并采用单模态识别方法识别频率和阻尼，而结构的复模态振型的实部和虚部可以从混合矩阵 $\boldsymbol{L}=\begin{bmatrix}\boldsymbol{C}_d\boldsymbol{\Phi}^{\mathrm{R}} & -\boldsymbol{C}_d\boldsymbol{\Phi}^{\mathrm{I}}\\ \boldsymbol{C}_d\boldsymbol{\Phi}^{\mathrm{I}} & \boldsymbol{C}_d\boldsymbol{\Phi}^{\mathrm{R}}\end{bmatrix}$（观测量是位移响应时）或 $\boldsymbol{L}=\begin{bmatrix}\boldsymbol{C}_a\boldsymbol{\Phi}^{\mathrm{R}} & -\boldsymbol{C}_a\boldsymbol{\Phi}^{\mathrm{I}}\\ \boldsymbol{C}_a\boldsymbol{\Phi}^{\mathrm{I}} & \boldsymbol{C}_a\boldsymbol{\Phi}^{\mathrm{R}}\end{bmatrix}$（观测量是加速度响应时）中获得。

对于结构的速度响应，也有与式(3.3.31)和式(3.3.34)相近的表达形式，限于篇幅，本书不再赘述。

3. 模态识别的流程和数值算例

基于 SOBI 算法的结构模态识别的流程如下：

(1) 对初始的观测数据进行校正、滤波和去噪等处理，得到数据 $\boldsymbol{y}_0$；然后对 $\boldsymbol{y}_0$ 进行 Hilbert 变换得到相角旋转 90°的数据 $\boldsymbol{y}_{90}$，采用 $\boldsymbol{y}_0$ 和 $\boldsymbol{y}_{90}$ 组合得到向量 $\boldsymbol{y}_k=\begin{bmatrix}\boldsymbol{y}_{0k}\\ \boldsymbol{y}_{90k}\end{bmatrix}$ $(k=1,2,\cdots,N_{\mathrm{s}})$，然后对数据 $\boldsymbol{y}_k(k=1,2,\cdots,N_{\mathrm{s}}-p+1)$进行加窗处理（一般采用高斯窗）和白化处理。可以采用 PCA 方法来获得白化矩阵 $\boldsymbol{P}$。

(2) 采用JAD技术来获得对角化矩阵 $\boldsymbol{U}$,并采用式(3.3.10)和式(3.3.12)计算虚拟源信号及混合矩阵。获得复模态向量 $\boldsymbol{\Phi}$ 和模态响应的估计 $\tilde{\boldsymbol{q}}(t)$。

(3) 对于线性结构,每一阶模态响应估计 $\tilde{\boldsymbol{q}}(t)$ 相当于一个单自由度振动系统,对应的模态参数自振频率和阻尼可以采用多种单模态识别方法来进行识别。

为了对虚假的模态识别结果进行剔除,可以采用稳态图法,假定一系列的系统阶次,然后根据识别得到的模态参数随系统阶次增加的稳定情况,来判定识别值是否为系统真正的模态参数。采用以上算法对 3.2 节中 4 自由度的集中质量系统的模态参数进行识别,模态参数的识别结果见表 3.3.1,分离得到的前两阶模态响应及其对应的功率谱如图 3.3.3 所示。

表 3.3.1 基于 SOBI 算法的模态参数识别结果

模态参数	模态阶次	无噪声	SNR=50dB	SNR=40dB	SNR=30dB	SNR=20dB
自振频率/Hz	1	4.366	4.367	4.367	4.367	4.367
	2	6.368	6.368	6.368	6.368	6.368
	3	18.714	18.712	18.714	18.711	18.711
	4	23.057	23.054	23.057	23.073	23.104
阻尼比/%	1	0.16	0.15	0.17	0.17	0.17
	2	0.38	0.38	0.38	0.38	0.37
	3	0.59	0.61	0.59	0.57	0.53
	4	0.69	0.70	0.69	0.66	0.70
MAC	1	1.000	1.000	1.000	1.000	1.000
	2	1.000	1.000	1.000	1.000	1.000
	3	1.000	0.999	0.999	0.999	0.998
	4	1.000	0.998	0.998	0.999	0.998

从以上识别结果可以看出,当采用理想白噪声来激励结构时,其识别效果较好,并且识别的结果受外界噪声的干扰比较小,算法的鲁棒性较强,尤其是对阻尼比的识别结果,相对于时域方法精度明显提高。此外,基于 SOBI 算法的模态识别方法计算效率很高,对于上述模态识别问题,计算时间仅为 SSI-Data 方法的 5%左右。

3.3.4 基于 Hankel 矩阵联合近似对角化的模态参数盲识别

时域模态参数识别方法的优势体现在其鲁棒性强和模态识别能力不受测点数目的限制,但其计算效率较差。基于 SOBI 算法的模态参数识别方法的优势主要体现在使用了鲁棒性强和计算效率高的 JAD 技术。然而,将基于 SOBI 算法的模

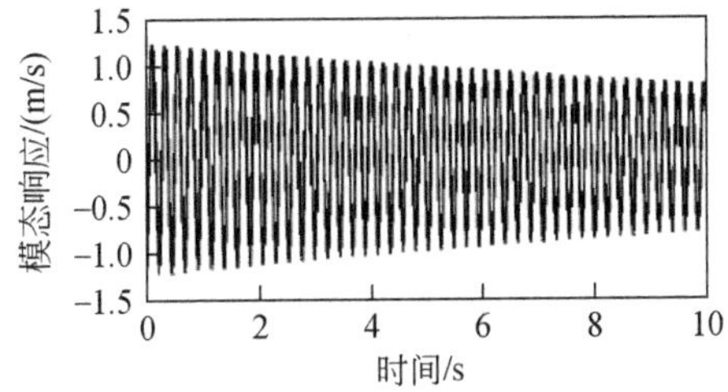

(a) 第1阶模态响应

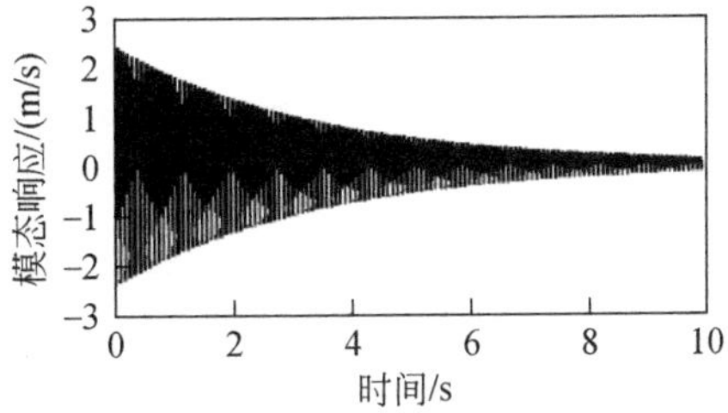

(b) 第2阶模态响应

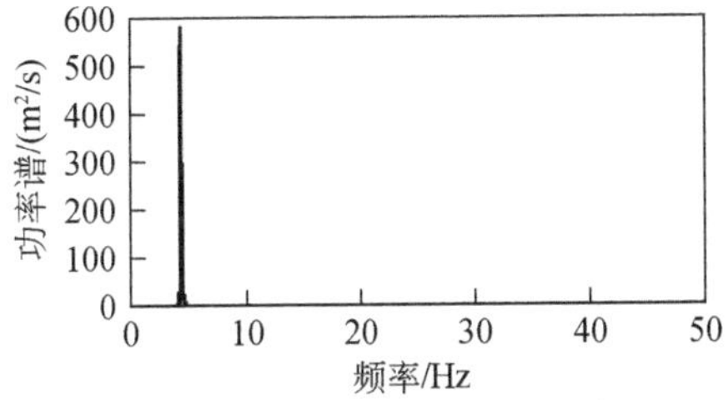

(c) 第1阶模态响应的功率谱

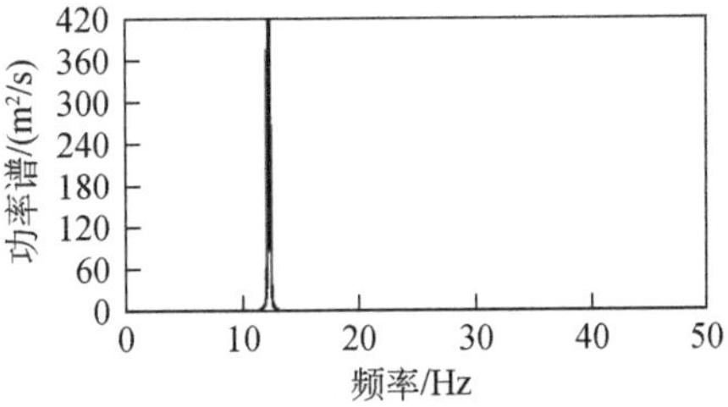

(d) 第2阶模态响应的功率谱

图 3.3.3　分离出的前两阶模态响应及其对应的功率谱

态识别算法应用于环境激励下水工混凝土结构的模态识别问题时，仍有一些困难需要解决。根据盲源分离问题的假设条件 A_1，混合矩阵 $\boldsymbol{Q}$ 是列满秩的，即在传统的 SOBI 算法中，假定测点数 $l = n$，这实际上隐含地假定结构被激励起来的模态阶次，恰好等于测点数。这时可以通过 Hilbert 变换构造解析信号来求解上述 $2n$ 自由度系统的识别问题。然而，对于实际的工程结构，结构的模态阶次 n 是未知的，而且测点数 l 常远小于结构模态阶次 n。目前，对于大型水工混凝土结构，布设数量众多的加速度传感器，不仅经济上难以接受，而且存在技术困难。而一些分析的结果表明，结构高阶模态参数对结构损伤更为敏感。因此，研究采用有限数量的振动测点来尽可能多地识别结构的各阶模态具有重要的理论意义和应用价值。采用上述基于 SOBI 算法的模态参数识别方法时，最多只能识别 l 阶模态。模态识别能力受到测量自由度的限制，极大限制了 BSS 方法在水工混凝土结构运行模态分析中的应用。

为了克服传统时域模态参数识别方法和基于 SOBI 算法的模态参数识别方法存在的缺陷，本书提出一种基于 Hankel 矩阵联合近似对角化(Hankel matrix joint approximate diagonalization，HJAD)技术的模态参数识别方法。如图 3.3.4 所示，该方法通过引入 JAD 技术，融合传统时域模态参数识别方法和基于 SOBI 算法的模态参数识别方法(用一组不同时延的 Hankel 矩阵代替协方差函数矩阵)的优点。只要增加各测点时延的数据，就可以实现系统的扩阶，克服了传统 SOBI 算法存在的识别能力受到测点数目限制的缺点。

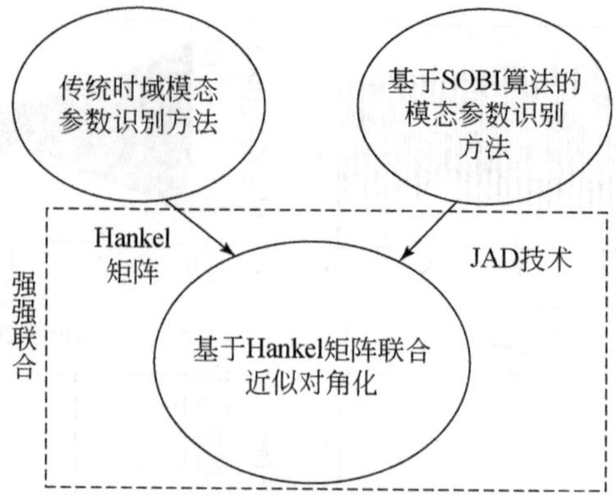

图 3.3.4 算法改进策略

1. 单个 Hankel 矩阵的对角化

对于式(3.3.26)定义的数据向量 $\boldsymbol{y}$,定义由 $\boldsymbol{y}_k$ 及其时延 p 步的数据组成的监测数据 $\boldsymbol{Y}_k$(这里使用的是向后时延,向前时延有类似的推导):

$$\boldsymbol{Y}_k=[\boldsymbol{y}_k^{\mathrm{T}}\quad \boldsymbol{y}_{k-1}^{\mathrm{T}}\quad \cdots\quad \boldsymbol{y}_{k-p+1}^{\mathrm{T}}]^{\mathrm{T}}\in\mathbf{R}^{2pl\times 1},\quad k=1,2,\cdots,N-p+1 \tag{3.3.35}$$

这时,Hankel 矩阵 $\boldsymbol{H}(\tau)\in\mathbf{R}^{2pl\times 2pl}$ 可以定义为

$$\boldsymbol{H}(\tau)=E[\boldsymbol{Y}(t)\boldsymbol{Y}^{\mathrm{T}}(t+\tau)]$$
$$=\begin{bmatrix}\boldsymbol{R}_{yy}(\tau) & \boldsymbol{R}_{yy}(\tau+1) & \cdots & \boldsymbol{R}_{yy}(\tau+p-1)\\ \boldsymbol{R}_{yy}(\tau+1) & \boldsymbol{R}_{yy}(\tau+2) & \cdots & \boldsymbol{R}_{yy}(\tau+p)\\ \vdots & \vdots & & \vdots\\ \boldsymbol{R}_{yy}(\tau+p-1) & \boldsymbol{R}_{yy}(\tau+p) & \cdots & \boldsymbol{R}_{yy}(\tau+2p-2)\end{bmatrix},\quad \tau>\tau_0 \tag{3.3.36}$$

式(3.3.36)所示的 Hankel 矩阵相当于在式(3.2.17)所示的矩阵中,把所有的观测都选作参考观测,即 $r=l$,并令 $p=q$。Hankel 矩阵 $\boldsymbol{H}(\tau)\in\mathbf{R}^{2pl\times 2pl}$ 可以根据振动监测数据采用式(3.3.37)来进行估计:

$$E[\boldsymbol{Y}(t)\boldsymbol{Y}^{\mathrm{T}}(t+\tau)]=\lim_{K\to+\infty}\frac{1}{2K+1}\sum_{k=-K}^{K}\boldsymbol{Y}_k\boldsymbol{Y}_{k+\tau}^{\mathrm{T}},\quad \tau>\tau_0 \tag{3.3.37}$$

根据式(3.3.20),Hankel 矩阵的表达式如下[14]:

$$
\boldsymbol{H}(\tau)=\begin{bmatrix}\boldsymbol{L}\\\boldsymbol{L\Sigma}\\\vdots\\\boldsymbol{L\Sigma}^{p-1}\end{bmatrix}\boldsymbol{\Sigma}^{\tau}[\boldsymbol{R}\quad\boldsymbol{\Sigma R}\quad\cdots\quad\boldsymbol{\Sigma}^{p-1}\boldsymbol{R}]
=\widetilde{\boldsymbol{L}}\boldsymbol{\Sigma}^{\tau}\widetilde{\boldsymbol{R}} \tag{3.3.38}
$$

以上 Hankel 矩阵是时域模态参数识别方法的基础。目前，时域模态参数识别方法中，常采用 $\tau=0$ 的情况，即对于一个 Hankel 矩阵进行奇异值分解，以获得系统矩阵 $\boldsymbol{A}$ 和观测矩阵 $\boldsymbol{G}$ 的估计并进行模态参数识别。

$$
\boldsymbol{H}(0)=\widetilde{\boldsymbol{L}}\boldsymbol{\Sigma}\widetilde{\boldsymbol{R}}=[\boldsymbol{U}_1\quad\boldsymbol{U}_2]\begin{bmatrix}\boldsymbol{S}_1&0\\0&\boldsymbol{S}_2\end{bmatrix}\begin{bmatrix}\boldsymbol{V}_1\\\boldsymbol{V}_2\end{bmatrix}=\boldsymbol{U}_1\boldsymbol{S}_1\boldsymbol{V}_1^{\mathrm{T}} \tag{3.3.39}
$$

这时，可以得到对角化矩阵 $\boldsymbol{L}^{+}=\boldsymbol{U}_1^{+}$，$\boldsymbol{R}^{+}=\boldsymbol{V}_1^{+}$ 和 $\boldsymbol{\Sigma}=\boldsymbol{S}_1$。当对 Hankel 矩阵采用式(3.3.39)的分解形式时，时域方法是采用奇异值分解来进行模态参数估计的。为了增加方法的鲁棒性，应尽可能地把所有的观测数据都利用起来。在时域模态参数识别方法中常常是通过增加参数 p 的值，即扩大矩阵 $\boldsymbol{H}(0)$的行数和列数来实现的，但这样也会显著增加计算的耗费。

对于结构的自由振动，若观测量是位移振动响应，则根据式(3.3.31)对式(3.3.36)所示的 Hankel 矩阵进行推导，可以得到

$$
\boldsymbol{H}(\tau)=\begin{bmatrix}\boldsymbol{L}\\\boldsymbol{L\Sigma}\\\vdots\\\boldsymbol{L\Sigma}^{p-1}\end{bmatrix}\boldsymbol{\Sigma}^{\tau}\boldsymbol{R}_{\tilde{q}\tilde{q}}(0)[\boldsymbol{L}^{\mathrm{H}}\quad\boldsymbol{\Sigma L}^{\mathrm{H}}\quad\cdots\quad\boldsymbol{\Sigma}^{p-1}\boldsymbol{L}^{\mathrm{H}}]
=\widetilde{\boldsymbol{L}}\boldsymbol{R}_{\tilde{q}\tilde{q}}(\tau)\widetilde{\boldsymbol{L}}^{\mathrm{H}} \tag{3.3.40}
$$

对于结构的加速度响应，根据式(3.3.34)对式(3.3.36)所示的 Hankel 矩阵进行推导，可以得到

$$
\boldsymbol{H}(\tau)=\begin{bmatrix}\boldsymbol{L}\\\boldsymbol{L\Sigma}\\\vdots\\\boldsymbol{L\Sigma}^{p-1}\end{bmatrix}\boldsymbol{R}_{\ddot{\tilde{q}}\ddot{\tilde{q}}}(\tau)[\boldsymbol{L}^{\mathrm{H}}\quad\boldsymbol{\Sigma L}^{\mathrm{H}}\quad\cdots\quad\boldsymbol{\Sigma}^{p-1}\boldsymbol{L}^{\mathrm{H}}]
=\widetilde{\boldsymbol{L}}\boldsymbol{R}_{\ddot{\tilde{q}}\ddot{\tilde{q}}}(\tau)\widetilde{\boldsymbol{L}}^{\mathrm{H}} \tag{3.3.41}
$$

以上 Hankel 矩阵的分解形式(3.3.40)和(3.3.41)与协方差矩阵的分解形式(3.3.21)是一致的。根据式(3.3.21)的分解形式，协方差函数矩阵可以进行联合近似对角化，对于 Hankel 矩阵，采用式(3.3.37)的分解形式，同样可以进行联合近似对角化。本书根据 Hankel 矩阵的分解形式(3.3.37)，提出对一组不同时延的 Hankel 矩阵，即 $\boldsymbol{H}(\tau_1)$，$\boldsymbol{H}(\tau_2)$，…，$\boldsymbol{H}(\tau_T)$进行联合近似对角化，并求解模态参数。

此外，上述推导是针对结构的自由振动进行的，根据 NExT 的相关证明，在随机激励作用下，结构响应间的协方差函数 $\boldsymbol{R}_{yy}(\tau)$ 可以近似表达结构的自由振动响应间的协方差函数。因此，式(3.3.36) Hankel 矩阵中的结构自由响应间的相关函数矩阵可以直接采用随机激励下结构的随机振动响应间的协方差函数矩阵来代替。

2. 一组 Hankel 矩阵的联合近似对角化

对一组不同时延的 Hankel 矩阵 $\boldsymbol{H}(\tau_1),\boldsymbol{H}(\tau_2),\cdots,\boldsymbol{H}(\tau_T)(\tau_i>\tau_0)$ 进行联合近似对角化，可以转化成求解以下的优化问题：

$$\min J_{\text{off}}(\boldsymbol{U})=\sum_{i=1}^{T}\|\operatorname{off}(\boldsymbol{U}^{\mathrm{H}}\boldsymbol{W}\boldsymbol{H}(\tau_i)\boldsymbol{W}\boldsymbol{U})\|,\quad \tau_i>\tau_0 \tag{3.3.42}$$

式中，白化矩阵 $\boldsymbol{W}$ 的获得仍然采用 PCA 方法，见式(3.3.7)；限制条件 $\tau_i>\tau_0$ 是为了采用自然激励技术来近似地获得结构的脉冲响应。

求解以上优化问题后，可以获得 JAD 意义下的对角化矩阵 $\boldsymbol{U}$，这时矩阵 $\widetilde{\boldsymbol{L}}=\boldsymbol{W}\boldsymbol{U}^{+}$。从式(3.3.40)和式(3.3.41)可以看出，$\widetilde{\boldsymbol{L}}$ 的前 $2l\times 2n$ 子块，即 $\boldsymbol{L}=\begin{bmatrix}\boldsymbol{C}_d\boldsymbol{\Phi}^{\mathrm{R}} & -\boldsymbol{C}_d\boldsymbol{\Phi}^{\mathrm{I}}\\ \boldsymbol{C}_d\boldsymbol{\Phi}^{\mathrm{I}} & \boldsymbol{C}_d\boldsymbol{\Phi}^{\mathrm{R}}\end{bmatrix}$(观测量是位移响应时)或 $\boldsymbol{L}=\begin{bmatrix}\boldsymbol{C}_a\boldsymbol{\Phi}^{\mathrm{R}} & -\boldsymbol{C}_a\boldsymbol{\Phi}^{\mathrm{I}}\\ \boldsymbol{C}_a\boldsymbol{\Phi}^{\mathrm{I}} & \boldsymbol{C}_a\boldsymbol{\Phi}^{\mathrm{R}}\end{bmatrix}$(观测量是加速度响应时)包含复模态的实部和虚部。此外，根据分离矩阵 $\widetilde{\boldsymbol{L}}^{+}$ 可以得到各阶模态响应的实部和虚部。每一阶模态响应是一个单自由度振动系统，可以采用单模态识别方法识别相应的模态参数。

3. 模态识别的流程和方法验证

综上所述，将 HJAD 技术的结构模态参数识别方法基本流程总结如下：

(1) 对实测的环境激励下结构的振动响应数据进行校正、滤波、去掉趋势项和去噪处理，获得振动数据 $\boldsymbol{y}_{0k},k=1,2,\cdots,N_{\mathrm{s}}$。

(2) 对数据 $\boldsymbol{y}_{0k}$ 的每一个分量，在能量不变的前提下，利用 Hilbert 变换构造一个虚部，使之只有正频谱，得到数据 $\boldsymbol{y}_{90k},k=1,2,\cdots,N_{\mathrm{s}}$，形成数据 $\boldsymbol{y}_k=\begin{bmatrix}\boldsymbol{y}_{0k}\\ \boldsymbol{y}_{90k}\end{bmatrix},k=1,2,\cdots,N_{\mathrm{s}}$，并对数据进行加窗处理，一般采用高斯窗。

(3) 选择合适的时间延迟 p，参数 p 的设定原则是要使 $\operatorname{rank}(\boldsymbol{H}(\tau))\geqslant n$ 成立；构造数据向量 $\boldsymbol{Y}_k=[\boldsymbol{y}_k^{\mathrm{T}}\quad \boldsymbol{y}_{k-1}^{\mathrm{T}}\quad\cdots\quad \boldsymbol{y}_{k-p+1}^{\mathrm{T}}]^{\mathrm{T}}\in\mathbf{R}^{2pl\times 1},k=1,2,\cdots,N_{\mathrm{s}}-p+1$。

(4) 计算 Hankel 矩阵 $\boldsymbol{H}(0)=E[\boldsymbol{Y}(t)\boldsymbol{Y}^{\mathrm{T}}(t)]$，并对其进行 PCA，根据奇异值谱进行系统定阶。

(5) 对数据 $\boldsymbol{Y}_k(k=1,2,\cdots,N_s-p+1)$进行白化处理，白化矩阵 $\boldsymbol{W}$ 根据式(3.3.7)获得，这时白化后的数据为 $\bar{\boldsymbol{Y}}_k=\boldsymbol{W}\boldsymbol{Y}_k(k=1,2,\cdots,N_s-p+1)$。

(6) 对于白化后的数据，计算 Hankel 矩阵，对一系列 Hankel 矩阵 $\boldsymbol{H}(\tau_1)$，$\boldsymbol{H}(\tau_2)$，$\cdots$，$\boldsymbol{H}(\tau_T)$ $(\tau_i>\tau_0)$实施 JAD，获得对角化矩阵 $\boldsymbol{U}$，这时可以得到分离矩阵 $\tilde{\boldsymbol{L}}^+=\boldsymbol{U}^{\mathrm{H}}\boldsymbol{W}$ 和混合矩阵 $\tilde{\boldsymbol{L}}=\boldsymbol{W}^+\boldsymbol{U}$。$\tilde{\boldsymbol{L}}$ 矩阵的前 $2l\times 2n$ 子矩阵中包含复模态的实部和虚部。根据分离矩阵 $\tilde{\boldsymbol{L}}^+$ 可以得到模态坐标响应的实部和虚部。对每一阶模态响应 $\tilde{\boldsymbol{q}}(t)$采用单模态识别方法可以得到响应的模态参数。

除了根据 Hankel 矩阵的奇异值谱进行系统定阶，也可以采用稳态图法，假定一系列系统阶次，然后根据模态参数识别结果随系统阶次增加的稳定情况，来判定识别值是否为系统真正的模态参数，以剔除虚假的模态。

为了说明基于 HJAD 技术的模态识别方法的适用性，同时便于与理论值进行对比，采用图 3.3.5 所示的模态参数具有理论解的 4 自由度系统进行模态参数识别。其中的系统参数：$m_1=m_2=m_3=1\mathrm{kg}$，$m_4=0.9\mathrm{kg}$，$k_1=k_3=7000\mathrm{N/m}$，$k_2=k_4=8000\mathrm{N/m}$，$c_1=c_2=0.6\mathrm{N\cdot s^2/m}$，$c_3=c_4=0.55\mathrm{N\cdot s^2/m}$，系统的初始状态为 0。地震加速度 $a_g(t)$采用白噪声激励来模拟。结构振动观测量为位移，采样的频率为 1000Hz。自振频率、阻尼比和复模态振型的四阶模态参数理论值见表 3.3.2。根据这些模态参数的理论值可以评价模态识别方法的精度。结构振动响应的计算采用 Runge-Kutta 算法来实现。结构的绝对加速度响应通过上述计算得到的相对加速度响应加上地震加速度来获得。$m_1\sim m_4$对应的测点编号为 1～4。

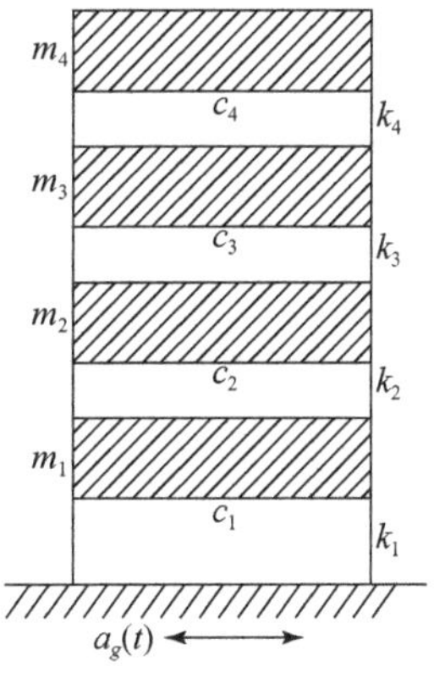

图 3.3.5　4 层框架受基础激励

表 3.3.2 框架结构四阶模态参数的理论值

模态参数	第一阶	第二阶	第三阶	第四阶
自振频率/Hz	5.172	13.524	21.872	26.019
阻尼比/%	0.144	0.346	0.510	0.620
复模态振型	0.424−i0.000221	−0.933−i0.000167	1.399−i0.00114	−1.318−i0.00699
	0.738−i0.000282	−0.907−i0.000441	−0.679+i0.00273	1.932+i0.00886
	0.881−i7.702×10⁻⁵	0.188−i0.000879	−1.124−i0.00159	−2.006−i0.00351
	1.000	1.000	1.000	1.000

采用 Hankel 矩阵的奇异值谱来进行系统定阶，从图 3.3.6 中可以看出，在第 9 个奇异值处出现明显转折，说明系统的阶次可以设为 8，模态阶次为 4，从而验证了奇异值谱的系统定阶功能。对于无噪声的观测数据，分别采用 1、2、3 和 4 个测点来识别结构的模态参数，识别结果见表 3.3.3。传统 SOBI 模态识别方法仅能识别出与测点数目相同的模态阶次，而采用 HJAD 技术，即使在仅有一个测点的情况下也可以识别出结构的各阶频率和阻尼比。

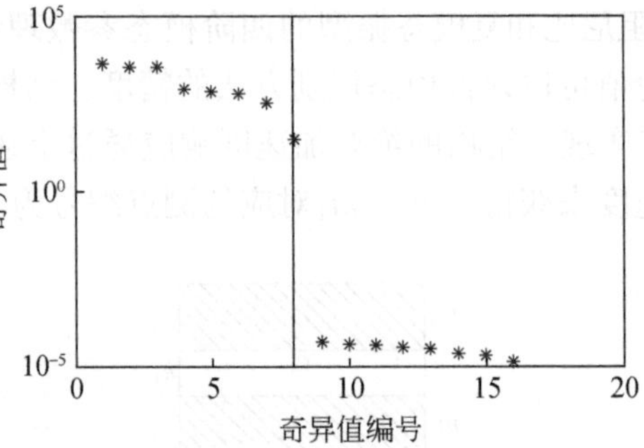

图 3.3.6 系统定阶

表 3.3.3 自振频率和阻尼比的识别结果

方法	4 个测点		3 个测点		2 个测点		1 个测点	
	自振频率/Hz	阻尼比/%	自振频率/Hz	阻尼比/%	自振频率/Hz	阻尼比/%	自振频率/Hz	阻尼比/%
SOBI	5.173	0.146	5.173	0.146	—	—	—	—
	13.522	0.348	13.518	0.340	13.569	0.341	13.486	0.343
	21.849	0.513	21.832	0.502	21.839	0.505	—	—
	25.967	0.598	—	—	—	—	—	—

续表

方法	4 个测点		3 个测点		2 个测点		1 个测点	
	自振频率/Hz	阻尼比/%	自振频率/Hz	阻尼比/%	自振频率/Hz	阻尼比/%	自振频率/Hz	阻尼比/%
HJAD	5.172	0.145	5.175	0.145	5.177	0.144	5.177	0.146
	13.524	0.347	13.522	0.343	13.523	0.345	13.523	0.349
	21.871	0.513	21.849	0.502	21.852	0.512	21.851	0.510
	26.019	0.612	25.967	0.627	25.988	0.611	26.183	0.625

采用测点 2、测点 3 和测点 4 对应的响应数据进行结构的模态振型识别，识别的结果见表 3.3.4，所有振型都采用第 4 个测点的坐标值进行归一化。从表中可以看出，HJAD 技术可以识别 4 阶振型，而 SOBI 算法仅能识别 3 阶振型。由于结构的损伤常在高阶的模态上表现更为显著，采用有限的测点，准确地识别结构尽可能多阶的模态参数，无疑会对结构的损伤诊断提供很大的便利。

表 3.3.4　模态振型的识别结果

方法	测点编号	第一阶	第二阶	第三阶	第四阶
SOBI	2	—	−0.871+i0.000387	−1.15−i0.00438	0.839−i0.00709
	3	—	0.196+i0.000974	−1.77+i0.00305	−1.04+i0.00262
	4	—	1	1	1
HJAD	2	0.738+i0.000315	−0.907+i0.000386	−0.679−i0.00343	1.93−i0.00809
	3	0.881+i0.000089	0.188+i0.000985	−1.12+i0.00209	−2.01+i0.00375
	4	1	1	1	1

根据 4 个测点的振动响应在不同信噪比水平下，采用不同方法，即 ERA、SSI-Data 和 HJAD 技术进行模态参数识别，自振频率的识别误差随信噪比的变化如图 3.3.7 所示。可以看出，相对于 ERA 和 SSI-Data 方法，随着噪声水平的提高(信噪比减小)，HJAD 技术的模态识别结果更稳定，在高噪声水平下，其模态参数的识别精度更高，显示出鲁棒性强的特点。因此，对于噪声干扰强和测点数目有限的环境激励下水工混凝土结构的模态参数识别问题，采用 HJAD 技术的模态识别方法便显示出其优越性。

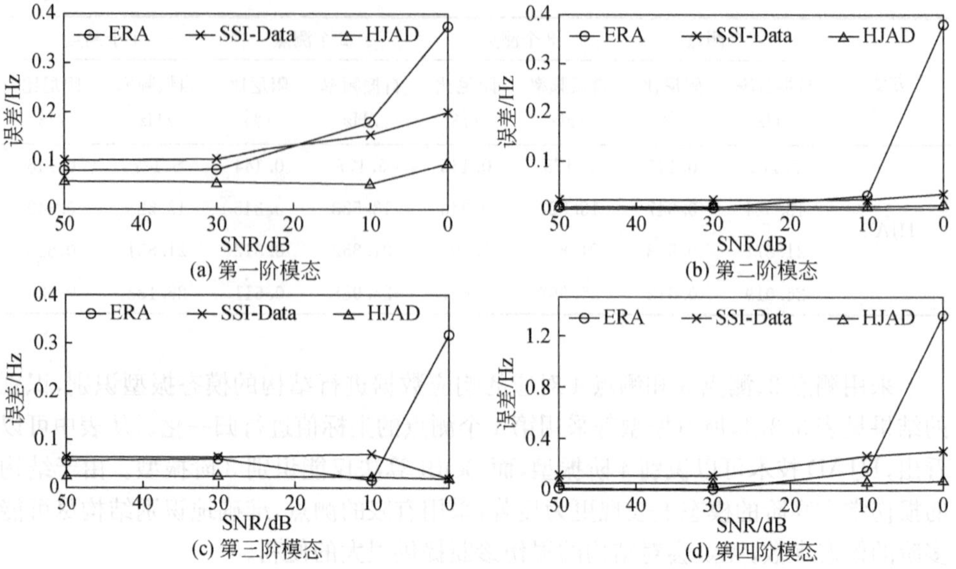

图 3.3.7 ERA、SSI-Data 和 HJAD 技术识别自振频率的误差

3.4 模态参数的时频域识别方法

前述的模态参数识别方法是在单一时域内进行的，而基于时频分解技术的模态参数识别方法则是在时频平面内进行的。基于时频分解技术的结构模态参数识别方法的基本原理可以用图 3.4.1 来进行说明。通过对任意一个实测的动力响应进行时频分解，直接获得各阶模态响应。然后，对各阶模态响应进行分析得到结构的模态参数。基于时频分解技术的模态识别方法理论上仅需要一个测点的振动响应，就可以识别系统的各阶模态参数，而且计算效率明显高于前述的时域和基于 SOBI 算法的模态参数识别方法，对于监测数据量大的环境激励下水工混凝土结构的模态识别问题有较好的适用性。此外，虽然在时频域模态参数识别方法和基于 SOBI 算法的模态参数识别方法中，环境激励都被假定为平稳的白噪声序列，但实际的环境激励有可能不满足平稳性要求，如地震激励。理论上，时频分解技术对非平稳的信号同样适用。因此，采用时频分解技术来进行模态参数的识别，便凸显出其优越性。

常用的时频分解方法包括小波变换法、EMD 和 Gabor 变换等。考虑到这些方法的实际应用效果，这里仅讨论基于小波变换的模态识别方法。模态参数识别的时频分解算法，存在对密集模态分离能力差和无法有效剔除虚假模态的问题，本书

图 3.4.1　基于时频分解技术的结构模态参数识别方法的基本原理

提出采用综合谱带通滤波技术对其进行改进。

3.4.1　基于复 Morlet 小波变换的模态参数识别

1. 振动响应的小波变换

如式(2.4.1)所示，黏性比例阻尼结构的位移自由振动响应可以表达为 $\boldsymbol{x}(t)=\sum_{i=1}^{n}\boldsymbol{A}_i\mathrm{e}^{-\sigma_i t}\sin(\omega_{\mathrm{d}i}t+\varphi_i)$，将其改为如下 n 个余弦和的形式：

$$\boldsymbol{x}(t)=\sum_{i=1}^{n}\boldsymbol{A}_i\mathrm{e}^{-\xi_i\omega_{0i}t}\cos(\omega_{\mathrm{d}i}t+\theta_i) \tag{3.4.1}$$

式中，θ_i 为变换后的初相位。

结构第 j 个自由度上的响应为

$$x_j(t)=\sum_{i=1}^{n}A_{ij}\mathrm{e}^{-\xi_i\omega_{0i}t}\cos(\omega_{\mathrm{d}j}t+\theta_j) \tag{3.4.2}$$

将第 i 阶模态对应的分量表达为复指数的形式：

$$x_{ji}(t)=A_{ji}\mathrm{e}^{-\xi_i\omega_{0i}t}\mathrm{e}^{\mathrm{i}(\omega_{\mathrm{d}i}t+\theta_i)} \tag{3.4.3}$$

结构第 j 个自由度对应的振动响应 $x_j(t)$ 的复 Morlet 小波变换 $W_\psi[x_j](a,b)$ 可以表达为[15]

$$W_\psi[x_j](a,b)=\frac{\sqrt{a}}{2}\sum_{i=1}^{n}A_{ji}(b)\psi^*(a_i\omega_{\mathrm{d}i})\mathrm{e}^{\mathrm{i}(\omega_{\mathrm{d}i}b+\theta_i)}=\frac{\sqrt{a}}{2}\sum_{i=1}^{n}A_{ji}\mathrm{e}^{-\xi_i\omega_{0i}b}\mathrm{e}^{-(a\omega_{\mathrm{d}i}-\omega_{\mathrm{c}})^2}\mathrm{e}^{\mathrm{i}(\omega_{\mathrm{d}i}b+\theta_i)} \tag{3.4.4}$$

式中，a 和 b 分别为小波变换的尺度参数和平移参数；复 Morlet 小波 $\psi(t)$ 可表达为

$$\psi(t)=\frac{1}{\sqrt{\pi f_{\mathrm{b}}}}\mathrm{e}^{\mathrm{i}2\pi f_{\mathrm{c}}t}\cdot\mathrm{e}^{-t^2/f_{\mathrm{b}}} \tag{3.4.5}$$

式中，f_{b} 为带宽参数；f_{c} 为小波中心频率。若令 $2\pi f_{\mathrm{c}}=\omega_{\mathrm{c}}$，$2\pi f_{\mathrm{b}}=\omega_{\mathrm{b}}$，则 $\psi(t)=\frac{1}{\sqrt{\pi f_{\mathrm{b}}}}\mathrm{e}^{\mathrm{i}\omega_{\mathrm{c}}t}\cdot\mathrm{e}^{-2\pi t^2/\omega_{\mathrm{b}}}$。

对于 n 自由度的系统，由式(3.4.4)可以看出，当小波变换尺度

$$a=a_i=\omega_c/\omega_{di} \tag{3.4.6}$$

时，第 i 阶模态对应的小波变换的系数模最大，当各阶模态的差值足够大时，其他各阶模态的影响可以忽略。这在小波系数的时频面分布图上显示为一条比较明显的直线或带，称为小波脊。

当得到小波脊对应的分解尺度 a_i后，忽略其他各阶模态的影响，与系统第 i 阶模态对应的小波变换 $W_\psi[x_i](a_i,b)$可以近似表达为

$$W_\psi[x_{ji}](a_i,b)\approx\frac{\sqrt{a_i}}{2}A_{ji}\mathrm{e}^{-\xi_i\omega_{0i}b}\psi^*(a_i\omega_{di})\mathrm{e}^{\mathrm{j}(\omega_{di}b+\theta_i)} \tag{3.4.7}$$

这时，可以得到

$$\begin{aligned}\ln|W_\psi[x_{ij}](a_i,b)|&=\ln\mathrm{e}^{-\xi_i\omega_{0i}b}+\ln\left(\frac{\sqrt{a_i}}{2}A_{ji}\mathrm{e}^{-\xi_i\omega_{0i}b}|\psi^*(a_i\omega_{di})|\right)\\&=-\xi_i\omega_{0i}b+\ln\left(\frac{\sqrt{a_i}}{2}A_{ji}\mathrm{e}^{-\xi_i\omega_{0i}b}|\psi^*(a_i\omega_{di})|\right)\end{aligned} \tag{3.4.8}$$

$$\frac{\mathrm{d}\ln|W_\psi[x_{ij}](a_i,b)|}{\mathrm{d}b}=-\xi_i\omega_{0i} \tag{3.4.9}$$

$$\angle W_{\psi_i}[x_{ij}](a_i,b)=\omega_{di}b+\theta_i \tag{3.4.10}$$

$$\frac{\mathrm{d}}{\mathrm{d}b}\angle W_\psi[x_{ij}](a_i,b)=\omega_{di}=\omega_{0i}\sqrt{1-\xi_i^2} \tag{3.4.11}$$

式中，∠表示虚部的相位。

故可以得到

$$\omega_{0i}=\sqrt{\left(\frac{\mathrm{d}}{\mathrm{d}b}\ln|W_\psi[x_{ij}](a_i,b)|\right)^2+\left(\frac{\mathrm{d}}{\mathrm{d}b}\angle W_\psi[x_{ij}](a_i,b)\right)^2},\quad i=1,2,\cdots,n \tag{3.4.12}$$

$$\xi_i=-\left(\frac{\mathrm{d}}{\mathrm{d}b}\ln|W_\psi[x_{ij}](a_i,b)|\right)/\omega_{0i},\quad i=1,2,\cdots,n \tag{3.4.13}$$

对于结构的振型，可以选定第 m 个自由度作为参考，其对应的各阶振型的分量均设为 1，这时振型可以表示为

$$\Phi_{ij}=\frac{W_\psi[x_{ij}](a_i,b)}{W_\psi[x_{im}](a_i,b)} \tag{3.4.14}$$

应该注意到，上述分析是针对黏性比例阻尼系统来讨论的，对于一般黏性阻尼系统，Géradin 等[16]通过研究指出，非比例阻尼的影响主要体现在高阶项 $o(A'(b))$中。混凝土材料的水工混凝土结构一般属于弱阻尼结构，这种影响一般不是十分显著，因此，对于一般黏性阻尼系统，上述分析结果仍然适用。此外，在采用以上方法来进行模态参数识别时，复 Morlet 小波的参数 f_c和 f_b还需要进行优化[17,18]。

2. 改进的小波脊提取方法

在以上模态识别的小波变换方法中，获得式(3.4.6)所示的小波脊对应的变换尺度是关键的一步。如图 3.4.2 所示，对于一个具有 n 阶模态的系统，结构响应是 n 个不同频率分量的叠加，这时其小波变换的系数幅值在任意时刻沿着尺度(频率)轴方向会出现 n 个局部峰值，这些局部峰值尺度或基线尺度对稳态系统而言是常数。目前小波脊的提取方法包括 Local Maximum 方法、Crazy Climber 方法[19]和 SVD 法[20]等。对于实际工程结构的模态参数识别，小波变换中常受到很大的噪声干扰，而且由于测试数据的量一般较大，这些方法的计算效率也难以满足应用的要求。结构不同部位的测点对各阶模态响应的大小是不同的。一些测点对结构的某阶或某几阶模态的响应很小，甚至测点位于模态节点上。若对该测点的响应进行小波变换，在时频平面上一些模态响应对应的小波脊就会被噪声掩盖，难以识别。因此，小波脊的提取过程应该充分利用各个测点对应的响应数据。对于线性结构的模态参数识别问题，小波脊的提取是要找到小波系数模(或能量)变换极值对应的尺度 a_j，而并不需要得到脊的具体形状(理论上应该是水平直线)，因此可以考虑采用以下小波脊提取的思路。

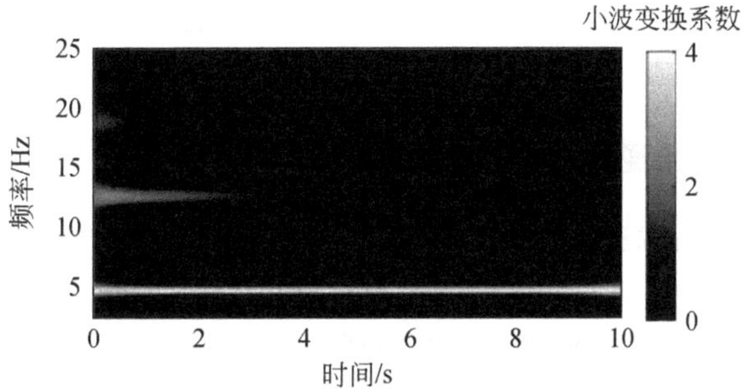

图 3.4.2　4 自由度系统的小波脊

(1) 对测点 $x_j(j=1,2,\cdots,l)$ 对应的自由响应或脉冲响应的数据进行小波变换，对小波系数矩阵

$$\boldsymbol{W}_j=\begin{bmatrix} W_\psi[x_j](a_1,b_1) & W_\psi[x_j](a_1,b_2) & \cdots & W_\psi[x_j](a_1,b_n) \\ W_\psi[x_j](a_2,b_1) & W_\psi[x_j](a_2,b_2) & \cdots & W_\psi[x_j](a_2,b_n) \\ \vdots & \vdots & & \vdots \\ W_\psi[x_j](a_s,b_1) & W_\psi[x_j](a_s,b_2) & \cdots & W_\psi[x_j](a_s,b_n) \end{bmatrix} \tag{3.4.15}$$

采用 PCA 方法去除噪声的干扰，然后对 $\boldsymbol{W}_j(j=1,2,\cdots,l)$ 按列进行归一化，使各列的值在[0,1]区间。

(2) 对各个测点对应的归一化后的数据进行叠加。

$$\boldsymbol{W}=\begin{bmatrix} \sum_{j=1}^{l}|\overline{W}_{\psi}[x_j](a_1,b_1)| & \sum_{j=1}^{l}|\overline{W}_{\psi}[x_j](a_1,b_2)| & \cdots & \sum_{j=1}^{l}|\overline{W}_{\psi}[x_j](a_1,b_m)| \\ \sum_{j=1}^{l}|\overline{W}_{\psi}[x_j](a_2,b_1)| & \sum_{j=1}^{l}|\overline{W}_{\psi}[x_j](a_2,b_2)| & \cdots & \sum_{j=1}^{l}|\overline{W}_{\psi}[x_j](a_2,b_m)| \\ \vdots & \vdots & & \vdots \\ \sum_{j=1}^{l}|\overline{W}_{\psi}[x_j](a_s,b_1)| & \sum_{j=1}^{l}|\overline{W}_{\psi}[x_j](a_s,b_2)| & \cdots & \sum_{j=1}^{l}|\overline{W}_{\psi}[x_j](a_s,b_m)| \end{bmatrix} \tag{3.4.16}$$

(3) 对矩阵 $\boldsymbol{W}$ 按行(时间轴)进行叠加,并剔除受边界效应影响的数据,得到以下向量:

$$\mathbf{WM}=\left[\sum_{i=1}^{m}\sum_{j=1}^{l}|\overline{W}_{\psi}[x_j](a_1,b_i)| \quad \sum_{i=1}^{m}\sum_{j=1}^{l}|\overline{W}_{\psi}[x_j](a_2,b_i)| \quad \cdots \quad \sum_{i=1}^{m}\sum_{j=1}^{l}|\overline{W}_{\psi}[x_j](a_s,b_i)|\right]^{\mathrm{T}} \tag{3.4.17}$$

考虑一定的识别精度,该向量的 n 个极大值对应的尺度 a 即为小波脊。采用上述方法提取小波脊后,便可以根据式(3.4.12) ～ 式(3.4.14)来识别结构的模态参数。

3.4.2 基于综合谱带通滤波的改进方法

采用时频分解技术进行环境激励下水工混凝土结构的模态参数识别时,仍要面临虚假模态的问题。此外,由于水工混凝土结构的模态常比较密集,各阶模态间的耦合性较强,采用时频分解进行模态识别时难以有效地将密集耦合的模态分离。为了解决上述问题,本书提出采用结构各测点响应的综合功率谱,结合峰值拾取法来初步识别结构的自振频率,然后根据自振频率的估计值对原始的振动响应信号进行带通滤波,再对每一个通带内的分量进行时频变换。对每一个通带内的分量仅识别一条小波脊(对于小波分解),然后仅识别一阶模态参数。

1. 根据综合谱拾取结构自振频率

随机信号 $x(t)$ 的自功率谱密度函数 $S_{XX}(\omega)$是随机信号自相关函数 $R_{xx}(\tau)$的傅里叶变换:

$$S_{XX}(\omega)=\int_{-\infty}^{+\infty}R_{xx}(t)\mathrm{e}^{-\mathrm{j}\omega t}\mathrm{d}t \tag{3.4.18}$$

理论上讲,结构上任意一点的振动响应都包含结构各阶模态的信息,但不同部位的测点对各阶模态的响应大小是不同的。一些测点对结构的某阶或某几阶模态的响应很小，甚至测点位于模态节点上，这时其对应的功率谱 $S_{XX}(\omega)$ 很容易被噪声的功率谱所掩盖。因此，仅根据一两个测点的功率谱来确定结构的自振频率很容易出现遗漏。为此，本书提出综合功率谱 $\widetilde{S}_{XX}$ 来进行分析，综合功率谱的定义如下：

$$\widetilde{S}_{XX}(\omega)=\max_{i=1,2,\cdots,l}\{\bar{S}_{X_iX_i}(\omega)\} \tag{3.4.19}$$

式中，$\bar{S}_{X_iX_i}(\omega)$ 为标准化后第 i 个测点的幅值谱或功率谱。

图 3.4.3 是一个 4 自由度系统的 4 个输出通道实测响应的归一化功率谱和综合功率谱的比较。从图中可以看出，当采用通道 3 的振动响应功率谱来识别结构频率时，在噪声的干扰下，很容易遗漏第二阶自振频率，通过通道 4 来识别时，则很容易遗漏第四阶频率；而在综合功率谱中，四阶频率对应的峰值都很明显。

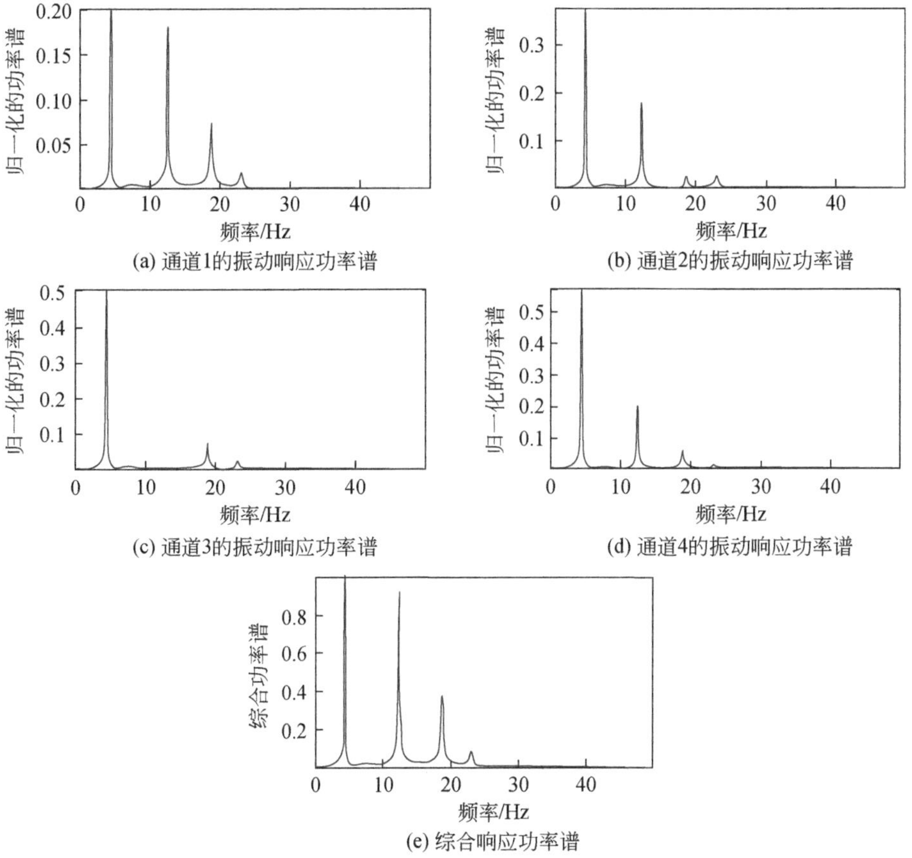

图 3.4.3　一个 4 自由度系统的 4 个输出通道实测响应的功率谱和综合功率谱的比较

对受理想白噪声和带限白噪声激励的结构而言，由于激励的功率谱为常数，可以直接从上述响应信号的综合功率谱中识别结构的模态参数。但实际的激励信号常不能满足白噪声假设的要求，即激励信号中含有优势的频率。为了根据上述综合功率谱拾取结构的自振频率并剔除激励中优势频率产生的虚假模态，最简单的方法是采用峰值拾取法[21]。

考虑结构中两点 x_p 和 x_l 之间响应的互功率谱：

$$S_{X_pX_l}(\omega)=\int_{-\infty}^{+\infty}R_{x_px_l}(t)\mathrm{e}^{-\mathrm{j}\omega t}\mathrm{d}t \tag{3.4.20}$$

对于黏性比例阻尼系统，因为系统具有模态保持性，振型上各点的振动幅值同时到达最大值或最小值，即呈现驻波形式，所以各物理坐标振动的相位角不是相差 0°就是 180°。因此，互功率谱在结构的固有频率附近的相位是 0°或 180°。综合以上两点，当激励信号的频带在系统的固有频率范围内，且信号较为平稳时，实际的固有频率应该满足两个条件：①功率谱的峰值点；②互功率谱的相频曲线上对应的相位是 0°或 180°。根据功率谱的这些特点来进行结构模态参数初估的方法称为峰值拾取法。

图 3.4.4 是一个综合谱和互相关函数的相频谱。图中，$f_1=10\text{Hz}$ 和 $f_2=22\text{Hz}$ 是激励的两个优势频率，从图中的识别结果可以看出，峰值拾取法可以在排除激励干扰的情况下，剔除虚假的模态，识别出结构的自振频率。由于实际结构的阻尼可能不是黏性比例阻尼，并考虑到噪声和计算误差的影响，通过以上分析方法只能初步得到结构的自振频率。虽然采用峰值拾取法也可以近似识别结构的阻尼比和振型，但识别精度较差。因此，本书只采用峰值拾取法来近似地识别结构的自振频率，以便为振动数据的带通滤波处理提供先验性知识，阻尼比和振型的识别采用识别精度更高的时频分解算法。

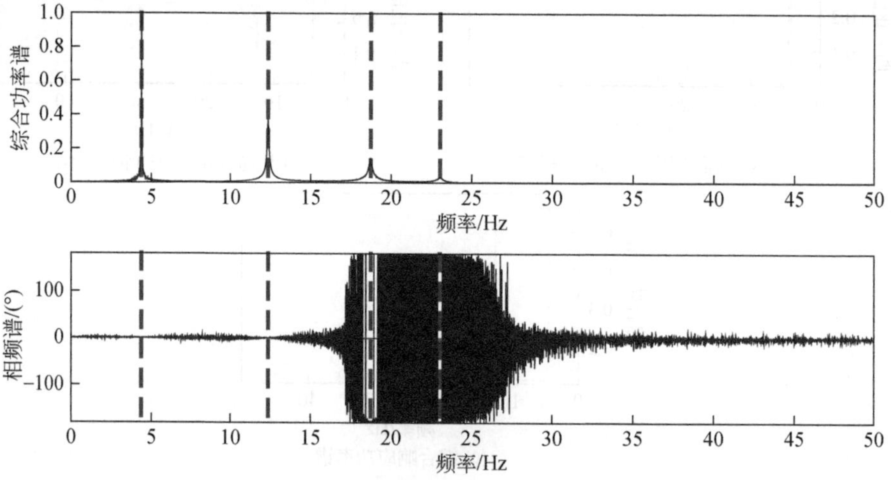

图 3.4.4 综合谱和互相关函数的相频谱

2. 模态识别的流程和方法验证

当采用结构的综合功率谱结合峰值拾取法拾取结构的自振频率，并剔除虚假模态后，将每个识别得到的自振频率作为通带的中心，设定一定的频带宽度，对原始的振动响应信号进行带通滤波处理，再对每个通带内的信号进行时频分解，仅识别一条小波脊，以识别结构的一阶模态参数。以上就是本书提出的基于综合谱带通滤波改进的模态参数时频分解算法，其基本流程如图 3.4.5 所示，具体的计算步骤如下：

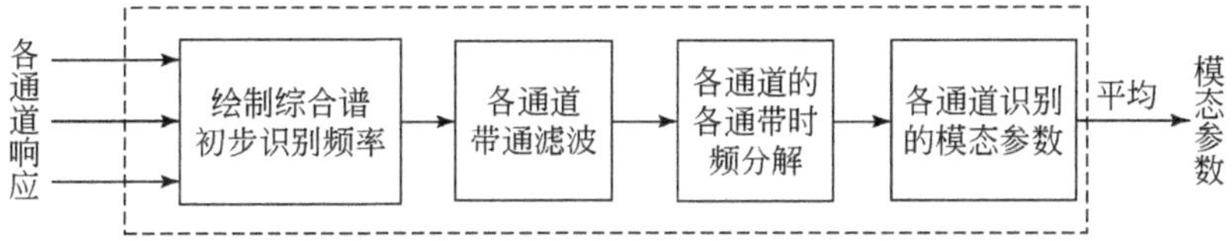

图 3.4.5　基于综合谱带通滤波改进的模态参数时频分解算法的基本流程

(1) 对实测的结构振动响应采用 NExT 或 RDT 获得结构的脉冲响应或自由振动响应数据。

(2) 根据所有测点的脉冲响应或自由响应计算综合谱，并初步识别出 n 个频带 $f_{jl} < f_j < f_{jr}$，$j = 1,2,\cdots,n$；然后对每一个测点的数据采用 n 组带通滤波器将信号分解成单频成分。

(3) 对各个带通滤波的单频成分进行小波变换。

(4) 根据小波变换(或其他时频分解技术)的分析结果，识别单频成分对应的模态参数，并对所有测点重复以上过程，将各测点识别的模态参数进行平均得到最终的模态参数识别结果。

分别采用连续复 Morlet 小波变换和综合谱带通滤波改进算法对 3.2.4 节中 4 自由度的 K-M-C 系统的模态参数进行识别。不同信噪比水平下，采用两种方法识别得到的自振频率和 MAC 分别见表 3.4.1 和表 3.4.2。根据式(3.4.15)～式(3.4.17)计算得到的 **WM** 序列随频率的变化如图 3.4.6 所示，图中的虚线表示识别得到的结构自振频率值。采用综合功率谱＋峰值拾取法估算频率的结果，如图 3.4.7 所示。对比表 3.4.1 和表 3.4.2 可以看出，采用综合谱带通滤波技术可以提高模态参数的识别精度。

表 3.4.1　基于连续复 Morlet 小波变换的模态参数识别结果

模态阶次	无噪声		SNR＝50dB		SNR＝40dB		SNR＝30dB	
	频率/Hz	MAC	频率/Hz	MAC	频率/Hz	MAC	频率/Hz	MAC
1	4.366	0.999	4.369	0.991	4.366	0.991	4.361	0.989
2	6.371	0.999	6.371	0.999	6.380	0.988	6.355	0.984

续表

模态阶次	无噪声		SNR=50dB		SNR=40dB		SNR=30dB	
	频率/Hz	MAC	频率/Hz	MAC	频率/Hz	MAC	频率/Hz	MAC
3	18.713	0.992	18.713	0.990	18.716	0.994	18.715	0.992
4	23.063	0.998	23.109	0.987	—	—	—	—

表 3.4.2 基于综合谱带通滤波改进算法的模态参数识别结果

模态阶次	无噪声		SNR=50dB		SNR=40dB		SNR=30dB	
	频率/Hz	MAC	频率/Hz	MAC	频率/Hz	MAC	频率/Hz	MAC
1	4.364	0.999	4.428	0.990	4.366	0.985	4.363	0.991
2	6.366	0.999	6.375	0.994	6.366	0.991	6.391	0.994
3	18.711	0.998	18.649	0.989	18.635	0.982	18.673	0.989
4	23.041	0.998	23.041	0.990	23.023	0.988	23.176	0.991

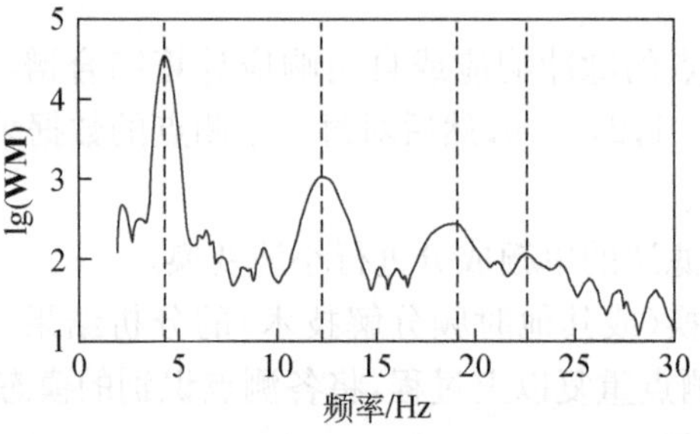

图 3.4.6 **WM**序列随频率的变化

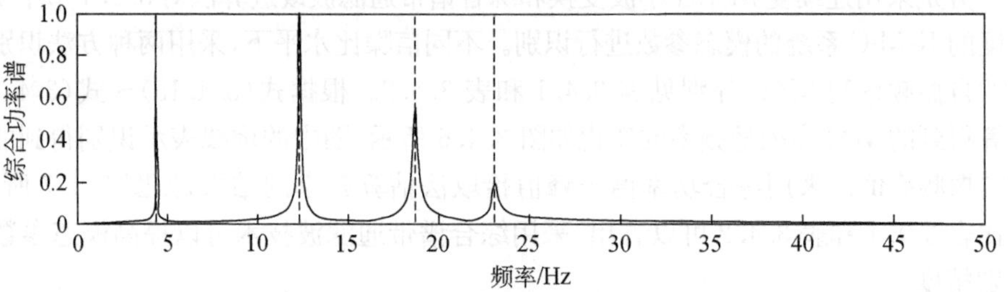

图 3.4.7 采用综合功率谱+峰值拾取法估算频率的结果

3.5 结构损伤诊断的模态指标

在三种基本的模态参数中，结构阻尼的识别精度普遍较低，而且对于结构阻尼的理论研究目前仍存在很多缺陷，因此当采用模态参数作为结构的损伤诊断指标时，常用到的是固有频率、振型及与这些模态参数相关的导出量，即模态指标。

3.5.1　固有频率指标

第 i 阶正则化的频率变化率 f_{ni} 定义为

$$f_{ni}=\frac{f_{bi}-f_{ci}}{f_{bi}}\times 100\%,\quad i=1,2,\cdots,n \tag{3.5.1}$$

式中，f_{bi} 为无损结构的第 i 阶自振频率；f_{ci} 为状态未知结构的第 i 阶自振频率。结构的固有频率是一个全局性参数，能提供的损伤信息有限，且不能提供损伤位置的信息。

归一化的频率变化率为

$$pf_i=f_{ni}/\sum_{i=1}^{n}f_{ni},\quad i=1,2,\cdots,n \tag{3.5.2}$$

3.5.2　位移模态指标

MAC 指标的定义为[22]

$$\mathrm{MAC}(j)=\frac{\boldsymbol{\Phi}_j^{\mathrm{bH}}\boldsymbol{\Phi}_j^{\mathrm{c}}}{(\boldsymbol{\Phi}_j^{\mathrm{bH}}\boldsymbol{\Phi}_j^{\mathrm{b}})(\boldsymbol{\Phi}_j^{\mathrm{cH}}\boldsymbol{\Phi}_j^{\mathrm{c}})},\quad j=1,2,\cdots,n \tag{3.5.3}$$

式中，n 为能够识别的模态阶次；$\boldsymbol{\Phi}_j^{\mathrm{b}}$ 为基准结构的第 j 阶模态振型；$\boldsymbol{\Phi}_j^{\mathrm{c}}$ 为状态未知结构的第 j 阶模态振型。

Lieven 等[23]提出了 COMAC：

$$\mathrm{COMAC}(k)=\frac{\sum_{r=1}^{n}\left|\Phi_{rk}^{\mathrm{b}}\Phi_{rk}^{\mathrm{c}}\right|^2}{\sum_{r=1}^{n}\Phi_{rk}^{\mathrm{b2}}\sum_{r=1}^{n}\Phi_{rk}^{\mathrm{c2}}},\quad k=1,2,\cdots,l \tag{3.5.4}$$

式中，l 为观测自由度；Φ_{rk}^{b} 和 Φ_{rk}^{c} 分别为基准结构和实际结构的第 r 阶模态在第 k 个自由度上的坐标。

当 MAC 和 COMAC 接近 1 时，实际结构的振型和无损结构的振型向量相关性强；当它们接近 0 时，表明两者相关性差，实际结构中可能存在损伤。

3.5.3　曲率模态指标

结构在做弯曲振动时，每一阶弯曲位移模态都对应一个曲率模态，与位移模态相似，曲率模态也具有正交性。曲率模态一般适用于板状结构和梁型结构。曲率模态可以通过对位移模态进行差分计算来求得。

对于一个梁型结构，将其划分成 m 段：

$$\mathrm{MC}_{ij}=\frac{\Phi_{ij+1}-2\Phi_{ij}+\Phi_{ij-1}}{h^2},\quad i=1,2,3,\cdots,n;\quad j=2,3,\cdots,m-1 \tag{3.5.5}$$

式中，MC_{ij} 为第 j 点处第 i 阶的模态曲率；Φ_{ij+1}、Φ_{ij} 和 Φ_{ij-1} 分别表示第 i 阶归一化的振型在第 $j+1$、j 和 $j-1$ 点的竖向位移；h 为第 i 段梁的长度。

如图 3.5.1 所示，对于不等间距的情况，定义乘子矩阵 $\boldsymbol{T}$ 使[24]

$$\mathbf{MC}=\boldsymbol{T\Phi} \tag{3.5.6}$$

式中

$$T_{ij}=\begin{cases}2/(h_i^2+h_ih_{i+1}), & i=j\\ -2/(h_i^2+h_ih_{i+1})-2/(h_{i+1}^2+h_ih_{i+1}), & i=j-1\\ 2/(h_{i+1}^2+h_ih_{i+1}), & i=j-2\\ 0, & \text{其他}\end{cases} \tag{3.5.7}$$

计算曲率模态的过程实际上是对模态振型进行差分计算的过程，这需要测点数据足够多，才能保证计算的精度。

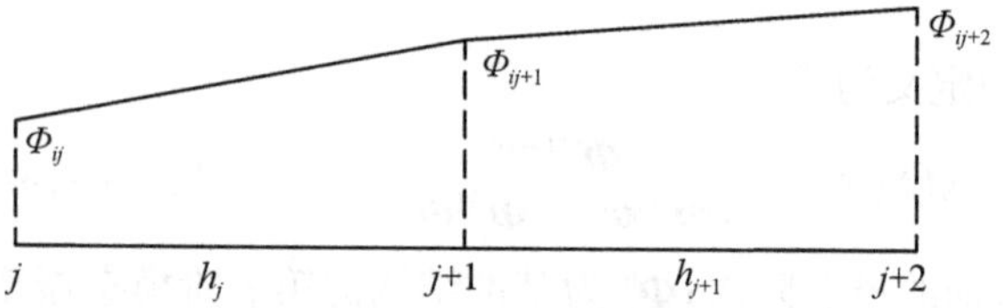

图 3.5.1 模态曲率计算原理

3.5.4 模态柔度指标

在模态振型满足质量归一化条件 $\boldsymbol{\Phi}^{\mathrm{T}}\boldsymbol{M\Phi}=\boldsymbol{I}$ 时，柔度矩阵可以表达为

$$\boldsymbol{F}=\sum_{k=1}^{n}\frac{\boldsymbol{\Phi}_k\boldsymbol{\Phi}_k^{\mathrm{T}}}{\omega_k^2} \tag{3.5.8}$$

式中，$\boldsymbol{\Phi}_k$ 为第 k 阶振型；ω_k 为第 k 阶自振角频率。

根据式(3.5.8)可以看出，可以由结构的前几阶模态来近似表达柔度矩阵。

通过比较无损结构和状态未知结构的柔度矩阵，得到以下指标：

$$\Delta\boldsymbol{F}=\boldsymbol{F}_{\mathrm{c}}-\boldsymbol{F}_{\mathrm{b}} \tag{3.5.9}$$

Raghavendrachar 等[25]研究表明，模态柔度指标比固有频率和模态振型对结构损伤的敏感性更高。但应该注意的是，对实际的工程结构来说，模态满足质量归一化的条件常常是很难实现的[26]。前述模态识别方法所得到的模态振型，既不以质量归一化，也不以刚度矩阵归一化，仅是一个相对量，无法和计算结果相比较。

3.5.5 Lipschitz 指数

奇异性信号是指信号本身或信号的某阶导数在某一时刻存在突变的信号，突变点称为奇异点。利用小波分析对信号空间局部化的性质，将信号中的奇异部分提出来，确定损伤位置，同时通过计算信号奇异点的奇异性指数大小来反映结构损伤的程度[27]。

选择小波函数为某光滑函数的一阶导数，即

$$\psi(t)=\mathrm{d}\theta(t)/\mathrm{d}t \tag{3.5.10}$$

式中，$\int_{-\infty}^{+\infty}\theta(t)\mathrm{d}t=1$ 并且 $\theta(t)$ 为 $1/(1+t^2)$ 的高阶无穷小，记

$$\theta_a(t)=a\theta(t/a) \tag{3.5.11}$$

此时，小波变换可表示为

$$W_x(a,t)=x(t)*\psi_a(t)=x(t)*\left(a\frac{\mathrm{d}\theta_a(t)}{\mathrm{d}t}\right)=a\frac{\mathrm{d}}{\mathrm{d}t}[x(t)*\theta_a(t)] \tag{3.5.12}$$

由式(3.5.12)可知，对信号进行小波变换然后求导，与用小波函数的一阶导数对信号进行小波变换等价。式中，$W_x(a,t)$ 与 $x(t)$ 通过 $\theta(t)$ 平滑后的导数呈正比例关系。对于某一尺度 a，$W_x(a,t)$ 沿 t 轴的极大值对应于 $x(t)*\theta_a(t)$ 的拐点，即为 $x(t)$ 的突变点。通过小波变换得到的模极大值点可以找到信号中的突变点。如果 $x(t)$ 连续，而其 n 阶导数有突变点，则所选用的小波函数为平滑函数 $\theta(t)$ 的 $n+1$ 阶导数，也可以由小波系数的模极大值点来确定函数的突变点。

Lipschitz 指数(又称 Holder 指数)是表征函数局部性特征的一种度量，对于信号 $f(x)$，其在 x_0 处的 Lipschtiz 指数定义为：设有正整数 $n(n\leqslant\alpha\leqslant n+1)$，如果存在常数 $A>0$ 及 n 次多项式 $p_n(x)$，有

$$|f(x)-p_n(x)|\leqslant A|x-x_0|^{\alpha} \tag{3.5.13}$$

对于 $x\in(x_0-\delta,x_0+\delta)$ 成立，则称 α 为 $f(x)$ 在 x_0 处的 Lipschitz 指数。

为了能够理解 Lipschitz 指数的内涵，对 $f(x)$ 进行 Taylor 展开得

$$f(x)=f(x_0)+f^{(1)}(x_0)(x-x_0)+\frac{f^{(2)}(x_0)}{2}(x-x_0)^2+\cdots+\frac{f^{(n)}(x_0)}{n!}(x-x_0)^n+\frac{f^{(n+1)}(\xi)}{(n+1)!}(x-x_0)^{n+1},\quad \xi\in(x_0,x) \tag{3.5.14}$$

对于存在奇异点的信号，它不可能无限阶可导。所以对于存在奇异点的信号，假设在奇异点处 $n+1$ 阶可导但不连续，显然这时 $f(x)$ 不能展开成上面的式子，这时用 $p_n(x)$ 表示 $f(x)$ 的主体部分，可以表示为

$$p_n(x)=f(x_0)+f^{(1)}(x_0)(x-x_0)+\frac{f^{(2)}(x_0)}{2}(x-x_0)^2+\cdots+\frac{f^{(n)}(x_0)}{n!}(x-x_0)^n \tag{3.5.15}$$

显然，通过比较可以发现，$n\leqslant\alpha\leqslant n+1$。

Lipschitz 刻画了 $f(x)$ 在 x_0 处的奇异性，Lipschitz 指数越大，表示函数越光滑，反映的损伤程度越小；Lipschitz 指数越小，该点的奇异性就越大，反映的损伤程度越大。

对识别的模态振型进行小波变换，变换采用的小波基函数选择 Mexican Hat 小波函数较好。若小波变换系数模出现极大值的部位对应的小波系数模明显大于其他部位的值，则结构可能在该部位附近存在损伤。这时

$$\log_2|Wf(s,u)|\leqslant\log_2 A+\left(\alpha+\frac{1}{2}\right)\log_2 s \tag{3.5.16}$$

由式(3.5.16)可知，函数 $f(t)$ 在 v 点的 Lipschitz 指数就是$\log_2|Wf(s,u)|$作为$\log_2 s$ 的函数沿着收敛于 v 的极大曲线的最大斜率减去 1/2，这便是一种计算 Lipschitz 指数的实用方法。因此，通过计算小尺度下奇异点的模极大值，利用式(3.5.16)做线性回归，可以求得 Lipschitz 指数。

参考文献

[1] 朱华兴. 运行模态参数识别及软件开发[D]. 南京：南京航空航天大学，2009.

[2] 顾培英，邓昌. 基于环境激励下的工作应变模态频域识别方法[J]. 振动与冲击，2008，27(8)：68-70.

[3] 王彤，张令弥. 运行模态分析的频域空间域分解法及其应用[J]. 航空学报，2006，27(1)：62-66.

[4] Juang J N. Applied System Identification[M]. Prentice Hall：Englewood Cliffs，1993.

[5] 常军，孙利民，张启伟. 基于两阶段稳态图的随机子空间识别结构模态参数[J]. 地震工程与工程振动，2008，28(3)：47-51.

[6] Antoni J，Brun S. Special issue on blind source separation：Editorial[J]. Mechanical Systems and Signal Processing，2005，19(6)：1163-1165.

[7] 张晓丹. 基于盲源分离技术的工程结构模态参数识别方法研究[D]. 北京：北京交通大学，2010.

[8] 李舜酩. 振动信号的盲源分离技术及应用[M]. 北京：航空工业出版社，2010.

[9] 姚谦峰，张晓丹. 二阶统计量盲辨识在模态参数识别中的应用[J]. 工程力学，2010，28(10)：72-77.

[10] Belouchrani A，Abed-Meraim K，Cardoso J F，et al. A blind source separation technique using second-order statistics[J]. IEEE Transactions on Signal Processing，1997，45 (2)：434-444.

[11] McNeill S I，Zimmerman D C. A framework for blind modal identification using joint ap-

proximate diagonalization[J]. Mechanical Systems and Signal Processing, 2008, 22(7): 1526-1548.

[12] McNeill S I. Modal Identification Using Blind Source Separation Techniques[D]. Houston: University of Houston, 2007.

[13] McNeill S I. An analytic formulation for blind modal identification[J]. Journal of Vibration and Control, 2012, 18(14): 2111-2121.

[14] Antoni J, Chauhan S. A study and extension of second-order blind source separation to operational modal analysis[J]. Journal of Sound and Vibration, 2013, 332(4): 1079-1106.

[15] Le T P, Argoul P. Continuous wavelet transform for modal identification using free decay response[J]. Journal of Sound and Vibration, 2004, 277(1-2): 73-100.

[16] Géradin M, Rixen D. Mechanical Vibrations: Theory and Application to Structural Dynamic[M]. 2nd ed. Paris: John Wiley & Sons, 1996.

[17] 苏雅雯. 基于现代时频方法的泄流结构振动响应信号降噪及模态识别研究[D]. 南昌：南昌大学，2011.

[18] 孙智，候伟，张志成. 基于渐近小波分析的随机激励下结构系统识别研究[J]. 工程力学，2006, 26(6): 199-204.

[19] 陈利民，戴宁江，万国金. 基于 Crazy Climber 算法的数字调制信号脊特征提取[J]. 江西教育学院学报，2006, 27(6): 21-24.

[20] Özkurt N, Savaci F A. Determination of wavelet ridges of nonstationary signals by singular value decomposition[J]. IEEE Transaction on Circuits and System—II: Express Briefs, 2005, 52(8): 480-485.

[21] 顾培英，邓昌，吴福生. 结构模态分析及其损伤诊断[M]. 南京：东南大学出版社，2007.

[22] Maia N M M, Silva J M M. Theoretical and Experimental Modal Analysis[M]. London: Research Studies Press, 1997.

[23] Lieven N A J, Ewins D J. Spatial correlation of mode shapes, the coordinate modal assurance criterion[C]//Proceedings of the 6th International Modal Analysis Conference, Osceola, 1988.

[24] 肖仪清，李成涛. 基于曲率模态和神经网络的斜拉桥损伤识别[J]. 武汉理工大学学报，2010, 32(9): 275-279.

[25] Raghavendrachar M, Aktan A E. Flexibility by multi reference impact testing for bridge diagnostics[J]. Journal of Structural Engineering, 1992, 118(8): 2186-2203.

[26] Parloo E, Verboven P, Guillaume P, et al. Sensitivity-based operational mode shape normalization[J]. Mechanical Systems and Signal Processing, 2002, 16(5): 757-767.

[27] Hong J C, Kim Y Y, Lee H C, et al. Damage detection using the Lipschitz exponent estimated by the wavelet transform: Applications to vibration modes of a beam[J]. International Journal of Solids and Structures, 2002, 39(7): 1803-1816.

第4章　结构损伤诊断的时间序列分析模型

4.1　引　　言

混凝土坝等水工建筑物是一种复杂的大体积结构，坝体水下和内部的结构损伤很难通过人工检查发现，检查效率低下，靠这种检查方法不利于及时把握结构的健康状况。考虑到大坝在运行过程中受到水流、机组运行和地震等作用，坝体会产生振动，充分利用外界作用产生的振动响应信息，可实现大坝结构状态的及时诊断。利用动力响应时间序列信息进行结构损伤诊断，具有实时在线、无损等特点，是结构损伤诊断中常用的方法。时间序列法充分利用结构的动力响应信息，通过建立时间序列模型并挖掘结构动力特性进行结构状态识别。利用动力响应时间序列判断水工混凝土结构状态是否改变，一方面需诊断一次振(震)动过程是否造成结构损伤，即快速评估结构振(震)后状态；另一方面需分析在两次振(震)动间隔时段内结构是否因静力荷载及环境影响造成损伤，即诊断结构健康。评估结构振(震)后状态，可以建立动力响应时间序列时变参数模型，分析混凝土坝结构的状态变化；诊断结构健康，可将前一次振(震)动响应信息作为基准，利用前后两次振(震)动响应信息时间序列，分别建立ARMAX模型，实现对结构已有的损伤进行识别、定位和程度估计。

本章首先简要介绍时间序列建模的基本原理，分析时变系统参数辨识典型方法的特点，阐述递推最小二乘法基本理论，应用ARX模型，实现结构振(震)后状态的快速评估；然后应用ARMAX模型，利用脉冲传递函数描述振动系统动力特性的思想，建立混凝土坝结构健康诊断方法。

4.2　时间序列建模的基本原理

时间序列是观测得到的按照时间顺序进行排列的一组数据，这组序列包含生成时间序列系统的状态信息和演化规律。混凝土坝在振动作用下，其动力响应时间序列蕴含混凝土结构状态信息，通过建模分析参数变化，可以判断结构是否发生损伤、损伤的位置以及损伤的程度等。常用的时间序列模型有AR模型、ARMA模型、ARX模型、ARMAX模型等。对于结构和内部机理比较复杂的系统，可以通过对结构施加振动激励的方法，获得其输出的动力响应时间序列信息，然后根据这些输入数据、输出数据，从一组给定的模型中确定出一个和待测系统等价的模型，这种方法即为系统辨识法[1]。利用混凝土坝动力响应信息，运用系统参数辨识方法可以分析结构状态的变化。对混凝土坝而言，输入的振动激励来源主要为水流、机组运行和地震等产生的振动，一般较难直接获取，通过布置传感器可获得混凝土坝动力响应的离散时间序列。

4.2.1　离散时间系统参数模型

运用系统参数辨识方法建立结构动力响应参数模型，需要确定模型的结构（包括模型的阶次、类型等），并估计模型的参数。参数模型是利用有限的参数进行描述的一种模型，包括随机模型和确定性模型，本节主要介绍单输入单输出（single input single output，SISO）离散系统参数模型。

1）随机模型

当系统受到随机扰动的影响时，时间序列模型的一般形式可表示为如下的随机模型：

$$A(q^{-1})y(t)=q^{-d}B(q^{-1})u(t)+C(q^{-1})\xi(t) \tag{4.2.1}$$

式中，$y(t)$为模型的输出信号；$u(t)$为模型的输入信号；$\xi(t)$为白噪声信号；q^{-1}为系统后移算子；d 为时延；$A(q^{-1})$、$B(q^{-1})$和 $C(q^{-1})$分别为系统输出、系统输入和噪声项，其表达式如下：

$$A(q^{-1})=1+a_1q^{-1}+a_2q^{-2}+\cdots+a_{n_a}q^{-n_a} \tag{4.2.2}$$

$$B(q^{-1})=b_1+b_2q^{-1}+b_3q^{-2}+\cdots+b_{n_b+1}q^{-n_b} \tag{4.2.3}$$

$$C(q^{-1})=1+c_1q^{-1}+c_2q^{-2}+\cdots+c_{n_c}q^{-n_c} \tag{4.2.4}$$

式中，n_a、n_b、n_c 为系统模型的阶次；$[a_1,a_2,\cdots,a_{n_a}]$、$[b_1,b_2,\cdots,b_{n_b+1}]$和$[c_1,c_2,\cdots,c_{n_c}]$为待求的参数。

2）确定性模型

SISO 系统的确定性模型可表示为

$$A(q^{-1})y(t)=q^{-d}B(q^{-1})u(t) \tag{4.2.5}$$

式中，$u(t)$和 $y(t)$分别为系统的输入和输出，并且有

$$\begin{cases}A(q^{-1})=1+a_1q^{-1}+a_2q^{-2}+\cdots+a_{n_a}q^{-n_a}\\ B(q^{-1})=b_1+b_2q^{-1}+b_3q^{-2}+\cdots+b_{n_b+1}q^{-n_b}, \quad b_1\neq 0\end{cases} \tag{4.2.6}$$

根据式(4.2.1)中元素取值的不同，确定性模型又可以分为以下几类。

(1) AR 模型。这种模型即令式(4.2.1)中的控制量 $u(t)=0$、$C(q^{-1})=1$ 的情况：

$$A(q^{-1})y(t)=\xi(t) \tag{4.2.7}$$

(2) MA 模型。这种模型即令式(4.2.1)中的控制量 $u(t)=0$、$A(q^{-1})=1$ 的情况：

$$y(t)=C(q^{-1})\xi(t) \tag{4.2.8}$$

(3) ARMA 模型。这种模型即令式(4.2.1)中的控制量 $u(t)=0$ 的情况：

$$A(q^{-1})y(t)=C(q^{-1})\xi(t) \tag{4.2.9}$$

(4) ARX 模型：

$$A(q^{-1})y(t)=B(q^{-1})u(t)+\xi(t) \tag{4.2.10}$$

(5) ARMAX 模型。这种模型即为式(4.2.1)。ARMAX 模型是最常见的一种时间序列和数字滤波器模型，不仅可以描述单输入、单输出系统以及多输入、多输出系统，同时对于有色测量噪声也能够进行描述，是众多时间序列模型中最完备的一种模型，因而本章采用 ARMAX 模型对混凝土坝响应时间序列进行分析，获得结构的状态信息。ARMAX 模型的系统结构如图 4.2.1 所示。

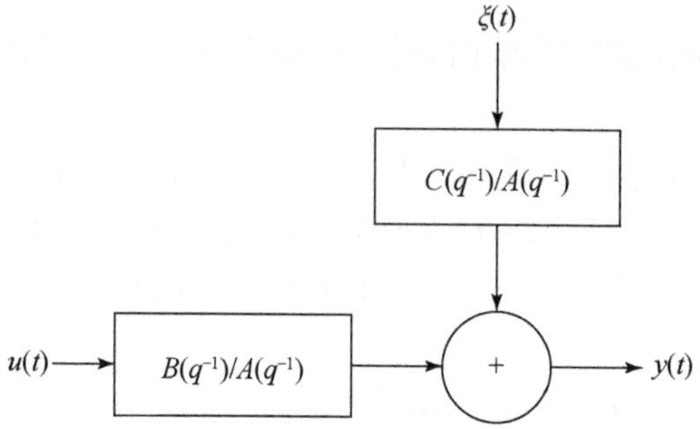

图 4.2.1　ARMAX 模型的系统结构

4.2.2　模型定阶与参数估计

确定模型的阶次有多种方法，主要有赤池信息准则(Akaike information criterion，AIC)、最终预报误差(final prediction error，FPE)、贝叶斯信息准则(Bayesian information criterion，BIC)等。本节采用 FPE 进行模型的最佳阶次选择，基本思想为[2]：模型的估计阶次逐渐增加时，分别求出所对应的最终预报误差，并找出最终预报误差最小时对应的阶次，该阶次则作为模型阶次的估计值。在阶次不断增加时，FPE 会持续减小，但变化趋势不明显。在实际应用中，为了减少计算的复杂度和便于对系统进行分析，取较小 FPE 对应的阶次作为模型阶次进行分析。

常用的参数估计方法有极大似然法和最小二乘法。最小二乘法比较简单，并且估计量有很多优良的统计特性，因此在确定 ARMAX 模型的阶次之后，采用最小二乘法进行参数估计。对于线性时不变离散系统，有

$$y(t)+\sum_{i=1}^{n_a}a_i y(t-i)=\sum_{j=1}^{n_b}b_j u(t-j)+\xi(t) \tag{4.2.11}$$

可用最小二乘法格式表示为

$$y(t)=\boldsymbol{\varphi}^{\mathrm{T}}(t)\boldsymbol{\theta}+\xi(t),\quad t=1,2,\cdots,n \tag{4.2.12}$$

式中

$$\begin{cases}\boldsymbol{\varphi}^{\mathrm{T}}(t)=[-y(t-1),\cdots,-y(t-n_a),u(t),u(t-1),\cdots,u(t-n_b)]\\ \boldsymbol{\theta}=[a_1,a_2,\cdots,a_{n_a},b_1,b_2,\cdots,b_{n_b+1}]^{\mathrm{T}}\end{cases}$$

假设估计参数向量为 $\hat{\boldsymbol{\theta}}$，则对于第 t 次观测的估计输出为

$$\hat{y}(t)=\boldsymbol{\varphi}^{\mathrm{T}}(t)\hat{\boldsymbol{\theta}} \tag{4.2.13}$$

式中，$\hat{\boldsymbol{\theta}}=[\hat{a}_1,\hat{a}_2,\cdots,\hat{a}_{n_a},\hat{b}_1,\hat{b}_2,\cdots,\hat{b}_{n_b+1}]^{\mathrm{T}}$。

系统的残差 $\varepsilon(t)$ 为实际输出值与估计输出值的差：

$$\varepsilon(t)=y(t)-\hat{y}(t)=y(t)-\boldsymbol{\varphi}^{\mathrm{T}}(t)\hat{\boldsymbol{\theta}} \tag{4.2.14}$$

对于 N 次观测取准则函数为

$$J(\boldsymbol{\theta})=\sum_{t=1}^{N}[y(t)-\boldsymbol{\varphi}^{\mathrm{T}}(t)\hat{\boldsymbol{\theta}}]^2=\sum_{t=1}^{N}\varepsilon^2(t) \tag{4.2.15}$$

对参数进行最小二乘估计就是求目标函数 $J(\boldsymbol{\theta})$ 最小，因此对 $J(\boldsymbol{\theta})$ 求一阶导数并令其为 0，即

$$\left|\frac{\partial J(\boldsymbol{\theta})}{\partial\boldsymbol{\theta}}\right|=\frac{\partial}{\partial\boldsymbol{\theta}}[(\boldsymbol{Y}-\boldsymbol{\phi}\hat{\boldsymbol{\theta}})^{\mathrm{T}}(\boldsymbol{Y}-\boldsymbol{\phi}\hat{\boldsymbol{\theta}})]=0 \tag{4.2.16}$$

展开后，运用以下两个向量微分公式：

$$\begin{cases}\dfrac{\partial}{\partial x}(\boldsymbol{\alpha}^{\mathrm{T}}\boldsymbol{x})=\boldsymbol{\alpha},\\[2ex] \dfrac{\partial}{\partial x}(\boldsymbol{x}^{\mathrm{T}}\boldsymbol{A}\boldsymbol{x})=\boldsymbol{A}\boldsymbol{x}+\boldsymbol{A}^{\mathrm{T}}\boldsymbol{x}=2\boldsymbol{A}\boldsymbol{x},\end{cases}\quad \boldsymbol{A}\text{ 为对称矩阵} \tag{4.2.17}$$

如果 $\boldsymbol{\phi}$ 为满秩，求解方程(4.2.16)即可得到

$$\hat{\boldsymbol{\theta}}=(\boldsymbol{\phi}^{\mathrm{T}}\boldsymbol{\phi})^{-1}\boldsymbol{\phi}^{\mathrm{T}}\boldsymbol{Y} \tag{4.2.18}$$

同时

$$\frac{\partial^2 J}{\partial^2 J(\hat{\boldsymbol{\theta}})}=2\boldsymbol{\phi}^{\mathrm{T}}\boldsymbol{\phi}>0 \tag{4.2.19}$$

则最小二乘估计为式(4.2.18)。式中，$\boldsymbol{Y}=[y(1),y(2),\cdots,y(N)]^{\mathrm{T}}\in\mathbf{R}^{N\times1}$；$\boldsymbol{\phi}=[\boldsymbol{\varphi}^{\mathrm{T}}(1),\boldsymbol{\varphi}^{\mathrm{T}}(2),\cdots\boldsymbol{\varphi}^{\mathrm{T}}(N)]^{\mathrm{T}}\in\mathbf{R}^{N\times(n_a+n_b+1)}$。

4.3 时变系统参数辨识

4.3.1 时变系统辨识方法

对于时变系统的辨识，主要是通过观测得到的输入、输出信息对时变参数进行跟踪估计，从而实现对系统整体控制的目的。常用的时变系统辨识方法有梯度类辨识算法、卡尔曼滤波算法及递推最小二乘算法等，以下对这几种典型算法做简要讨论。

1）梯度类辨识算法

梯度类辨识算法包括梯度投影辨识算法、随机梯度辨识算法、遗忘梯度辨识算法及广义梯度投影算法等，这类算法和最小二乘算法相比，优点在于计算量较小，但是缺点也很明显，其收敛速度比较慢。其中，梯度投影辨识算法的缺点在于受噪声的影响较大，导致识别的参数波动变化较大；随机梯度辨识算法的计算量小，在外界激励及有界噪声方差持续作用下，该算法的参数估计一致收敛于 0。

2）卡尔曼滤波算法

卡尔曼滤波算法是一种参数估计的递推算法，利用系统观测的输入、输出信息对系统的状态进行最优估计。要识别的系统为

$$\begin{cases}\boldsymbol{\theta}(t)=\boldsymbol{\theta}(t-1)+\boldsymbol{\omega}(t)\\ y(t)=\boldsymbol{\varphi}^{\mathrm{T}}\boldsymbol{\theta}(t)+e(t)\end{cases}\tag{4.3.1}$$

式中，$\boldsymbol{\omega}(t)$用来模拟参数的改变，并且系统为单输入单输出系统；$\boldsymbol{\omega}(t)$和 $e(t)$为高扰动噪声，其中 $e(t)$为具有 0 均值且方差为 $\boldsymbol{R}_2(t)$的高斯白噪声，$\boldsymbol{\omega}(t)$为高斯分布并且方差矩阵为 $\boldsymbol{R}_1(t)$，则可以得到

$$\begin{cases}\hat{\boldsymbol{\theta}}(t)=\hat{\boldsymbol{\theta}}(t-1)+\boldsymbol{K}(t)[y(t)-\boldsymbol{\varphi}^{\mathrm{T}}(t)\hat{\boldsymbol{\theta}}(t-1)]\\ \boldsymbol{K}(t)=\dfrac{\boldsymbol{P}(t-1)\boldsymbol{\varphi}(t)}{\boldsymbol{R}_2(t)+\boldsymbol{\varphi}^{\mathrm{T}}(t)\boldsymbol{P}(t-1)\boldsymbol{\varphi}(t)}\\ \boldsymbol{P}(t)=[\boldsymbol{I}-\boldsymbol{K}(t)\boldsymbol{\varphi}^{\mathrm{T}}(t)]\boldsymbol{P}(t-1)+\boldsymbol{R}_1(t)\end{cases}\tag{4.3.2}$$

$\boldsymbol{R}_2(t)=0$ 对应着时不变系统的参数辨识。进行参数估计时，$\boldsymbol{R}_2(t)$的选择尤为重要，关系到判断一个跳跃是否发生。其优点是计算简单，并且计算速度快，存储量少。然而，卡尔曼滤波算法的缺点也较为明显，方差矩阵 $\boldsymbol{R}_1$、$\boldsymbol{R}_2$ 的选择较为困难，并且卡尔曼滤波算法是从最优角度提出的，它的最优性以及收敛性也难以证明。

3）递推最小二乘算法

递推最小二乘算法计算量和存储量都较小，同时能实现实时在线辨识。第 2 章介绍了几种典型的时间序列模型，并介绍了系统的最小二乘算法参数估计，本章

采用其中的 ARX 模型。ARX 模型不仅适用于线性系统，对于非线性系统的辨识也同样适用。对于 ARX 模型，可表示为

$$A(q^{-1})y(t)=B(q^{-1})u(t)+\xi(t) \tag{4.3.3}$$

式中，$y(t)$为模型的输出信号；$u(t)$为模型的输入信号；$\xi(t)$为白噪声信号；q^{-1}为系统后移算子；$A(q^{-1})=1+a_1q^{-1}+\cdots+a_{n_a}q^{-n_a}$；$B(q^{-1})=b_1+b_2q^{-1}+\cdots+b_{n_b+1}q^{-n_b}$；$n_a$ 和 n_b 为系统模型的阶次。

时变系统的参数随着时间发生变化，将参数表示为时间的函数，即表示为

$$y(t)=\boldsymbol{\varphi}^{\mathrm{T}}(t)\boldsymbol{\theta}(t)+\xi(t),\quad t=1,2,\cdots,n \tag{4.3.4}$$

相应的有

$$\begin{cases}\boldsymbol{\varphi}^{\mathrm{T}}(t)=[-y(t-1),\cdots,-y(t-n_a),u(t),u(t-1),\cdots,u(t-n_b)]\in\mathbf{R}^{(n_a+n_b+1)\times 1}\\ \boldsymbol{\theta}(t)=[a_1(t),a_2(t),\cdots,a_{n_a}(t),b_1(t),b_2(t),\cdots,b_{n_b+1}(t)]^{\mathrm{T}}\in\mathbf{R}^{(n_a+n_b+1)\times 1}\end{cases} \tag{4.3.5}$$

当采集到的输入、输出观测数据为 N 组时，$\{y(t),u(t),t=1,2,\cdots,N\}$，利用最小二乘法可以得到式(4.3.4)中参数的最小二乘估计 $\hat{\boldsymbol{\theta}}$ 为

$$\hat{\boldsymbol{\theta}}=(\boldsymbol{\phi}^{\mathrm{T}}\boldsymbol{\phi})^{-1}\boldsymbol{\phi}^{\mathrm{T}}\boldsymbol{Y} \tag{4.3.6}$$

式中，$\boldsymbol{Y}=[y(1),y(2),\cdots,y(N)]^{\mathrm{T}}\in\mathbf{R}^{N\times 1}$；$\boldsymbol{\phi}=[\boldsymbol{\varphi}^{\mathrm{T}}(1),\boldsymbol{\varphi}^{\mathrm{T}}(2),\cdots,\boldsymbol{\varphi}^{\mathrm{T}}(N)]^{\mathrm{T}}\in\mathbf{R}^{N\times(n_a+n_b+1)}$。

用最小二乘法进行参数估计时，由于输入、输出数据是一段时间内记录的，储存的数据量较大。为了提高计算效率，同时为了实现参数的在线识别，采用递推的最小二乘算法进行实现，其基本思想可表示为

$$\hat{\boldsymbol{\theta}}(t)=\hat{\boldsymbol{\theta}}(t-1)+\boldsymbol{\omega}(t) \tag{4.3.7}$$

在 t 时刻，式(4.3.6)表示为

$$\hat{\boldsymbol{\theta}}(t)=(\boldsymbol{\phi}_t^{\mathrm{T}}\boldsymbol{\phi}_t)^{-1}\boldsymbol{\phi}_t^{\mathrm{T}}\boldsymbol{Y}_t \tag{4.3.8}$$

令

$$\boldsymbol{P}(t)=(\boldsymbol{\phi}_t^{\mathrm{T}}\boldsymbol{\phi}_t)^{-1}=[\boldsymbol{P}^{-1}(t-1)+\boldsymbol{\phi}(t)\boldsymbol{\phi}^{\mathrm{T}}(t)]^{-1} \tag{4.3.9}$$

式中，$\boldsymbol{\phi}_t=[\boldsymbol{\phi}_{t-1}\quad\boldsymbol{\phi}^{\mathrm{T}}(t)]^{\mathrm{T}}\in\mathbf{R}^{t\times(n_a+n_b+1)}$；$\boldsymbol{Y}_t=[\boldsymbol{Y}_{t-1}\quad\boldsymbol{y}^{\mathrm{T}}(t)]^{\mathrm{T}}\in\mathbf{R}^{t\times 1}$。

可以推出

$$\boldsymbol{P}^{-1}(t)=\boldsymbol{P}^{-1}(t-1)+\boldsymbol{\phi}(t)\boldsymbol{\phi}^{\mathrm{T}}(t) \tag{4.3.10}$$

根据式(4.3.8)可得

$$\hat{\boldsymbol{\theta}}(t-1)=(\boldsymbol{\phi}_{t-1}^{\mathrm{T}}\boldsymbol{\phi}_{t-1})^{-1}\boldsymbol{\phi}_{t-1}^{\mathrm{T}}\boldsymbol{Y}_{t-1}=\boldsymbol{P}(t-1)\boldsymbol{\phi}_{t-1}^{\mathrm{T}}\boldsymbol{Y}_{t-1} \tag{4.3.11}$$

结合式(4.3.10)和式(4.3.11)可得到

$$\boldsymbol{\phi}_{t-1}^{\mathrm{T}}\boldsymbol{Y}_{t-1}=\boldsymbol{P}^{-1}(t-1)\hat{\boldsymbol{\theta}}(t-1)=[\boldsymbol{P}^{-1}(t)-\boldsymbol{\phi}(t)\boldsymbol{\phi}^{\mathrm{T}}(t)]\hat{\boldsymbol{\theta}}(t-1) \tag{4.3.12}$$

根据上面的推导公式可以得到 t 时刻的最小二乘估计为

$$\hat{\boldsymbol{\theta}}(t)=\hat{\boldsymbol{\theta}}(t-1)+\boldsymbol{K}(t)[y(t)-\boldsymbol{\phi}^{\mathrm{T}}(t)\hat{\boldsymbol{\theta}}(t-1)] \tag{4.3.13}$$

式中

$$\boldsymbol{K}(t)=\boldsymbol{P}(t)\boldsymbol{\phi}(t) \tag{4.3.14}$$

式(4.3.13)即为递推最小二乘算法的表达式，为了导出 $\boldsymbol{K}(t)$ 的表达式，引入矩阵求逆定理：

$$(\boldsymbol{A}+\boldsymbol{BC})^{-1}=\boldsymbol{A}^{-1}-\boldsymbol{A}^{-1}\boldsymbol{B}(\boldsymbol{I}+\boldsymbol{CA}^{-1}\boldsymbol{B})^{-1}\boldsymbol{CA}^{-1} \tag{4.3.15}$$

令 $\boldsymbol{A}=\boldsymbol{P}^{-1}(t-1)$、$\boldsymbol{B}=\boldsymbol{\phi}(t)$、$\boldsymbol{C}=\boldsymbol{\phi}^{\mathrm{T}}(t)$，则式(4.3.9)可表示为

$$\boldsymbol{P}(t)=\boldsymbol{P}(t-1)-\boldsymbol{P}(t-1)\boldsymbol{\phi}(t)[1+\boldsymbol{\phi}^{\mathrm{T}}(t)\boldsymbol{P}(t-1)\boldsymbol{\phi}(t)]^{-1}\boldsymbol{\phi}^{\mathrm{T}}(t)\boldsymbol{P}(t-1) \tag{4.3.16}$$

将式(4.3.16)代入式(4.3.14)可得

$$\boldsymbol{K}(t)=\frac{\boldsymbol{P}(t-1)\boldsymbol{\phi}(t)}{1+\boldsymbol{\phi}^{\mathrm{T}}(t)\boldsymbol{P}(t-1)\boldsymbol{\phi}(t)} \tag{4.3.17}$$

由式(4.3.16)及式(4.3.17)可得

$$\boldsymbol{P}(t)=[\boldsymbol{I}-\boldsymbol{K}(t)\boldsymbol{\phi}^{\mathrm{T}}(t)]\boldsymbol{P}(t-1) \tag{4.3.18}$$

综上所述，系统参数的最小二乘估计 $\hat{\boldsymbol{\theta}}$ 的递推公式为

$$\begin{cases}\hat{\boldsymbol{\theta}}(t)=\hat{\boldsymbol{\theta}}(t-1)+\boldsymbol{K}(t)[y(t)-\boldsymbol{\phi}^{\mathrm{T}}(t)\hat{\boldsymbol{\theta}}(t-1)]\\ \boldsymbol{K}(t)=\dfrac{\boldsymbol{P}(t-1)\boldsymbol{\phi}(t)}{1+\boldsymbol{\phi}^{\mathrm{T}}(t)\boldsymbol{P}(t-1)\boldsymbol{\phi}(t)}\\ \boldsymbol{P}(t)=[\boldsymbol{I}-\boldsymbol{K}(t)\boldsymbol{\phi}^{\mathrm{T}}(t)]\boldsymbol{P}(t-1)\end{cases} \tag{4.3.19}$$

根据递推最小二乘公式进行系统参数求解时，需要确定初值 $\boldsymbol{P}(0)$、$\hat{\boldsymbol{\theta}}(0)$，采用以下方法进行确定：

$$\begin{cases}\boldsymbol{P}(0)=\alpha\boldsymbol{I}\\ \hat{\boldsymbol{\theta}}(0)=\boldsymbol{\varepsilon}\end{cases}$$

式中，α 为充分大的正实数($10^4\sim10^{10}$)；$\boldsymbol{\varepsilon}$ 为零向量或充分小的正实向量。

4.3.2　带遗忘因子的递推最小二乘

递推最小二乘算法主要适用于定常的未知参数系统，本节主要考虑的系统为时变参数系统，因而引入遗忘因子，使递推最小二乘算法能用于时变参数的识别。引入性能指标为

$$J=\sum_{t=1}^{N}\lambda^{N-t}[y(t)-\boldsymbol{\phi}^{\mathrm{T}}(t)\hat{\boldsymbol{\theta}}(t-1)]^2 \tag{4.3.20}$$

式中，λ 为遗忘因子($0<\lambda\leqslant1$)。

针对式(4.3.20)的目标函数，采用与递推最小二乘算法相同的推导方法，可得到带遗忘因子的递推最小二乘(forgetting factor recursive least square，FFRLS)参

数估计公式为

$$\begin{cases}\hat{\boldsymbol{\theta}}(t)=\hat{\boldsymbol{\theta}}(t-1)+\boldsymbol{K}(t)[y(t)-\boldsymbol{\phi}^{\mathrm{T}}(t)\hat{\boldsymbol{\theta}}(t-1)]\\ \boldsymbol{K}(t)=\dfrac{\boldsymbol{P}(t-1)\boldsymbol{\phi}(t)}{\lambda+\boldsymbol{\phi}^{\mathrm{T}}(t)\boldsymbol{P}(t-1)\boldsymbol{\phi}(t)}\\ \boldsymbol{P}(t)=\dfrac{1}{\lambda}[\boldsymbol{I}-\boldsymbol{K}(t)\boldsymbol{\phi}^{\mathrm{T}}(t)]\boldsymbol{P}(t-1)\end{cases} \tag{4.3.21}$$

式中，λ 为遗忘因子（$0.95\leqslant\lambda\leqslant1$），初值的确定同递推最小二乘算法。

4.3.3　自调整遗忘因子的时变参数识别

4.3.2 节介绍了遗忘因子 λ 的参数识别方法，这种方法只适用于慢时变系统。对于复杂系统，如大体积混凝土拱坝，在受到地震作用时，地震激励幅值输入随时间变化，时变系统的动态特性变化不会按照某一规律进行，而是有时变化较快，有时变化很慢，偶尔也可能会发生突变。对于这样的系统，采用定常数的遗忘因子不能得到符合实际情况的效果。为了能够跟踪系统无规律的参数变化，需要在计算过程中适时调整对过去数据的依赖程度，因而自动调整的遗忘因子能提高辨识精度。具体的推导过程如下：

$$e(t)=y(t)-\boldsymbol{\phi}^{\mathrm{T}}(t-1)\hat{\boldsymbol{\theta}}(t-1) \tag{4.3.22}$$

$$\hat{\boldsymbol{\theta}}(t)=\hat{\boldsymbol{\theta}}(t-1)+\frac{\boldsymbol{P}(t-2)\boldsymbol{\phi}(t-1)e(t)}{f(t)+\boldsymbol{\phi}^{\mathrm{T}}(t-1)\boldsymbol{P}(t-2)\boldsymbol{\phi}(t-1)} \tag{4.3.23}$$

$$\boldsymbol{P}(t-1)=\frac{1}{f(t)}\left[\boldsymbol{P}(t-2)-\frac{\boldsymbol{P}(t-2)\boldsymbol{\phi}(t-1)\boldsymbol{\phi}^{\mathrm{T}}(t-1)\boldsymbol{P}(t-2)}{f(t)+\boldsymbol{\phi}^{\mathrm{T}}(t-1)\boldsymbol{P}(t-2)\boldsymbol{\phi}(t-1)}\right] \tag{4.3.24}$$

$$f(t)=1-\left[1-\frac{\boldsymbol{\phi}^{\mathrm{T}}(t-l-1)\boldsymbol{P}(t-1)\boldsymbol{\phi}(t-l-1)}{1+\boldsymbol{\phi}^{\mathrm{T}}(t-l-1)\boldsymbol{P}(t-1)\boldsymbol{\phi}(t-l-1)}e^{2}(t)\right]/R \tag{4.3.25}$$

式中，l 为选取的遗忘步长；R 为误差加权平方和，可以根据噪声方差的值进行选取；$f(t)$为自动调整的遗忘因子，计算过程中需满足 $0<f(t)<1$。为防止因为某些因素导致 $f(t)$过大，需对其进行限制：当 $f(t)\geqslant f_{\max}$时，取 $f(t)=f_{\max}$；当 $f(t)\leqslant f_{\min}$时，取 $f(t)=f_{\min}$。

4.3.4　系统异常识别算例

利用自调整遗忘因子的时变参数辨识方法识别 ARX 模型的参数，获得随时间变化的参数值，若参数在响应时间内不发生变化，则表明系统保持稳定，没有发生损伤；反之，若系统参数随时间发生变化，则表明系统在参数突变的时间点发生了损伤，即可进行损伤识别。

为了验证利用时变系统辨识算法进行结构状态识别的可行性，仿真如下的时变时间序列模型系统，人为设定系统参数发生突变，进行时变参数的辨识。

$$y(t)+a_1(t)y(t-1)+a_2(t)y(t-2)=b_1(t)u(t-2)+b_2(t)u(t-3)+\xi(t) \tag{4.3.26}$$

式中，$\xi(t)$ 是方差为 0.1 的白噪声；$\boldsymbol{\theta}(t)$ 为时变参数，$\boldsymbol{\theta}(t)=[a_1(t),a_2(t),b_1(t),b_2(t)]^{\mathrm{T}}$。系统的输入信号和输出信号如图 4.3.1 所示，具体参数突变定义如下：

$$\boldsymbol{\theta}(t)=\begin{cases}[-1.6,0.7,1,0.4]^{\mathrm{T}}, & t\leqslant 400\\ [-1.1,0.5,1.5,0.1]^{\mathrm{T}}, & t>400\end{cases}$$

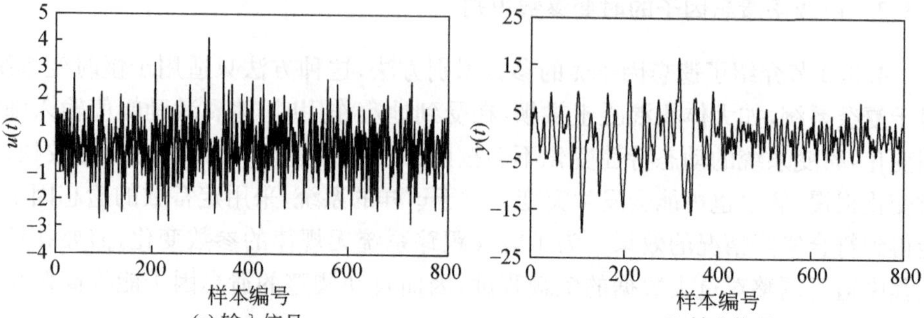

(a) 输入信号 (b) 输出信号

图 4.3.1 系统输入信号和输出信号

仿真系统参数设置在 $t=401$ 时发生突变，从系统参数辨识结果来看，如图 4.3.2 所示，在 $t=401$ 处参数发生了明显变化，说明系统发生改变。识别情况与实际相符，验证了该方法识别结构状态的可行性，能够准确地识别出系统发生突变的时间。

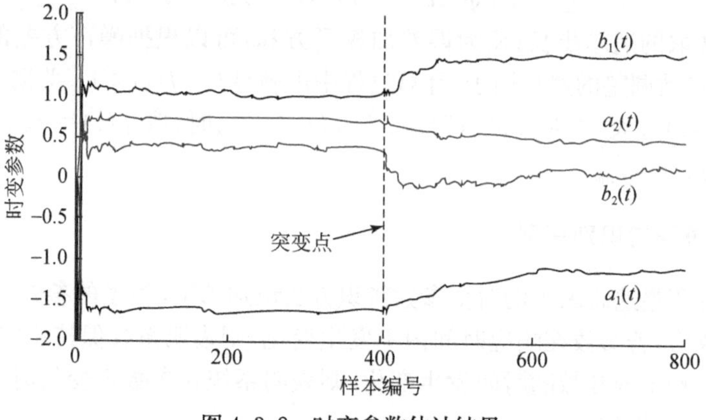

图 4.3.2 时变参数估计结果

4.4　静荷载环境作用下的结构状态诊断

为了分析两次振(震)动间隔时段内结构是否因静力荷载及环境影响造成损伤,即诊断结构健康状态,可将前一次振(震)动响应信息作为基准,利用前后两次振(震)动响应信息时间序列,分别建立 ARMAX 模型,实现对结构已有损伤的识别、定位和程度估计。为此,利用通过脉冲传递函数描述振动系统动力特性的思想,建立混凝土坝结构健康诊断方法。

4.4.1　脉冲响应系数

对于任意小强度激励(不造成损伤)输入 $u(t)$,混凝土坝的动力响应 $y(t)$ 可以表示为脉冲响应函数与输入的卷积,结构不同部位动力响应的脉冲响应函数的变化,意味着相应部位结构状态的改变,因此可以利用脉冲响应函数识别混凝土坝的结构状态。

时间序列 ARMAX 模型如式(4.2.1)所示,也可以表示为以下形式:

$$\begin{aligned} & y(t)+a_1 y(t-1)+\cdots+a_{n_a} y(t-n_a) \\ & =b_1 u(t-1)+\cdots+b_{n_b} u(t-n_b)+\xi(t)+c_1\xi(t-1)+\cdots+c_{n_c}\xi(t-n_c) \end{aligned} \tag{4.4.1}$$

系统的过程输出可用以下离散形式表示:

$$y(t)=G(q^{-1})q^{-d}u(t)+N(q^{-1})a(t) \tag{4.4.2}$$

式中,$G(q^{-1})q^{-d}$ 表示时延为 d 的过程模型;$N(q^{-1})a(t)$ 为扰动对过程输出的影响;$a(t)$ 是均值为 0、方差为 σ_a^2 的白噪声。式中的 $G(q^{-1})$ 为系统的传递函数,可以表示为

$$G(q^{-1})=\frac{B(q^{-1})}{A(q^{-1})} \tag{4.4.3}$$

对于单输入单输出的 ARMAX 模型,$B(q^{-1})/A(q^{-1})$ 描述了振动系统的动力特性,$C(q^{-1})/A(q^{-1})$ 描述了噪声的动力特性。

系统相应的脉冲响应可表示为[3]

$$y(t)=\sum_{i=1}^{m} g_i u(t-i)+\sum_{i=0}^{+\infty} n_i a(t-i) \tag{4.4.4}$$

式中,g_i、n_i 分别为过程和扰动模型的脉冲响应系数;m 为过程输出达到稳态临界值时的采样次数。

利用长除法可以求得上述模型中过程模型部分 $G(q^{-1})$ 的脉冲响应系数,可得到过程的脉冲响应系数 g_i。

4.4.2 结构损伤识别指标

在运行过程中，在泄水、地震等外界荷载作用下大坝会产生振动，利用布置在坝体的传感器可测得各测点的加速度动力响应信息。对大坝健康状态下或运行中某一次的动力响应信息进行分析，得到过程的脉冲响应系数，以此作为基准值或相对基准值，对各种待识别情况进行分析。由于实际情况中很难获得引起大坝振动的激励信息，导致ARMAX模型没有输入。为了得到建立ARMAX模型所需的输入信息，本节进行以下处理：假设坝顶到坝底的传感器测点编号分别为1、2、…、i、…、n，将测点 i 相邻位置下侧的测点 $i+1$ 响应信息作为测点 i 的输入信息，相应的 i 点响应信息作为输出信息，从而可得到该测点的输入和输出信息，建立ARMAX模型。为了更直观地得到各测点的输入和输出信息情况，制作ARMAX模型的输入和输出信息示意图，如图4.4.1所示。

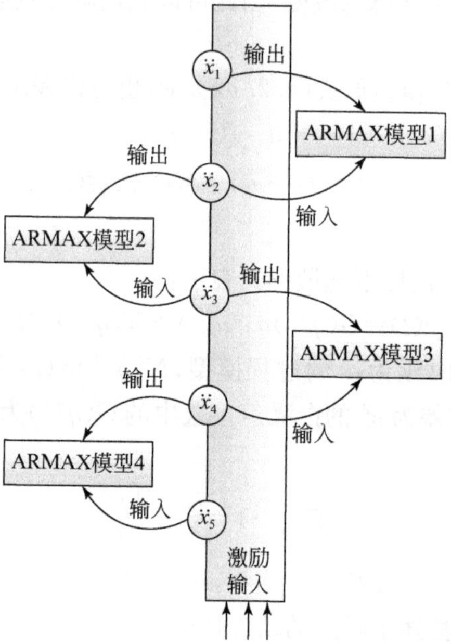

图 4.4.1　ARMAX模型输入和输出信息示意图

坝体受到地震振动激励时，振动信号由大坝底部向顶部传递，相邻测点间振动信号有关联性，因此可以近似将下部相邻测点的响应信息作为上部测点的系统输入信息。当系统发生损伤时，$B(q^{-1})/A(q^{-1})$描述的动力特性相对于健康状况的系统会发生变化，利用式(4.4.5)可计算得到模型中过程模型部分 $B(q^{-1})/A(q^{-1})$的脉冲响应系数，并表示为向量$[\varphi_1,\varphi_2,\cdots,\varphi_n]$。可取该向量的前 p 个元素建立损伤指标，随着向量个数的增加，当损失指标的值开始趋于稳定时，对应的 p 值即为所选，则健康状况和各种待识别状况的脉冲响应系数可分别表示为$[\varphi_{1,\mathrm{h}},\varphi_{2,\mathrm{h}},\cdots,\varphi_{p,\mathrm{h}}]$和$[\varphi_{1,\mathrm{d}},\varphi_{2,\mathrm{d}},\cdots,\varphi_{p,\mathrm{d}}]$，利用欧几里得距离原理建立如下损伤识别指标：

$$D=\sqrt{\sum_{i=1}^{p}(\varphi_{i,\mathrm{h}}-\varphi_{i,\mathrm{d}})^2} \tag{4.4.5}$$

4.5　有限元仿真实例分析

4.5.1　某拱坝动力有限元模型与混凝土塑性损伤

采用拱坝有限元模型进行地震作用下的损伤模拟和时变参数分析，以西部某水电站混凝土大坝为例进行有限元模拟分析。该坝为混凝土双曲拱坝，属于大(1)型一等工程，永久性主要水工建筑物为 1 级建筑物。该工程主要以发电为主，兼顾河流上下游地区的防洪任务，是年调节水库。水库正常蓄水位 1880m，电站装机容量 3600MW(6×600MW)，坝顶高程 1885.0m，坝基最低建基面高程 1580.0m，最大坝高 305.0m，坝顶宽度 16.0m，坝底厚度 63.0m。

图 4.5.1 为拱坝有限元模型，模型上游、下游和地基取 1 倍坝高。模型采用 8 节点六面体实体单元 C3D8R 进行网格划分，整个模型共有 61909 个单元，68448 个节点，其中坝体单元 4708 个。

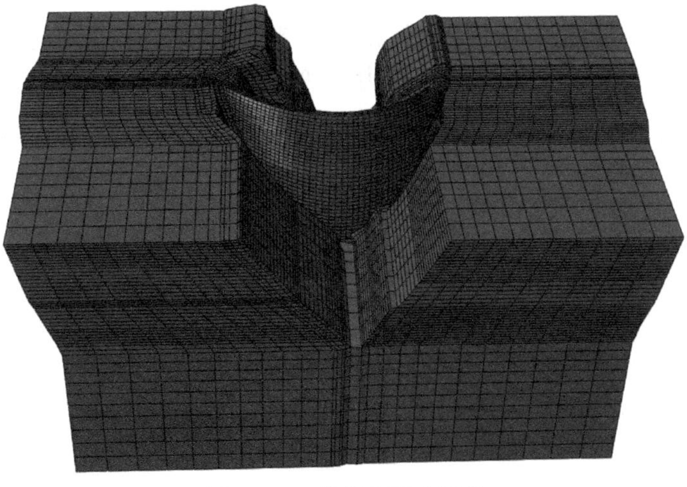

图 4.5.1　拱坝有限元模型

为简化计算，将坝基简化为相同材料参数。坝体和坝基相应的参数及混凝土材料塑性参数分别见表 4.5.1 和表 4.5.2。进行结构的动力分析时采用动弹性模量，即在静弹性模量的基础上提高 30%作为动弹性模量进行分析[4]，采用无质量地基进行模拟。为了模拟地震作用过程中坝体损伤的发生和发展，采用混凝土塑性损伤(concrete damaged plasticity，CDP)模型进行分析，该模型是在 Lubliner 等[5]及 Lee 等[6]模型的基础上建立的。该模型假设各向具有相同的破坏，适用于任意荷载条件下的混凝土受力情况。利用混凝土的塑性损伤模型，通过损伤因子可以直观地得到结构的损伤位置与程度。

表 4.5.1　坝体和坝基基岩的材料参数

坝体			基岩		
弹性模量/GPa	容重/(kN/m³)	泊松比	弹性模量/GPa	容重/(kN/m³)	泊松比
32	24	0.167	20	27	0.25

表 4.5.2　混凝土材料塑性参数

膨胀角/(°)	偏心率	双轴抗压强度/单轴极限抗压强度	不变量应力比	黏性参数
30°	0.1	1.16	0.6667	0.0005

用有限元软件 ABAQUS 计算时，首先要定义混凝土的损伤，包括受压、受拉损伤的定义，以及损伤因子的确定。

1. 受压损伤

混凝土在单轴受压条件下，超出弹性范围的部分定义为受压损伤。在 ABAQUS 中，超出弹性部分的受压应力-应变数据以 σ_c-$\tilde{\varepsilon}_c^{in}$ 的正值输入。受压非弹性应变定义为 $\tilde{\varepsilon}_c^{in}=\varepsilon_c-\dfrac{\sigma_c}{E_0}$，其中，$\varepsilon_c$ 为受压总应变；σ_c 为混凝土受压应力；E_0 为混凝土初始弹性模量。

2. 受拉损伤

混凝土在单轴受拉条件下，超出弹性范围的部分定义为受拉损伤。同受压损伤一样，在 ABAQUS 中，超出弹性部分的受拉应力-应变数据以 σ_t-$\tilde{\varepsilon}_t^{ck}$ 的正值输入。受拉非弹性应变定义为 $\tilde{\varepsilon}_t^{ck}=\varepsilon_t-\dfrac{\sigma_t}{E_0}$，其中，$\varepsilon_t$ 为受拉总应变；σ_t 为混凝土受拉应力。

3. 损伤因子的确定

ABAQUS 的混凝土塑性损伤模型损伤因子的取值方法包括：基于高斯积分求

解的经典损伤理论法[7]、Mander 法[8]以及张劲公式法[9]，目前还没有形成一个统一的确定方法。本节采用张劲公式法，该方法将规范提供的混凝土本构模型与 CDP 模型统一起来，并提出：

$$d_k=\frac{(1-\beta)\varepsilon^{\text{in}}E_0}{\alpha_k+(1-\beta)\varepsilon^{\text{in}}E_0},\quad k=\text{t},\text{c} \tag{4.5.1}$$

式中，d_k 为损伤因子，t、c 分别表示拉伸和压缩两种受力情况；β 为塑性应变和非弹性应变的比例系数，在受压情况时取值为 0.35～0.7，在受拉情况时取值为 0.5～0.95；ε^{in} 为混凝土在拉压情况下的非弹性阶段应变。

根据混凝土的塑性损伤模型，结合 GB 50010—2010《混凝土结构设计规范》，可计算出混凝土的塑性损伤材料参数，混凝土的关系曲线如图 4.5.2 和图 4.5.3 所示。

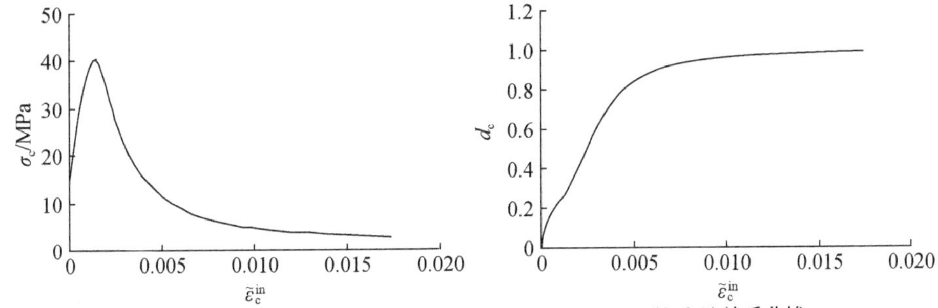

(a) σ_c-$\tilde{\varepsilon}_c^{\text{in}}$关系曲线　(b) d_c-$\tilde{\varepsilon}_c^{\text{in}}$关系曲线

图 4.5.2　压缩应力、非弹性应变与损伤因子的关系曲线

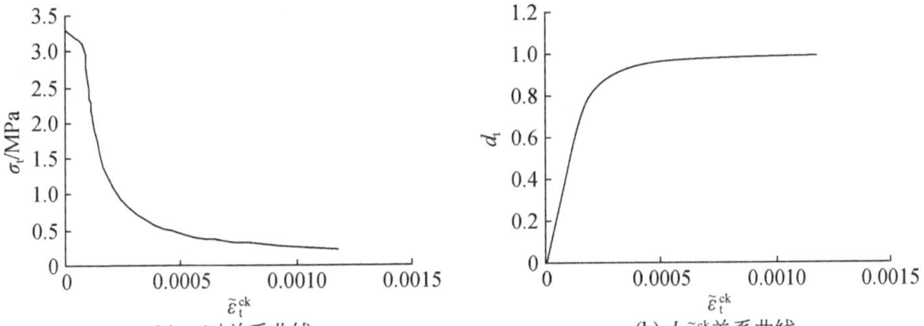

(a) σ_t-$\tilde{\varepsilon}_t^{\text{ck}}$关系曲线　(b) d_t-$\tilde{\varepsilon}_t^{\text{ck}}$关系曲线

图 4.5.3　拉伸应力、开裂应变与损伤因子的关系曲线

4.5.2　拱坝损伤仿真模拟

进行混凝土拱坝损伤有限元模拟时，输入的地震波采用有完整记录的印度 Koyna 地震波，该地震波有三向记录，由于水平向地震波引起的结构损伤较大，取顺河向地震波作为输入波，地震加速度时程曲线如图 4.5.4 所示。在满足采样时

间间隔和样本长度要求的前提下，为了缩短动力分析的计算时间，数值仿真模拟的采集时长取 10s，采样频率取 50Hz 。为了分析不同地震强度对拱坝结构状态辨识的影响，将 Koyna 地震波的峰值加速度调整为 0.10g、0.15g、0.20g、0.25g、0.30g 五条时程曲线，作为结构的地震激励输入，用 ABAQUS 有限元软件模拟相应地震强度下拱坝损伤的发展，并分析其与 ARX 模型参数变化的对应关系。

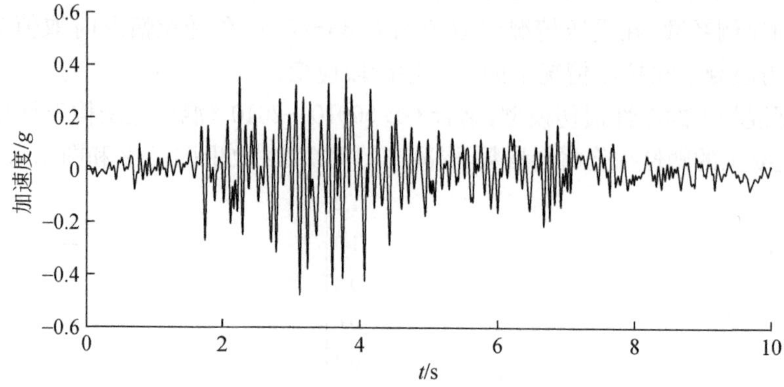

图 4.5.4 水平向地震加速度时程曲线

为了提取各地震工况拱坝的动力响应时间序列，在坝顶的拱冠位置及附近、左岸坝肩附近及坝身中部分别设置动力响应采集测点，具体的布置如图 4.5.5 所示，编号为 1# ～4# 。建立 ARX 时间序列模型时，需要结构的输入和输出响应时间序列信息。一般情况下，结构发生地震或其他的振动激励时，都难以获得地震波或其他激励的输入信息，本节采用以下方法近似获取结构的输入信息：取下游河床附近基岩位置的一个测点，将其响应信息作为时间序列模型的响应输入信息，即可建立 ARX 模型。

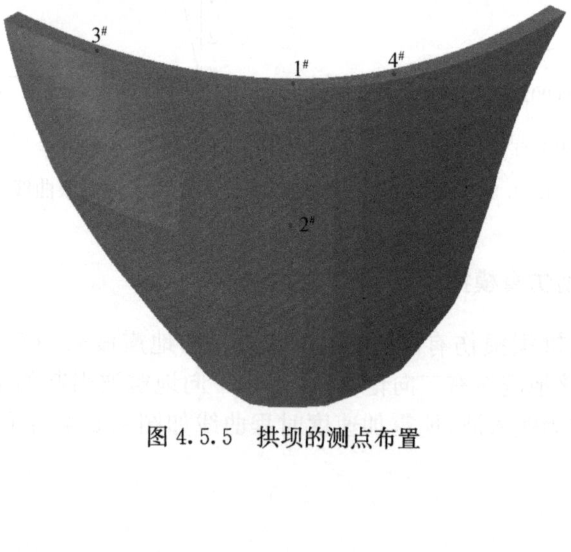

图 4.5.5 拱坝的测点布置

4.5.3　无噪声动力响应时间序列分析

下面通过模拟不同的损伤情况，分析根据各测点加速度响应时间序列信息建立的 ARX 模型参数和结构状态变化情况，研究不同位置布置的动力响应采集测点的识别效果和敏感性。

1. 峰值加速度为 0.10g

当结构输入峰值加速度为 0.10g 的地震激励时，有限元模拟仿真的结果表明，坝体总体上保持完好，没有发生损伤。同时，提取拱坝坝身结构动力响应加速度时程曲线，以 1#、2#、3# 测点为例，图 4.5.6(a)～(d)分别为基岩、1#、2# 及 3# 测点的响应时间序列曲线。

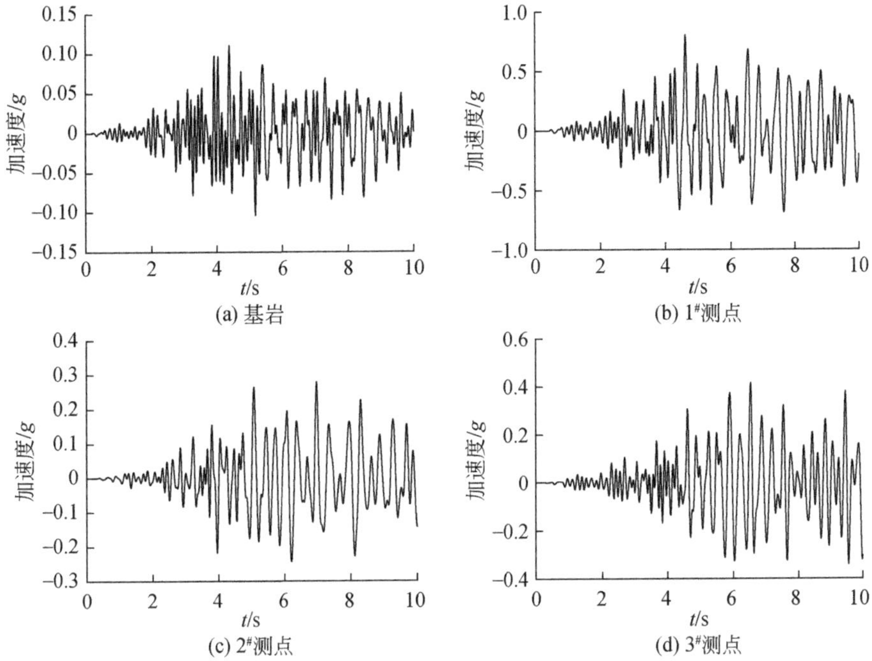

图 4.5.6　基岩、1#、2# 及 3# 测点响应时间序列曲线

为了确定 ARX 模型的阶次，即式(4.3.3)的 n_a 与 n_b 值，利用 MATLAB 软件的系统辨识工具箱计算出不同的阶次，并比较不同的计算结果，得出阶次 n_a 取 7～10，n_b 取 2～4 时，可以保证计算工作量和识别结果的误差较小，并能取得较好的识别效果。

ARX 模型的时变参数辨识结果如图 4.5.7 所示。可以看出，除迭代初始阶段外,4 个测点的响应时间序列计算的系统参数值在整个地震期间保持稳定不变,说明结构系统状态没有发生变化,即拱坝在小震情况下没有发生损伤,与实际情况一致,验证了方法的可行性。另外,不同位置测点的响应时间序列对识别效果影响较小,均能有效识别系统状态。

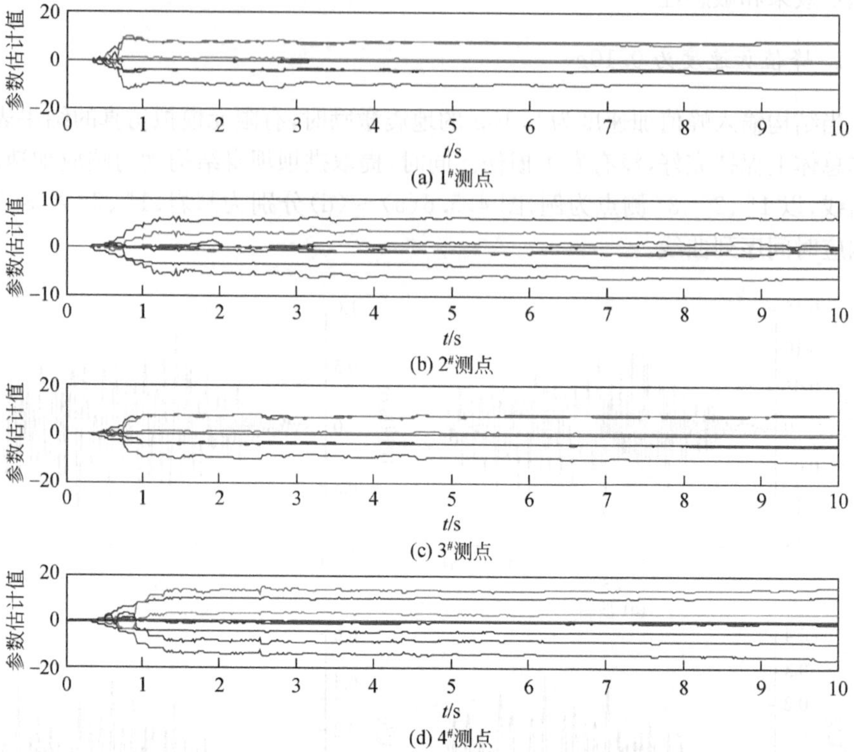

图 4.5.7　峰值加速度为 0.10g 时 ARX 模型时变参数的辨识结果

图 4.5.7 中迭代初始阶段参数变化较大是由于采用的参数估计方法是递推迭代的方法,初始时段峰值加速度较小,结构不会出现损伤,参数变化主要是由计算引起的。随后在短时间内即能趋于稳定,识别的参数反映了系统的初始状态。为了避免这种情况,在施加地震波之前,可以先加 1.5s 的白噪声激励(幅值与地震波初始振幅接近),即振动激励时长 11.5s,然后在时变参数的辨识结果中取地震波的时间历程段(1.5~11.5s),迭代过程即可消除,为便于分析将初始时间设置为 0,如图 4.5.8 所示,其他峰值加速度地震激励情况可进行相同处理。

2. 峰值加速度为 0.15g

当输入峰值加速度为 0.15g 的地震激励时,拱坝的损伤情况如图 4.5.9(a)所

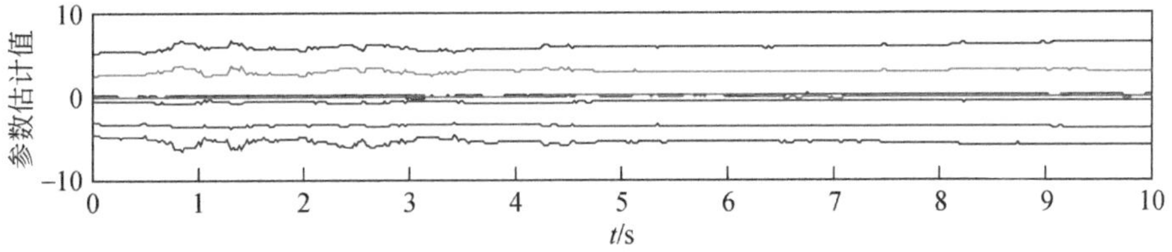

图 4.5.8　去除迭代段的时变参数的辨识结果(1# 测点)

示,输入的地震波幅值较小,因此坝体整体保持完好,只在坝踵位置处存在轻微损伤。由于只有一个单元发生损伤,存在因该单元剖分质量不高造成计算误差的可能,但根据拱坝的动力数值仿真模拟及模型试验的经验,两岸坝肩、拱冠位置、坝踵部位等都是拉应力较大的部位,易发生拉伸破坏,因此,模拟结果存在合理性,将其作为轻微损伤情况进行损伤识别。图 4.5.9(b)为坝踵位置取的一个典型点的拉伸损伤因子时程图。可以看出,结构在 4.28s 时拉伸损伤因子 d_t 值开始变化,逐渐呈阶梯状增大,增大的幅值均较小,在 7.18s 时迅速突变,因此认为结构在此时开始发生损伤。

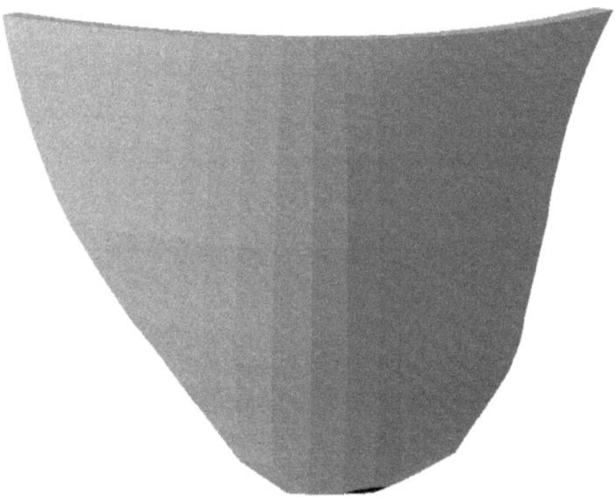

(a) 坝体损伤情况

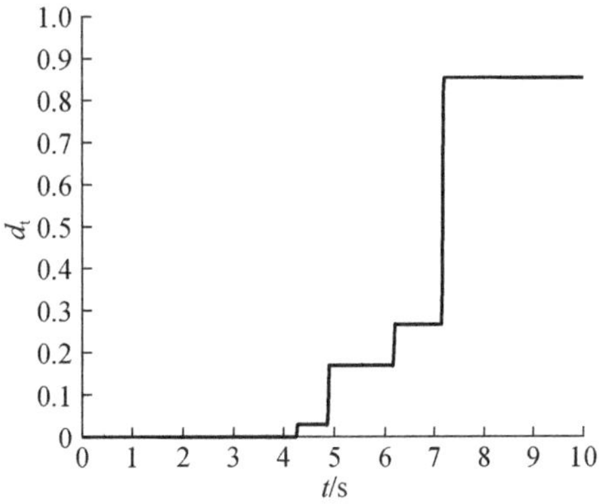

(b) 坝踵位置损伤因子时程图

图 4.5.9　峰值加速度为 0.15g 时坝体损伤情况及坝踵位置损伤因子时程图

将坝基位置测得的加速度响应信息作为系统的输入信息,各个测点的加速度响应信息作为输出信息,建立 ARX 模型,ARX 模型时变参数的辨识结果如图 4.5.10 所示。从 1#、2#、4# 测点的识别结果可以得到,结构在 7.3～7.5s 参数发生变化,3# 测点在 7.0s 附近参数发生变化,表明结构发生了损伤。事实上,从图 4.5.9 可以得到,结构在 7.18s 时损伤因子发生突变,说明损伤已经开始发展了。4 个测点的识别结果与模拟的坝体实际损伤情况分析结果一致,可见这种损伤识别方法是可行的。即使只是轻微损伤,提出的损伤识别方法仍能有效地进行识别,ARX 模型识别的损伤发生时间与仿真模型得到的损伤发生时间基本一致。

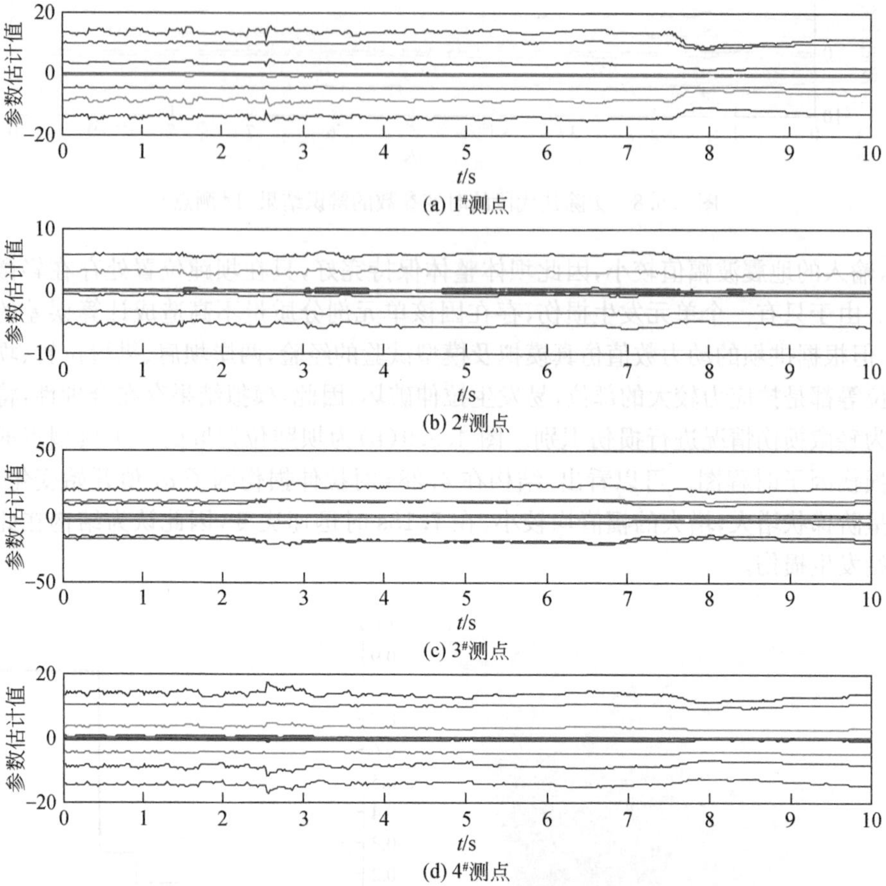

图 4.5.10　峰值加速度为 0.15g 时 ARX 模型时变参数的辨识结果

3. 峰值加速度为 0.20g

当结构输入峰值加速度为 0.20g 的地震激励时，拱坝的损伤情况如图 4.5.11(a)所示。可以看出，输入的地震波对坝体的破坏较小，坝体整体上保持完好，只在左岸坝肩和坝踵局部区域存在小损伤，拱冠位置有轻微损伤。为了直观地获得结构发生损伤的时间点，分别在拱冠位置、左岸坝肩及坝踵位置的损伤区域各取一个典型点，作拉伸破坏的损伤因子 d_t 时程图，得到结构开始损伤的时间点。三个损伤区域的拉伸损伤因子时程图如图 4.5.11(b)所示，可以清晰地看出各区域的损伤情况，结构发生破坏的时间不集中，并且损伤因子值呈阶梯状增长。对于坝踵部位，在 4.9s 时损伤因子达到 0.268，此时损伤程度较小；到 6.2s 时损伤因子突变为 0.840；左岸坝肩位置在 7.44s 时损伤因子突变为 0.849，结构整体的损伤开始时间较峰值加速度为 0.15g 时有所提前。

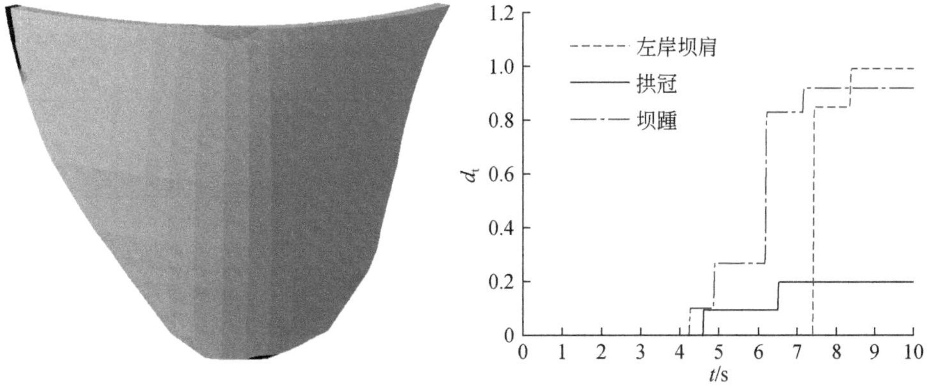

(a) 坝体损伤情况　　(b) 不同位置损伤因子时程图

图 4.5.11　峰值加速度为 0.20g 时坝体损伤情况及不同位置损伤因子时程图

将坝基位置测得的加速度响应信息作为输入信息，各个测点的加速度响应信息作为输出信息，建立 ARX 模型，得到不同测点的 ARX 模型时变参数的辨识结果，如图 4.5.12 所示。从各测点的辨识结果可以看出，$1^{\#}$ 测点的系统参数在 4.7～4.9s 发生突变；$2^{\#}$ 测点的系统参数在 6.1s 左右发生突变；$3^{\#}$ 和 $4^{\#}$ 测点的系统参数在 5.0s 左右发生一次变化、在 6.1～6.2s 再次发生变化，表明系统发生变化，结构已经发生损伤。结合图 4.5.11(b)的拉伸损伤因子时程图，在这些时间段损伤因子均发生变化，都可能为损伤发展的过程。总体而言，不同位置测点识别出的结构损伤发生时间与实际发生时间基本一致，即使各部位出现损伤的时间不同，本节提出的识别方法仍能有效识别。

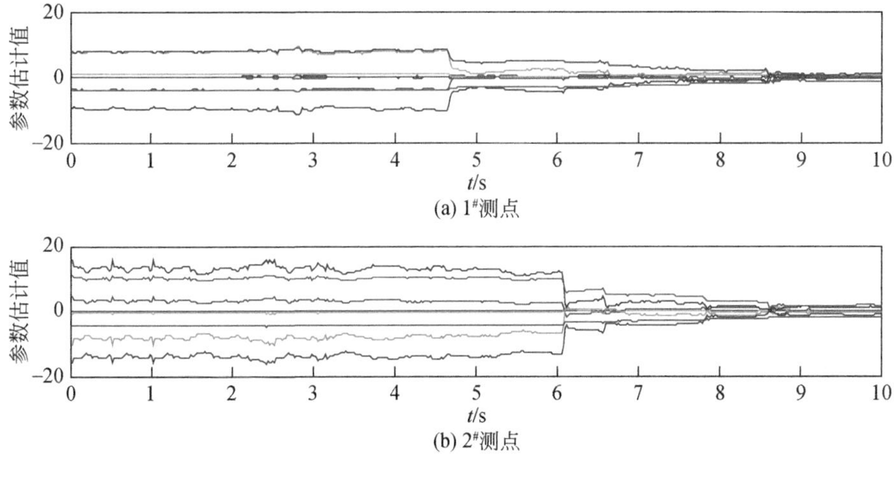

(a) $1^{\#}$测点

(b) $2^{\#}$测点

(c) 3#测点

(d) 4#测点

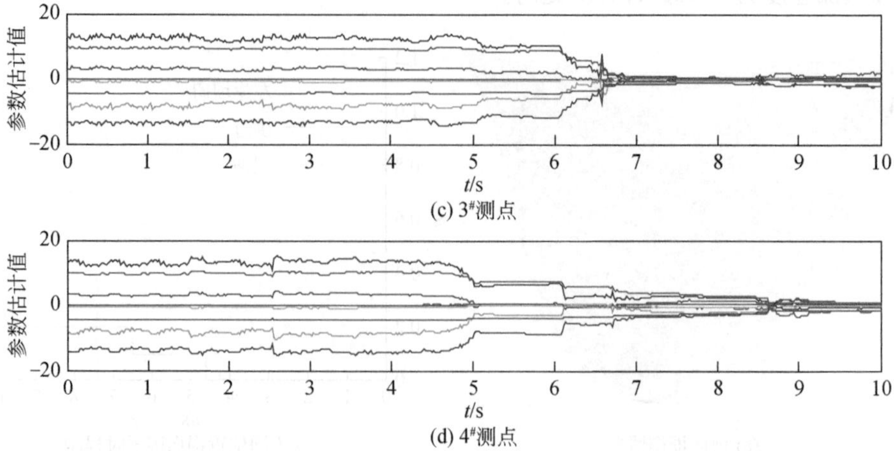

图 4.5.12　峰值加速度为 0.20g 时 ARX 模型时变参数的辨识结果

4. 峰值加速度为 0.25g

当结构输入峰值加速度为 0.25g 的地震激励时,拱坝的损伤情况如图 4.5.13 所示,坝身发生了一定程度的损伤,损伤程度与峰值加速度为 0.20g 时的地震激励相比较严重,损伤位置仍然集中在拱冠周围位置、两岸坝肩位置处及坝踵位置。

图 4.5.13　峰值加速度为 0.25g 时坝体损伤情况

为了直观获得结构发生损伤的时间点,分别在拱冠位置,左、右岸坝肩及坝踵位置的损伤区域各取一个典型点,作拉伸破坏的损伤因子时程图,得到结构开始损伤的时间点,如图 4.5.14 所示,对本节损伤识别结果的正确性进行验证。

由图 4.5.14 可以看出,各损伤区域开始发生损伤的时间不一致,首先发生损伤的是坝踵位置，紧接着左、右岸坝肩位置和拱冠位置也开始发生损伤。对于损伤程度的加深，坝踵位置在 4.24s 时开始损伤，后面呈阶梯状增长；左、右岸坝肩均在 4.60s 时开始损伤，并快速增大，而拱冠位置在 6.48s 时迅速突变。本章研究的主要目的是识别结构是否发生损伤以及损伤发生的时间，而结构的损伤都是从较小程度开始发展的，并且任何位置出现损伤都认为是结构发生损伤。因此，在验证识别效果时，由于不同位置测点的识别敏感性不同，在这些时间范围内识别出结构发生损伤，均认为已成功识别。

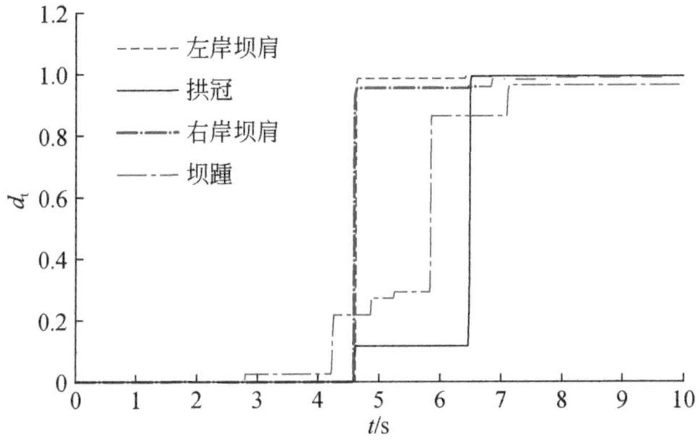

图 4.5.14　峰值加速度为 0.25g 时坝体不同位置损伤因子时程图

将 4 个测点的响应时间序列信息分别建立 ARX 模型，并进行系统参数的辨识，得到各测点 ARX 模型时变参数的辨识结果如图 4.5.15 所示。4 个测点识别的系统参数在 4.6～4.7s 都发生突变，说明系统发生变化，结构在这个时间段发生损伤；另外，2# 测点在 6.5～6.7s 参数又发生变化，也认为结构发生了损伤。相应地从图 4.5.14 各个损伤区域损伤发生的时间可进行验证，各测点都有效地识别出左、右岸坝肩损伤发生的时间，而拱冠位置和坝踵位置损伤开始较早，但程度较小，损伤发展时间较为接近，只有 2# 测点将其识别出来。综上分析，可验证所提出的损伤识别方法识别的结果符合实际情况，并且精度较高。

5. 峰值加速度为 0.30g

拱坝受到强度较大的地震作用时，模拟输入峰值加速度为 0.30g 的地震激励，结构的破坏情况如图 4.5.16 所示。关于拱坝震后破坏情况的研究，在文献[10]中通过数值模拟及模型试验进行验证，对高拱坝来说，拱坝的中上部位是地震应力最高的区域，是坝体的薄弱部位，因此这部分区域破坏较为严重。在地震作用的后期，破坏区域逐渐向两侧和坝体下方扩展。同时，在两岸坝肩处也是拱坝抗震能力较薄弱的部位，容易出现坝肩的裂纹；坝踵部位拉应力较高，也容易发生损伤。从

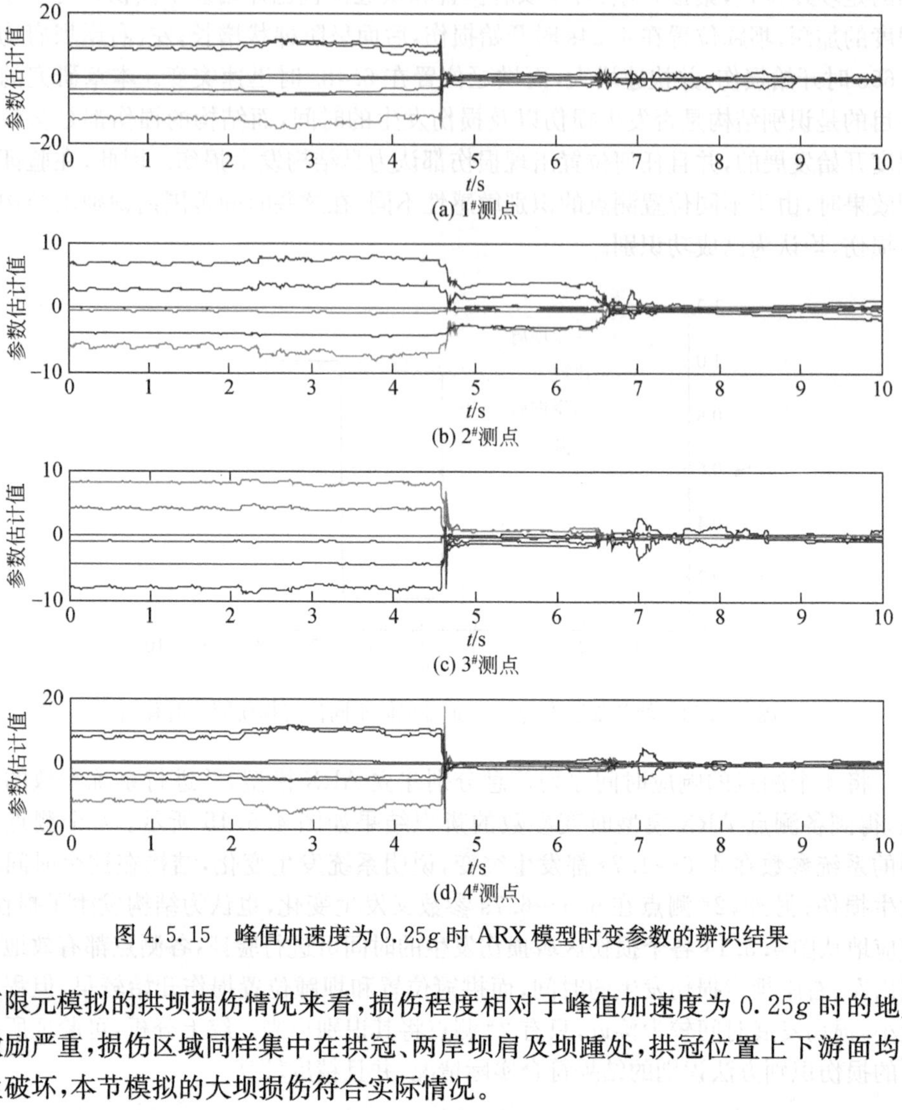

(a) 1#测点

(b) 2#测点

(c) 3#测点

(d) 4#测点

图 4.5.15　峰值加速度为 0.25g 时 ARX 模型时变参数的辨识结果

有限元模拟的拱坝损伤情况来看，损伤程度相对于峰值加速度为 0.25g 时的地震激励严重，损伤区域同样集中在拱冠、两岸坝肩及坝踵处，拱冠位置上下游面均发生破坏，本节模拟的大坝损伤符合实际情况。

为了直观地获得结构发生损伤的时间，分别在拱冠位置、左岸坝肩、右岸坝肩及坝踵位置的损伤区域各取一个典型点，作拉伸破坏的损伤因子时程图，得到结构开始损伤的时间，如图 4.5.17 所示，对本节损伤识别结果的正确性进行验证。从图中可以直观地得到结构发生损伤的时间，坝踵位置在 4.26s 首先发生损伤，但程度较小；其他损伤区域发生损伤的时间基本一致，在 4.60～4.68s 开始发生，并且损伤因子迅速增大。

将坝基位置测得的加速度响应信息作为输入信息，各个测点的加速度响应信

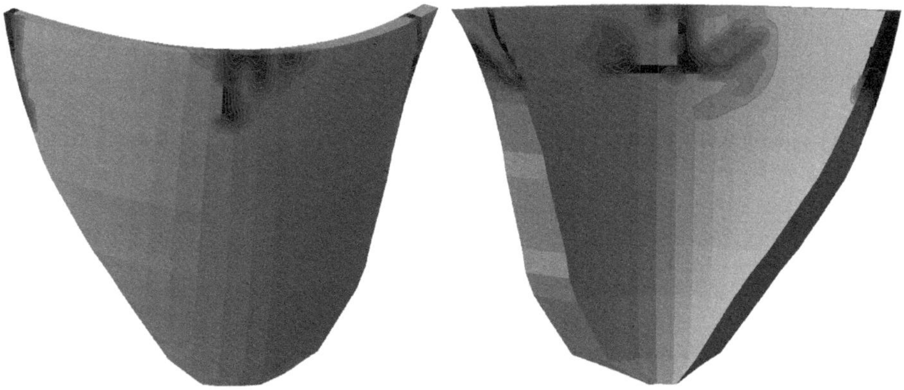

图 4.5.16　峰值加速度为 0.30g 时坝体损伤情况

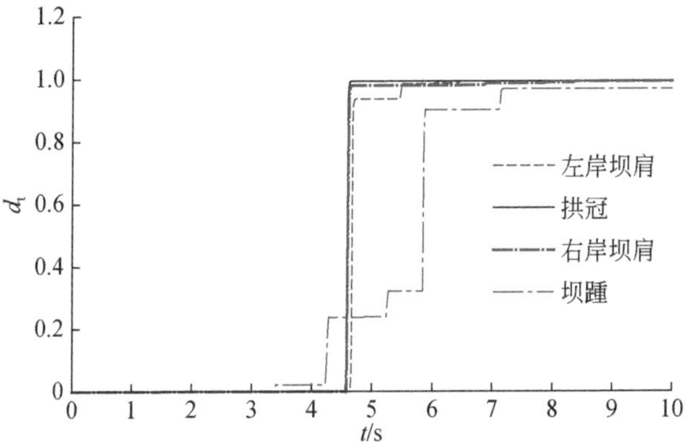

图 4.5.17　峰值加速度为 0.30g 时坝体不同位置损伤因子时程图

息作为输出信息，建立 ARX 模型，则 ARX 模型时变参数的辨识结果如图 4.5.18 所示。从识别的结果可以看出，4 个测点的系统参数都在 4.6～4.7s 发生突变，表明系统发生变化，即结构在这个时间段发生损伤。相应地从图 4.5.17 各个损伤区域损伤发生的时间可进行验证，各测点都成功识别出左岸坝肩和右岸坝肩以及拱冠位置损伤发生的时间。虽然坝踵位置损伤开始较早，但程度较小，并且发生时间和拱冠位置时间接近，因而坝踵位置未能有效识别。综上分析，4 个测点均有效地识别出结构的实时状态，即拱坝在较大强度地震作用下发生了损伤，并验证了识别结果和实际情况的一致性，识别精度较高。

综合上述分析，混凝土拱坝在不同峰值加速度的地震激励下，各工况的损伤识别情况见表 4.5.3。

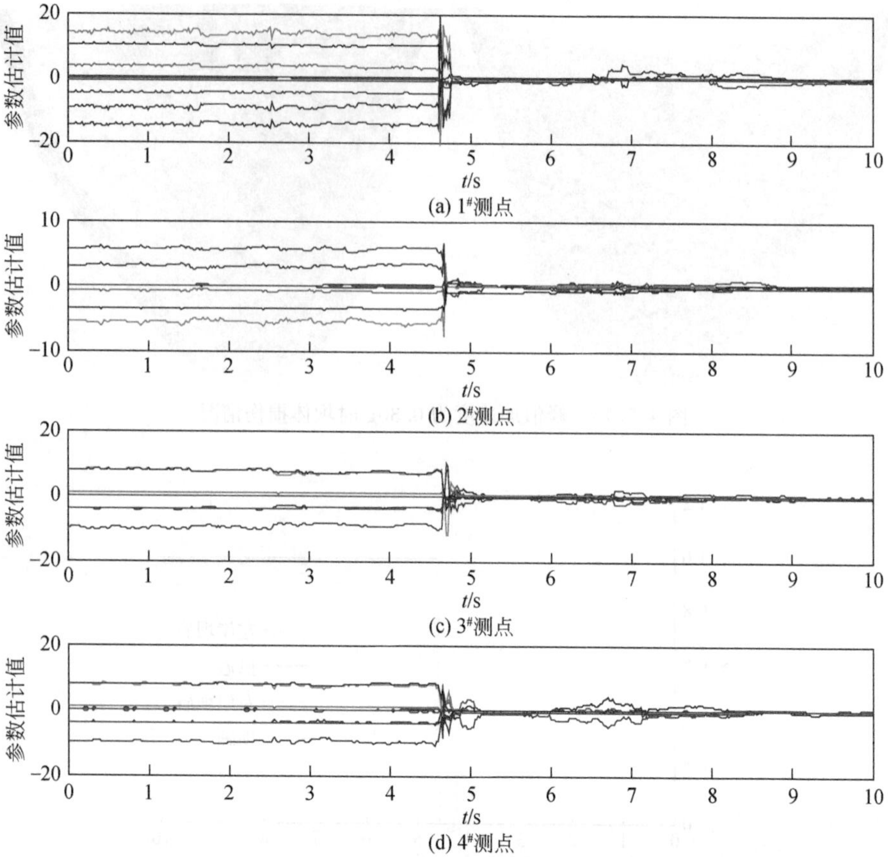

图 4.5.18　峰值加速度为 0.30g 时 ARX 模型时变参数的辨识结果

表 4.5.3　各损伤工况识别情况

损伤工况	峰值加速度/g	实际损伤开始时间/s	识别损伤开始时间/s	损伤情况	识别情况
1	0.10	无	无	结构无损伤	
2	0.15	7.18	7.3～7.5	坝踵位置轻微损伤	
3	0.20	4.90、6.20	4.7～4.9、6.1～6.2	坝肩、坝踵轻微损伤	均能有效识别
4	0.25	4.60	4.6～4.7	坝肩、拱冠处发生小损伤	
5	0.30	4.60	4.6～4.7	坝肩、拱冠处损伤较严重	

4.5.4　噪声干扰下结构的损伤识别

在水利工程结构损伤检测和健康监测中，不可避免地受到测量误差、测量噪声等因素的影响，因此结构实测的振动信号中，一般会存在噪声的干扰。一般情况下，信号中噪声的大小可以用信噪比来表征，为了研究噪声对结构损伤识别的影响，在理想的时间序列响应中添加不同信噪比的高斯白噪声。本节以峰值加速度为 0.25g 的地震激励为例，在信噪比(SNR)为 10dB、20dB、30dB、40dB、50dB 的情况下，根据结构 4$^{\#}$ 测点的响应时间序列对结构损伤识别进行研究。

图 4.5.19～图 4.5.23 分别为不同信噪比时 ARX 模型参数的辨识结果。从图中可以看出，当响应时间序列受到噪声干扰后，系统参数的辨识结果与理想状况相比，稳定性较低，随时间的变化较混乱，但是参数发生突变的时刻还是能比较清晰地得到，即在 4.65～4.70s 和 6.60～6.75s 时，系统参数发生突变，结构发生损伤。与理想状况不同的是，ARX 模型时变参数除了识别出了首先发生损伤的左岸坝肩和右岸坝肩的时刻，在 6.60～6.75s 时也发生了明显突变，该时间点为拱冠位置损伤发生的时间。比较图 4.5.15 可知，在 6.60～6.75s 也存在参数波动的情况，但幅度较小无法判别，说明在噪声的影响下，结构的其他细节信息也有可能会放大。

除此之外，可以发现信噪比越小，即噪声水平越高时，辨识的系统参数在结构发生损伤时的突变幅度越小，表明在较强的噪声干扰下可能会导致损伤识别失败。从不同噪声水平的识别结果来看，ARX 模型时变参数均能较好地识别出结构的损伤，表明本节提出的识别方法鲁棒性较好。

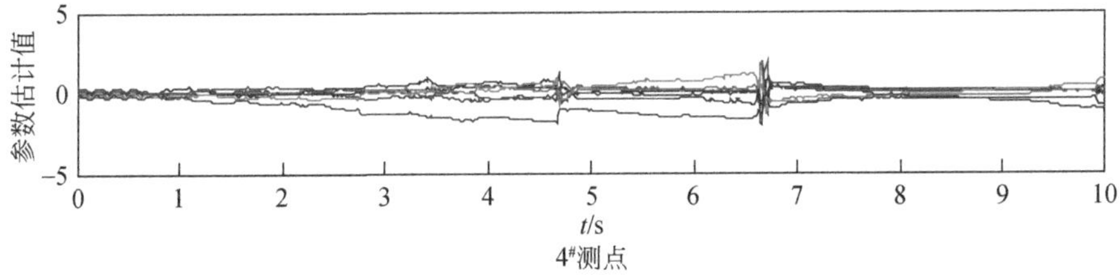

图 4.5.19　信噪比为 10dB 时 ARX 模型参数的辨识结果

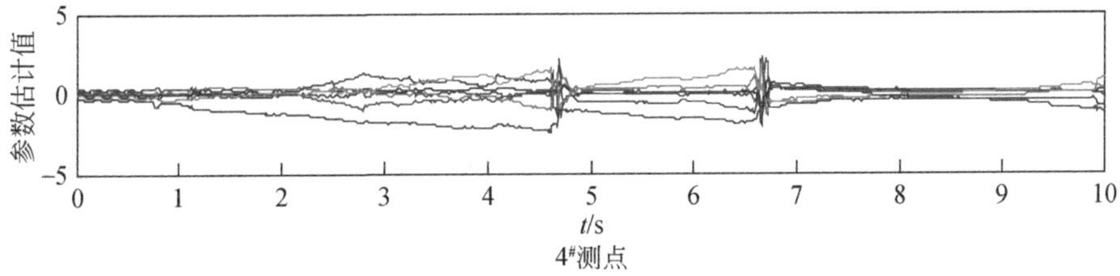

图 4.5.20　信噪比为 20dB 时 ARX 模型参数的辨识结果

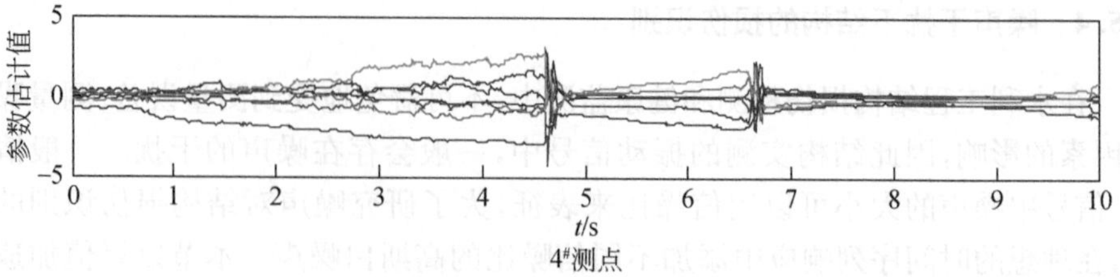

图 4.5.21　信噪比为 30dB 时 ARX 模型参数的辨识结果

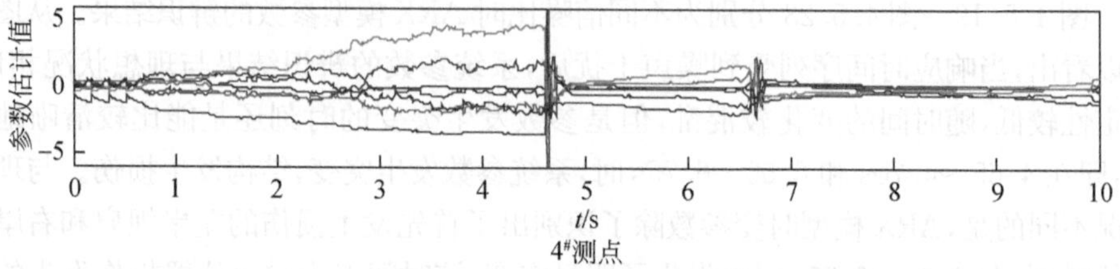

图 4.5.22　信噪比为 40dB 时 ARX 模型参数的辨识结果

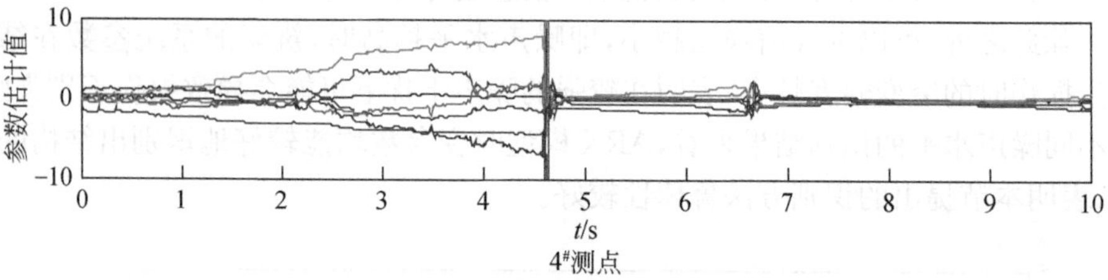

图 4.5.23　信噪比为 50dB 时 ARX 模型参数的辨识结果

本章提出的损伤识别方法能够有效地识别出结构在地震激励下是否发生损伤，并且采集动力响应加速度信息在实际操作中也较容易实现，在实际工程应用上具有一定的参考价值。

参 考 文 献

[1] 庞中华，崔红. 系统辨识与自适应控制 MATLAB 仿真[M]. 北京：北京航空航天大学出版社，2013.

[2] Akaike H. Use of an information theoretic quantity for statistical model identification[C]//Proceedings of the 5th Hawaii International Conference on System Sciences, Hawaii, 1972.

[3] 严放，张混，钱飞，等. 基于 ARMAX 模型的控制系统过程辨识[C]//中国石油和化工自动化第九届技术年会，深圳，2010.

[4] 国家能源局. NB 35047—2015《水电工程水工建筑物抗震设计规范》第 1 号修改单[S]. 北京：

中国水利水电出版社,2021.
[5] Lubliner J, Oliver J, Oller S, et al. A plastic-damage model for concrete[J]. International Journal of Solids and Structures, 1989, 25(3): 299-326.
[6] Lee J, Fenves G L. Plastic-damage model for cyclic loading of concrete structures[J]. Journal of Engineering Mechanics, 1998, 124(8): 892-900.
[7] Krajcinovic D, Fonseka G U. The continuous damage theory of brittle materials, Part 1: General theory[J]. Journal of Applied Mechanics, 1981, 48(4): 809-815.
[8] Mander J B, Priestley M J N, Park R. Theoretical stress-strain model for confined concrete[J]. Journal of Structural Engineering, 1988, 114(8): 1804-1826.
[9] 张劲，王庆扬，胡守营，等. ABAQUS 混凝土损伤塑性模型参数验证[J]. 建筑结构，2008, 38(8): 127-130.
[10] 范书立，陈健云，王建涌，等. 高拱坝振动台地震破坏试验研究及数值仿真[J]. 岩石力学与工程学报，2009, 28(3): 467-474.

第5章 损伤诊断的非线性动力系统指标

5.1 引 言

基于环境激励振动的结构损伤诊断，选择合适的诊断指标，是决定损伤诊断方法能否实现的关键问题之一。水工混凝土结构具有边界条件复杂、体型庞大和环境激励性质复杂等特点，要求结构损伤诊断指标能对外部随机干扰表现出有较强的抵抗能力，并对结构损伤表现出较强的敏感性。传统基于振动的结构损伤诊断方法基本上都是基于模态指标的。通过识别模态参数并计算模态指标以评价结构的安全状态，相关理论和方法已应用于许多工程领域。然而，采用模态指标来进行结构损伤诊断有以下不足：①结构局部的损伤常常只能反映在高阶的模态中，但受观测技术和识别方法的限制，这些高阶的模态常难以测量和识别；②许多模态指标对结构损伤的敏感度不够，很容易受观测噪声和其他因素的干扰；③由于阻尼特性、损伤和边界非线性等因素的影响，水工混凝土结构存在一定的非线性，非线性系统除具有线性模态之外，还具有非线性模态，基于线性振动理论的传统模态参数难以全面反映非线性结构的状态特征。

对于环境激励下的水工混凝土结构，当环境激励存在非线性混沌特征，或者当结构因材料、边界条件和损伤等因素出现非线性时，结构可能会产生非线性甚至混沌的振动响应。非线性的振动响应是一个非线性的时间序列，它可以看作对一个连续动力系统的离散采样。可以考虑采用非线性动力系统的方法来对振动响应时间序列进行研究，并提取相应的特征指标以表征结构的损伤状态。采用非线性动力系统的相关指标可以弥补传统模态指标和其他时间序列特征指标（如自回归AR模型系数、小波变换系数和相关函数等）的不足，具有以下优势：①根据非线性振动响应提取的动力系统指标对结构的损伤一般更敏感，尤其是混沌的动力响应；②对非线性的结构仍然可以适用，适用范围更广。

为此，本章在深入研究水工混凝土结构非线性产生机理的基础上，结合结构振动的非线性动力系统理论，通过分析结构损伤诊断的各种动力系统指标的特点，研究不同类型激励下，振动响应数据性质的判定和非线性动力系统指标的提取技术，并分析比较典型非线性动力系统指标对结构损伤的敏感性和计算方法的鲁棒性。

5.2　结构振动的非线性动力系统理论

5.2.1　环境激励下水工混凝土结构振动响应的非线性

水工混凝土结构本身可能是线性或非线性的。结构出现非线性的原因包括材料非线性、几何非线性、边界条件非线性等。对于无损的混凝土坝(重力坝、拱坝和连拱坝等),一般可以近似地看作线性或弱非线性结构。当结构出现损伤时,结构的非线性特征会增强。此外,由于结构的受迫响应是由结构本身和激励的性质共同决定的,当环境激励存在非线性分量时,即使结构本身是线性的,结构响应也有可能出现非线性甚至混沌特性。以下从水工混凝土结构本身和环境激励两个方面来分析环境激励下的水工混凝土结构可能出现非线性的原因。

1. 水工混凝土结构的非线性

对于混凝土材料的水工结构,虽然结构的材料是线性的,但结构中存在的各种接缝和局部损伤(如裂缝)都可能使结构的动力特性呈现出一定的非线性特征。裂缝在结构振动过程中可能会闭合或张开,伴随着裂缝开度的变化,使结构呈现出非线性。线性振动系统与非线性振动系统存在许多本质差别。例如,线性系统受周期激励只产生同频周期响应,而非线性系统除同频响应外,还产生超谐波和亚谐波响应。对于图 5.2.1 所示的简支梁,在无损时为线弹性结构;当梁出现一条裂缝时,结构变为非线性结构。非线性结构在一定外界激励下会出现非线性甚至混沌的振动响应。当梁隆起时,裂缝闭合,内力可以通过裂缝传递,这时忽略裂缝对梁振动的影响,结构的振动与无缝时相同。当梁凹陷时,裂缝张开,结构的劲度减小。以上非线性振动可以表示为双线性(bilinear)模型:

$$f(t)=\begin{cases} m\ddot{x}(t)+c\dot{x}(t)+k_0x(t), & x(t)<0 \\ m\ddot{x}(t)+c\dot{x}(t)+\alpha k_0x(t), & x(t)\geqslant 0 \end{cases} \tag{5.2.1}$$

式中,$x(t)$为裂缝开度;α 为裂缝张开引起的劲度减小的效应,$0<\alpha<1$;k_0为无裂缝时的劲度。

从图 5.2.2 所示的分岔图中可以看出,上述双线性系统在正弦激励 $F=A\sin(\omega t)$ 作用下,当激励频率 ω 变动时,可能产生周期性、拟周期性和混沌的振动。一般带缝水工混凝土结构的振动问题,虽然不能简化成上述双线性模型,但在结构振动时,裂缝对结构的效应与上述系统是类似的,在一些特定类型的激励作用下,带缝结构可能产生复杂类型的振动响应。Foong 等[1]通过对带缝简支梁的试验研究,得到了类似的结论。

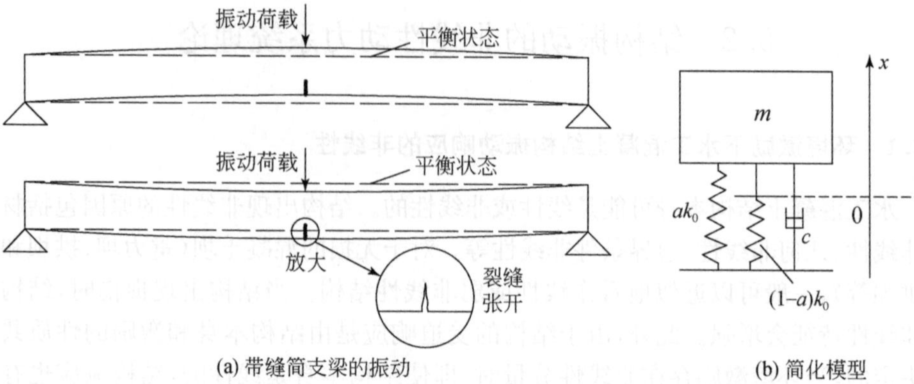

图 5.2.1　带缝简支梁的振动及其简化模型

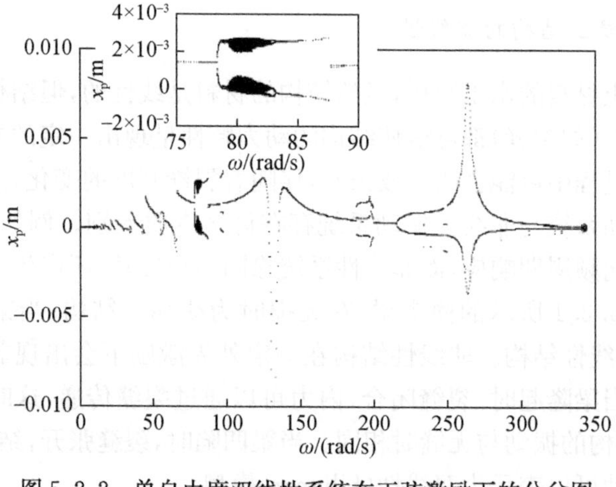

图 5.2.2　单自由度双线性系统在正弦激励下的分岔图

除了坝体结构的损伤裂缝，坝体混凝土内正常存在横缝、纵缝、底缝和周边缝等各类缝界面。缝间虽经灌浆，但实际上几乎不能承受拉力，在强震荷载作用期间，接缝容易被拉开。考虑地震荷载往复变化的特点，接缝可能不断处于张闭交替状态，引起坝体应力重分布，具有明显的接触非线性特征。目前对大坝接触非线性问题的研究还停留在数值模拟和模型试验层面上，缺乏原型观测数据的验证。计算结果表明[2]：接缝的非线性作用增大了结构的位移及周期；同时在动力荷载作用下，接缝两块之间的惯性作用明显降低了接缝面上的受压荷载。基于以上分析，在环境激励下，坝体混凝土内的接缝由于接触非线性有可能产生非线性振动，并且振动频率会随着激励荷载频率的变化而变化。

相对于材料性质较为均匀的混凝土坝体结构，坝基岩石材料的性质更为复杂。

基岩的力学性质本身具有很强的非线性，各种节理和裂隙等结构面的存在使其性质更复杂。各种因素的周期扰动作用相匹配时，大坝的振动响应会出现混沌特征，并且该过程常是周期运动和混沌运动的复杂分叉与集合。张我华等[3]采用简化模型对大坝-地基系统进行研究，并推导出坝体响应的数学表达形式。假定地基剪切模量 $G(x)$ 随地层深度 x 按幂函数变化，$G(x)=Ax^{B}$，A 和 B 是需要通过试验确定的参数。由坝位移的时域响应曲线图 5.2.3 可见，当岩基越来越软（以 A/ρ_s 表征，其中 ρ_s 为基岩材料密度），A/ρ_s 大于某一临界值时，坝顶位移为周期振荡，而且周期是逐次成倍增长的；当 A/ρ_s 减小到某一临界值时，系统已不具有周期性，表现为拟随机响应，于是出现了混沌特征。

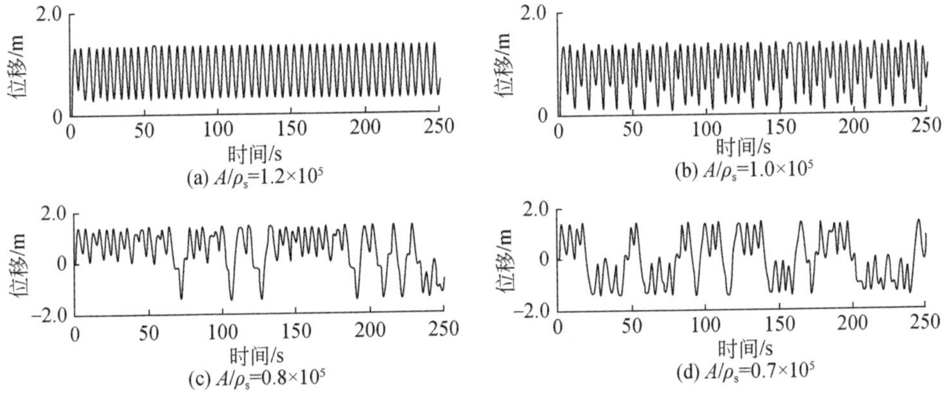

图 5.2.3　不同 A/ρ_s 值时混凝土坝位移的时域响应曲线[3]

2. 环境激励的非线性

自然界中许多表面貌似随机无规律地运动，其背后往往都受到某种确定性规则的支配。在各种水工混凝土结构的环境激励中，强烈的地震和脉动水压力，常表现出类似窄带随机过程的功率谱特征。实际研究发现[4]，除了随机信号，许多混沌信号也具有类似窄带随机过程的频谱特性。因此，以往在模态分析中简化为随机噪声的强震和脉动水压力等环境激励信号中有可能包含确定性，甚至非线性混沌的成分。下面简要分析水工混凝土结构中最重要的两种环境激励，即强震和脉动水压力的非线性及混沌性质产生的机理。

流体力学中的湍流问题是混沌动力学研究的一个典型实例。对于流体系统，关键的动力控制量为雷诺数 Re，它是黏滞力与惯性力的比值。在临界雷诺数以下，黏滞力占支配地位，因此流体的运动是层状的，层流是一种有序可预测的运动；在临界雷诺数以上，惯性力占支配地位，流体运动由层流变为紊流，紊流运动是一种高度无序的运动状态。很多研究都证明，这种表面上无序的运动，实际上常常是一种混沌现象。例如，Boldrighini 等[5]根据描述流体的 Navier-Stokes 方程组演化出的常微分方程，描述了环面上二维不可压缩流体的运动，图 5.2.4 是他们绘制的 $Re = 33$ 时的 Navier-Stokes 奇怪吸引子。

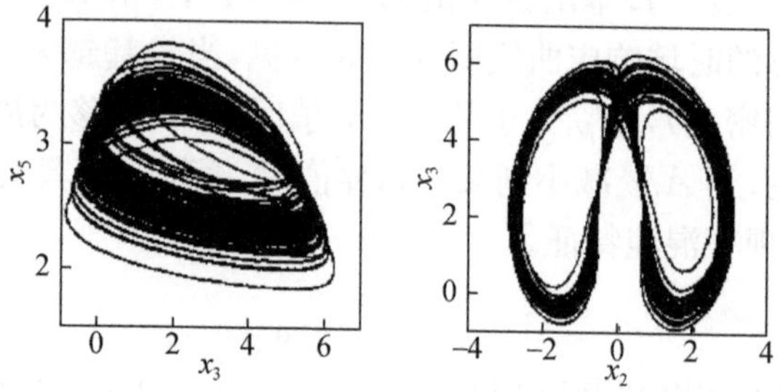

图 5.2.4　Navier-Stokes 奇怪吸引子[5]

通过考察和分析大量的地震前兆，研究人员发现地震是一种失稳和自组织临界现象，这类现象只可能发生在非线性系统中，故地震也称为“固体的湍流”[6]。岩石层系统具有的耗散性、非线性和随机性，是地震前兆序列产生混沌和分形特性的根源。同时，地震断层动力学和滑块模型的模拟研究表明，地震断层的非线性滑动机制也会导致地震过程出现混沌现象。地震地面运动作为地球物理非线性高维动力系统（即高阶非线性波动方程）的场地输出响应，其呈现的强非线性源于地震动力学过程的初始条件和动力学模型蕴涵的非线性，包括断层错动和滑动的非线性、介质非线性和波动非线性。国外学者采用一个简单的滑块模型来模拟地壳的运动，并研究了地震出现混沌的条件[7]。杨迪雄等[8]对 30 条实测地震记录的分析结果表明，强地震激励中可能具有混沌的分量。图 5.2.5 是根据 4 条著名地震波重构的吸引子，从图中可以看出，这些地震波的吸引子都有一定的内部层次结构，并不是完全随机的。

5.2.2　动力系统及其吸引子

一个系统[9]是指由一些相互联系和相互作用的客体所组成的集合，这些客体既可以是自然界中的具体事物，也可以是某个抽象的事物。系统的特性可以采用状态变量来进行描述。系统可以从不同的方面来进行分类，如确定性系统和随机系统、耗散系统和保守系统、自治系统和非自治系统。

在线性系统中，自治系统常定义为不受外部影响，即没有输入作用的一类动态系统。很显然，结构的自由振动对应自治系统，受迫振动对应非自治系统。

一个确定性的自治动力系统可以采用动力系统方程表示为[10,11]

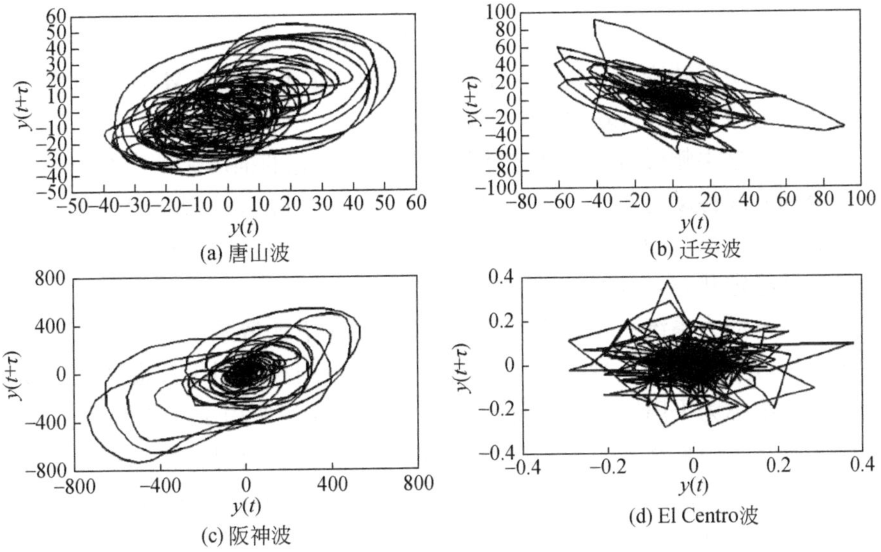

图 5.2.5　地震波重构的吸引子

$$\frac{\mathrm{d}\boldsymbol{z}}{\mathrm{d}t}=\boldsymbol{F}(\boldsymbol{z}(t)) \tag{5.2.2}$$

式中，$\boldsymbol{F}(\cdot)$为系统的演化方程；$\boldsymbol{z}(t)=[z_1(t),z_2(t),\cdots,z_n(t)]^{\mathrm{T}}$ 为系统的状态向量，n 为系统的自由度数。状态向量所在的空间称为状态空间，也称为相空间。给定某一特定初始条件 $\boldsymbol{z}(0)=\boldsymbol{z}_0$，以上方程(5.2.2)的解 $\boldsymbol{z}(t)=\boldsymbol{\varphi}(\boldsymbol{z}_0,t)$在相空间上的轨迹称为相轨，相轨的连续曲线位于一个 m 维的流形(manifold)$\boldsymbol{M}$ 上，即 $\boldsymbol{z}\in\boldsymbol{M}$。对于任意初始条件 $\boldsymbol{z}(0)=\boldsymbol{z}$，这时可以得到一个依赖 t 和 $\boldsymbol{z}$ 的函数 $\boldsymbol{\varphi}(\boldsymbol{z},t)$，即得到映射 $\boldsymbol{\varphi}:\boldsymbol{M}\times\mathbf{R}\rightarrow\mathbf{R}$，其中 $\mathbf{R}$ 为实数空间。

对于上述动力系统，给定初始条件 $\boldsymbol{z}(0)=\boldsymbol{z}_0$ 进行迭代，分别得到序列 $\boldsymbol{z}_1=\boldsymbol{F}(\boldsymbol{z}_0)$，$\boldsymbol{z}_2=\boldsymbol{F}(\boldsymbol{z}_1)=\boldsymbol{F}(\boldsymbol{F}(\boldsymbol{z}_0)),\cdots,\boldsymbol{z}_{n+1}=\boldsymbol{F}^{n+1}(\boldsymbol{z}_0)$，一般称

$$\boldsymbol{z}_{n+1}=\boldsymbol{F}(z_n) \tag{5.2.3}$$

是由 $\boldsymbol{F}(z)$决定的离散动力系统。

一个确定性的非自治系统(受迫系统)可以采用动力系统方程表示为[12]

$$\begin{cases}\dfrac{\mathrm{d}\boldsymbol{u}}{\mathrm{d}t}=\sigma(\boldsymbol{u}(t))\\[2mm]\dfrac{\mathrm{d}\boldsymbol{z}}{\mathrm{d}t}=F(\boldsymbol{z}(t),\boldsymbol{u})\end{cases} \tag{5.2.4}$$

式中，$\sigma(\cdot)$为外界激励满足的动力系统方程。

对应的离散动力系统为

$$\begin{cases}\boldsymbol{u}_{k+1}=\sigma(\boldsymbol{u}_k)\\ \boldsymbol{z}_{k+1}=f(\boldsymbol{z}_k,\boldsymbol{u}_k)\end{cases} \tag{5.2.5}$$

以上方程中系统变量 $\boldsymbol{z}$ 位于一个 d 维的流形 $\boldsymbol{M}$ 上，即 $\boldsymbol{z}\in\boldsymbol{M}$，而外部激励 $\boldsymbol{u}$ 位于一个低维的流形 $\boldsymbol{N}$ 上，$\boldsymbol{u}\in\boldsymbol{N}$。

动力系统是牛顿微分方程所描述的力学系统概念的推广。动力系统包括线性动力系统和非线性动力系统。如果外部激励是确定性的，式(2.4.23)所表达的线性结构振动的状态空间模型就是一个典型的动力系统。为了研究一个动力系统，一般要从其稳定状态，即动力系统的吸引子入手。

吸引子是动力系统一个特殊的平衡态，它存在于耗散系统中。耗散系统中有四种吸引子：定常(不动点)吸引子、周期吸引子、拟周期吸引子和混沌吸引子。其中前三种也统称为平庸吸引子，混沌吸引子也称为奇怪吸引子。图 5.2.6 所示是 2 自由度系统在有阻尼和无阻尼情况下，结构自由振动的吸引子在二维相空间的投影。从图中可以看出，对于无阻尼结构，若结构的各阶自振频率的比值 ω_1/ω_2 是有理数，则对应的自由振动响应的吸引子是周期的吸引子；若各阶频率的比是无理数，则吸引子是拟周期的吸引子；结构出现阻尼时，衰减的自由振动使结构的吸引子趋向于不动点(0,0)。

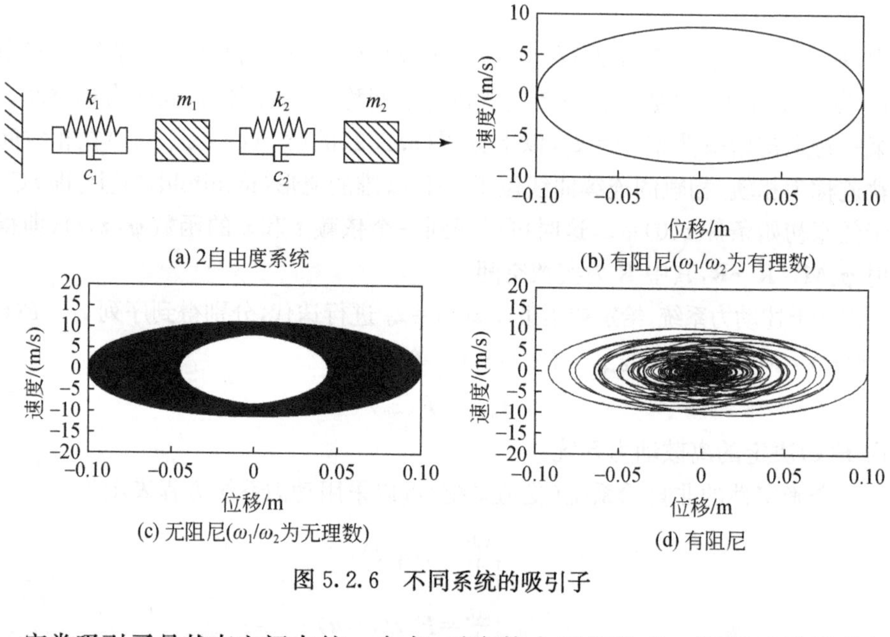

图 5.2.6　不同系统的吸引子

定常吸引子是状态空间中的一个点，对应静力平衡状态。周期吸引子在相空间中是一个封闭的环，故又称为极限环吸引子，经过若干次的分岔后，由于自组织的作用，系统进入一个规则而又稳定的周期振荡状态。拟周期吸引子在环面上的轨迹充满整个环面。混沌吸引子在二维相空间不是一个封闭的曲线，具有一定的分形结构，是三维空间的图像经过多次伸长和折叠形成的。

5.2.3　吸引子的相空间重构

对于一个确定性的自治动力系统，式(5.2.2)和式(5.2.4)中的状态变量 $\boldsymbol{z}(t)=[z_1(t),\cdots,z_n(t)]$在实际问题中是很难全部获得的。定义观测函数 $\varphi:\boldsymbol{M}\to\mathbf{R}$，实际得到的是状态变量 $\boldsymbol{z}(t)$的一些观测函数 $\boldsymbol{y}(t)=\varphi(\boldsymbol{z}(t))\in\mathbf{R}^l$，在有限个离散时刻的测量值为$\boldsymbol{y}(k)(k=1,2,\cdots,N_s)$。这时，可以采用 Richter 等[13]和 Takens[14]提出的相空间重构理论来研究动力系统的性质。相空间重构理论基础是 Takens 嵌入定理。

自治系统的嵌入定理　假定 $\boldsymbol{M}$ 是一个紧的 d 维($d\geqslant 1$)流形，$F:\boldsymbol{M}\to\boldsymbol{M}$，是一个光滑的微分同胚，$\varphi:\boldsymbol{M}\to\mathbf{R}$ 有二阶连续导数，如果 $m\geqslant 2d+1$，则 $\boldsymbol{\Phi}_{F,\varphi}$是$\boldsymbol{M}\to\mathbf{R}^m$的一个嵌入，其中 $\boldsymbol{\Phi}_{F,\varphi}=[\varphi(z),\varphi(F(z)),\cdots,\varphi(F^{m+1}(z))]$。

系统任一分量的演化由与之相互作用的其他分量确定，因此这些相关分量的信息就隐含在任一分量的变化过程中。按照 Takens 嵌入定理，可以根据 l 个观测时间序列中的任意一个 $\boldsymbol{y}(k)(k=1,2,\cdots,N_s)$，采用相空间重构方法，在拓扑意义等价的原则下，恢复原始的动力系统。

对于非自治系统，即受迫振动系统，Stark 等[15]给出了与上述嵌入定理相对应的嵌入定理。

受迫振动系统的嵌入定理　假定 $\boldsymbol{M}$ 和 $\boldsymbol{N}$ 分别是一个紧的 d 维($d\geqslant 1$)和 e 维的流形，$F:\boldsymbol{M}\to\boldsymbol{M}$，是一个光滑的微分同胚，$g:\boldsymbol{N}\to\boldsymbol{N}$，也是一个光滑的微分同胚，$\varphi:\boldsymbol{M}\to\mathbf{R}$ 有二阶连续导数，如果 $m\geqslant 2(d+e)+1$ 成立，则 $\boldsymbol{\Phi}_{F,g,\varphi}$是$\boldsymbol{M}\times\boldsymbol{N}\to\mathbf{R}^m$ 的一个嵌入，其中 $\boldsymbol{\Phi}_{F,\varphi}=[\varphi(z,u),\varphi(F(z,u)),\cdots,\varphi(F^{m+1}(z,u))]$。

从上述定理可以看出，对于受迫系统，仍然可以采用嵌入定理，根据实测的动力响应来重构原始的动力系统，只不过这时的嵌入维数 m 的选择需要考虑激励的影响。

对于一个线性结构，当振动响应的观测量是位移、速度或在基础激励下的绝对加速度时，观测函数是线性变换的形式，$\boldsymbol{y}(t)=\boldsymbol{G}\boldsymbol{z}(t)$。因此，它在相空间的演化轨迹可以通过重构空间内的相点来表示，即

$$\boldsymbol{Y}(t)=[y(t),y(t+\tau),\cdots,y(t+(m-1)\tau)],\quad t=1,2,\cdots,N_s-(m-1)\tau \tag{5.2.6}$$

式中，m 为嵌入维数；τ 为时间延迟；$y(t)$为状态变量的某一个观测分量；N_s为样本数。

对以上嵌入定理的理解，可以考虑一个一维的以正弦形式 $x(t)=A\sin(\omega t)$振

动的系统。它的状态向量为$[x(t),\dot{x}(t)]^{\mathrm{T}}=[A\omega\cos(\omega t),A\omega\cos(\omega t)]^{\mathrm{T}}=[x(t),\omega x(t-\pi/2)]^{\mathrm{T}}$。这相当于对 $x(t)$ 以 $\pi/2$ 为时延进行二维重构,并进行幅值的调整。直接通过延迟位移响应得到的吸引子$[x(t),x(t-\pi/2)]^{\mathrm{T}}$不能反映幅值上的变化,相当于在实际动力系统的吸引子上做了一些缩放变换。因此,通过重构得到的吸引子与实际吸引子并不完全相同,仅在拓扑意义上等价,故也称为拟吸引子。

传统的相空间重构方法主要有导数重构法和坐标延迟重构法。从数值计算角度讲,数值微分的计算对误差很敏感,因此相空间重构中主要使用坐标延迟重构法。根据 Sauer[16]提出的理论,嵌入维数 m 应该满足 $m>2D+1$,其中 D 是数据的分形维数。时间延迟的计算可以采用互相关信息法,最小嵌入维数的确定可以采用虚假最近邻点法(false nearest neighbours,FNN)和奇异值(singular value,SV)谱法等。下面对一些最常用的相空间重构方法进行讨论。

1. *确定时延的方法*

由 Fraser 等[17]提出的互相关信息法,将互相关信息第一次达到极小值时的时滞作为相空间重构的时间延迟。将 Shannon 信息理论应用于吸引子,考虑离散信息系统$\{s_1,s_2,\cdots,s_n\}$和$\{q_1,q_2,\cdots,q_n\}$构成的系统 S 和 Q,由信息理论,从两系统测量中所获得的平均信息量,即信息熵分别为

$$H(S)=-\sum_{i=1}^{n}P_s(s_i)\log_2[P_s(s_i)] \tag{5.2.7}$$

$$H(Q)=-\sum_{i=1}^{n}P_q(q_i)\log_2[P_q(q_i)] \tag{5.2.8}$$

式中,$P_s(s_i)$和 $P_q(q_i)$分别为 S 事件和 Q 事件 s_i和 q_i的概率。在给定 S 的情况下,得到关于系统 Q 的信息:

$$I(Q,S)=H(Q)-H(Q|S) \tag{5.2.9}$$

式中,$H(Q|s_i)=-\sum\limits_{i=1}^{n}[P_{sq}(s_i,q_j)/P_s(s_i)]\log_2[P_{sq}(s_i,q_j)/P_s(s_i)]$。

因此

$$I(Q,S)=\sum_{i=1}^{n}\sum_{j=1}^{n}P_{sq}(s_i,q_j)\log_2\left[\frac{P_{sq}(s_i,q_j)}{P_s(s_i)P_q(q_j)}\right] \tag{5.2.10}$$

式中,$P_{sq}(s_i,q_j)$为事件 s_i和 q_j的联合概率密度函数。

定义$[s,q]=[y(t),y(t+\tau)]$,这时 $I(Q,S)$是与时间延迟有关的函数 $I(\tau)$,它表示在已知 $y(t)$ 的情况下,$y(t+\tau)$ 的确定性大小。若 $I(\tau)=0$,则 $y(t)$和 $y(t+\tau)$完全不相关;而 $I(\tau)$取最小值,则表明 $y(t)$和 $y(t+\tau)$最大可能地不相关。因此,时间的延迟选取函数 $I(\tau)$第一个极小值对应的 τ 值。

为了计算式(5.2.7)~式(5.2.10)中边缘概率密度 $P_s(s_i)$、$P_q(q_i)$和联合概率

密度 $P_{sq}(s_i,q_j)$，Fraser 提出采用划分网格的方法，这种计算方法的物理意义明显，但缺点是计算量大。杨志安等[18]提出的等间距格子法可以很好地解决计算效率的问题。除互相关信息法外，延迟时间 τ 的确定方法还有自相关函数法、平均位移法、复相关法和微分熵比法等。

2. 确定嵌入维数的方法

Kennel 等[19]提出的 FNN 法是求最小嵌入维数的经典方法。在 m 维重构的相空间中，假定根据式(5.2.6)进行重构，则吸引子每一个相点 $\boldsymbol{Y}(t)$ 在相空间中都有一个最近邻点 $\boldsymbol{Y}^{\mathrm{N}}(t)$，其距离为

$$R_m(t)=\|\boldsymbol{Y}(t)-\boldsymbol{Y}^{\mathrm{N}}(t)\| \tag{5.2.11}$$

当相空间的维数从 m 增加到 $m+1$ 后，两个相点间的距离变为

$$R_{m+1}(t)=(R_m(t)^2+\|\boldsymbol{Y}(t+\tau m)-\boldsymbol{Y}^{\mathrm{N}}(t+\tau m)\|)^{0.5} \tag{5.2.12}$$

这时，如果 $R_{m+1}(t)$ 比 $R_m(t)$ 大很多，则说明高维混沌吸引子上不相邻的两个点投影到低维轨道上时变成了相邻的点，这样的近邻点是虚假的。

当嵌入维数从 m 变为 $m+1$ 时，应考察轨迹线 $\boldsymbol{Y}$ 的近邻点中哪些是真实的近邻点，哪些是虚假的近邻点，当没有虚假近邻点时，可以认为几何结构被完全展开，此时的 m 即为所求的最佳嵌入维数。

定义指标

$$a_1(t,m)=\frac{\|\boldsymbol{Y}(t+\tau m)-\boldsymbol{Y}^{\mathrm{N}}(t+\tau m)\|}{R_m(t)} \tag{5.2.13}$$

如果 $a_1(t,m)>R_\tau$，则 $\boldsymbol{Y}^{\mathrm{N}}(t)$ 是 $\boldsymbol{Y}(t)$ 的虚假近邻点，阈值 R_τ 可以在[10，50]选取。

对于含噪声的有限长数据，可以加入以下判断：

$$R_{m+1}(t)/R_A\geqslant 2 \tag{5.2.14}$$

则 $\boldsymbol{Y}^{\mathrm{N}}(t)$ 是 $\boldsymbol{Y}(t)$ 的虚假最近邻点。式中，$R_A=\dfrac{1}{N}\sum\limits_{t=1}^{N}[y(t)-\bar{y}]^2$，$\bar{y}=\dfrac{1}{N}\sum\limits_{t=1}^{N_s}y(t)$。

对于实测的数据系列，将嵌入维数 m 从低到高不断增加，直到虚假近邻点的数目小于 5%左右，则可认为混沌吸引子完全被打开，此时的维数 m 即为所求。

Cao 方法[20]是 FNN 法的一种改进，可以有效避免 FNN 法中参数选择的主观性和对噪声的敏感性。将式(5.2.13)中 $a_1(t,m)$ 改写为 $a_2(t,m)$ 的形式，则

$$a_2(t,m)=\frac{\|\boldsymbol{Y}_{m+1}(t)-\boldsymbol{Y}_{m+1}^{\mathrm{N}}(t)\|}{\|\boldsymbol{Y}_m(t)-\boldsymbol{Y}_m^{\mathrm{N}}(t)\|} \tag{5.2.15}$$

定义指标

$$E(m)=\frac{1}{N-m\tau}\sum_{t=1}^{N-m\tau}a_2(t,m) \tag{5.2.16}$$

$$E_1(m)=E(m+1)/E(m) \tag{5.2.17}$$

对于确定性序列，由于嵌入维数是定值，即 $E_1(m)$在 m 大于一定值后，不再出现假近邻点，$E_1(m)$值不再变化。若时间序列是随机信号，理论上 $m\to+\infty$，$E_1(m)$应随着 m 逐渐增加。实际中，判断 $E_1(m)$究竟是缓慢变化还是已经稳定是不容易的，因此采用以下指标对应的判定标准来代替：

$$E^*(m)=\frac{1}{N-m\tau}\sum_{t=1}^{N-m\tau}|\mathbf{Y}(t+m\tau)-\mathbf{Y}^{\mathrm{N}}(t+m\tau)| \tag{5.2.18}$$

$$E_2(m)=E^*(m+1)/E^*(m) \tag{5.2.19}$$

对于随机的序列，数据间没有相关性，即不具备可预测性，$E_2(m)$将始终为 1；对于确定性序列，数据点间的相关关系是依赖嵌入维数 m 变化的，总存在一些 m 值使 $E_2(m)$不等于 1。

需要强调的是，采用实际监测到的数据进行相空间重构时，维数困难是常遇到的问题。根据 Nerenberg 等[21]提出的经验公式，当嵌入维数为 m 时，所需要的数据量要达到

$$N=2^m(m+1)^m \tag{5.2.20}$$

才能保证嵌入的合理性。按照这个公式，并考虑计算能力和实际测量数据存储的能力，嵌入维数 m 应该不大于 4，才能保证相空间重构结果的合理性。

5.2.4　吸引子特征量

刻画动力系统吸引子某个方面特征的量称为动力系统吸引子特征量。最常见的吸引子特征量是在宏观层次上对整个吸引子或无穷长的轨道平均后得到的特征量，主要包括分形维数、Lyapunov 指数、Kolmogorov 熵[22]、Hurst 指数和形貌系数等。

1. 分形维数

具有自相似特征的物理量一般称为分形。混沌运动的轨道或奇异吸引子常常是分形。混沌运动的高度无序性、混沌性也反映在分形的无穷复杂性上。分形可以看作描述混沌运动的几何语言。对于分形曲线，自相似(自仿射)特性可以采用式(5.2.21)来表达：

$$y(bt)=b^{2-D}y(t) \tag{5.2.21}$$

式中，b 为任意常数，$b>0$；D 为分形维数，$1<D<2$。

如果特征量具有随机的特征，上述表达式在概率意义下成立，即

$$y(bt)\overset{\mathrm{d}}{=}b^{2-D}y(t) \tag{5.2.22}$$

式中，符号“$\overset{\mathrm{d}}{=}$”表示等号两边的随机变量及其概率密度函数相同。

分形维数的特点是分数维。为了表征分形，人们引入了许多不同的分形维数的定义，包括容量维、Hausdorff 维、盒维数、信息维和关联维等。

设 A 是 n 维实数空间 $\mathbf{R}^n$ 内的任意一个非空有界子集，对于每一个 $\varepsilon>0$，$N(A,\varepsilon)>0$ 表示用来覆盖 A 的半径为 ε 的最小闭球数，如果极限

$$D_{\mathrm{b}}=\lim_{\varepsilon\to 0}\frac{\ln N(A,\varepsilon)}{-\ln\varepsilon} \tag{5.2.23}$$

存在，则称极限值 D_{b} 为 A 的盒维数。在实际计算中，一般是通过构造一些边长为 ε 的正方形盒子，计算不同 ε 值的盒子与 A 相交的个数 $N(A,\varepsilon)$，然后以 $-\ln\varepsilon$ 为横轴，$\ln[N(A,\varepsilon)]$ 为纵轴描绘出图形，再根据图形的斜率来估算系统的盒维数 D_{b}。

m 维嵌入空间内的自关联积分定义为[23,24]

$$\begin{aligned}C_{XX}(\varepsilon)&=P(\|\boldsymbol{X}_i-\boldsymbol{X}_j\|<\varepsilon)\\&=\lim_{T\to+\infty}\frac{2}{T^2}\sum_{i=1}^{T}\sum_{j=1}^{T}H(\varepsilon-r_{ij})\end{aligned} \tag{5.2.24}$$

式中，$r_{ij}=\|\boldsymbol{X}_i-\boldsymbol{X}_j\|$；$H(\cdot)$为 Heaviside 函数；$\varepsilon$ 为距离的限值；T 为相点数，$T=N-\tau(m-1)$，N 为时间序列的样本数，m 为嵌入维数。

自关联积分表示在嵌入空间中，嵌入距离 ε 内找到 $x(t_i)$ 近邻点的概率。实际计算中，从 T 个相点中选取 M 个参考点，将 N 个相点与 M 个参考点进行组合，并排除 Theiler 时窗内时间相关的组合，这时，有

$$C_{XX}(\varepsilon)=\frac{2}{M(T-2\mu-1)}\sum_{i=1}^{M}\sum_{|j-i|>\mu}^{T}H(\varepsilon-r_{ij}) \tag{5.2.25}$$

式中，参数 μ 用来指定时间相关点的数目，根据 Theiler 的理论，参考点数 M 可以取为 $M=T/3$，参数 μ 可根据时间序列的自相关时间来进行选取。

已知自关联积分 $C_{XX}(\varepsilon)$在 $\varepsilon\to 0$ 时，与 ε 存在以下关系：

$$\lim_{r\to 0}C_{XX}(\varepsilon)\propto\varepsilon^{D_2} \tag{5.2.26}$$

式中，D_2为关联维数，实际计算中采用 $\ln C_{XX}(\varepsilon)$-$\ln\varepsilon$ 直线段的斜率来计算。

$$D_2=\frac{\ln C_{XX}(\varepsilon_{\mathrm{high}})-\ln C_{XX}(\varepsilon_{\mathrm{low}})}{\ln\varepsilon_{\mathrm{high}}-\ln\varepsilon_{\mathrm{low}}} \tag{5.2.27}$$

其中，$\varepsilon_{\mathrm{low}}$和 $\varepsilon_{\mathrm{high}}$分别对应双对数函数 $\ln C_{XX}(\varepsilon)$-$\ln\varepsilon$ 直线段的下界和上界。

寻找图形 $\ln C_{XX}(\varepsilon)$-$\ln\varepsilon$ 的直线段常存在困难，故 Takens 对关联维数提出以下估计：

$$D_T=\frac{-1}{\langle\ln(r_{ij}/\varepsilon)\rangle} \tag{5.2.28}$$

2. Lyapunov 指数

混沌运动的基本特点是运动对初值条件极为敏感，两个靠得很近的初值所产

生的轨道随着时间的推移按照指数方式分离，Lyapunov 指数就是描述这一现象的量。

对于式(5.2.3)所示的 n 维离散动力系统 $\boldsymbol{z}_{n+1}=\boldsymbol{F}(\boldsymbol{z}_n)$，将系统的初始条件取为一个无穷小的 n 维球，由于演变过程的自然变形，球将变为椭球。将椭球的所有主轴按其长度顺序排列，那么第 i 个 Lyapunov 指数根据第 i 个主轴长度 $P_i(n)$ 的增加速率定义为

$$\mathrm{LE}_i=\lim_{x\to+\infty}\frac{1}{n}\ln\left[\frac{P_i(n)}{P_i(0)}\right],\quad i=1,2,\cdots,n \tag{5.2.29}$$

Lyapunov 指数是与相空间轨迹线收缩或扩张性质相关联的，Lyapunov 指数 $\mathrm{LE}<0$ 相体收缩，运动稳定，而且对初始条件不敏感；$\mathrm{LE}>0$ 的方向轨道迅速分离，长时间行为对初始条件敏感，运动呈混沌状态；$\mathrm{LE}=0$ 对应于稳定边界，是一种临界情况。通常将所有的 Lyapunov 指数从大到小排列形成 Lyapunov 指数谱：

$$\mathrm{LE}_1\geqslant\mathrm{LE}_2\geqslant\cdots\geqslant\mathrm{LE}_n \tag{5.2.30}$$

当系统各个方向上的 Lyapunov 指数求出以后，混沌系统的 Lyapunov 维数 D_{L}定义为

$$D_{\mathrm{L}}=k+\frac{S_k}{|\mathrm{LE}_{k+1}|} \tag{5.2.31}$$

式中，$S_k=\sum_{i=1}^{k}\mathrm{LE}_i\geqslant 0$，$k$ 为保证 $S_k>0$ 成立的最大 k 值。根据 Kaplan-Yorke 猜想[25]，动力系统的 Lyapunov 维数与其自相似维数 D_0 是相等的，并且与其他分形维数的大小也是相近的。

目前常用的计算时间序列 Lyapunov 指数的方法有 Nicolis 方法、Jacobian 方法、Wolf 方法[26]、Kantz 法[27]和 Rosenstein 法[28]等。

3. Hurst 指数

改变尺度范围(R/S)分析是由英国水利学家 Hurst 于 1951 年提出的，并最早应用于分析尼罗河上的水库库容的设计问题。

对于一个观测到的时间序列 $y(1),y(2),\cdots,y(N_{\mathrm{s}})$，取一个长度为 n_{w} 的时窗 $y(t_1),y(t_2),\cdots,y(t_{n_{\mathrm{w}}})$，在该时窗内的数据均值为

$$\bar{y}_t=\frac{1}{n_{\mathrm{w}}}\sum_{i=1}^{n_{\mathrm{w}}}y(t_i) \tag{5.2.32}$$

在 $t_j(j=1,2,\cdots,n_{\mathrm{w}})$ 时刻，对于时窗内的数据，计算相对于均值的累积偏差：

$$A(t_j,n_{\mathrm{w}})=\sum_{i=1}^{j}(y_{t_i}-\bar{y}_t) \tag{5.2.33}$$

累积偏差 $A(t, n_{\mathrm{w}})$ 不仅与时间指数 t 相关，还与时窗长度 n_{w} 有关，在同一个时窗 n_{w} 内累积偏差的最大值和最小值之差称为域，记为

$$R(t, n_{\mathrm{w}}) = \max A(t, n_{\mathrm{w}}) - \min A(t, n_{\mathrm{w}}), \quad t_1 \leqslant t \leqslant t_n \tag{5.2.34}$$

标准差 $S(t, n_{\mathrm{w}})$ 定义为

$$S(t, n_{\mathrm{w}}) = \frac{1}{n_{\mathrm{w}}} \sum_{i=1}^{j} (y_{t_i} - \bar{y}_t)^2 \tag{5.2.35}$$

引入无量纲的比值 R/S 对 R 进行重标度，可以得到以下经验公式：

$$\frac{R(t, n_{\mathrm{w}})}{S(t, n_{\mathrm{w}})} \propto n_{\mathrm{w}}^{H} \tag{5.2.36}$$

式中，H 为 Hurst 指数。

实际计算时，对同一个时窗长度 n_{w} 在不同的初始时刻 t 的值取均值，通过对 $\lg\left(E\left(\frac{R(t, n_{\mathrm{w}})}{S(t, n_{\mathrm{w}})}\right)\right)$-$\lg n_{\mathrm{w}}$ 曲线进行直线拟合（图 5.2.7），得到的斜率即为 Hurst 指数。除了水文时间序列，根据研究，式(5.2.36)的经验关系在许多自然现象中都是成立的，如大坝的监测时间序列[29]、气象学时间序列[30]和振动的时间序列等。Hurst 指数 H 可以反映随机过程的分形特征（自相似过程的强弱）。相关研究表明，Hurst 指数 H、Hausdorff 维数 D_{H} 以及欧拉维数 E 之间存在以下关系：

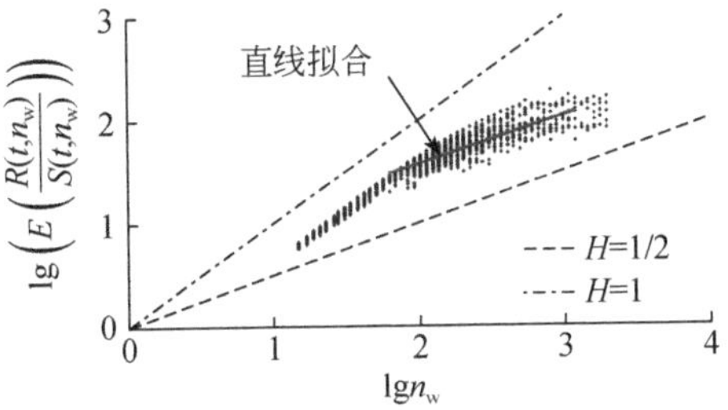

图 5.2.7　Hurst 指数估计

$$D_{\mathrm{H}} = E + 1 - H \tag{5.2.37}$$

因此，Hurst 指数与分形维数一样，也可以作为表征动力系统的特征量。

4. 形貌系数

对于具有式(5.2.22)所表达的随机自相似（自仿射）特性的时间序列，可以采用连续不可导的 Weierstrass-Mandelbrot（W-M）函数来进行表达。随机型的 W-M 函数可以表达为[31,32]

$$z(x) = G^{(D_{\mathrm{s}}-1)} \sum_{n=n_1}^{+\infty} \frac{\cos(2\pi\gamma^n x + \phi_n)}{\gamma^{(2-D_{\mathrm{s}})n}} \tag{5.2.38}$$

式中，n 为连续正整数；G 为形貌系数；D_s为二维空间的分形维数；ϕ_n 为随机相位；γ^n 为频率模值。

形貌系数 G 是一个重要的分形特征量，已应用于表面形貌特征的描述。G 可以表达为以下形式：

$$G=\left\{\frac{C_p\sin\left[\frac{\pi(2D_s-3)}{2}\right]\Gamma(2D_s-3)}{2-D_s}\right\}^{\frac{1}{2D_s-2}} \tag{5.2.39}$$

对于二维的分形曲线，W-M 函数 $z(x)$的功率谱可以表达成以下形式：

$$S(f)=\frac{C_p}{f^{(5-2D_s)}} \tag{5.2.40}$$

对式(5.2.40)两边取自然对数，可以得到

$$\ln S(f)=-(5-2D_s)\ln f+\ln C_p \tag{5.2.41}$$

从以上表达式可以看出，为了求解形貌系数 G，对于具有随机自相似特征的时间序列，可以在图 5.2.8 所示的 $\ln f$-$\ln S(f)$的图像上寻找下降的直线段，并采用直线进行拟合，然后根据直线的截距得到参数 C_p。这时，根据求得的分形维数 D_s(一般采用盒维数或 Hausdorff 维数)，代入式(5.2.39)便可以得到形貌系数 G。

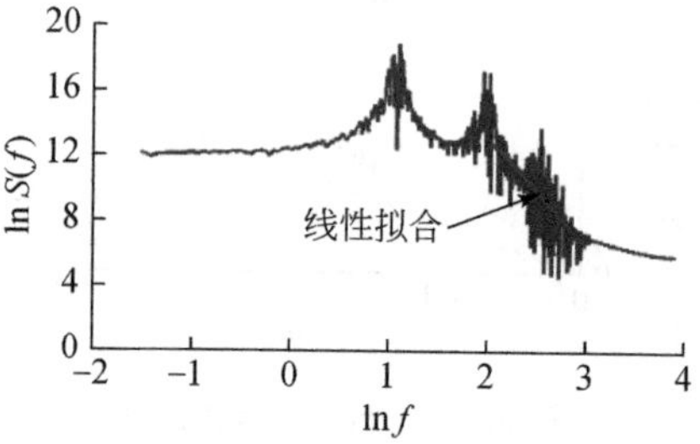

图 5.2.8　$\ln f$-$\ln S(f)$关系

5. 各种吸引子特征量之间的关系

根据上述讨论，对于混沌的动力系统分形维数、Lyapunov 指数、Hurst 指数及形貌系数之间存在图 5.2.9 所示的关系。图示的吸引子特征量相互关系表明，在表征结构系统的特性方面，几种特征参数存在等价关系，采用这些关系可以验证特征参数计算结果的合理性。

为了对前述各种吸引子特征量计算法的精度和鲁棒性进行评价，采用目前非线性时间序列分析中常用的TISEAN_3.0.0 MATLAB工具箱[33]，根据式(2.3.26)所示

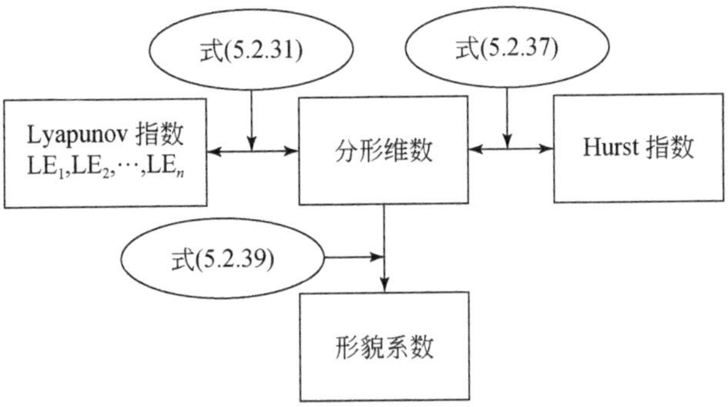

图 5.2.9 不同吸引子特征量之间的关系

的 Lorenz 振子的第三个系统状态变量 z 的响应，进行吸引子特征量的提取。设定系统参数 $s=10, r=28, b=8/3, \eta=1$。采用四阶 Runge-Kutta 算法求解系统的响应，积分的步长为 0.001s，采样频率 $f_s=100$Hz，总样本数为 10000。采用互相关信息法和 Cao 法进行相空间重构，对于无噪声的序列，得到重构的维数 $m=3$，时间延迟 $\tau=10$。根据无噪声序列和信噪比 SNR＝10dB 的时间序列重构的吸引子如图 5.2.10 所示。观测噪声对关联维数 D_2 计算结果的影响如图 5.2.11 所示，图中 $D_2(\varepsilon, m)$ 是关联维数 D_2 的计算结果随嵌入维数 m 和距离参数 ε 的变化。从图中可以看出，如果噪声水平低，在计算 D_2 时，存在明显的无尺度区间（计算结果与 ε 值无关的区间）；当噪声水平较高时，混沌吸引子的分形结构几乎完全被噪声遮盖，关联维数 D_2 的计算无法进行，无法找到无尺度区间。表 5.2.1 为不同噪声水平下吸引子特征量的计算结果。可以看出，随着噪声水平的提高，各种特征量的计算结果都有一定的波动，在 SNR＜30dB 的情况下，盒维数 D_b、关联维数 D_2、关联维数的 Takens 估计 D_T 和 Hurst 指数 H 的计算方法对噪声显示出较高的鲁棒性。因此，对噪声干扰强烈的环境激励下的结构损伤诊断问题而言，这些参数更为适用。

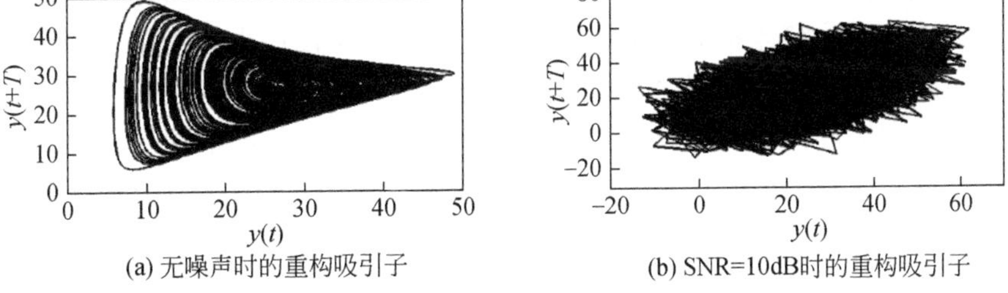

图 5.2.10 不同噪声水平下重构得到的吸引子

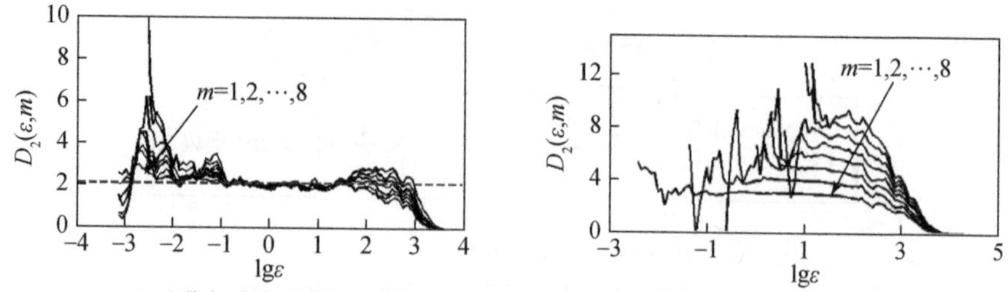

(a) 无噪声时关联维数计算值随距离参数ε和嵌入维数m的变化

(b) SNR=10dB时关联维数计算值随距离参数ε和嵌入维数m变化

图 5.2.11 观测噪声对关联维数 D_2 计算结果的影响

表 5.2.1 不同噪声水平下吸引子特征量的计算结果

SNR/dB	盒维数	关联维数的Takens估计	关联维数	形貌系数	LE_1	LE_2	LE_3	Hurst 指数
无噪声	1.60	1.90	2.01	1608.32	2.38	−0.040	−5.73	0.46
50	1.60	1.88	2.08	1587.69	1.93	−0.89	−166.10	0.46
40	1.60	1.86	2.25	1220.60	2.12	−8.41	−187.48	0.46
30	1.62	1.85	2.68	307.06	1.18	−28.22	−155.28	0.47
20	1.70	2.01	2.85	42.78	15.54	−18.59	−100.75	0.49
10	1.80	2.31	2.97	21.58	156.14	−18.59	−100.75	0.52

5.3 水工混凝土结构损伤诊断的非线性动力系统指标

5.3.1 吸引子特征量指标

虽然 5.2.4 节研究的吸引子特征量在最初定义时并未考虑结构损伤诊断的目的，而是用来对一个动力系统进行量化分析。但是，与线性结构的模态参数类似，这些表征动力系统整体特征的吸引子特征量也完全可以用来作为结构损伤诊断的指标。当激励信号性质稳定时，根据实测的振动响应计算上述吸引子特征量，并与无损状态时的值进行比较，根据特征量的绝对变化或相对变化，便可以对结构的状态进行评估。一些数值模拟和试验研究的成果也证明，采用吸引子特征量来进行结构损伤诊断是完全可行的。在各种吸引子特征量中，目前应用较多的是分形维数和 Lyapunov 指数。

对于实际工程，尤其是像水工混凝土结构这样边界复杂的工程结构，采用吸引子特征量作为结构的损伤诊断的指标也有一些不足。这主要包括：吸引子特征量表征的是振动结构动力系统的整体特征，而结构损伤引起的动力系统的改变常常是局部的，这使许多吸引子特征量对结构损伤的敏感性较低；此外，根据 5.2.4 节 Lorenz 振子吸引子特征量的计算结果可以看出，许多吸引子特征量计算方法的鲁棒性差，算法受到的噪声干扰大，不适用于外界随机干扰强烈的环境激励下结构损伤的诊断问题。

除了上述的吸引子特征量，许多学者为了对结构损伤诊断或对动力系统进行比较，提出了一些鲁棒性强和对结构损伤敏感的动力系统指标。这些直接描述两个动力系统差异的指标主要包括：①表征两个动力系统整体差异性的动力学互相关因子；②根据重构的吸引子定义的吸引子比较指标；③根据重构吸引子在 Poincaré 截面上投影点的分布特征定义的 Poincaré 截面特征量；④根据振动响应(互)递归图的几何和统计特征定义的(互)递归图特征量。

上述特征量指标与 5.2.4 节讨论的吸引子特征量相比，其计算方法的鲁棒性更强，并且常对损伤引起的吸引子、Poincaré 截面图和递归图的局部几何特征变化更为敏感，因此理论上这些特征量更适合作为复杂环境激励下水工混凝土结构损伤诊断的特征指标，以下对四种非线性动力系统指标，即动力学互相关因子、吸引子比较指标、Poincaré 截面特征量和递归图特征量进行研究。

5.3.2　动力学互相关因子

仿照式(5.2.24)所示的自关联积分的形式，可以将其推广到互关联积分[34,35]，其表达式为

$$
\begin{aligned}
C_{XY}(\varepsilon) &= P(\|\boldsymbol{X}_i - \boldsymbol{Y}_j\| < \varepsilon) \\
&= \frac{1}{T^2}\sum_{i=1}^{T}\sum_{j=1}^{T} H(\varepsilon - \|\boldsymbol{X}_i - \boldsymbol{Y}_j\|)
\end{aligned}
\tag{5.3.1}
$$

定义动力学自相关因子指数 Q 为

$$
Q = \lim_{\varepsilon \to 0}\left|\ln\frac{C_{YY}(\varepsilon)}{C_{XX}(\varepsilon)}\right| \tag{5.3.2}
$$

定义动力学互相关因子指数 R 为

$$
R = \lim_{\varepsilon \to 0}\left|\ln\frac{C_{XY}(\varepsilon)}{\sqrt{C_{XX}(\varepsilon)}\sqrt{C_{YY}(\varepsilon)}}\right| \tag{5.3.3}
$$

如果 Q 在统计上是足够小的，R 也是统计上足够小的量，那么集合 X 和集合 Y 所代表的动力系统相同；反之，则不能认为它们代表的动力系统是相同的。文献[36]提出采用高斯型函数代替以上 Heaviside 单位函数，将“硬”的邻近域转换成“软”的模糊域，增强了指标的鲁棒性。

5.3.3　吸引子比较指标

在计算吸引子比较指标之前，应该首先在大坝等水工混凝土结构正常运行的

情况下进行一次振动测量，根据式(5.2.6)得到各个测点的振动响应并重构吸引子，再将这些重构的吸引子作为基准吸引子$\boldsymbol{Y}_1(t)$。基准吸引子表征的是结构在正常运行情况下的动力系统演化特征。由在线的观测数据重构得到的吸引子称为比较吸引子$\boldsymbol{Y}_2(t)$，能够反映结构目前的状态。

在基准吸引子$\boldsymbol{Y}_1(t)$上随机地寻找F个基准点，这些基准点形成一个集合$S_1=\{\boldsymbol{Y}_1(n_1),\boldsymbol{Y}_1(n_2),\cdots,\boldsymbol{Y}_1(n_F)\}$。在基准吸引子和比较吸引子上寻找每一个基准点$\boldsymbol{Y}_1(n_f)(f=1,2,\cdots,F)$对应的$P$个邻近点。定义集合$\Phi_{1,n_j}(t)$和$\Phi_{2,n_j}(t)$分别是与基准点$\boldsymbol{Y}_1(n_f)$对应的基准吸引子和比较吸引子上的$P$个邻近点形成的集合。为了消除数据的时间相关性，集合$\Phi_{1,n_j}(t)$和$\Phi_{2,n_j}(t)$中各个基准点的邻近点应该满足 Theiler 给出的条件：

$$\Phi_{2,f}\subset Y_2(p_j):|p_j-n_f|>h,\quad j=1,2,\cdots,P;\quad f=1,2,\cdots,F \tag{5.3.4}$$

式中，参数h为 Theiler 时窗。

定义$\boldsymbol{C}_{1,f}(n_f)$和$\boldsymbol{C}_{2,f}(n_f)$分别表示根据基准吸引子和比较吸引子上与基准点$\boldsymbol{Y}_1(n_f)$相对应的$P$个邻近点计算的形心。经过时间步长$s$后，基准点的位置变为$\boldsymbol{Y}_1(n_f+s)$，形心点的位置随动力系统的演化变为$\boldsymbol{C}_{1,f}(n_f+s)$和$\boldsymbol{C}_{2,f}(n_f+s)$。如图 5.3.1 所示，吸引子比较指标目前主要有以下几种形式[37]。

(1)“形心-基准点”指标定义为基准点与其在比较吸引子上的P个邻近点形心位置，在s时间步后的距离为

$$\gamma_f=\|\boldsymbol{C}_{2,f}(n_f+s)-\boldsymbol{Y}_1(n_f+s)\| \tag{5.3.5}$$

$\boldsymbol{C}_{2,f}(n_f+s)$也可以看作对$\boldsymbol{Y}_1(n_f+s)$的预测，故该指标也称为非线性预测误差(nonlinear prediction error，NPE)。

(2)“形心-形心”指标定义为基准点在基准吸引子和比较吸引子上P个邻近点的形心位置，在s时间步后的距离为

$$\gamma_{\mathrm{CC},f}=\|\boldsymbol{C}_{2,f}(n_f+s)-\boldsymbol{C}_{1,f}(n_f+s)\| \tag{5.3.6}$$

(3) 修正的“形心-形心”指标是对式(5.3.6)所示指标进行的修正，消除基准吸引子和比较吸引子上各基准点邻近域形心位置的平移带来的误差$\|\boldsymbol{C}_{2,f}(n_f)-\boldsymbol{C}_{1,f}(n_f)\|$。

$$\hat{\gamma}_{\mathrm{CC},f}=\gamma_{\mathrm{CC},f}-\|\boldsymbol{C}_{2,f}(n_f)-\boldsymbol{C}_{1,f}(n_f)\| \tag{5.3.7}$$

(4) 修正的“形心-基准点”指标 1 是对式(5.3.5)所示指标进行的修正，消除基准吸引子上基准点和其邻近域形心位置在s时间步后的距离为

$$\gamma_{\mathrm{FC},f}=\|\boldsymbol{C}_{2,f}(n_f+s)-\boldsymbol{Y}_{1,f}(n_f+s)\|-\|\boldsymbol{C}_{1,f}(n_f+s)-\boldsymbol{Y}_{1,f}(n_f+s)\| \tag{5.3.8}$$

(5) 修正的“形心-基准点”指标 2 是对式(5.3.8)所示指标进一步的修正，不考虑n_j时刻，基准点与其在基准吸引子和比较吸引子上所对应的邻近域形心位置的

距离为

$$\hat{\gamma}_{\mathrm{FC},f}=\gamma_{\mathrm{FC},f}-(\|\boldsymbol{C}_{2,f}(n_f)-\boldsymbol{Y}_{1,f}(n_f)\|-\|\boldsymbol{C}_{1,f}(n_f)-\boldsymbol{Y}_{1,f}(n_f)\|) \tag{5.3.9}$$

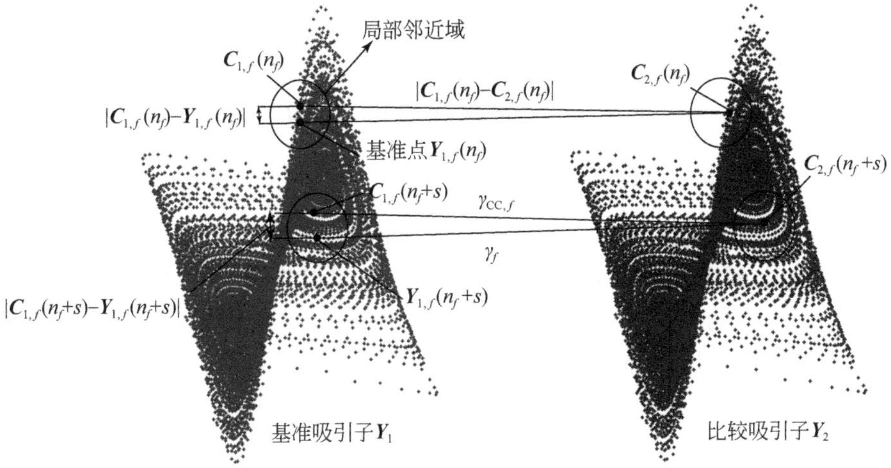

图 5.3.1　吸引子比较指标

对于线性结构，结构任意一点的振动响应可以看作系统状态向量 $\boldsymbol{z}(t)$ 的一个分量。根据相空间重构原理，任意一点振动响应的数据可以重构原始的动力系统。但考虑到在结构不同测点处各阶模态响应的大小是不同的，一种极端的情况，如测点位于模态的节点，则该阶模态对应的响应在该测点处始终为 0。因此，结构上不同测点的动力系统特性是存在差别的。若结构上不同位置处的振动响应是同步记录的，这时可以通过计算非线性互预测误差（nonlinear cross predition error，NCPE）来表征不同位置处动力系统的差异。根据结构上任意两个不同位置处同步测量的振动响应，分别进行相空间重构，得到重构的吸引子 $\boldsymbol{X}$ 和 $\boldsymbol{Y}$。在吸引子 $\boldsymbol{X}$ 上选取 F 个基准点 $\boldsymbol{X}(n_f)$（$f=1,\cdots,F$），这时在 $\boldsymbol{Y}$ 上有对应的时间指数相同的 F 个基准点 $\boldsymbol{Y}(n_f)$（$f=1,\cdots,F$）。对于吸引子 $\boldsymbol{X}$ 和 $\boldsymbol{Y}$ 上的每一个基准点，分别寻找 P 个最近的邻近点形成集合 $\Phi_{X,n_j}(t)$ 和 $\Phi_{Y,n_j}(t)$（$j=1,2,\cdots,P$）。寻找邻近点时，同样要将 Theiler 窗内的数据排除。这些邻近点演化 s 步后变为 $\Phi_{X,n_j}(t+s)$ 和 $\Phi_{Y,n_j}(t+s)$，这时定义吸引子 $\boldsymbol{X}$ 和 $\boldsymbol{Y}$ 的互预测误差为

$$\gamma_{\mathrm{CC},f}=\|\boldsymbol{C}_{X,f}(n_f+s)-\boldsymbol{C}_{Y,f}(n_f+s)\| \tag{5.3.10}$$

式中，$\boldsymbol{C}_{X,f}(n_f+s)$ 和 $\boldsymbol{C}_{Y,f}(n_f+s)$ 分别为点集 $\Phi_{X,n_j}(t+s)$ 和 $\Phi_{Y,n_j}(t+s)$ 的形心，$f=1,2,\cdots,F$。

非线性互预测误差可以表征不同测点之间结构状态的差异性。假定结构有 l 个测点，这时可以计算以下非线性互预测误差向量 $\boldsymbol{R}_{\mathrm{CC}}$：

$$\boldsymbol{R}_{\mathrm{CC}}=[\gamma_{\mathrm{CC},f}^{1,2},\gamma_{\mathrm{CC},f}^{2,3},\cdots,\gamma_{\mathrm{CC},f}^{l-1,l}] \tag{5.3.11}$$

式中，$\gamma_{CC,f}^{i,j}$为测点 i 和测点 j 振动响应间的非线性互预测误差，$i,j=1,2,\cdots,l$。

当两点间的互预测误差有增大或减小趋势时，表明这两点之间的结构发生了变化。Overbey[38]研究表明，当两点间的连接劲度变小时，这两点间的互预测误差会增大；当连接劲度增大时，互预测误差会减小。结构损伤会减小结构局部的刚度，从而会增大损伤部位附近测点与其他测点振动响应间的互预测误差。因此，理论上通过以上非线性互预测误差向量 $\boldsymbol{R}_{CC}$ 的变化可以实现损伤的识别和定位。

5.3.4 Poincaré 截面特征量

Poincaré 截面是评估周期解稳定性的一个有效工具。如图 5.3.2 所示，通过在 m 维嵌入空间中寻找一个 $m-1$ 维的超平面，可以将原来的时间序列压缩为相轨迹与该超平面的一些交叉点。一般情况下，这些交叉点的数目远远少于原来的相点数，因此可以显著降低分析计算量。这个 $m-1$ 维的超平面就是 Poincaré 截面。这些交叉点是原动力系统在 $m-1$ 维空间的离散表达。

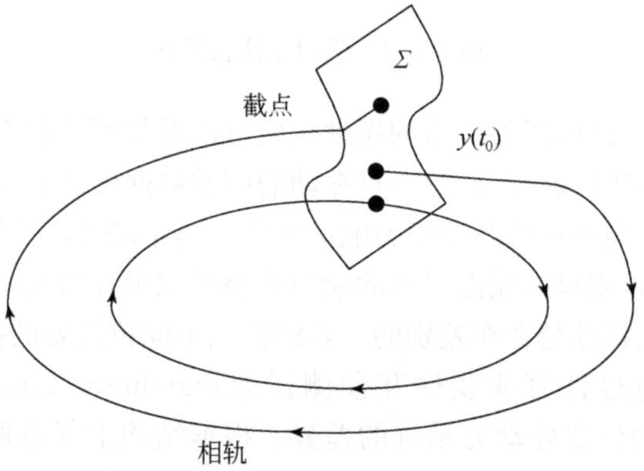

图 5.3.2 Poincaré 截面

考虑式(5.2.4)所示的非自治动力系统(受迫系统)，Poincaré 截面 Σ 的法向量 $\boldsymbol{n}(t)$应该满足：

$$\boldsymbol{n}(\boldsymbol{z})\cdot\boldsymbol{F}(\boldsymbol{z},\boldsymbol{u})\neq 0 \tag{5.3.12}$$

在相空间内计算一个合适的 Poincaré 截面是该算法的关键。根据实测时间序列计算 Poincaré 截面的一般方法如下：

(1) 对时间序列 $y(k)(k=1,2,\cdots,N_s)$进行相空间重构，得到重构的吸引子 $\boldsymbol{Y}(k)=[y(k),y(k+\tau),\cdots,y(k+(m-1)\tau)]$。

(2) 在相空间内选择一个初始点 $\boldsymbol{Y}(t_0)$，一般可以选择所有点的均值，然后在该点附近确定一个半径为 r 的邻域，再在邻域内计算相轨迹的平均线性流形 $f(t_0)$，令法向量 $\boldsymbol{n}=f(t_0)$；另一种更简单的方法是假定法向量与相空间内的一个坐标轴平行。

(3) 根据法向量 $\boldsymbol{n}=f(t_0)$ 和点 $\boldsymbol{Y}(t_0)$ 得到 Poincaré 截面 Σ 的方程。

(4) 计算相轨迹与截面 Σ 的交叉点 $\boldsymbol{Y}_k^{\mathrm{p}}(k=1,2,\cdots,N_{\mathrm{p}})$，并记录与交叉点对应的时刻 $t_k(k=1,2,\cdots,N_{\mathrm{p}})$，计算中需根据离散的相点进行插值计算。

根据交叉点对应的时刻 $t_k(k=1,2,\cdots,N_{\mathrm{p}})$，如果已知采样频率为 f_{s}，那么可以采用式(5.3.13)计算信号的基频 f_1：

$$f_1=\frac{f_{\mathrm{s}}}{\dfrac{1}{N_{\mathrm{p}}-1}\sum_{i=1}^{N_{\mathrm{p}}-1}(t_{i+1}-t_i)} \tag{5.3.13}$$

式中，t_i 和 t_{i+1} 分别为相轨迹第 i 次和第 $i+1$ 次穿过 Poincaré 截面的时刻。

如图 5.3.3 所示，可以定义任意 Poincaré 截面 Σ，然后根据 Poincaré 截面 Σ 上的截点 $\boldsymbol{Y}_k^{\mathrm{p}}(k=1,2,\cdots,N_{\mathrm{p}})$ 计算指标 S：

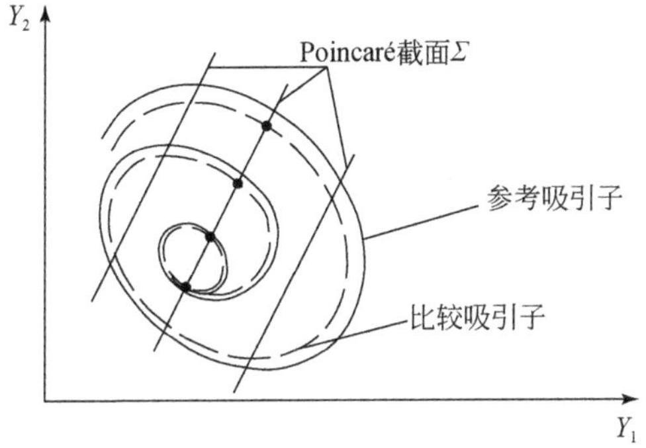

图 5.3.3　Poincaré 截面特征量的计算

$$S=\sum_{k=1}^{N_{\mathrm{p}}-1}\|\boldsymbol{Y}_{k+1}^{\mathrm{p}}-\boldsymbol{Y}_k^{\mathrm{p}}\| \tag{5.3.14}$$

当系统处于正常状态时，Poincaré 截面 Σ 上的截点应分布在一定范围之内，上述指标也应该在一定范围内变动。当结构出现损伤时，指标 S 会超出正常范围[39,40]。

5.3.5　递归图特征量

1. 递归图和互递归图

由于构成混沌吸引子的非稳态轨道在有限的吸引子空间中会不断地近似逼近及分岔远离，从而出现递归现象。根据提取的时间序列重现系统动力学递归行为的方法，即为递归定量分析(recurrence quantification analysis，RQA)法，该方法最早是由 Eckmann 等[41]提出的。

递归图(recurrence plots,RPs)分析是判断数据中是否存在某些确定性规律的一种有效工具,该方法满足了传统方法对系统平稳的严格要求,又不受数据统计分布假设的限制,使用 RQA 法分析信号能获得其他方法难以得到的可靠结论。RPs 及其相关统计量已成功应用于多个工程领域时间序列的分析[42-45]。

定义

$$R_{ij}=H(\varepsilon-\|\boldsymbol{Y}_i-\boldsymbol{Y}_j\|)=\begin{cases}0, & D_{ij}>\varepsilon\\1, & D_{ij}\leqslant\varepsilon\end{cases}\tag{5.3.15}$$

式中,$D_{ij}=\|\boldsymbol{Y}_i-\boldsymbol{Y}_j\|$;$H(\cdot)$为 Heaviside 函数;$\varepsilon$ 为阈值。

在 RPs 中,定义线段为连续无空白的 l 个邻近的点($l\geqslant 2$)。线段的长度是指线段上点的数目。垂直的线(或水平线)反映了传统的自相关概念,平行于主对角线的线段代表确定性的动力系统。图 5.3.4 是带限白噪声、正弦波、Lorenz 振子和地震波的 RPs。可以看出,不同类型的数据对应的 RPs 有明显的不同,地震波的 RPs 也呈现出一定的有规则的复杂结构,只不过该复杂结构在一定程度上被随机干扰掩盖了。

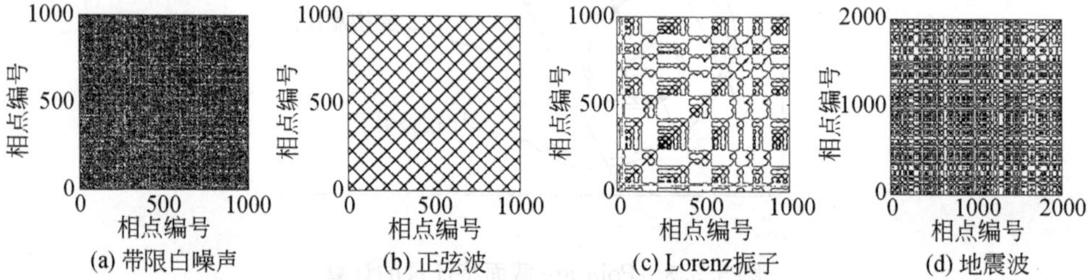

图 5.3.4　不同类型时间序列的 RPs

用类似的方法可以定义两个重构的动力系统吸引子 $\boldsymbol{X}$ 和 $\boldsymbol{Y}$ 间的互递归图(cross recurrence plots,CRPs):

$$\mathrm{CR}_{ij}=H(\varepsilon-\|\boldsymbol{X}_i-\boldsymbol{Y}_j\|)=\begin{cases}0, & \|\boldsymbol{X}_i-\boldsymbol{Y}_j\|>\varepsilon\\1, & \|\boldsymbol{X}_i-\boldsymbol{Y}_j\|\leqslant\varepsilon\end{cases}\tag{5.3.16}$$

在绘制 RPs 和 CRPs 时,参数的选择对最终的分析结果有很重要的影响。ε 值太小,计算结果不稳定,太大则对损伤不敏感。可以经验性地取数据标准差的 15%,也可以采用 Nichols 等提出的方法来选择参数 ε。定义以下序列:

$$h_i=\sum_{k-j=i}^{N-i}R_{jk}\tag{5.3.17}$$

式中,N 为样本长度;R_{jk} 的计算如式(5.3.15)所示。

根据时间序列,应用式(5.3.18)可以计算显著的线段(指长度大于 $\mu_h+3\sigma_h$ 的线段)条数。

$$N_l = \sum_i H[h_i - (\mu_h + 3\sigma_h)] \tag{5.3.18}$$

式中，μ_h和 σ_h分别为序列 h_i的均值和方差。将 ε 值由小变大，当指标 N_l开始趋于稳定时，对应的 ε 最小的值即为最优的 ε 值。

2. 递归图定量指标

为了对 RPs 和 CPRs 进行定量分析，一系列的定量指标[46,47]包括递归率、确定率、递归熵、比率、分层率、平均对角线长度、最大对角线长度和分岔性等被提出来，考虑各种指标在结构损伤诊断中实际应用的效果，这里仅研究三种指标：递归率、确定率和递归熵。

递归率是 RPs 或 CPRs 中的递归点在递归图上占据的相对量：

$$\mathrm{RR} = \frac{1}{N^2}\sum_{i=1}^{N}\sum_{j=1}^{N} R_{ij} \tag{5.3.19}$$

确定率是构成平行于对角线段的递归点数与总递归点数的比值：

$$\mathrm{DET} = \sum_{l=l_{\min}}^{N} lN_l \Big/ \sum_{i=1}^{N} R_{ij} \tag{5.3.20}$$

式中，N_l是长度为 l 的线段数；$l_{\min}$一般取 2。

递归熵是由信息理论引申出来的特征量，在 RPs 或 CPRs 中寻找一条长度为 $l(l>l_{\min})$的线段的概率可以定义为

$$p(l) = N_l \Big/ \sum_{\xi=l_{\min}}^{N} \xi N_\xi \tag{5.3.21}$$

式中，N_ξ是长度为 ξ 的线段数。

这时，Shannon 熵可以定义为

$$\mathrm{ENTR} = -\sum_{l=l_{\min}}^{N} p(l)\log_2 p(l) \tag{5.3.22}$$

Shannon 熵即为递归熵。熵反映了某种变量的信息成分，在这里变量是 RPs 或 CPRs 中线段的长度 l。RPs 或 CPRs 的结构越复杂，不同长度的线段越多，反映动力学的信息量越大，递归熵值就越高。

5.4　环境激励下非线性动力系统指标的提取

采用非线性动力系统指标来进行结构损伤诊断的研究，目前还停留在试验和数值模拟的阶段。在这些研究中，环境激励都被假定为稳定的确定性激励。然而，实际环境激励的性质是十分复杂的。在实际工程中外部激励可能有三种情况：确

定性激励、随机激励和混合激励(确定性激励和随机激励的混合)。当把基于非线性动力系统指标的结构损伤诊断方法应用于环境激励下的水工混凝土结构时,要考虑到环境激励下结构受迫振动响应的性质是由结构本身的性质和激励信号的性质共同决定的。为了能从实测的结构受迫振动响应中提取反映结构本身特性的非线性动力系统指标,必然要考虑环境激励的影响。本节提出在不同类型的环境激励下,从线性结构的受迫振动响应中提取反映结构系统本身性质的非线性动力系统指标的方法,并用实例验证方法的效果。

5.4.1 不同类型激励下线性结构的受迫振动

1. 确定性激励

确定性激励一般包括周期性、拟周期性和混沌的激励。这些激励的特点是可以采用数学公式来精确地表达,本质上是一个确定性的动力系统。线性结构在这些确定性激励作用下的振动响应也可以表达为一个确定性的动力系统。周期性的扫频激励在水工混凝土结构的试验模态分析中常常会用到。而目前基于非线性动力系统指标的结构损伤诊断问题的研究,大部分都是采用混沌,甚至超混沌[48,49]的激励作为数值模拟或试验中的激励信号。虽然环境激励一般不可能是一个完全确定性的动力系统,但某些环境激励中可能含有确定性的甚至混沌分量。因此,对于确定性尤其是混沌激励下结构振动问题的研究,仍然具有很重要的意义。

线性结构在确定性激励作用下,观测结构的位移、速度或(支撑激励下)绝对加速度响应,这时结构的振动可以在状态空间中表达为以下形式:

$$\begin{cases}\dot{\boldsymbol{z}}(t)=\boldsymbol{A}_c\boldsymbol{z}(t)+\boldsymbol{B}_c\boldsymbol{u}(t)\\ \boldsymbol{y}(t)=\boldsymbol{G}\boldsymbol{z}(t)\end{cases} \tag{5.4.1}$$

式中,确定性激励信号 $\boldsymbol{u}(t)$ 满足以下动力系统的演化方程:

$$\dot{\boldsymbol{u}}(t)=\boldsymbol{F}_u(\boldsymbol{u}(t)) \tag{5.4.2}$$

其中,$\boldsymbol{F}_u(\cdot)$ 为激励信号 $\boldsymbol{u}(t)$ 的动力系统方程。

周期性和拟周期性的扫频激励应该满足扫频频带和结构自振频率的频带有一定的重叠,才能保证根据结构受迫振动响应提取的诊断指标能反映结构本身的特性。而对于非线性混沌的激励,同样需要满足一定的限制条件才能保证从受迫振动响应中提取的指标能够用来进行结构的损伤诊断。结构的受迫振动响应和结构激励间的关系,在时域内可以表达成式(2.4.7)~式(2.4.9)的卷积形式。卷积形式的表达常让人们联想到数字信号处理技术中的滤波器。如图 5.4.1 所示,结构就像一个滤波器,而混沌激励输入将会受到结构的滤波作用。线性或非线性的结构在混沌的激励信号作用下,其响应一般也是混沌的。结构状态的变化将导致滤波器参数的变化，进而使滤波后的混沌信号表现出不同的动力学特性。通过合理地选定激励信号，使激励信号的 Lyapunov 指数谱满足一定的约束条件，便可以在保证滤波信号低维结构的情况下，使根据滤波后信号提取的特征参数能反映结构系统的变动，以便进行结构的损伤诊断。

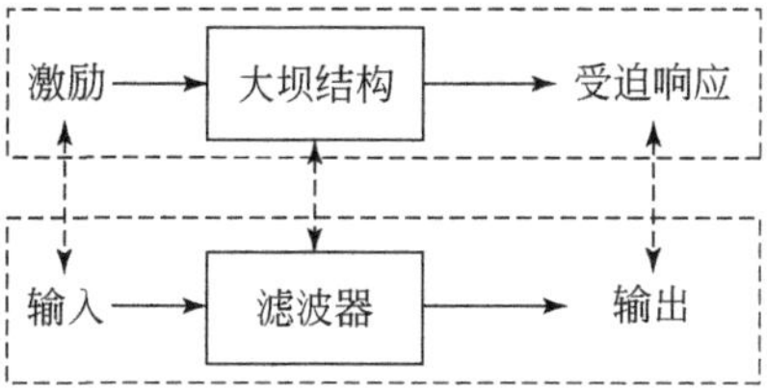

图 5.4.1　结构滤波

连续线性系统 $\dot{\boldsymbol{z}}(t)=\boldsymbol{A}_c\boldsymbol{z}(t)$ 的 Lyapunov 指数是系统矩阵 $\boldsymbol{A}_c$ 特征值的实部。因此，经过结构滤波得到结构响应信号的 Lyapunov 指数谱 λ_i^{S} 包括两部分：

$$\left.\begin{array}{l}\mathrm{LE}_j^{\mathrm{C}}: j=1,\cdots,d_1\\ \mathrm{LE}_k^{\mathrm{L}}: k=1,\cdots,d_2\end{array}\right\}\Rightarrow \mathrm{LE}_i^{\mathrm{S}},\quad \mathrm{LE}_1^{\mathrm{S}}>\mathrm{LE}_2^{\mathrm{S}}>\cdots>\mathrm{LE}_{d_1+d_2}^{\mathrm{S}} \tag{5.4.3}$$

式中，$\mathrm{LE}_j^{\mathrm{C}}$ 为 d_1 维的混沌激励信号所对应的 Lyapunov 指数谱；$\mathrm{LE}_k^{\mathrm{L}}$ 为连续线性系统所对应的 Lyapunov 指数谱，即 $\mathrm{LE}_k^{\mathrm{L}}$ 对应系统矩阵 $\boldsymbol{A}_c$ 特征值的实部；上标 C、L 和 S 分别表示激励、结构系统和结构响应。

根据 Kaplan-Yorke 猜想，混沌系统的 Lyapunov 维数 D_{L} 如式(5.2.31)所示，可以定义为 $D_{\mathrm{L}}=k+S_k/|\mathrm{LE}_{k+1}|$。从式(5.2.31)可以看出，对于一个混沌的动力系统，决定系统动力特性的是其所有正的 Lyapunov 维数和前几个负的 Lyapunov 维数代表的方向演化特性，其他负 Lyapunov 维数代表的方向不起作用。如图 5.4.2 所示，为了保证结构的改变能在动力响应上有所表现，应该保证激励信号的 Lyapunov 指数 $\mathrm{LE}_j^{\mathrm{C}}$ 和结构动力系统的 Lyapunov 指数 $\mathrm{LE}_j^{\mathrm{L}}$ 满足以下关系[50,51]：

$$|\mathrm{LE}_1^{\mathrm{C}}|<|\mathrm{LE}_1^{\mathrm{L}}| \tag{5.4.4a}$$

$$|\mathrm{LE}_{d1}^{\mathrm{C}}|>|\mathrm{LE}_1^{\mathrm{L}}| \tag{5.4.4b}$$

式(5.4.4a)是为了保证结构响应信号的维数可以保持低维的特性；式(5.4.4b)是为了保证结构和激励信号的 Lyapunov 指数谱存在重叠区域，结构的 Lyapunov 指数在采用式(5.2.31)计算维数时不被滤除，以便使结构的变化可以反映在非线性动力系统指标中。

激励信号和动力响应的 Lyapunov 指数谱可以采用 Wolf 法[4]进行估算。对于线性结构，当 n 自由度的结构采用黏性比例阻尼，如 Rayleigh 阻尼时，结构自由振动对应的 Lyapunov 指数谱为

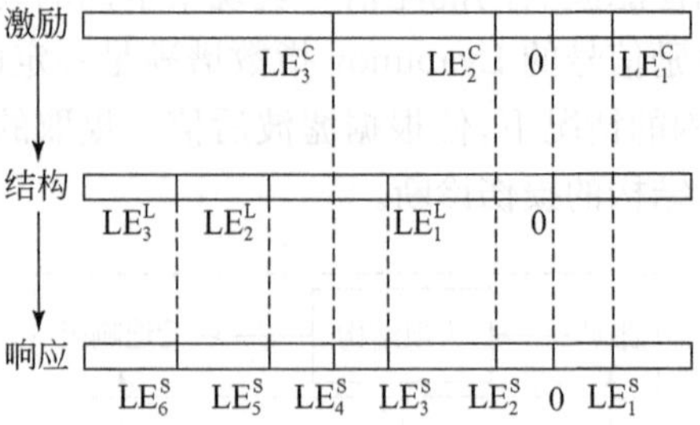

图 5.4.2　激励、结构和受迫响应的 Lyapunov 指数谱

$$LE_k^L = -[\alpha + \beta(2\pi f_k)^2]/2, \quad k = 1,2,\cdots,n \tag{5.4.5}$$

式中,α 和 β 分别为 Rayleigh 阻尼的质量和劲度乘子;f_k 为结构的自振频率。

对于一般阻尼的结构,其 Lyapunov 指数是系统矩阵特征值的实部,参考式(3.2.11)可以看出

$$LE_k^L = \mathrm{Re}\{\lambda_k\} = -\omega_k \xi_k, \quad k = 1,2,\cdots,n \tag{5.4.6}$$

当计算得到结构的自振频率和阻尼比后,代入式(5.4.5)或式(5.4.6)就可以计算结构的 Lyapunov 指数谱;再采用一定方法(如 Wolf 法)估算激励信号的 Lyapunov 指数谱。这时,便可以评价激励信号是否满足式(5.4.4)的要求,以保证结构的参数变化能反映在动力特性指标上,并且与响应信号的对应吸引子的维数尽可能小。

2. 随机激励

随机激励下线性结构的受迫振动是一个随机过程,并且一般工程中都假定为平稳的各态历经的随机过程。随机激励作用下线性结构的离散状态空间模型如式(3.2.2)所示,在连续状态空间内可以表达为

$$\begin{cases} \dot{\boldsymbol{z}}(t) = \boldsymbol{A}_c \boldsymbol{z}(t) + \boldsymbol{w}(t) \\ \boldsymbol{y}(t) = \boldsymbol{G}\boldsymbol{z}(t) + \boldsymbol{v}(t) \end{cases} \tag{5.4.7}$$

动力系统理论研究的是确定性的动力系统的相关性质,而随机激励作用下的结构响应是一个随机过程。为此,需要通过一定的方法来消除随机的环境激励的效应。Nie 等[52,53]通过混凝土板的试验研究表明,对结构的脉冲响应数据采用相空间重构的方法进行分析,并提取动力系统指标,可以实现结构的损伤诊断。对于环境激励下的结构,脉冲响应可以采用 NExT 获得。宽带随机激励下,结构响应间的协方差函数与结构的脉冲响应和自由振动有相似的表达形式。由于结构的自由振动对应的是一个自治的确定性动力系统,这样便把对随机受迫响应的研究转换为对确定性结构自由振动的研究。理论上,该动力系统的吸引子可能是周期或拟周期的,可以提取动力系统指标。

3. 混合激励

实际的环境激励可以采用混合激励的形式来进行表达。混合激励同时含有确定性的激励成分 $\boldsymbol{u}(t)$ 和随机的激励成分 $\boldsymbol{v}(t)$，这时线性结构的振动可以表达为以下确定-随机状态空间模型的形式：

$$\begin{cases}\dot{\boldsymbol{z}}(t)=\boldsymbol{A}_c\boldsymbol{z}(t)+\boldsymbol{B}_c\boldsymbol{u}(t)+\boldsymbol{v}(t)\\ \boldsymbol{y}(t)=\boldsymbol{G}\boldsymbol{z}(t)+\boldsymbol{w}(t)\\ \dot{\boldsymbol{u}}(t)=\boldsymbol{F}_u(\boldsymbol{u}(t))\end{cases} \tag{5.4.8}$$

线性结构对荷载具有可加性，因此线性结构在混合激励作用下的受迫响应可以看作在确定性激励作用下的响应加上随机响应。根据 Nichols 的分析结论[54]，当混合激励中确定性成分占优势时，随机成分的效应仅使受迫振动系统的吸引子发生一些局部扰动，这时相空间重构方法仍然可以用来近似地恢复振动结构对应的动力系统。也就是说，当动力系统中确定性机制占主要作用时，随机效应引起的误差是比较小的，相空间重构的分析方法仍然是适用的。Overbey 等[55]通过试验证明，当对结构施加带限白噪声激励时，非线性预测误差指标仍然能很好地表征结构的损伤。Nichols[54]根据海浪随机激励下海洋平台的随机振动响应，直接通过相空间重构的吸引子来计算非线性预测误差，实现了对海岸结构的安全监控。Trickey 等研究表明，当对结构采用窄带的随机过程进行激励时，结构的响应是低维的，并且可以通过相空间进行重构。Richter 等[13]对非确定性的人体心电图信号的分析结果表明，对于这类有一定随机干扰的信号，可以采用相空间重构的方法进行分析。当各次测量的混合激励的性质稳定或无显著变化，并且随机干扰的成分较小时，可以采用确定性激励下结构振动问题的分析方法来进行损伤诊断指标提取，并采用 2.3.4 节所述的非线性数据的去噪方法来减少随机干扰的影响；否则，若混合激励下随机成分占优势，则应该把环境激励近似看成一个随机过程，而不是一个确定性的动力系统，需要采用自然激励技术对随机振动响应数据进行处理。

5.4.2　振动响应时间序列性质的判定

对于环境激励下结构非线性动力系统指标的提取问题，环境激励的性质直接关系到指标提取方法的选择。不同类型的环境激励作用下，结构非线性动力系统指标的提取方法是不同的。从一个完全随机的系统响应数据中提取确定性的动力系统特征指标，或对确定性的响应信号采用 NExT 进行处理，都是不合理的。因此，在根据结构振动响应进行动力特征参数提取之前，一个关键的问题是如何判定产生该时间序列的系统是线性的还是非线性的，是随机性强还是确定性更强。实测振动响应信号性质的判别，可以从以下方面来进行：

(1) 计算最大 Lyapunov 指数、分形维数和拓扑熵等指标，根据这些指标来判断动力系统的类型。

(2) 对振动响应信号的功率进行分析：①若功率谱图有几个单峰(或几个峰值)，则对应的响应为谐波或拟谐波；②若功率谱图没有明显的峰值，或峰值连在一起，则对应于混沌序列；③若序列是理想的白噪声，其功率谱图是谱值恒定的水平线。

(3) 绘制 Poincaré 截面映射图，通过观察这些 Poincaré 截面上节点的运动情况来判定时间序列中是否存在混沌：①若 Poincaré 截面上仅有一个不动点或少数离散点，则运动是周期的；②若 Poincaré 截面上是一条封闭曲线，则运动是拟周期的；③若 Poincaré 截面上是一些成片且具有分形结构的密集点时，则运动是混沌的；④若 Poincaré 截面上是均匀分布的密集点，则运动是高斯白噪声。

在上述的三种判别方法中，第一种方法对特征量计算的精度要求比较高，但目前 Lyapunov 指数、分形维数和拓扑熵等特征指标的计算方法的鲁棒性较差，特征量的计算结果常含有很大误差，使判定效果不佳；后两种方法需要根据图形进行人为判定，常混入了很多主观因素，不利于实际应用。由 Theiler 等[56,57]提出的替换数据法是一种鲁棒性强且实施简便的非线性数据判断方法。替换数据法的基本思想是：首先指定某种线性随机过程为零假设 H_0；根据该假设使用某种生成算法产生一组替换数据；然后分别计算原始数据和替换数据集的某一检验统计量；最后使用某种统计检验方法，根据原始时间序列和替换数据的统计量差异，在一定置信度内决定接受或拒绝零假设 H_0[58]。

替换数据法一般包括四个主要步骤，即提出零假设 H_0，替换数据的生成，统计量的计算和统计检验。假设检验的零假设 H_0 一般包括三种：①观测数据是由独立同分布的随机变量产生的；②观测数据是由线性相关的随机过程产生的；③观测数据是由线性相关的随机过程经过静态非线性变换产生的。这三类零假设间的关系如图 5.4.3 所示。从图中可以看出，第三种零假设所包含的数据类型范围最广，包含了前两种假设。实际工程中的实测振动响应数据性质复杂，常常不能完全满足前两种零假设，因此，第三种零假设的应用更为广泛。

替换数据的生成是替换数据法的关键步骤。目前常用的替换数据生成方法是幅值匹配的傅里叶变换(amplitude adjusted Fourier transform，AAFT)和迭代幅度匹配的傅里叶变换(iterated amplitude adjusted Fourier transform，IAAFT)。其中，AAFT 算法是将原时间序列进行傅里叶变换得到其功率谱，将功率谱中各频率成分对应的相位进行随机改变，然后进行傅里叶逆变换得到原始数据的替换数据。该方法容易对长相关和非平稳序列产生伪估计，而 IAAFT 算法则可以很好

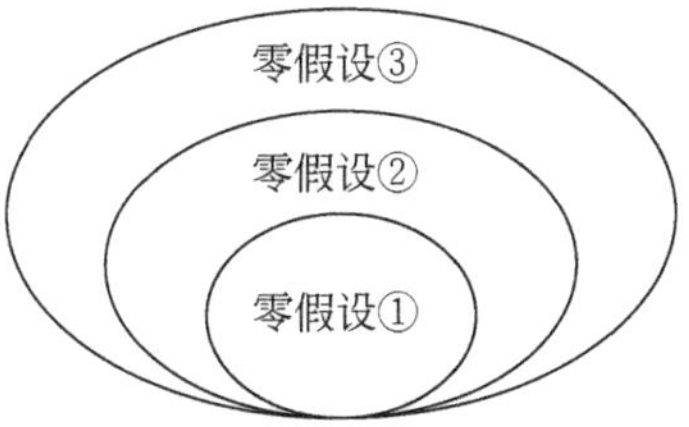

图 5.4.3　零假设 H_0

地解决这一问题。

根据替换数据计算特征量，重复上述过程若干次。检验所需的统计量 q 一般有两种：一种是时域上的各种高阶矩统计量；另一种是非线性动力系统指标（如分形维数、Lyapunov 指数和 Hurst 指数等）。为了进行假设检验需要构造统计量[59]：

$$S=|q^0-\bar{q}|/\sigma_q \tag{5.4.9}$$

式中，q^0 为根据原时间序列计算的特征量；$\bar{q}$ 为根据各替换数据计算得到的特征量的均值；σ_q 为数据的标准差。

若根据替换数据法计算得到的一系列特征量服从正态分布，则 S 应该服从标准正态分布 $N(0,1)$。如图 5.4.4 所示，设定一定的检验水平 α（如 $\alpha=0.01$），若 $S>S_{\alpha/2}$ 成立，表明替换数据与原始数据有显著差异，则原始的零假设 H_0 不成立，原始时间序列确定性强；否则原零假设 H_0 成立，原始的时间序列随机性强。

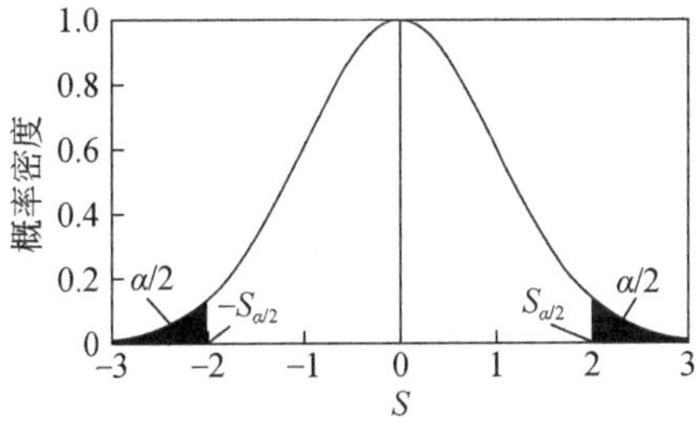

图 5.4.4　假设检验

5.4.3　非线性动力系统指标的计算流程

通过以上分析可以看出，环境激励下水工混凝土结构振动响应的性质是十分复杂的。这种复杂性主要是由结构本身和环境激励性质的复杂性决定的。为了便于理论分析和实际应用，做出如下三点假定。A_1：无损的基准结构是线性的或弱非线性的，结构出现损伤后其非线性性质会增强；A_2：一次振动测量的历时一般很短，在测量过程中各种环境变量（库水位、气温等）的变化可以近似忽略；A_3：不同测次对应的环境激励是稳定的或环境激励对应的变化在一定的范围内，服从某一特定的随机分布。

在以上假设条件 $A_1 \sim A_3$ 下，针对不同类型的激励，进行结构振动响应的非线性动力系统指标的提取流程如图 5.4.5 所示。

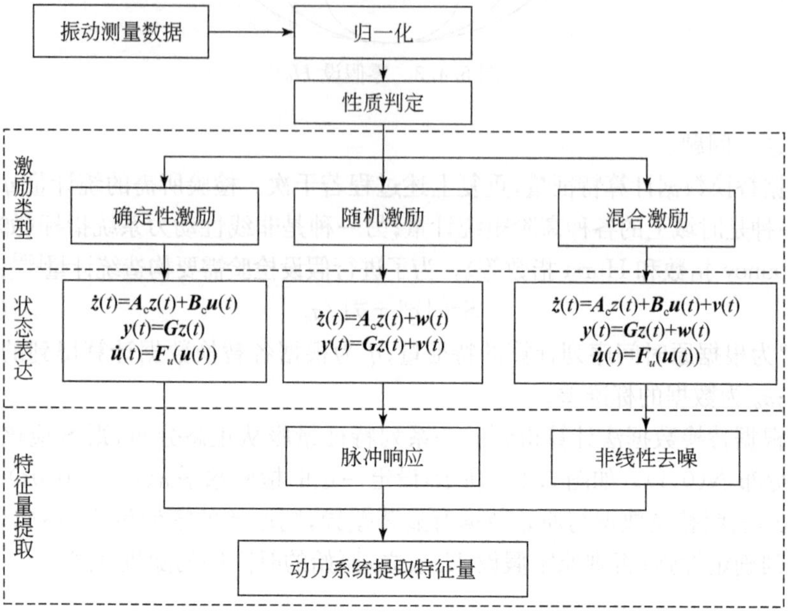

图 5.4.5　不同类型激励下进行结构振动响应的非线性动力系统指标的提取流程

参 考 文 献

[1] Foong C H, Pavlovskaia E, Wiercigroch M, et al. Chaos caused by fatigue crack growth[J]. Chaos, Solitons and Fractals, 2003, 16(5): 651-659.

[2] 涂劲，陈厚群，杜修力. 高拱坝非线性地震反应分析中横缝模拟方案研究[J]. 水力发电学报，2001，13(2)：18-25.

[3] 张我华，吴志军，薛新华. 地震荷载作用下大坝非线性响应的混沌分析[J]. 岩土工程学报，2006，28(10)：1298-1303.

[4] Wang L, Yang Z. Effect of response type and excitation frequency range on the structural damage detection method using correlation functions of vibration responses[J]. Journal of Sound and Vibration, 2013, 332(4): 645-653.

[5] Boldrighini C, Francheshini V. A five-dimensional truncation of the plane incompressible Navier-Stokes equations [J]. Communications in Mathematical Physics, 1979, 64 (2): 159-170.

[6] 朱令人,陈顒. 地震分形[M]. 北京:地震出版社,2000.
[7] 龙运佳. 混沌振动研究方法与实践[M]. 北京:清华大学出版社,1996.
[8] 杨迪雄,杨丕鑫. 强震地面运动的混沌特性分析[J]. 防震减灾工程学报,2009,29(3):252-259.
[9] 王运赣,王紫薇. 系统动力学[M]. 武汉:华中理工大学出版社,1991.
[10] 吕金虎. 混沌时间序列分析及其应用[M]. 武汉:武汉大学出版社,2005.
[11] 卢侃,孙建华,欧阳容百,等. 混沌动力学[M]. 上海:上海翻译出版公司,1990.
[12] Mallat S. A Wavelet Tour of Signal Processing [M]. 2nd ed. San Diego: Academic Press, 1998.
[13] Richter M, Schreiber T. Phase space embedding of electrocardiograms[J]. Physical Review E, 1998, 58(5): 6392-6398.
[14] Takens F. Determining strange attractors in turbulence[J]. Lecture Notes in Mathematics, 1981, 898: 366-381.
[15] Stark J, Broomhead D S, Davies M E, et al. Delay embeddings for forced systems: I deterministic forcing[J]. Journal of Nonlinear Science, 1999, 9(3): 255-332.
[16] Sauer T. Time Series Prediction Using Delay Coordinate Embedding[M]. Hoboken: Addison-Wesley, 1993.
[17] Fraser A M, Swinney H L. Independent coordinates for strange attractors from mutual information[J]. Physical Review A, 1986, 33(2): 1134.
[18] 杨志安,王光瑞,陈式刚. 用等间距分格子法计算互信息函数确定延迟时间[J]. 计算物理,1995,12(4):442-447.
[19] Kennel M B, Brown R, Abarbanel H D I. Determining embedding dimension for phase-space reconstruction using a geometrical construction[J]. Physical Review A, 1992, 45(6): 3403.
[20] Cao L. Practical method for determining the minimum embedding dimension of a scalar time series[J]. Physica D: Nonlinear Phenomena, 1997, 110(1-2): 43-50.
[21] Nerenberg M A H, Essex C. Correlation dimension and systematic geometric effects[J]. Physical Review A, 1990, 42(12): 7065-7074.
[22] 赵贵兵,石炎福,段文锋,等. 从混沌时间序列同时计算关联维和 Kolmogorov 熵[J]. 计算物理,1999,16(3):309-315.
[23] Theiler J. Spurious dimension from correlation algorithms applied to limited time-series data[J]. Physical Review A, 1986, 34(3): 2427-2432.
[24] Grassberger P, Procaccia I. Estimation of the Kolmogorov entropy from a chaotic signal[J]. Physical Review A, 1983, 28(4): 2591-2593.
[25] Kaplan J L, Yorke J A. Chaotic behavior of multidimensional difference equations [M]// Functional Differential Equations and Approximation of Fixed Points. Berlin: Springer, 1979.
[26] Wolf A, Swift J B, Swinney H L, et al. Deter-mining Lyapunov exponents from a time series [J]. Physica D: Nonlinear Phenomena, 1985, 16(3): 285-317.
[27] Kantz H. A robust method to estimate the maximal Lyapunov exponent of a time series[J].

Physics letters A,1994,185(1):77-87.

[28] Rosenstein M T,Collins J J,de Luca C J. A practical method for calculating largest Lyapunov exponents from small data sets[J]. Physica D:Nonlinear Phenomena,1993,65(1-2):117.

[29] 赖道平,吴中如,周红. 分形学在大坝安全监测资料分析中的应用[J]. 水利学报,2004,49(1):100-104.

[30] Rehman S,Siddiqi A H. Wavelet based Hurst exponent and fractal dimensional,analysis of Saudi climatic dynamics[J]. Chaos, Solitons and Fractals,2009,40(3):1081-1090.

[31] Lin T K,Wu R T,Chang K C,et al. Evaluation of bridge instability caused by dynamic scour based on fractal theory[J]. Smart Materials and Strucutres,2013,22(7):1-13.

[32] 刘磊,胡非,李军,等. 基于 Weierstrass-Mandelbrot 函数的分形风速脉动仿真[J]. 气候与环境研究,2013,18(1):43-50.

[33] Hegger R, Kantz H, Schreiber T. Practical implementation of nonlinear time series methods:The TISEAN package[J]. Chaos,1999,9(2):413-435.

[34] 李春贵,裴留庆. 一种识别混沌时间序列动力学异同性的方法[J]. 物理学报,2003,52(9):2114-2119.

[35] 武连文,程乾生. 关于动力学互相关因子指数的注记[J]. 物理学报,2005,54(7):3027-3028.

[36] 顾冲时,李占超,徐波. 基于动力学结构突变的混凝土坝裂缝转异诊断方法研究[J]. 中国科学 E 辑:技术科学,2011,41(7):1000-1009.

[37] Olson C C,Overbey L A, Todd M D. A comparison of state-space attractor features in structural health monitoring[C]//Proceedings of the 23rd International Modal Analysis Conference, Orlando, 2005.

[38] Overbey L A. Time Series analysis and Feature Extraction Techniques for Structural Health Monitoring Applications[D]. San Diego:University of California,2008.

[39] Trendafilova I. Vibration-based damage detection in structures using time series analysis[J]. Proceedings of the Institution of Mechanical Engineers, Part C. Journal of Mechanical Engineering Science,2006,220(c3):261-272.

[40] Manoach E,Trendafilova I. Large amplitude vibrations and damage detection of rectangular plates[J]. Journal of Sound and Vibration,2008,315(3):591-606.

[41] Eckmann J P, Kamphorst S, Ruelle D. Recurrence plots of dynamic systems[J]. Europhysics Letters,1987,4(9):973-977.

[42] Marwan N,Wessel N,Meyerfeldt U,et al. Recurrence plot based measures of complexity and its application to heart fate variability data[J]. Physical Review E,2002,66(2):026702.

[43] Marwan N,Thiel M,Nowaczyk N R. Cross recurrence plot based synchronization of time series[J]. Nonlinear Processes in Geophysics,2002,9(3):325-331.

[44] Marwan N,Kurths J. Nonlinear analysis of bivariate data with cross recurrence plots[J]. Physics Letters A,2002,302(5-6):299-307.

[45] Marwan N,Romano M C,Thiel M,et al. Recurrence plots for the analysis of complex

systems[J]. Physics Reports,2007,438(5-6):237-329.

[46] Nichols J M,Trickey S T,Seaver M. Damage detection using multivariate recurrence quantification analysis[J]. Mechanical Systems and Signal Processing,2006,20(2):421-437.

[47] 赵鹏,周云龙,孙斌. 递归定量分析在离心泵故障诊断中的运用[J]. 振动、测试与诊断,2010,30(6):612-616.

[48] Torkamani S,Butcher E A,Todd M D,et al. Hyperchaotic probe for damage identification using nonlinear prediction error[J]. Mechanical Systems and Signal Processing,2012,29:457-473.

[49] Torkamani S,Butcher E A,Todd M D,et al. Detection of system changes due to damage using a tuned hyperchaotic probe[J]. Smart Materials and Structures,2011,20(2):1-16.

[50] Badii R,Broggi G,Derighetti B,et al. Dimension increase in filtered chaotic signals[J]. Physical Review Letters,1998,60(11):979-982.

[51] Todd M D,Pecora L M,Nichols J M,et al. Novel nonlinear feature identification in vibration-based damage detection using local attractor variance[C]//IMAC-XIX: A Conference on Structural Dynamics,Kissimmee,2001.

[52] Nie Z H,Hao H,Ma H. Structural damage detection using phase space geometry changes [C]//Proceedings of 4th International Conference on Experimental Vibration Analysis for Civil Engineering Structures,Varenna,2011.

[53] Nie Z H,Hao H,Ma H. Structural damage detection based on the reconstructed phase space for reinforced concrete slab:Experimental study[J]. Journal of Sound and Vibration,2013,332(4):1061-1078.

[54] Nichols J M. Structural health monitoring of offshore structures using ambient excitation[J]. Applied Ocean Research,2003,25(3):101-114.

[55] Overbey L A,Olson C C,Todd M D. A parametric investigation of state-space-based prediction error methods with stochastic excitation for structural health monitoring[J]. Smart Materials and Structures,2007,16(5):1621-1638.

[56] Theiler J,Eubank S,Longtin A,et al. Testing for nonlinearity in time series:The method of surrogate data[J]. Physica D:Nonlinear Phenomena,1992,58(1-4):77-94.

[57] Theiler J,Galdrikian B,Longtin A,et al. Using surrogate data to detect nonlinearity in time series[R]. Los Alamos:Los Alamos National Laboratory,1991.

[58] 许小可. 基于非线性分析的海杂波处理与目标检测[D]. 大连:大连海事大学,2008.

[59] Schreiber T,Schmitz A. Surrogate time series[J]. Physica D:Nonlinear Phenomena,2000,54(1):136-143.

第6章 基于波动理论的损伤诊断指标

6.1 引 言

基于实测动力响应来进行结构健康监测和损伤诊断，一般都是基于振动理论的方法，以结构模态参数或响应时间序列的线性或非线性特征值指标为基础，研究结构整体或局部性能的变化。另一种可行的思路是采用波动分析的方法(也称为波动干涉分析法)。波动分析的方法通过分析波的传播过程，采用行波速度、波走时和波数等指标来进行结构健康诊断。尽管振动法和波动法在数学上具有一致性，但对于特定的问题波动法可能更适用。与传统振动法相比，无论是在理论研究，还是在工程应用方面，基于波动理论的结构健康监测方法都明显不足，但由于该方法具有很多显著的优点，在实际工程中具有良好的应用前景。

相对于传统的模态类指标，波动类结构健康监测指标表现出敏感性高、鲁棒性强和具有损伤定位能力等诸多优点。自振频率和阻尼比等模态参数能反映结构整体的状态。结构局部位置出现损伤时，引起模态参数的变化，常常不十分明显。由局部损伤引起的结构刚度降低会导致损伤区域的行波波速减小，波走时增加。追踪波动类指标沿波传播路径的变化情况，便可探测出结构的损伤位置。因此，波动类指标一般对结构的局部损伤更加敏感，并能够以相对少量的传感器诊断出结构损伤的位置。此外，模态参数对环境变量(如温度、水位)及边界条件(基础系统)的变化很敏感，而现有技术很难对这些干扰因素的效应进行有效分离，从而给结构健康诊断带来很大困难。由于波动类结构健康监测指标仅和结构的物理性质相关，受环境变量和边界条件的影响较小，具有较强的鲁棒性。

波动的本质就是波长足够长的波通过分散的介质，即“连续介质”进行传播。实际上，并不存在完全连续的介质，一切物体都是由原子甚至更小的微粒组成的。因为波长比这些微粒的尺寸大得多，所以可以近似地把这些物体看成“连续介质”。连续介质波动理论的表达一般十分复杂，为此需要将实际结构简化为简单的模型，如基础固定的多层剪切梁(板)模型[1]和连续的 TB 模型[2]；同时，为了便于理论推导还需要做出一些假定：①平面剪切波垂直入射，波传播的方向是竖直向的；②忽略结构-地基相互作用引起的基础振动；③结构仅做水平向运动，结构的变形以剪切变形为主。此外，TB 模型要求结构整体是均质的，从而忽略内部反射的影响；而多层剪切梁模型可以考虑不同层材料性质不同的情况，即可以考虑反射波存在的情况。根据简化模型和基本假定，进行理论推导，根据实测和理论的脉冲响应函数(impulse response function，IRF)来识别各种波动指标。

6.2　波在介质中的传播

波就是扰动在介质中的传播。当振源激发后，介质中的质点相互作用，会引起邻近质点的振动，邻近质点的振动又会引起该质点邻近质点的振动，如此能量传播下去就形成了波动。地震波就是在地球介质中传播的弹性波。

理想弹性体是连续的、均匀的、各向同性的、小变形的。混凝土是由水泥、水及骨料按一定配合比组成的人造石材，水泥和水在凝结硬化过程中形成水泥胶把骨料黏结在一起。混凝土内部有液体和孔隙存在，是一种不密实的混合体，主要依靠骨料和水泥胶块中的结晶体组成的弹性骨架来承受外力。微观上来说，混凝土坝是离散的、不均匀的结构，但是相对于地震波等振动波的波长来说，混凝土内部的液体和孔隙对振动波传播造成的影响可以忽略，因此通常情况下都把混凝土看成均匀的、各向同性的弹性材料，如果考虑混凝土材料对振动波的吸收影响，也可以把混凝土看成黏弹性体。所以，研究振动波在混凝土坝中的传播特点也就是研究振动波在理想弹性体或黏弹性体中的传播特点，只是混凝土坝的边界条件复杂，地震波等振动波在混凝土坝边界上的传播也更复杂。

6.2.1　波动方程

1. 均匀理想弹性介质中的波动方程

根据固体弹性理论，均匀理想弹性介质中的波动方程可由运动微分方程(拉梅方程)得出：

$$\rho\frac{\partial^2\boldsymbol{U}}{\partial t^2}=(\lambda+\mu)\mathrm{grad}\theta+\mu\nabla^2\boldsymbol{U}+\rho\boldsymbol{F}\tag{6.2.1}$$

式中，$\boldsymbol{U}$ 为位移矢量；$\boldsymbol{F}$ 为外力矢量；$\theta=\mathrm{div}\boldsymbol{U}$ 为体积应变，即位移场散度；ρ 为介质密度，是常量；λ、μ 为介质的弹性常数，称为拉梅系数；∇^2 为拉普拉斯算子，$\nabla^2=\frac{\partial^2}{\partial x^2}+\frac{\partial^2}{\partial y^2}+\frac{\partial^2}{\partial z^2}$；grad 为梯度算子$\nabla$，$\nabla=\frac{\partial}{\partial x}\boldsymbol{i}+\frac{\partial}{\partial y}\boldsymbol{j}+\frac{\partial}{\partial z}\boldsymbol{k}$。

将式(6.2.1)写成分量形式：

$$\begin{cases}\rho\dfrac{\partial^2 u}{\partial t^2}=(\lambda+\mu)\dfrac{\partial\theta}{\partial x}+\mu\nabla^2 u+\rho X\\ \rho\dfrac{\partial^2 v}{\partial t^2}=(\lambda+\mu)\dfrac{\partial\theta}{\partial y}+\mu\nabla^2 v+\rho Y\\ \rho\dfrac{\partial^2 w}{\partial t^2}=(\lambda+\mu)\dfrac{\partial\theta}{\partial z}+\mu\nabla^2 w+\rho Z\end{cases} \tag{6.2.2}$$

式中，u、v、w 为位移场分量；X、Y、Z 为外力分量。

根据 Helmholtz 定理，任何一个向量场若在定义域内有散度、旋度，则该向量场可以用一个标量位的梯度场和一个矢量位的旋度场之和来表示，即

$$\begin{cases}\boldsymbol{U}=\boldsymbol{u}_{\mathrm{p}}+\boldsymbol{u}_{\mathrm{s}}=\mathrm{grad}\varphi+\mathrm{rot}\boldsymbol{\psi}\\ \boldsymbol{F}=\boldsymbol{F}_{\mathrm{p}}+\boldsymbol{F}_{\mathrm{s}}=\mathrm{grad}\Phi+\mathrm{rot}\boldsymbol{\Psi}\end{cases} \tag{6.2.3}$$

式中，φ 和 $\boldsymbol{\psi}$ 分别为位移场 $\boldsymbol{U}$ 的标量位和矢量位；Φ 和 $\boldsymbol{\Psi}$ 分别为外力场 $\boldsymbol{F}$ 的标量位和矢量位。

式(6.2.3)是用矢量表示的运动微分方程，对该式两边分别取散度和旋度得到

$$\frac{\partial^2\theta}{\partial t^2}-\frac{\lambda+2\mu}{\rho}\nabla^2\theta=\mathrm{div}\boldsymbol{F} \tag{6.2.4}$$

$$\frac{\partial^2\boldsymbol{\omega}}{\partial t^2}-\frac{\mu}{\rho}\nabla^2\boldsymbol{\omega}=\mathrm{rot}\boldsymbol{F} \tag{6.2.5}$$

式中，$\boldsymbol{\omega}$ 为旋转矢量，$\boldsymbol{\omega}=\mathrm{rot}\,\boldsymbol{U}$；$\mathrm{div}\boldsymbol{F}$ 为胀缩力；$\mathrm{rot}\boldsymbol{F}$ 为一种旋转力。

式(6.2.4)、式(6.2.5)右端 $\mathrm{div}\boldsymbol{F}$ 和 $\mathrm{rot}\boldsymbol{F}$ 表示的是两种不同性质的外力；式(6.2.4)描述了在胀缩力 $\mathrm{div}\boldsymbol{F}$ 作用下，介质只会产生与体积有关的扰动，这种扰动称为纵波。式(6.2.5)描述了在旋转力 $\mathrm{rot}\boldsymbol{F}$ 作用下，介质会产生由旋转矢量 $\boldsymbol{\omega}=\mathrm{rot}\,\boldsymbol{U}$决定的形变扰动，这种扰动称为横波。

将式(6.2.3)代入式(6.2.4)和式(6.2.5)，同时有 $\theta=\mathrm{div}\boldsymbol{U}=\dfrac{\partial u}{\partial x}+\dfrac{\partial v}{\partial y}+\dfrac{\partial w}{\partial z}$，$\boldsymbol{\omega}=\mathrm{rot}\,\boldsymbol{U}$，得出用位移函数表示的波动方程：

$$\frac{\partial^2\varphi}{\partial t^2}-v_{\mathrm{p}}^2\nabla^2\varphi=\Phi \tag{6.2.6}$$

$$\frac{\partial^2\boldsymbol{\psi}}{\partial t^2}-v_{\mathrm{s}}^2\nabla^2\boldsymbol{\psi}=\boldsymbol{\Psi} \tag{6.2.7}$$

式中，v_{p} 为纵波的传播速度，$v_{\mathrm{p}}^2=\dfrac{\lambda+2\mu}{\rho}$；$v_{\mathrm{s}}$ 为横波的传播速度，$v_{\mathrm{s}}^2=\dfrac{\lambda}{\rho}$。

式(6.2.6)是用位移函数表示的纵波波动方程，描述胀缩力作用下波动的传播规律，式(6.2.7)是用位移函数表示的横波波动方程，描述旋转力作用下波动的传播规律。如果在离振源较远处不考虑外力作用，此时力位函数 $\Phi=0$，$\boldsymbol{\Psi}=0$，只考虑介质效应，就是弹性力学中波传播问题，式(6.2.6)和式(6.2.7)变为齐次方程：

$$\frac{\partial^2\varphi}{\partial t^2}-v_{\mathrm{p}}^2\nabla^2\varphi=0 \tag{6.2.8}$$

$$\frac{\partial^2\boldsymbol{\psi}}{\partial t^2}-v_{\mathrm{s}}^2\nabla^2\boldsymbol{\psi}=0 \tag{6.2.9}$$

2. 黏弹性介质中的波动方程

在理想弹性介质中，波传播时没有能量的损耗，介质中应力和应变关系严格遵循胡克定律。但在实际介质中波传播时是有能量损耗的，这就是弹性波吸收。波在传播过程中，实际介质的不同部位之间会出现某种摩擦力，称为内摩擦力或黏滞力，这种力导致机械能向其他形式的能量转换，最终转化为热能消耗掉。

地震波等振动波在混凝土中的传播比较复杂，在一定条件下，混凝土可以看成完全弹性模型，但是随着研究的深入和技术的进步，把混凝土看成黏弹性介质模型更符合实际。

对于不同的固体介质，由于内摩擦力所遵循的规律不一样，人们对黏弹性介质也提出了各种近似和假设，其中应用较为广泛的是 Voigt 假设。Voigt 认为对某些固体介质而言，应变分量包括两部分：一部分为弹性应变，应力和应变关系满足胡克定律；另一部分是黏滞应变，应力和应变的时间变化成比例，其比例系数描述介质的黏滞特征。满足这种假设的固体称为 Voigt 固体，这种介质的应力和应变关系可以写成

$$\begin{cases}\sigma_x=\lambda\theta+2\mu\varepsilon_x+\lambda'\dfrac{\partial\theta}{\partial t}+2\mu'\dfrac{\partial\varepsilon_x}{\partial t}, & \tau_{xy}=\mu\varepsilon_{xy}+\mu'\dfrac{\partial\varepsilon_{xy}}{\partial t}\\ \sigma_y=\lambda\theta+2\mu\varepsilon_y+\lambda'\dfrac{\partial\theta}{\partial t}+2\mu'\dfrac{\partial\varepsilon_y}{\partial t}, & \tau_{yz}=\mu\varepsilon_{yz}+\mu'\dfrac{\partial\varepsilon_{yz}}{\partial t}\\ \sigma_z=\lambda\theta+2\mu\varepsilon_z+\lambda'\dfrac{\partial\theta}{\partial t}+2\mu'\dfrac{\partial\varepsilon_z}{\partial t}, & \tau_{zx}=\mu\varepsilon_{zx}+\mu'\dfrac{\partial\varepsilon_{zx}}{\partial t}\end{cases} \tag{6.2.10}$$

方程组(6.2.10)称为 Voigt 定律。式中，λ'、μ'为描述介质黏滞性的两个参数，称为黏滞系数。

黏弹性介质位移与应变关系的几何方程、应力与位移关系的运动微分方程和理想弹性介质的方程一样。类比拉梅方程的推导过程，将几何方程代入 Voigt 定律方程中，再代入运动微分方程，不考虑外力时可得到黏弹性介质中位移所满足的微分方程：

$$\rho\frac{\partial^2\boldsymbol{U}}{\partial t^2}=(\lambda+\mu)\mathrm{grad}(\mathrm{div}\boldsymbol{U})+\mu\nabla^2\boldsymbol{U}+(\lambda'+\mu')\mathrm{grad}\left(\mathrm{div}\frac{\partial\boldsymbol{U}}{\partial t}\right)+\mu\nabla^2\left(\frac{\partial\boldsymbol{U}}{\partial t}\right) \tag{6.2.11}$$

对式(6.2.11)两边分别求散度和旋度可得到纵波和横波方程：

$$\rho\frac{\partial^2\theta}{\partial t^2}=(\lambda+2\mu)\nabla^2\theta+(\lambda'+2\mu')\nabla^2\left(\frac{\partial\theta}{\partial t}\right) \tag{6.2.12}$$

$$\rho\frac{\partial^2\boldsymbol{\omega}}{\partial t^2}=\mu\nabla^2\boldsymbol{\omega}+\mu'\nabla^2\left(\frac{\partial\boldsymbol{\omega}}{\partial t}\right) \tag{6.2.13}$$

式中，θ 为体积应变，$\theta=\mathrm{div}\boldsymbol{U}=\frac{\partial u}{\partial x}+\frac{\partial v}{\partial y}+\frac{\partial w}{\partial z}$；$\boldsymbol{\omega}$ 为旋转矢量，$\boldsymbol{\omega}=\mathrm{rot}\boldsymbol{U}$。

根据位移矢量公式 $\boldsymbol{U}=\mathrm{grad}\varphi+\mathrm{rot}\boldsymbol{\psi}$ 可得到位移场的标量位和矢量位满足的波动方程：

$$\rho\frac{\partial^2\varphi}{\partial t^2}=(\lambda+2\mu)\nabla^2\varphi+(\lambda'+2\mu')\nabla^2\left(\frac{\partial\varphi}{\partial t}\right) \tag{6.2.14}$$

$$\rho\frac{\partial^2\boldsymbol{\psi}}{\partial t^2}=\mu\nabla^2\boldsymbol{\psi}+\mu'\frac{\partial}{\partial t}(\nabla^2\boldsymbol{\psi}) \tag{6.2.15}$$

式中，φ 和 $\boldsymbol{\psi}$ 分别与纵波和横波对应，且它们满足的方程是解耦的，因此在黏弹性介质中纵波和横波的传播是相互独立的。

3. 黏弹性介质中波的吸收衰减

为说明黏弹性介质对波的吸收作用，考虑一个沿 x 轴正向传播的平面简谐纵波，位移只有 u 分量，$v=w=0$，且 u 的坐标与 y 和 z 无关。由式(6.2.11)可得

$$\rho\frac{\partial^2 u}{\partial t^2}=(\lambda+2\mu)\frac{\partial^2 u}{\partial x^2}+(\lambda'+2\mu')\frac{\partial^2}{\partial x^2}\left(\frac{\partial u}{\partial t}\right)=\eta\frac{\partial^2 u}{\partial x^2}+\eta'\frac{\partial^2}{\partial x^2}\left(\frac{\partial u}{\partial t}\right) \tag{6.2.16}$$

式中，η、η' 为常数，$\eta=\lambda+2\mu$，$\eta'=\lambda'+2\mu'$。

将 u 写成如下形式：

$$u=u_0\mathrm{e}^{\mathrm{i}(\omega t-Kx)} \tag{6.2.17}$$

式中，ω 为角频率，$\omega=2\pi/T$，T 为振动周期；K 为圆波数，$K=2\pi/\lambda$，$\lambda=CT=C/f=2\pi C/\omega$，则 $K=\omega/C$，C 为波传播的视速度，f 为振动频率。

将式(6.2.17)代入式(6.2.16)可得

$$\rho\omega^2=\eta K^2+\mathrm{i}\eta'\omega K^2 \tag{6.2.18}$$

为保证式(6.2.18)成立，K 必须为一复数，这与理想弹性介质情况不同，将复数圆波数记作 $K=k-\mathrm{i}\gamma$，γ 为衰减系数，k 代表实值的波数，则位移 u 可以表示为

$$u=u_0\mathrm{e}^{-\gamma x}\mathrm{e}^{\mathrm{i}(\omega t-Kx)} \tag{6.2.19}$$

这一结果说明，在黏弹性介质中，波的振幅随传播距离的增大而呈指数衰减，这正是黏弹性介质性质的体现。由此可以得出波实际传播速度为 $v_\mathrm{p}=\omega/k$。

将 $K=k-\mathrm{i}\gamma$ 代入式(6.2.18)得

$$\rho\omega^2=[\eta(k^2-\gamma^2)+2\eta'k\gamma\omega]+\mathrm{i}[-2\eta k\gamma+\eta'(k^2-\gamma^2)\omega] \tag{6.2.20}$$

令等式两端的实部和虚部相等，则有

$$\begin{cases}\rho\omega^2-\eta(k^2-\gamma^2)-2\eta' k\gamma\omega=0\\2\eta k\gamma-\eta'(k^2-\gamma^2)\omega=0\end{cases}\tag{6.2.21}$$

解这个方程组可得

$$\gamma=\left[\frac{\rho\eta\omega^2}{2(\eta^2+\eta'^2\omega^2)}\left(\sqrt{1+\frac{\eta'^2\omega^2}{\eta^2}}-1\right)\right]^{\frac{1}{2}}\tag{6.2.22}$$

$$k=\left[\frac{\rho\eta\omega^2}{2(\eta^2+\eta'^2\omega^2)}\left(\sqrt{1+\frac{\eta'^2\omega^2}{\eta^2}}+1\right)\right]^{\frac{1}{2}}\tag{6.2.23}$$

从中可以看出，衰减系数 γ 和波数 k 都与频率有关。γ 说明介质吸收具有频率选择性，即对不同频率的波吸收程度不同；k 说明波的传播速度是频率的函数，且在黏弹性介质中波存在频散。

对于较低频的波，有

$$\frac{\eta'^2\omega^2}{\eta^2}=\frac{(\lambda'+2\mu')^2\omega^2}{(\lambda+2\mu)^2}\ll1\tag{6.2.24}$$

于是可以近似得到

$$\sqrt{1+\frac{\eta'^2\omega^2}{\eta^2}}-1\approx\frac{1}{2}\frac{\eta'^2\omega^2}{\eta^2}\tag{6.2.25}$$

$$\sqrt{1+\frac{\eta'^2\omega^2}{\eta^2}}+1\approx2\tag{6.2.26}$$

将式(6.2.25)和式(6.2.26)代入式(6.2.22)和式(6.2.23)可以得到

$$\gamma\approx\frac{1}{2}\frac{\rho^{\frac{1}{2}}\eta'\omega^2}{\eta^{\frac{3}{2}}}=\frac{1}{2}\frac{\rho^{\frac{1}{2}}(\lambda'+2\mu')}{(\lambda+2\mu)^{\frac{3}{2}}}\omega^2\tag{6.2.27}$$

$$k\approx\frac{\rho^{\frac{1}{2}}\omega}{\eta^{\frac{1}{2}}}=\sqrt{\frac{\rho}{\lambda+2\mu}}\omega\tag{6.2.28}$$

$$v_{\mathrm{p}}=\frac{\omega}{k}=\sqrt{\frac{\lambda+2\mu}{\rho}}\tag{6.2.29}$$

从式(6.2.27)可以看出，低频波的衰减系数与频率的平方成正比，意味着频率越高，吸收衰减越严重。这样，波传播一定距离之后，频率较高的成分能量衰减严重，视频率降低。从式(6.2.29)可以看出，对于较低频率的波速，近似与频率无关，等于理想弹性介质中波的速度，说明波基本上不存在速度的频散。

除衰减系数 γ 外，还可以用品质因子 Q 表示混凝土弹性吸收特性，定义品质因子为

$$Q=2\pi\frac{E}{\Delta E}\tag{6.2.30}$$

式中，E 为能量；ΔE 为波传播一个波长距离损失的能量。

对于一个沿 x 轴正方向传播的平面简谐波：

$$u(x,t)=u_0 e^{-\gamma x} e^{j(\omega t-kx)}=Ae^{j(\omega t-kx)} \tag{6.2.31}$$

式中，A 为波的振幅，$A=u_0 e^{-\gamma x}$。

在波的传播方向上取两点，坐标分别为 x 和 $x+\lambda$，λ 为波长，假定一个周期时间内波经过这两点某一面积的机械能分别为 E_1 和 E_2，则品质因子为

$$\frac{1}{Q}=\frac{1}{2\pi}\frac{E_1-E_2}{E_1}=\frac{1}{2\pi}\frac{I_1-I_2}{I_1} \tag{6.2.32}$$

式中，I_1 和 I_2 分别为 x 和 $x+\lambda$ 处的能量密度，它们分别与所在位置波的振幅 A 的平方成正比。

于是有

$$\frac{1}{Q}=\frac{1}{2\pi}\frac{A_1^2-A_2^2}{A_1^2}=\frac{1}{2\pi}\left[1-\left(\frac{A_2}{A_1}\right)^2\right]=\frac{1}{2\pi}(1-e^{-2\gamma\lambda}) \tag{6.2.33}$$

当 Q 值较大时，在一个波长附近，对 $e^{-2\gamma\lambda}$ 进行 Taylor 展开，保留一阶，略去高阶量得到

$$\frac{1}{Q}\approx\frac{\gamma\lambda}{\pi}=\gamma\frac{v}{\pi f}=\gamma\frac{2v}{\omega} \tag{6.2.34}$$

因此，衰减系数和品质因子的关系为

$$\gamma\approx\frac{\pi f}{vQ} \tag{6.2.35}$$

式中，v 为波速；f 为频率。

式(6.2.35)说明 Q 与 γ 成反比，Q 越大，能量衰减越小，Q 值小的地层吸收严重，当 $Q\to+\infty$ 时，地层就是完全弹性介质。

6.2.2 平面波的传播规律和薄层效应

平面波是相位角相等的谐波，其波阵面与波的传播方向垂直。理论上任何类型的波都可以用平面波的合成表示，因此平面波是波动现象中最基本的形式。混凝土坝在实际浇筑过程中，会根据坝体各部位的工作条件分区，各个区域内的混凝土强度等级不同，其弹性模量和密度也不同。因此，振动波在混凝土坝内的传播也涉及平面波的传播规律。

1. 平面波的反射和透射

1) Snell 定律

Snell 定律是描述波在弹性分界面上发生反射、透射后传播方向的定律。假设分界面 R 将空间分为 W_1 和 W_2 两部分，如图 6.2.1 所示。

波在分界面上会产生分裂，形成四个二次波，这四个波的传播方向与介质的速

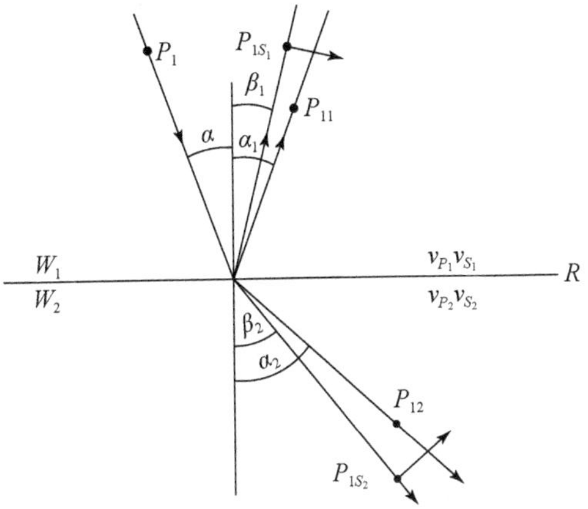

图 6.2.1　平面波在介质分界面的反射和透射

度有关。假设纵波 P_1 以 α 角度入射到分界面上，则会分裂成反射纵波 P_{11}，反射横波 P_{1S_1}，透射纵波 P_{12}，透射横波 P_{1S_2}，它们满足：

$$\frac{\sin\alpha}{v_{P_1}}=\frac{\sin\alpha_1}{v_{P_2}}=\frac{\sin\beta_1}{v_{S_1}}=\frac{\sin\alpha_2}{v_{P_2}}=\frac{\sin\beta_2}{v_{S_2}}=P \tag{6.2.36}$$

这就是 Snell 定律，图 6.2.1 中 α_1 为纵波的反射角；β_1 为横波的反射角；α_2 为纵波透射角；β_2 为横波透射角；P 是一个由入射角 α 决定的常数，称为射线参数，其值大小与入射角大小有关。

2)Zoeppritz 方程

Zoeppritz 方程是波在弹性分界面上能量分配的关系式。以平面简谐波为例进行说明，假设用一个平面 R 将介质空间分成两部分，各部分的弹性常数不同，将坐标原点放置在界面上，z 轴垂直向下，xOy 面与分界面重合，如图 6.2.2 所示。入射平面波的波前与 y 轴平行，因此，波在 y 方向没有变化，从而将三维问题转化为二维问题进行研究。

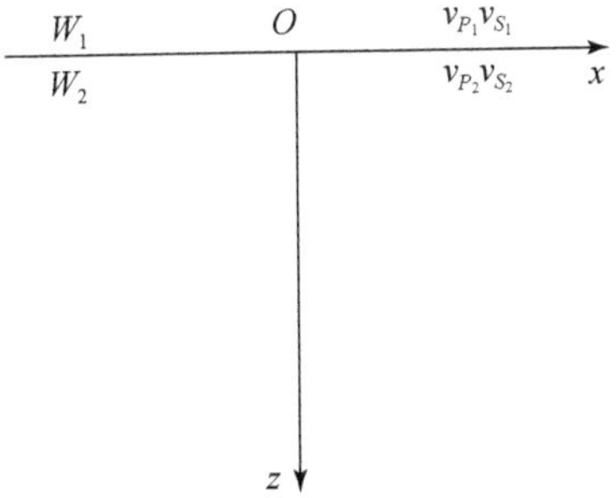

图 6.2.2　弹性分界面示意图

对于存在分界面的介质，反映扰动之间弹性联系的边界条件有两组，即应力连续和位移连续。不考虑 y 方向的变化，在平面 R 上边界条件由四个方程表述：

$$\begin{cases}(\sigma_{zz})_{1R}=(\sigma_{zz})_{2R}\\(\sigma_{zx})_{1R}=(\sigma_{zx})_{2R}\\(u)_{1R}=(u)_{2R}\\(w)_{1R}=(w)_{2R}\end{cases} \tag{6.2.37}$$

式中，σ_{zz} 和 σ_{zx} 为应力；u 和 w 为位移在 x 和 z 方向的分量。

波的振幅关系由四个方程给出，若已知入射波和四个二次波的位移就能得到各波的能量分配。以入射角为 α 的平面谐波的纵波为例，将产生反射纵波、反射横波、透射纵波和透射横波四个二次波。考虑到纵波质点位移方向与波传播方向一致，横波质点位移方向与波传播方向垂直，写成如下五个波场位移表达式。

入射波：

$$u_{P_1}=a\mathrm{e}^{\mathrm{i}\,\omega\left(t-\frac{x\sin\alpha+z\cos\alpha}{v_{P_1}}\right)}$$

反射纵波：

$$u_{P_{11}}=a_1\mathrm{e}^{\mathrm{i}\,\omega\left(t-\frac{x\sin\alpha_1-z\cos\alpha_1}{v_{P_1}}\right)}$$

反射横波：

$$u_{P_1S_1}=b_1\mathrm{e}^{\mathrm{i}\,\omega\left(t-\frac{x\sin\beta_1-z\cos\beta_1}{v_{S_1}}\right)}$$

透射纵波：

$$u_{P_{12}}=a_2\mathrm{e}^{\mathrm{i}\,\omega\left(t-\frac{x\sin\alpha_2+z\cos\alpha_2}{v_{P_2}}\right)}$$

透射横波：

$$u_{P_1S_2}=b_2\mathrm{e}^{\mathrm{i}\,\omega\left(t-\frac{x\sin\beta_2+z\cos\beta_2}{v_{S_2}}\right)} \tag{6.2.38}$$

这五个波在 x 轴和 z 轴的投影之和就是位移分量 u 和 w，位移连续是指第一介质中质点总位移与第二介质中质点总位移在界面上相等。再利用几何方程、胡克定律将位移代入应力连续的边界条件，得到

$$\begin{cases}\lambda_1\theta_{1R}+2\mu_1\left(\dfrac{\partial w}{\partial z}\right)_{1R}=\lambda\theta_{2R}\left(\dfrac{\partial w}{\partial z}\right)_{2R}\\ \mu_1\left(\dfrac{\partial u}{\partial z}+\dfrac{\partial w}{\partial x}\right)\Big|_{1R}=\mu_2\left(\dfrac{\partial u}{\partial z}+\dfrac{\partial w}{\partial x}\right)\Big|_{2R}\\(u)_{1R}=(u)_{2R}\\(w)_{1R}=(w)_{2R}\end{cases} \tag{6.2.39}$$

设振幅比 $\dfrac{a_1}{a}=R,\dfrac{a_2}{a}=T,\dfrac{b_1}{a}=B,\dfrac{b_2}{a}=D$，可以得到能量分配方程：

$$\begin{cases} R\sin\alpha_1+B\cos\beta_1-T\sin\alpha_2-D\cos\beta_2=-\sin\alpha_1 \\ R\cos\alpha_1-B\sin\beta_1+T\cos\alpha_2+D\sin\beta_2=\cos\alpha_1 \\ R\sin(2\alpha_1)+B\dfrac{v_{P_1}}{v_{S_1}}\cos(2\beta_1)+T\dfrac{\rho_2}{\rho_1}\dfrac{v_{S_2}^2}{v_{S_1}}\dfrac{v_{P_1}}{v_{P_2}}\sin(2\alpha_2)-D\dfrac{v_{P_1}v_{S_2}}{v_{S_1}^2}\dfrac{\rho_2}{\rho_1}\cos(2\beta_2)=\sin(2\alpha_1) \\ R\cos(2\beta_1)+B\dfrac{v_{S_1}}{v_{P_1}}\sin(2\beta_1)-T\dfrac{\rho_2}{\rho_1}\dfrac{v_{P_2}}{v_{P_1}}\cos(2\beta_2)-\dfrac{v_{S_2}}{v_{P_1}}\dfrac{\rho_2}{\rho_1}\sin(2\beta_2)=-\cos(2\beta_1) \end{cases} \tag{6.2.40}$$

这就是 Zeoppritz 方程。式中，ρ 为介质密度；R 和 B 分别为纵波反射系数和横波反射系数；T 和 D 分别为纵波透射系数和横波透射系数，求解方程组(6.2.40)就能得到各反射系数和透射系数。

2. *薄层效应*

薄层是一个对波长而言的相对概念，定义层厚 Δh 小于 1/4 波长 λ 为薄层，即

$$\Delta h<\frac{\lambda}{4} \tag{6.2.41}$$

又因为薄层中双程波走时 $\tau<T/2$，所以从时间上来说，振动响应记录上无法区分出薄层顶底反射。设薄层的厚度为 Δh，波阻抗为 $\rho_2 v_2$，上下层的波阻抗分别为 $\rho_1 v_1$ 和 $\rho_3 v_3$，如图 6.2.3 所示。

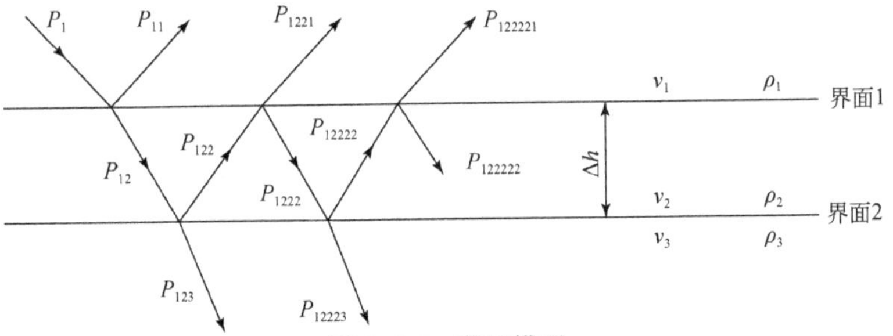

图 6.2.3　薄层模型

若有平面简谐纵波 P_1 垂直入射于界面 1 上，产生反射 P_{11}、透射 P_{12}，并且在界面 2 上产生一次反射 P_{122}、透射 P_{123}，然后又反射、透射……由于薄层中双程波走时 $\tau<T/2$，这些多次反射波会和一次反射波产生叠加。换言之，薄层一次反射到达地面后，其振动还未停止，多次波就到达地面，因而地面所产生的是这些波相互叠加的总振动。这种波的相互叠加干涉称为薄层的干涉效应。

若入射：$P_1=a\mathrm{e}^{\mathrm{i}\omega t}$

来自界面 1 的反射：$P_{11}=aR_1\mathrm{e}^{\mathrm{i}\omega t}$

来自界面 2 的一次反射：$P_2^1=a(1-R_1^2)R_2\mathrm{e}^{\mathrm{i}\omega(t-\tau)}$

来自界面 2 的多次反射：$P_2^2=a(1-R_1^2)R_2^2(-R_1)\mathrm{e}^{\mathrm{i}\omega(t-2\tau)}$

⋮

式中，R_1、R_2 为界面 1 和界面 2 的反射系数，干涉叠加后的总反射波 P 为

$$\begin{aligned}P&=P_{11}+P_2^1+P_2^2+\cdots\\&=aR_1\mathrm{e}^{\mathrm{i}\omega t}+\sum_{k=1}^{+\infty}a(1-R_1^2)R_2\,(-R_1R_2)^{k-1}\mathrm{e}^{\mathrm{i}\omega(t-k\tau)}\\&=aR_1\mathrm{e}^{\mathrm{i}\omega t}\left[\frac{1+\dfrac{R_2}{R_1}\mathrm{e}^{-\mathrm{i}\omega t}}{1+R_1R_2\mathrm{e}^{-\mathrm{i}\omega t}}\right]\end{aligned}\tag{6.2.42}$$

薄层引起的干涉效应定义为总反射波与一次反射波之比：

$$A(\omega)=\frac{P}{P_{11}}=\frac{1+\dfrac{R_2}{R_1}\mathrm{e}^{-\mathrm{i}\omega t}}{1+R_1R_2\mathrm{e}^{-\mathrm{i}\omega t}}=\frac{1+\dfrac{R_2}{R_1}(\cos\omega\tau-\mathrm{i}\sin\omega\tau)}{1+R_1R_2(\cos\omega\tau-\mathrm{i}\sin\omega\tau)}\tag{6.2.43}$$

可以反映能量变化是波的振幅特性：

$$|A(\omega)|=\sqrt{\frac{\left(1+\dfrac{R_2}{R_1}\cos\omega\tau\right)^2-\left(\dfrac{R_2}{R_1}\sin\omega\tau\right)^2}{(1+R_1R_2\cos\omega\tau)^2-(R_1R_2\sin\omega\tau)^2}}\tag{6.2.44}$$

薄层的干涉效应除引起频率特性外，还会引起振幅调谐效应，这种效应能够作为分辨薄层的有效工具。研究厚度变化的界面地层顶底板反射波的干涉情况，如图 6.2.4 所示。图左侧标注的是地层厚度与波长的比，当厚度等于一个波长，即

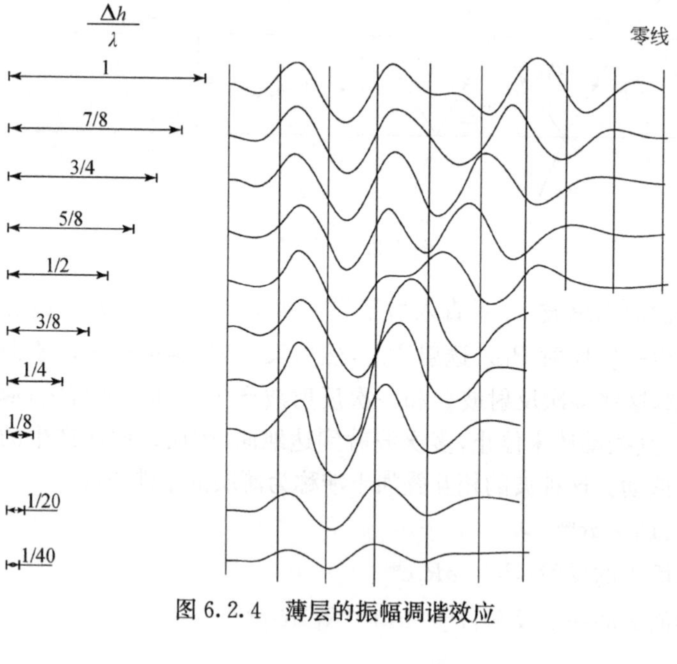

图 6.2.4　薄层的振幅调谐效应

$\Delta h/\lambda=1$ 时，顶板反射可以分开；$\Delta h/\lambda<1/2$ 以后，两个反射波互相干涉，从波形上难以分出两个波，这时振幅的变化反映薄层厚度变化；$\Delta h=\lambda/4$ 时，相对应的叠加振幅出现极大值，这种现象称为薄层调谐效应，这时地层的厚度称为调谐厚度。当地层厚度再减小时，叠加波形不再变化，波形趋于稳定。也就是说，对于不同厚度的薄层，都可以找到不同的调谐频率与之对应，$f=4\Delta h/v$，这正是地震频谱分解、频谱成像的原理。调谐效应在地震勘探中是分解薄层的手段，使得薄层厚度的分辨能力从 $\Delta h=\lambda/2$ 提升到 $\Delta h=\lambda/4$，称为地震勘探的垂直分辨力，即 $\lambda/4$。

6.3　混凝土重力坝波传播分析模型

在水工建筑物中，为了分析重力坝的应力状态，通常把重力坝简化成悬臂梁分析。本章在应用波动法对混凝土重力坝的结构状态进行评价时，也需要通过合理地简化得到重力坝的波传播理论分析模型。在建筑结构状态评价中，波传播分析的理论模型有弹性体模型、一维分层连续模型、分层剪切梁模型、TB 模型等。混凝土重力坝是大型的混凝土空间结构，承受荷载多，边界条件复杂，地震作用下会发生弯曲、剪切、扭转等变形。若把混凝土重力坝简化成弹性体模型，则太过近似，无法反映出重力坝的结构特点。一维分层连续模型和分层剪切梁模型主要适用于以发生剪切变形为主的框架结构。而 TB 模型可以解释由弯曲引起的波频散，比剪切梁和其他离散非频散的模型更能真实反映出结构中波传播的特点。因此，结合重力坝的结构特点和工作方式，把混凝土重力坝简化成 TB 模型是最适合的，用 TB 模型研究振动波在重力坝内的传播也比较真实。

6.3.1　TB 模型推导

借鉴建筑结构状态评价领域理论研究模型所取得的研究成果，将混凝土重力坝近似看成一个均质、连续、各向同性的黏弹性 TB 模型，其高度为 H，顶部无应力，受底部简谐振动激励，如图 6.3.1(a)所示。

混凝土重力坝各坝段独立工作，在地震中受到弯曲、剪切、扭转的作用，当坝体内部某点的拉应力超过混凝土的极限抗拉强度或压应力超过混凝土的极限抗压强度时，坝体就会出现裂缝、损伤。用黏弹性 TB 模型可以解释剪切变形和弯曲变形，甚至可以解释转动惯量引起的变形，能够比较全面地反映坝体的破坏形式。下面将简述混凝土重力坝黏弹性 TB 模型的基本原理。

TB 理论是一个线性理论，假设小变形，横截面垂直于中性轴，小变形后依旧为平面但不垂直于中性轴。附加转动 $\gamma(z,t)$ 是由横截面上的均布剪应力引起的剪切变形。然而，实际上顶部自由边界上是没有剪应力的，所以横截面上的剪应力分布是不均匀的，其横截面也不是平面的而是弯曲的。为了修正剪应力计算，让计算结果更接近非均匀分布的实际值，这里引入剪切因子 k_G，剪切因子和横截面形状、材料性质及频率有关。

假设混凝土坝的材料密度为 ρ，杨氏弹性模量为 E，剪切模量为 G，材料中纵向波的传播速度为 $c_L=\sqrt{E/\rho}$，剪切波速为 $c_S=\sqrt{G/\rho}$，TB 的横截面面积为 A，惯性半径为 $r_g=\sqrt{I/A}$，其中 I 为截面关于 x 轴的惯性矩。

假定 $\theta(z;t)$ 和 $\gamma(z;t)$ 分别表示一个无限小梁单元的弯曲和剪切引起的变形角，$u(z;t)$ 表示无限小梁单元重心的绝对水平位移，如图 6.3.1(b)所示，则对于微小变形有

$$\frac{\partial u}{\partial z}=\theta+\gamma \tag{6.3.1}$$

剪切力和弯矩表示为

$$V=k_G AG\gamma \tag{6.3.2}$$

$$M=EI\frac{\partial \theta}{\partial z} \tag{6.3.3}$$

考虑材料的阻尼，用 $E[1+\mu(\partial/\partial t)]$ 和 $G[1+\mu(\partial/\partial t)]$ 代替式(6.3.2)和式(6.3.3)中的 E 和 G，其中 μ 表示黏度。

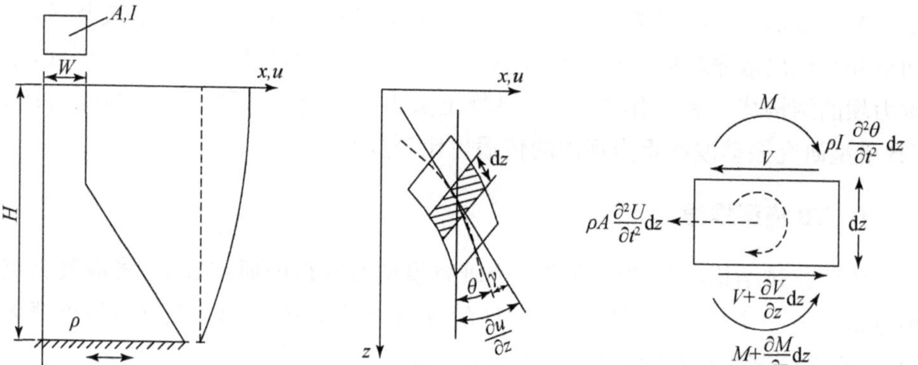

图 6.3.1 重力坝的 TB 模型、变形单元及微单元受力分析

由图 6.3.1(c)中的无穷小梁单元的动态平衡可以得到

$$c_L^2c_S^2k_G\left(1+\mu\frac{\partial}{\partial t}\right)\frac{\partial^4 u}{\partial z^4}-(c_L^2+k_Gc_S^2)\left(1+\mu\frac{\partial}{\partial t}\right)\frac{\partial^4 u}{\partial z^2\partial t^2}+\frac{k_Gc_S^2}{r_g^2}\left(1+\mu\frac{\partial}{\partial t}\right)\frac{\partial^2 u}{\partial t^2}+\frac{\partial^4 u}{\partial t^4}=0 \tag{6.3.4}$$

式(6.3.4)的解必须满足以下边界条件：

$$z=0,\quad V(0;t)=0,\quad M(0;t)=0 \tag{6.3.5}$$

$$z=H,\quad \theta(H;t)=0,\quad u(0;t)=u_{\mathrm{g}}(t) \tag{6.3.6}$$

假设固定端输入的谐波运动为

$$u_{\mathrm{g}}(t)=\mathrm{e}^{-\mathrm{i}\omega t} \tag{6.3.7}$$

则式(6.3.7)在频域中的解析解为

$$u(z;t)=\mathrm{e}^{\mathrm{i}(kz-\mathrm{i}\omega t)}=U(z)\mathrm{e}^{-\mathrm{i}\omega t} \tag{6.3.8}$$

从而得到频散关系

$$c_{\mathrm{L}}^2c_{\mathrm{S}}^2k_{\mathrm{G}}\,(1-\mathrm{i}\omega\mu)^2k^4-(c_{\mathrm{L}}^2+k_{\mathrm{G}}c_{\mathrm{S}}^2)(1-\mathrm{i}\omega\mu)k^2\omega^2-\omega^2\,\frac{k_{\mathrm{G}}c_{\mathrm{S}}^2}{r_{\mathrm{g}}^2}(1-\mathrm{i}\omega\mu)+\omega^4=0 \tag{6.3.9}$$

式(6.3.9)说明了相速度或者波数和频率之间的关系。在众多参数中，频散主要取决于两个独立的参数：无量纲频率 Ω 和模比 R。

$$\Omega=\frac{\omega r_{\mathrm{g}}}{c_{\mathrm{S}}} \tag{6.3.10}$$

$$R=\frac{G}{E}=\frac{c_{\mathrm{S}}^2}{c_{\mathrm{L}}^2} \tag{6.3.11}$$

定义无量纲阻尼常数为

$$N=\frac{\mu c_{\mathrm{S}}}{r_{\mathrm{g}}} \tag{6.3.12}$$

根据这些参数，从式(6.3.9)可以推出无量纲波数：

$$K=kr_{\mathrm{g}}=\pm\frac{\Omega}{\sqrt{2}}\sqrt{\frac{1}{\alpha}\left(\frac{1}{k_{\mathrm{G}}}+R\right)\pm\sqrt{\frac{1}{\alpha^2}\left(\frac{1}{k_{\mathrm{G}}}-R\right)^2+\frac{4R}{\alpha\Omega^2}}} \tag{6.3.13}$$

式中

$$\alpha=1-\mathrm{i}\Omega N \tag{6.3.14}$$

求得波数之后，在频域内的响应可表示为

$$U(z)=C_1\mathrm{e}^{\mathrm{i}k_1z}+C_2\mathrm{e}^{-\mathrm{i}k_1z}+C_3\mathrm{e}^{\mathrm{i}k_2z}+C_4\mathrm{e}^{-\mathrm{i}k_2z} \tag{6.3.15}$$

其中，$C_i(i=1,2,\cdots,4)$为常数；$U(z)$也可以表示为

$$U(z)=D_1\cos(k_1z)+D_2\sin(k_1z)+D_3\cos(k_2z)+D_4\sin(k_2z) \tag{6.3.16}$$

式中

$$\begin{aligned}D_1&=C_1+C_2,\quad D_2=\mathrm{i}(C_1-C_2)\\ D_3&=C_3+C_4,\quad D_4=\mathrm{i}(C_3-C_4)\end{aligned} \tag{6.3.17}$$

根据边界条件可以得到

$$\begin{bmatrix} C_2/C_1 \\ C_3/C_1 \\ C_4/C_1 \end{bmatrix} = \boldsymbol{A}^{-1} \begin{bmatrix} \left(\dfrac{\Omega^2}{\alpha k_G K_1} - K_1\right) \mathrm{e}^{\mathrm{i}K_1(H/r_g)} \\ -\left(\dfrac{\Omega^2}{\alpha k_G} - K_1^2\right) \\ \dfrac{1}{K_1} \end{bmatrix} \tag{6.3.18}$$

式中

$$\boldsymbol{A} = \begin{bmatrix} \left(\dfrac{\Omega^2}{\alpha k_G K_1} - K_1\right) \mathrm{e}^{-\mathrm{i}K_1(H/r_g)} & -\left(\dfrac{\Omega^2}{\alpha k_G K_2} - K_2\right) \mathrm{e}^{\mathrm{i}K_2(H/r_g)} & \left(\dfrac{\Omega^2}{\alpha k_G K_2} - K_2\right) \mathrm{e}^{-\mathrm{i}K_2(H/r_g)} \\ \dfrac{\Omega^2}{\alpha k_G} - K_1^2 & \dfrac{\Omega^2}{\alpha k_G} - K_2^2 & \dfrac{\Omega^2}{\alpha k_G} - K_2^2 \\ \dfrac{1}{K_1} & -\dfrac{1}{K_2} & \dfrac{1}{K_2} \end{bmatrix} \tag{6.3.19}$$

6.3.2 传递函数和脉冲响应函数

求得式(6.3.15)的频域解后就可以得到混凝土重力坝 TB 模型的传递函数和脉冲响应函数，假设 $\hat{u}(z;\omega)$和 $\hat{u}(z_{\text{ref}};\omega)$分别是在高度为 z 和在参考面高度 z_{ref}处记录的动力响应的傅里叶变换，则 z 位置处相对于 z_{ref}的传递函数 $\hat{h}(z, z_{\text{ref}};\omega)$可以表示为

$$\hat{h}(z, z_{\text{ref}};\omega) = \frac{\hat{u}(z;\omega)}{\hat{u}(z_{\text{ref}};\omega)} = \frac{U(z)}{U(z_{\text{ref}})} \tag{6.3.20}$$

式中，$U(z)$的计算公式如式(6.3.15)和式(6.3.16)所示。

为了避免分母在频域内出现零值而使得该传递函数无法计算，式(6.3.20)可以表示成另一种形式：

$$\hat{h}(z, z_{\text{ref}};\omega) = \frac{\hat{u}(z;\omega)\overline{\hat{u}}(z_{\text{ref}};\omega)}{|\hat{u}(z_{\text{ref}};\omega)|^2 + \varepsilon} \tag{6.3.21}$$

式中，上划线“-”表示共轭复数；ε 表示参考位置处振动响应信号平均功率谱密度的 1%。

位置 z 处相对于 z_{ref}的脉冲响应函数是传递函数 $\hat{h}(z, z_{\text{ref}};\omega)$的傅里叶逆变换，对有阻尼的混凝土坝只存在有限的频率范围$|\omega| < \omega_{\max}$，在这个频率范围内的脉冲响应函数为

$$h(z, z_{\text{ref}}, \omega_{\max};t) = \frac{1}{2\pi}\int_{-\omega_{\max}}^{\omega_{\max}} \hat{h}(z, 0;\omega)\mathrm{e}^{-\mathrm{i}\omega t}\mathrm{d}\omega \tag{6.3.22}$$

脉冲响应函数在参考位置 z_{ref} 处发出一个虚拟脉冲，这个虚拟脉冲在频域内是箱函数(box function)，在时域内是辛格函数(sinc function)。

$$\hat{h}(z_{\mathrm{ref}},z_{\mathrm{ref}};\omega)=\begin{cases}1, & |\omega|<\omega_{\max}\\0, & \text{其他}\end{cases}\Leftrightarrow h(z_{\mathrm{ref}},z_{\mathrm{ref}};t)=\frac{\omega}{\pi}\frac{\sin(\omega_{\max}t)}{\omega_{\max}t} \tag{6.3.23}$$

获得脉冲响应函数后，可应用脉冲响应函数法计算得到波走时。

6.4　基于波动法的结构健康诊断指标

6.4.1　波走时

由地震干涉分析法得到的波走时 τ 的变化，可以作为结构健康监测的指标。分析结构中传感器记录的地震响应可以确定波走时的变化，并据此判定结构损伤的出现、分布及严重程度。而且确定的波走时 τ 及其变化都不会受土体结构相互作用的影响。这是由于结构中两个振动测点之间的波走时 τ 仅与这两点之间结构的物理性质直接相关。目前，波走时的计算方法主要包括互相关法、NIOM 方法和脉冲响应函数法，这三种方法是密切相关的，都属于地震干涉分析方法。

1. 互相关法

互相关法的理论依据是对于相邻地震响应观测通道，信号具有相关性，而噪声不具有相关性。假设两个传感器接收到的信号分别为

$$y_i(n)=\alpha_i s(n-\tau_i)+n_i(n) \tag{6.4.1}$$

$$y_j(n)=\alpha_j s(n-\tau_j)+n_j(n) \tag{6.4.2}$$

式中，$s(n)$ 为激励源信号；$n_i(n)$ 和 $n_j(n)$ 为互不相关的噪声，激励源信号与噪声也互不相关；τ_i 和 τ_j 为波到传感器的传播时间；α_i 和 α_j 为波的衰减系数；$\tau_{ij}=\tau_i-\tau_j$ 为两个传感器间的时间延迟(简称时延)，即波动由 i 传播到 j 的时间。

两个传感器的信号 $y_i(n)$ 和 $y_j(n)$ 的互相关函数 $R_{ij}(\tau)$ 可表示为

$$R_{ij}(\tau)=E[y_i(n)y_j(n-\tau)] \tag{6.4.3}$$

$$\begin{aligned}&=\alpha_i\alpha_j E[s(n-\tau_i)s(n-\tau_j-\tau)]+\alpha_i E[s(n-\tau_i)n_j(n-\tau)]\\&\quad+\alpha_j E[s(n-\tau_j-\tau)n_i(n)]+E[n_i(n)n_j(n-\tau)]\end{aligned} \tag{6.4.4}$$

因为 $s(n)$、$n_i(n)$ 和 $n_j(n)$ 彼此不相关，令激励信号的自相关函数为 $R_s(\tau)$，故可简化为

$$\begin{aligned}R_{ij}(\tau)&=E[\alpha_i\alpha_j s(n-\tau_i)s(n-\tau_j-\tau)]\\&=\alpha_i\alpha_j R_s[\tau-(\tau_i-\tau_j)]\end{aligned} \tag{6.4.5}$$

由相关函数的性质得到，当 $\tau_{ij}=\tau_i-\tau_j$ 时，$R_{ij}(\tau)$取最大值。因此，求得 $R_{ij}(\tau)$ 的最大值对应的 τ 就是两个传感器之间的时延 τ_{ij}。

为突出局部脉冲和避免在激励作用时大量脉冲引起的随机性，可以采用加窗 $W(t)$的方式来计算互相关函数：

$$R_{ij}(t_0,\tau)=\int_{t_0}^{t_0+\tau+3} y_i(t)W(t-t_0)y_j(t+\tau)W(t-t_0-\tau)\mathrm{d}t \tag{6.4.6}$$

在实际情况中，环境噪声 $n_i(n)$和 $n_j(n)$之间的相关性是不能忽视的，由此造成相关函数模糊。由于上述原因，可能得不到清晰的相关峰，还可能出现伪峰，将严重影响时延测量的可靠性，所以互相关法只适合在传感器布置的位置间距小、信噪比较高的条件下使用[3]。

2. NIOM 法

NIOM 法通过研究结构不同部位地震响应间的统计相关性来模拟波动的传播过程。这种方法可以简化观测到的波之间的关系，并给出入射波和反射波的到时以及它们的相对幅值。由于波的传播速度很大程度上取决于材料的物理特性，而 NIOM 法不仅适用于地面运动分析，也适用于建筑强震记录分析[4-6]。

1) 单个线性系统的 NIOM 法

当一个不随时间变化的线性系统受到地震激励而产生运动时，系统的输入和输出在频域可以通过传递函数 $H(\omega)$来表达。对于不同的频率，输出可以表达为

$$G(\omega_i)=H(\omega_i)F(\omega_i),\quad i=0,\cdots,N-1;\quad \omega_i=i\frac{2\pi}{N\Delta t} \tag{6.4.7}$$

式中，Δt 为采样间隔；N 为样本总数；$G(\omega_i)$和 $F(\omega_i)$分别为地震输出和输入的傅里叶变换传递函数，仅与系统的物理性质有关。因此，作为定义输入函数 $F(\omega_i)$和输出函数 $G(\omega_i)$之间相互关系的传递函数应该满足简化的输入函数 $X(\omega_i)$和输出函数 $Y(\omega_i)$之间的相互关系。

$$Y(\omega_i)=H(\omega_i)X(\omega_i) \tag{6.4.8}$$

简化输入和输出模型的分析步骤如图 6.4.1 所示。

$$\left.\begin{matrix} f(t_i)\rightarrow F(\omega_i) \\ \text{振动观测} \\ g(t_i)\rightarrow G(\omega_i) \end{matrix}\right] \rightarrow \frac{G(\omega_i)}{F(\omega_i)}=H(\omega_i)\rightarrow \text{NIOM}\rightarrow \left[\begin{matrix} X(\omega_i)\rightarrow x(t_i) \\ \text{简化模型} \\ Y(\omega_i)\rightarrow y(t_i) \end{matrix}\right.$$

图 6.4.1　NIOM 法步骤图

在分析反馈系统时，应该知道输入和输出是紧密相关的。在下面的数值分析中，任意一个位置的运动称为输入运动。在考虑一定约束条件的情况下，通过使输入和输出的傅里叶振幅谱的平方和最小化，可以得到 $X(\omega_i)$的一个简化输出模型。

2) 多个线性系统的 NIOM 法

控制高频分量或低频分量在过程中的贡献，并概括多个线性系统给出以下方程：

$$X(\omega_i)=N\Delta t\,\frac{\dfrac{1}{\left(1+\dfrac{k_0}{c_0}\omega_i^2\right)\left(c_0+\sum\limits_{m=1}^{M}c_m\,|H_m(\omega_i)|^2\right)}}{\sum\limits_{n=0}^{N-1}\dfrac{1}{\left(1+\dfrac{k_0}{c_0}\omega_n^2\right)\left(c_0+\sum\limits_{m=1}^{M}c_m\,|H_m(\omega_n)|^2\right)}}\tag{6.4.9}$$

$$Y_l(\omega_i)=N\Delta t\,\frac{\dfrac{H_l(\omega_i)}{\left(1+\dfrac{k_0}{c_0}\omega_i^2\right)\left(c_0+\sum\limits_{m=1}^{M}c_m\,|H_m(\omega_i)|^2\right)}}{\sum\limits_{n=0}^{N-1}\dfrac{1}{\left(1+\dfrac{k_0}{c_0}\omega_n^2\right)\left(c_0+\sum\limits_{m=1}^{M}c_m\,|H_m(\omega_n)|^2\right)}}\tag{6.4.10}$$

式中，$l=1,2,\cdots,M$；M 为输出的数量；$c_0\sim c_M$为输入和输出的平方傅里叶幅值谱的加权常数；$k_0\sim k_M$为它们的时间导数。式(6.4.9)和式(6.4.10)的傅里叶逆变换给出了时域的简化的输入和输出模型。这些简化的输入和输出模型说明了观测到的运动间的统计相关性，而获得这些模型的步骤就称为 NIOM 法。应该指出的是，傅里叶变换定义式(6.4.9)相对于折叠频率是实对称的。也就是说，输入的模型相对于时间零点自动相关函数也是实对称的。

3. 脉冲响应函数法

假定所研究的结构是线性时不变的，并可简化为图 6.4.2 所示的多层剪切梁形式。假设竖直向下为 z 轴的正方向，虚拟激励源在 $z=0$ 的位置，脉冲响应的频率 $\omega=2\pi f\in(0,\omega_{\max})$。通过 Tikhonov 正则化可以得到传递函数（transfer function，TF）$\hat{h}(z,0;\omega)$：

$$\hat{h}(z,0;\omega)=\frac{\hat{u}(z,\omega)\overline{\hat{u}(0,\omega)}}{|\hat{u}(0,\omega)|^2+\varepsilon}\tag{6.4.11}$$

式中，ε 为正则化参数，为避免分母出现很小的数值，可取 $\varepsilon=0.1\tilde{P}$，$\tilde{P}$ 为虚拟源($z=0$)的平均功率谱；$\hat{u}(z,\omega)$和 $\hat{u}(0,\omega)$分别为垂直坐标为 z 和 0 处实测振动响应的傅里叶变换，“—”表示共轭复数。

这时实测的带限脉冲响应函数 $h^{\text{obs}}(z,0,\omega_{\max};t)$可以采用傅里叶变换来进行计算。

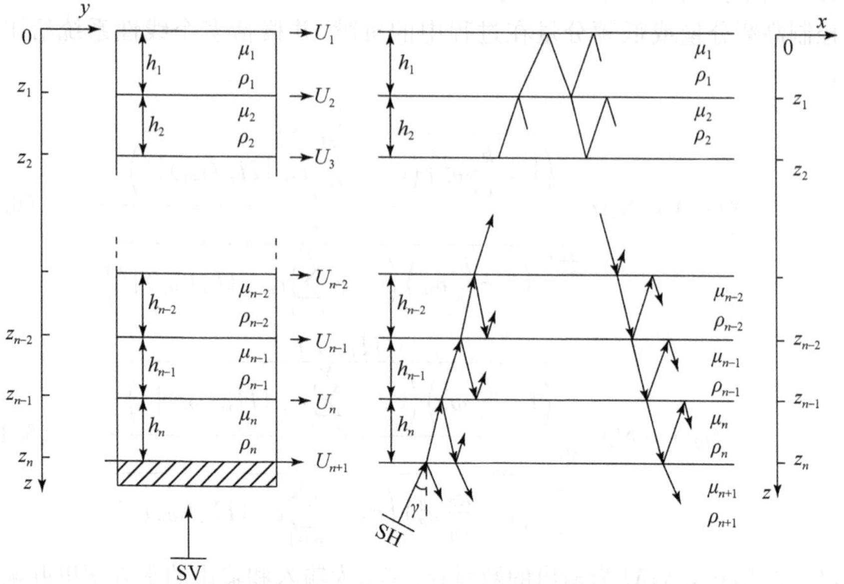

图 6.4.2　多层剪切梁形式

$$h^{\text{obs}}(z,0,\omega_{\max};t)=\frac{1}{2\pi}\int_{-\omega_{\max}}^{\omega_{\max}}\hat{h}(z,0;\omega)\mathrm{e}^{-\mathrm{i}\omega t}\,\mathrm{d}\omega \tag{6.4.12}$$

截止频率 $\omega_{\max}$决定了脉冲响应函数的脉冲宽度，并控制识别精度的高低。如果 $\omega_{\max}<+\infty$，虚拟脉冲在频域为箱函数，在时域为辛格函数 $\sin(\omega_{\max}t)/(\pi t)$。辛格函数 $\Delta t=\pi/\omega_{\max}=1/(2f_{\max})$主波束的半宽是它在时域传播的一种度量。若 $\Delta t\rightarrow 0$，则源函数趋近于狄拉克函数 δ。脉冲响应函数中脉冲的中央标准时间表示真实脉冲到达时间的准确性随着脉冲宽度的减小而增大，即随着 $\omega_{\max}$的增加而增大。

根据实测的带限脉冲响应函数 $h^{\text{obs}}(z,0,\omega_{\max};t)$，波走时计算原理如图 6.4.3 所示[7,8]。$t=0$ 时刻，作为虚拟源的顶层出现一波动脉冲，该脉冲在 $t>0$ 的时刻由顶层向下传播到结构的基础，该波动称为因果波；同时在 $t<0$ 的时段内出现波动的峰值对应于实际结构中波动由基础向顶部传播的过程，称为反因果波；同时，在介质材料性质出现突变的部位，因果波和反因果波还会出现反射波(图 6.4.3 中的点划线)。根据上述的因果波、反因果波或反射波的传播过程，可以很容易地得到不同测点之间，不同类型波的传播时间差，即波走时 τ。当实际结构可以简化为均质的 TB 模型时，由于结构内部不存在反射波，脉冲激励引起的波动仅在结构顶部或基础部位发生反射，这时脉冲响应函数的波形与上述多层剪切梁的有所不同(图 6.4.3 中点划线对应的波峰不存在)，但是计算波走时的方法类似。

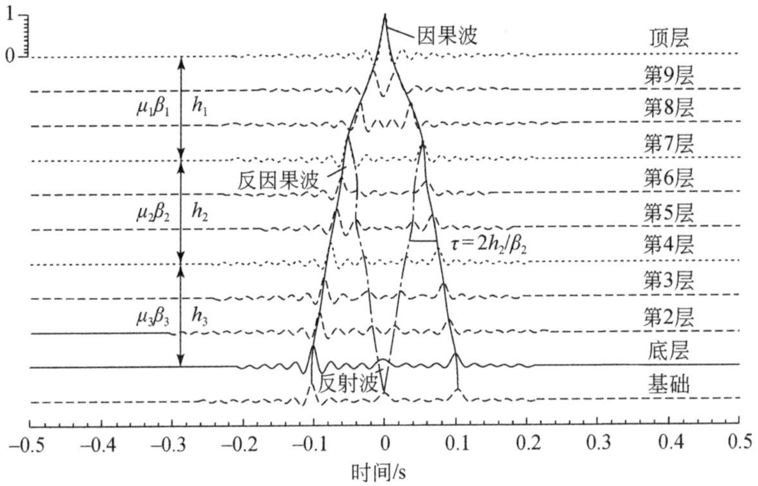

图 6.4.3　波走时计算原理

6.4.2　SH 波速

在动力激励下，对于以剪切变形为主的结构，剪切波速 β 定义为

$$\beta=\sqrt{G/\rho} \tag{6.4.13}$$

式中，ρ 为质量密度；G 为剪切模量。

如果在建筑物中两个相距 h 的测点间的波走时 τ 已知，根据射线理论，忽略波的散射影响，可以得到剪切波速为

$$\beta=h/\tau \tag{6.4.14}$$

由于实际结构中存在散射效应，式(6.4.13)和式(6.4.14)只能粗略计算剪切波速。为了较为精确地计算剪切波速，目前有两种方法，即非线性最小平方误差(least squared error，LSE)拟合方法和时移匹配法(time shift matching，TSM)。

以图 6.4.2 中多层剪切梁模型为例，使用半无限空间内 SH 波的传播矩阵，可以推导出 TF 和带限 IRF 的解析表达式。当单位幅值的虚拟源脉冲位于结构顶部($z=0$ 处)时，在第 m 层界面 $z=z_m$ 处 IRF 的理论表达为

$$h^{\mathrm{mod}}(z_m,0,\omega_{\max};t)=\sum_{i=1}^{2^{m-1}}\frac{a_i^{(m)}}{b^{(m)}}\left[\mathrm{SC}_i^{(m)}(t-t_i^{(m)})+\mathrm{SA}_i^{(m)}(t+t_i^{(m)})\right] \tag{6.4.15}$$

式中，$\mathrm{SC}_i^{(m)}$ 和 $\mathrm{SA}_i^{(m)}$ 为衰减箱形函数的傅里叶逆变换，对于因果波和无因果波表示如下：

$$\mathrm{SC}_i^{(m)}(t)=\frac{1}{\omega_{\max}}\left\{\frac{\exp(-\alpha_i^{(m)}\omega_{\max})}{(\alpha_i^{(m)})^2+t^2}\left[-\alpha_i^{(m)}\cos(\omega_{\max}t)+t\sin(\omega_{\max}t)\right]-\frac{-\alpha_i^{(m)}}{(\alpha_i^{(m)})^2+t^2}\right\} \tag{6.4.16}$$

$$\mathrm{SA}_i^{(m)}(t)=\frac{1}{\omega_{\max}}\left\{\frac{\exp(\alpha_i^{(m)}\omega_{\max})}{(\alpha_i^{(m)})^2+t^2}\left[\alpha_i^{(m)}\cos(\omega_{\max}t)+t\sin(\omega_{\max}t)\right]-\frac{\alpha_i^{(m)}}{(\alpha_i^{(m)})^2+t^2}\right\} \tag{6.4.17}$$

式(6.4.15)中,$t_i^{(m)}$ 为相对于虚拟源的时间延迟,规律如下:

$$t_1^{(0)}=0$$

$$t_{2i-1}^{(m)}=t_i^{(m-1)}+\eta_m h_m,\quad t_{2i}^{(m)}=t_i^{(m-1)}-\eta_m h_m \tag{6.4.18}$$

另外,系数 $\alpha_i^{(m)}$ 和 $b^{(m)}$ 是反射系数 R 及传播系数 T 的函数:

$$\begin{aligned}&\alpha_1^{(0)}=1\\&\alpha_{2i-1}^{(m)}=\alpha_i^{(m-1)},\quad \alpha_{2i}^{(m)}=\alpha_i^{(m-1)}R_m,\quad i\text{ 为奇数}\\&\alpha_{2i-1}^{(m)}=\alpha_i^{(m-1)}R_m,\quad \alpha_{2i}^{(m)}=\alpha_i^{(m-1)},\quad i\text{ 为偶数}\end{aligned} \tag{6.4.19}$$

$$b^{(m)}=2\prod_{j=2}^{m}T_j \tag{6.4.20}$$

式中,R_m 为从表面由第 $m-1$ 层反射到第 m 层波的反射系数;T_j 是从第 j 层传播到第 $j-1$ 层波的传播系数。它们分别定义为

$$R_m=\frac{\eta_m\mu_m-\eta_{m-1}\mu_{m-1}}{\eta_m\mu_m+\eta_{m-1}\mu_{m-1}} \tag{6.4.21}$$

$$T_j=\frac{2\eta_j\mu_j}{\eta_j\mu_j+\eta_{j-1}\mu_{j-1}} \tag{6.4.22}$$

$\alpha_i^{(m)}$ 为振幅衰减因子,计算公式如下:

$$\alpha_1^{(0)}=0$$

$$\alpha_{2i-1}^{(m)}=\alpha_i^{(m-1)}+\eta_m h_m\zeta_m,\quad \alpha_{2i}^{(m)}=\alpha_i^{(m-1)}-\eta_m h_m\zeta_m \tag{6.4.23}$$

式中,h_m 为层厚;$\eta_m=1/\beta_m$ 为垂直慢度;μ_m 为剪切模量;$\zeta_m=1/(2Q_m)$;上、下标 m 表明是多层剪切梁的第 m 层。

对于图 6.4.2 所示的多层剪切梁模型,定义各层剪切波速组成的向量为 $\boldsymbol{\beta}=(\beta_1,\beta_2,\cdots,\beta_L)$,其中 L 为层数。预先设定若干时间窗口,假定 $h^{\mathrm{obs}}(z_j,t_{ji})$ 是在时间窗口 j 的第 i 时刻的 IRF 观测结果,$h^{\mathrm{mod}}(z_j,t_{ji};\boldsymbol{\beta})$ 是对应的理论计算值。其中,z_j 是 z 坐标,t_{ji} 是第 j 个窗口第 i 个时刻。这时,有

$$h^{\mathrm{obs}}(z_j,t_{ji})=h^{\mathrm{mod}}(z_j,t_{ji};\boldsymbol{\beta}^*)+\varepsilon_{ji} \tag{6.4.24}$$

式中,$\boldsymbol{\beta}^*$ 为 $\boldsymbol{\beta}$ 的真值;ε_{ji} 为误差,假定为零均值、独立同分布的随机变量;$\boldsymbol{\beta}$ 的最小二乘估计 $\hat{\boldsymbol{\beta}}$,可以通过使以下目标函数最小化来实现。

$$S(\boldsymbol{\beta})=\sum_{j=1}^{J}\sum_{i=1}^{N_j}\left[h^{\mathrm{obs}}(z_j,t_{ji})-h^{\mathrm{mod}}(z_j,t_{ji};\boldsymbol{\beta})\right]^2 \tag{6.4.25}$$

式中，N_j 为第 j 个窗口中的观测点数；J 为预设的时间窗口总数。

这本质上是一个非线性最小二乘拟合问题，可以采用 Levenberg-Marquardt 算法来求解。该算法需要给定初始的 $\boldsymbol{\beta}$ 值，可通过距离 h_i 和波走时 τ_i 的比值（$\beta_i=h_i/\tau_i$）来确定。与非线性最小二乘算法通过使拟合误差最小化不同，TSM 算法的思路是通过不断调整 $\boldsymbol{\beta}$，使 IRF 的理论表达 $h^{\mathrm{mod}}(z_j,t_{ji};\boldsymbol{\beta})$ 和实测 IRF $h^{\mathrm{obs}}(z_j,t_{ji})$ 计算的波走时误差最小化。

6.4.3　波数

以 ω_0 为中心，$\Delta\omega$ 为带宽的平面 SH 波，沿 x 轴方向传播的运动可以表示为[9]

$$v(x,t)=\int_{\omega_0-\Delta\omega/2}^{\omega_0+\Delta\omega/2}v(\omega)\exp\{\mathrm{i}\omega[t-x/c(\omega)]\}\mathrm{d}\omega \tag{6.4.26}$$

式中，$v(x,t)$ 为沿建筑物长度 L 方向的结构运动位移；$v(\omega)$ 为沿着建筑物长度方向各点处位移 $v(x,t)$ 的傅里叶谱的均值；$c(\omega)$ 为波水平向传播的相速度；i 为虚数单位。

$v(x,t)$ 对 x 的导数可以表达为

$$\frac{\mathrm{d}v(x,t)}{\mathrm{d}x}=\mathrm{i}\frac{\omega}{c(\omega_0)}v(x,t) \tag{6.4.27}$$

比值 $\omega/c(\omega_0)$ 就是波数 $k_x(\omega_0)$，可以按式(6.4.28)计算：

$$k_x(\omega_0)=-\mathrm{i}\frac{\mathrm{d}v}{\mathrm{d}x}/v \tag{6.4.28}$$

对于波长较长的波，即 $\lambda=cT\gg L$，$T=2\pi/\omega$，可近似按式(6.4.29)计算：

$$\frac{\mathrm{d}v(x,t)}{\mathrm{d}x}\approx\frac{\Delta v}{D} \tag{6.4.29}$$

式中，Δv 为两个测点之间的位移差；D 为两个测点之间的距离。式(6.4.29)中的 v 可以用两记录点之间的平均运动代替，这可以普遍应用于近似计算任意两点(i,j)之间垂直或水平 SH 波传播的波数。

定义

$$K_{i,j}(\omega)\equiv F\left|\frac{v_i(t)-v_j(t)}{D}\right|\Big/F\left|\frac{v_i(t)+v_j(t)}{2}\right| \tag{6.4.30}$$

式中，$F(\cdot)$ 为傅里叶变换。当波长远大于分隔距离，频率 ω 和模型频率差别很大时，$K_{i,j}(\omega)$ 可以近似表达点 i、j 之间 SH 波传播的波数 $K(\omega)=\dfrac{\omega}{c(\omega)}$。

对于具有恒定波速 c 的发散波，$K_{i,j}(\omega)$ 是以 $1/c$ 为斜率的直线。当波速 c 与 ω 相关时，$K_{i,j}(\omega)$ 的斜率会更复杂，即

$$\frac{\mathrm{d}K_{i,j}(\omega)}{\mathrm{d}\omega}=\frac{1}{c(\omega)}-\omega\frac{c'(\omega)}{c^2(\omega)} \tag{6.4.31}$$

但如果ω很小或者$c(\omega)$的变化很缓慢，式(6.4.31)中的第二项可以忽略，这时，有

$$\frac{\mathrm{d}K_{i,j}(\omega)}{\mathrm{d}\omega}=\frac{1}{c(\omega)} \tag{6.4.32}$$

在这种情况下，$c(\omega)$可以根据$K_{i,j}(\omega)$的斜率估算得到。如果测点i和测点j之间传递通道的单元刚度发生了变化，会导致$c(\omega)$变化，最终$K_{i,j}(\omega)$的斜率也会发生改变。因此，基于$K_{i,j}(\omega)$及其斜率变化可以进行结构局部损伤的检测。

应当注意的是，式(6.4.30)计算得到的近似波数，仅适用于波长$\lambda>4D$的情况，即

$$K_{i,j}(\omega)<\frac{\pi}{2D} \tag{6.4.33}$$

6.5 混凝土重力坝损伤波走时评价及其影响因素

由以上分析可知，波走时和波数均可作为混凝土重力坝结构状态的评价指标。波数的计算精度取决于不同测点间记录数据的同步性，即确定各测点记录的第一个数据的精度，且波数受时间精度的影响较大，对波数的研究也不够深入，相关的研究成果较少，因此，选取波走时作为混凝土坝结构状态的评价指标。6.4.1节介绍了三种波走时的计算方法，其中脉冲响应函数法既能考虑频率范围和时间窗的影响，又能直接应用TB模型的传递函数和脉冲响应函数，计算方便，是目前应用较广泛的方法。因此，本节将采用脉冲响应函数法计算波走时。

根据波动基本理论，波走时除受动力响应的观测质量影响外，测点间距、时间窗函数和频率范围等也是其重要影响因素。为此，本节分析测点间距、时间窗函数和频率范围对波走时的影响，研究应用波走时评价混凝土重力坝结构状态的可行性。

6.5.1 波走时影响因素理论分析

1. 测点间距

为了实现运用波走时进行结构状态评价，测点之间的距离必须要满足一定的条件，才能识别出波走时。考虑薄层的调谐效应，当层厚Δh等于波长λ的1/4时，相对应的叠加振幅出现极大值，当厚度再减小时，叠加波形不再变化，波形趋于稳定。也就是说，要实现波形的区分，最小的层厚必须要不小于最小波长的1/4，即满足：

$$\Delta h_{\min} \geqslant \lambda_{\min}/4 \tag{6.5.1}$$

式中，$\Delta h_{\min}$为最小层厚；$\lambda_{\min}$为最小波长。

Rahmani 和 Todorovska 对剪切梁模型识别精度分析时指出，两个脉冲能被识别的最小时间间隔 τ 不能超过入射波及其反射波在层间一个来回的传播时间 t，即满足：

$$\tau = \frac{1}{2f_{\max}} \leqslant t = \frac{2h}{\beta} \Rightarrow h_{\min} \geqslant \frac{\beta}{4f_{\max}} = \frac{\lambda_{\min}}{4} \tag{6.5.2}$$

式中，$f_{\max}$为截止频率；h 为层厚；β 为剪切波速；$h_{\min}$为最小层厚；$\lambda_{\min}$为最小波长。

Ebrahimian 和 Todorovska 研究 TB 模型时指出，对于 $\omega < \omega_{\mathrm{cr}}$，当满足因果脉冲和非因果脉冲至少为源脉冲宽度的一半时可以得到 TB 模型的最小高度，即

$$H_{\min} = \frac{1}{4f_{\max}} \max_{f<f_{\max}} (c_1^{\mathrm{ph}}, c_1^{\mathrm{gr}}) \approx \frac{1}{4} \lambda_{\mathrm{S}}^{\mathrm{TB}}(f_{\max}) \tag{6.5.3}$$

式中，$f_{\max}$为脉冲响应函数的截止频率；$\lambda_{\mathrm{S}}^{\mathrm{TB}}(f_{\max})$为相应的剪切波波长；$c_1^{\mathrm{ph}}$ 和 c_1^{gr} 分别为相速度和群速度。

因此，在对实际混凝土坝布置测点或数值模拟选取测点时，为了避免出现无法识别出波走时的情况，都应遵循上述的最小距离原则布置或选择测点。

2. 时间窗函数

波走时估计是各个时间窗内$(t \in (t_{\mathrm{c}} \pm w_{\mathrm{win}}/2))$得到的波走时的加权平均数，对移动时间窗进行分析时，信号的 Heisenberg-Gabor 不确定性准则 $\Delta\omega\Delta t = \pi/2$，不可能同时在时域和频域内完全局部化，因此需要在时间分辨率和估计质量之间做一个权衡。为了计算波走时，时间窗的宽度必须满足：

$$\frac{H}{c} + \frac{1}{2f_{\max}} \leqslant \tau + \frac{w_{\mathrm{pulse}}}{2} < w_{\mathrm{win}} \tag{6.5.4}$$

式中，$\tau = H/c$ 为波从结构顶部传播到底部的波走时，H 为结构高度，c 为垂直波速；w_{pulse}为脉冲主瓣的宽度。

为了同时得到因果脉冲和非因果脉冲，时间窗的宽度必须要大于波在结构中往返传播一次的时间，即

$$\frac{2H}{c} + \frac{1}{f_{\max}} \leqslant 2(\tau + w_{\mathrm{pulse}}/2) < w_{\mathrm{win}} \tag{6.5.5}$$

考虑到时间窗截断会造成频谱泄漏以及结构损伤会引起波走时延长的影响，实际选取的时间窗宽度应该比理论最小值大。同时包含非因果脉冲和因果脉冲的时间窗宽度的临界值可以用结构振动的基本周期 T 近似估计，即 $w_{\mathrm{win}} > \frac{T}{2} + \frac{1}{f_{\max}}$。

3. 频率范围

模型拟合的频率范围是识别波走时的一个重要参数，因为它控制着虚拟脉冲的宽度和脉冲响应函数法的空间分辨率。结构阻尼的影响可能会引起波在结构中传播时出现波弥散，频率范围的选取有助于控制波弥散的影响。其实结构本身就是一个滤波器，对于结构中传播的波频率越高，则吸收衰减越严重，所以响应的能量主要集中在较低的频率。

图 6.5.1 所示为虚拟源函数在低通和带通滤波下频域和时域内的函数图像。可以看出，低通滤波器 $s(t)$ 是辛格函数，中瓣的半宽为 $\Delta t_s=\pi/(2\omega_c)=1/(4\Delta f_s)$，带通滤波器 $s(t)$ 是被辛格函数调过振幅的谐波函数，中瓣的半宽为 $\Delta t_c=\pi/(2\omega_c)=1/(4f_c)$，包络线的半宽为 $\Delta t_e=\pi/(\Delta\omega_s)=1/(2\Delta f_s)$。当 $\Delta f_s/f_c\ll 1$ 时，$s(t)$ 的包络线包含很多波峰且包络线是扁胖的。随着 $\Delta f_s/f_c$ 增大，旁瓣逐渐变小，$s(t)$ 也越像辛格函数，当 $\Delta f_s/f_c\to 1^-$ 时，谐波函数的中间脉冲最终转化成低通滤波器 $s(t)$ 的主瓣。Δf_s 和 f_c 的计算方法如图 6.5.1 所示。

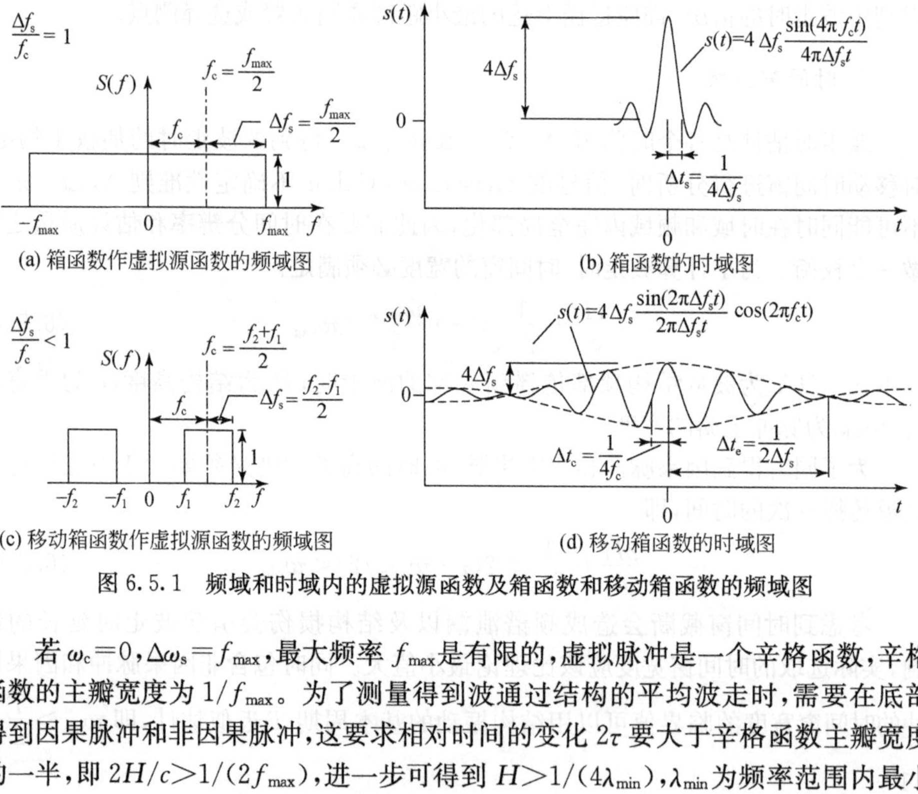

图 6.5.1　频域和时域内的虚拟源函数及箱函数和移动箱函数的频域图

若 $\omega_c=0$，$\Delta\omega_s=f_{max}$，最大频率 f_{max} 是有限的，虚拟脉冲是一个辛格函数，辛格函数的主瓣宽度为 $1/f_{max}$。为了测量得到波通过结构的平均波走时，需要在底部得到因果脉冲和非因果脉冲，这要求相对时间的变化 2τ 要大于辛格函数主瓣宽度的一半，即 $2H/c>1/(2f_{max})$，进一步可得到 $H>1/(4\lambda_{min})$，λ_{min} 为频率范围内最小的波长。实际上，为了减小其他脉冲旁瓣对各个脉冲主瓣干涉的影响，分离因果脉冲和非因果脉冲时选取的 λ 值比理论上的最小值要大很多。

6.5.2　混凝土重力坝结构状态的波走时评价数值模拟

印度 Koyna 重力坝是实际记录有混凝土坝遭受地震破坏的典型工程。1967 年 12 月 11 日，在距离 Koyna 重力坝 2.4km 处发生了 6.5 级地震，受地震作用影响，该重力坝头部转折处出现了严重的水平裂缝，漏水现象严重。由于缺乏该坝此次地震实际监测的动力响应数据，基于 6.3 节的理论研究模型，采用 ABAQUS 有限元模拟方法，数值模拟分析其动力响应数据，然后展开波走时影响因素和结构损伤诊断分析。

1. 基本参数

1）模型参数

Koyna 大坝的有限元模型如图 6.5.2 所示，有限元剖分模型是二维的，共有节点 819 个，单元 760 个。

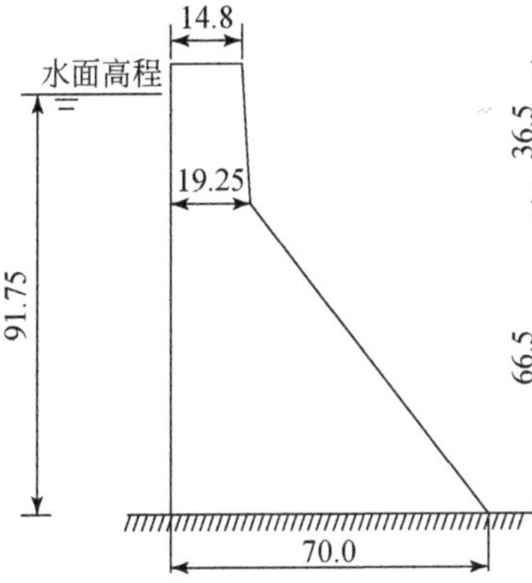

(a) 模型尺寸

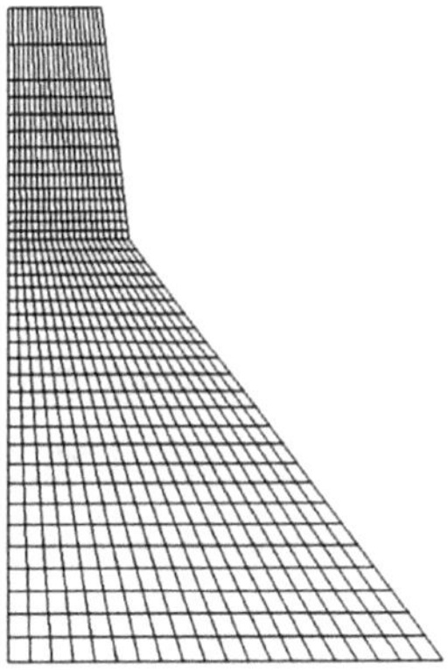
(b) 有限单元网格

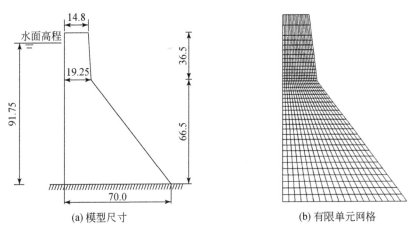

图 6.5.2　Koyna 大坝的有限元模型(单位：m)

2）材料参数

材料的基本参数见表 6.5.1。

表 6.5.1　材料的基本参数

弹性模量 E /Pa	泊松比 ν	密度 ρ /(kg/m³)	膨胀角 ψ /(°)	初始屈服压应力 σ_{c0}/Pa	极限抗压应力 σ_{cu}/Pa	拉伸断裂应力 σ_{t0}/Pa
3.1027×10^{10}	0.15	2643	36.31	1.3×10^{7}	2.41×10^{7}	2.9×10^{6}

3）水平向和垂直向加速度

图 6.5.3 是 Koyna 重力坝在 1967 年 12 月 11 日经历 6.5 级地震时记录下来的水平向和垂直向加速度曲线，历时均为 10s。

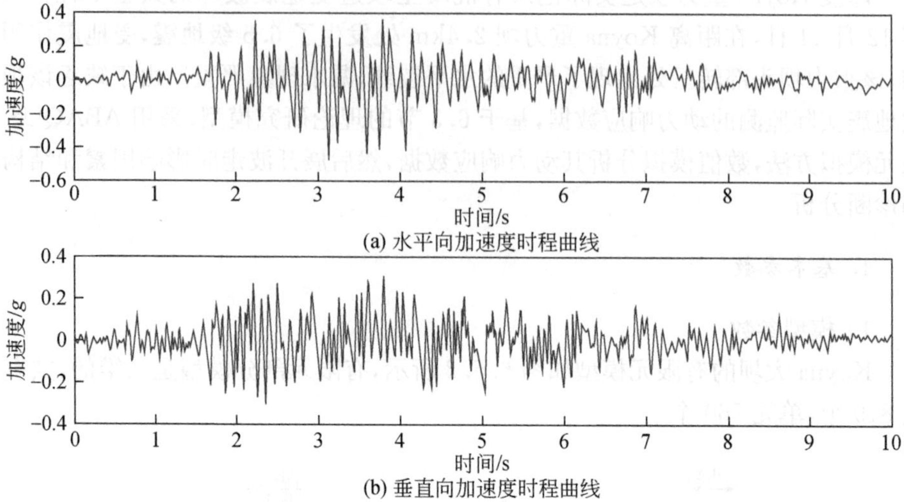

图 6.5.3　Koyna 重力坝经历 6.5 级地震时的加速度时程曲线

2. 损伤变量

损伤是材料在荷载、温度、环境作用下微裂纹、微孔洞等微观缺陷产生并发展，从而引起材料的强度、韧性和刚度等力学性能劣化的过程。关于损伤变量的定义有很多，可以通过测量质量密度、电阻率、弹性模量及弹性应变等的变化来表示损伤的程度，这里采用基于缺陷面积定义的损伤变量。

假设重力坝剖面的面积为 A，由于微缺陷的存在，实际的有效承载面积 $\widetilde{A}$ 比 A 小，即

$$\widetilde{A}=A-A_D \tag{6.5.6}$$

式中，A_D 为考虑了应力集中和缺陷相互作用之后的缺陷面积。

在各向同性的假设下，损伤变量 D_1 不随截面变化，因此可以定义损伤变量为截面中缺陷面积与截面总面积之比，即

$$D_1=\frac{A_D}{A}\times 100\%=\frac{A-\widetilde{A}}{A}\times 100\% \tag{6.5.7}$$

式中，当 $D_1=0$ 时，表示材料处于无损状态；当 $D_1=1$ 时，表示材料处于完全断裂状态。在 ABAQUS 有限元模拟中，当单元受到的拉应力大于给定的极限拉应力

时，单元出现损伤破坏，在 ABAQUS 结果文件中会显示出损伤破坏的单元分布，本节以出现损伤的单元面积为缺陷面积计算损伤变量。

根据 NB/T 35026—2014《混凝土重力坝设计规范》规定，采用弹塑性有限元法分析坝基面的抗滑稳定性时，可以建基面屈服区贯通率作为控制标准，也可以坝基面屈服区宽度小于坝底宽度的 15％为控制标准。为了说明坝踵处损伤对重力坝安全运行的影响，本节以后者为控制标准，定义损伤变量 D_2 为坝基面屈服区宽度与坝底宽度的比值，即

$$D_2=\frac{L_1}{L_2}\times 100\% \tag{6.5.8}$$

式中，L_1 为坝基面屈服区宽度；L_2 为坝底宽度。

当 $D_2\leqslant 15\%$时，可以认为重力坝建基面的抗滑稳定性是满足要求的，重力坝仍处于稳定状态；当 $D_2>15\%$时，可以认为重力坝处于非稳定状态，可能会发生失稳等破坏。本节用损伤变量 D_1 和 D_2 共同描述地震过程中混凝土重力坝的损伤状态。

3. 破坏过程分析

在对经历地震后的混凝土重力坝进行结构状态评价时，应先了解重力坝的动力破坏特性及地震作用下重力坝最容易出现损伤破坏区域的一般规律。对地震作用下混凝土坝的破坏过程进行分析是为了了解坝体大致会在哪个阶段和哪个部位出现破坏，为开展结构状态评价时测点的布置和应用波走时进行结构状态评价时比较时段的划分，以及进行模型试验时人工锯缝位置的选择提供理论依据。

通过对整个地震过程的研究，得到表 6.5.2 和图 6.5.4 所示结果：$T=0$ 时，重力坝处于初始状态，损伤变量 $D_1=0$，$D_2=0$；$T=3.155$s 时，坝踵处开始出现损伤，损伤变量 $D_1=0.447\%$，$D_2=5.0\%$；$T=3.885$s 时，坝下游面转折点处也开始出现损伤，损伤变量 $D_1=0.940\%$，$D_2=5.6\%$；$T=4.125$s 时，坝踵处的损伤区域拓展较快，损伤变量 $D_1=1.566\%$，$D_2=15.0\%$；$T=6.450$s 时，坝下游面转折点处的损伤区域迅速扩大，损伤变量 $D_1=3.132\%$，$D_2=20.0\%$；$T=10.000$s 时，坝踵处和坝下游面转折点处的损伤区域变化不大，损伤变量 $D_1=3.132\%$，$D_2=20.0\%$。破坏过程损伤出现时刻和损伤变量变化曲线如图 6.5.5 所示。

表 6.5.2　各时间点对应的损伤程度

损伤变量	时间 T/s					
	0	3.155	3.885	4.125	6.450	10.000
D_1/%	0	0.447	0.940	1.566	3.132	3.132
D_2/%	0	5.0	5.6	15.0	20.0	20.0

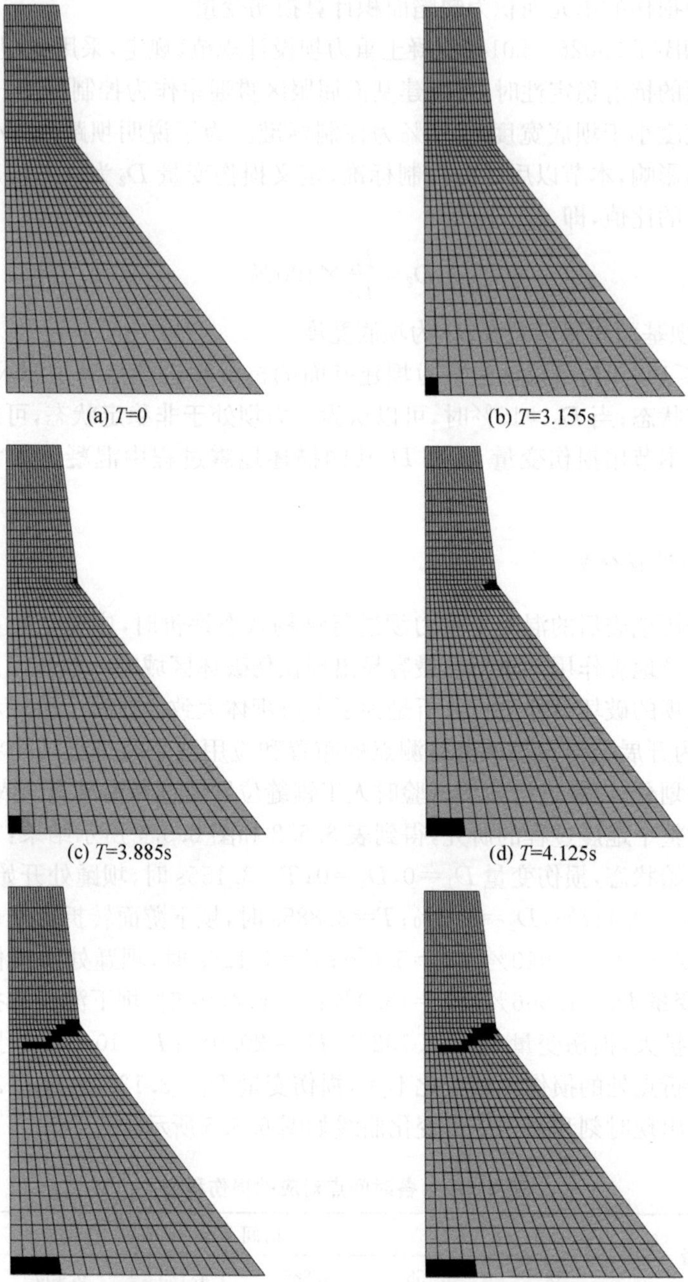

(a) T=0　　(b) T=3.155s

(c) T=3.885s　　(d) T=4.125s

(e) T=6.450s　　(f) T=10.000s

图 6.5.4　不同时刻重力坝坝体损伤区域分布

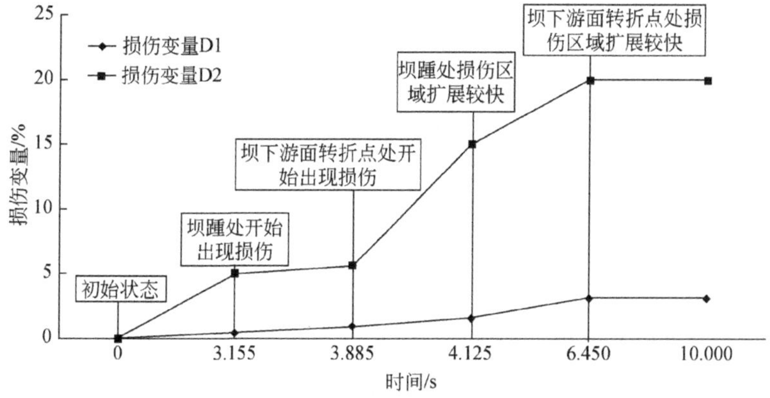

图 6.5.5　破坏过程损伤变量变化曲线

从以上分析可以发现，0～3.155s 内，坝体仍处于弹性阶段，未出现任何损伤，也就是说，可以用这个时间段内地震波的传播时间或波速作为结构健康时的参照值；在 3.155～6.450s，坝体开始出现塑性损伤，坝踵处最先出现损伤，接着坝体下游面转折点处开始出现损伤，然后坝踵处和转折点处损伤区域迅速向坝身内部扩大；在 6.450～10.000s，随着地震波输入能量减小，坝体内部也没再出现新的损伤。因此，应用此仿真结果进行损伤识别时，应该在 0～3.155s 内选取相应的时间段计算作为结构健康时的标准值；在 3.155～6.450s 内选取相应的时间段计算分析损伤发展过程的变化；在 6.450～10.000s 内选取相应时间段计算，将计算结果与标准值进行对比，从而说明结构发生损伤时的变化特点。

该有限元模拟结果与其他学者进行的模型试验和有限元模拟结果相吻合，和 Koyna 重力坝的实际损伤破坏区域也大致相同，因此可以根据有限元模拟结果开展研究。

4. 波走时评价

若选取截止频率 $f_{max}=25$Hz，则在重力坝坝体内选择测点时，其理论最小高差应大于 20.61m。为了探究地震波在坝体内的传播过程和特点，对比模拟的震后损伤区域分布情况，沿着坝高在 5 个不同高度的坝上游面、坝体内、坝下游面分别选取一个测点，总共选取了 15 个测点，如图 6.5.6 所示。一般情况下，水工混凝土结构的环境激励包括地震、脉动水压力、水电站和泵站厂房振源(可以分为水力、电力和机械三大类[8])及交通振动荷载(如坝顶公路上的车辆振动)等，而结构上任意一点的振动响应常是多个环境激励综合作用的结果。在大多数情况下，这些环境激励是无法直接进行测量的，并且环境激励源本身的性质十分复杂。给出典型上游测点的水平向加速度时程曲线如图 6.5.7 所示，从坝底至坝顶测点编号依次为 UE、UD、UC、UB、UA，测点的加速度响应幅值逐渐增大。

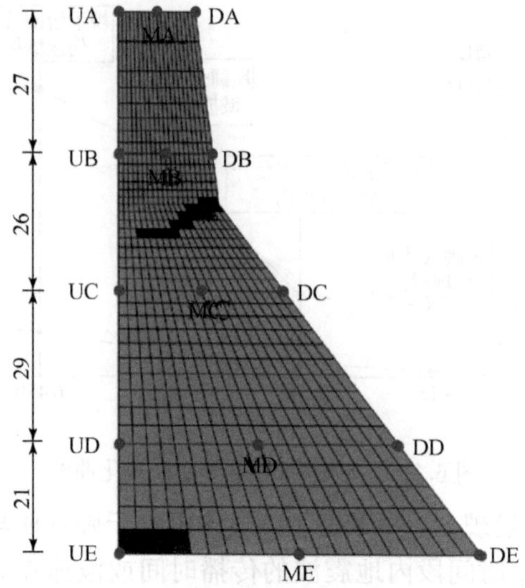

图 6.5.6　测点布置(单位:m)

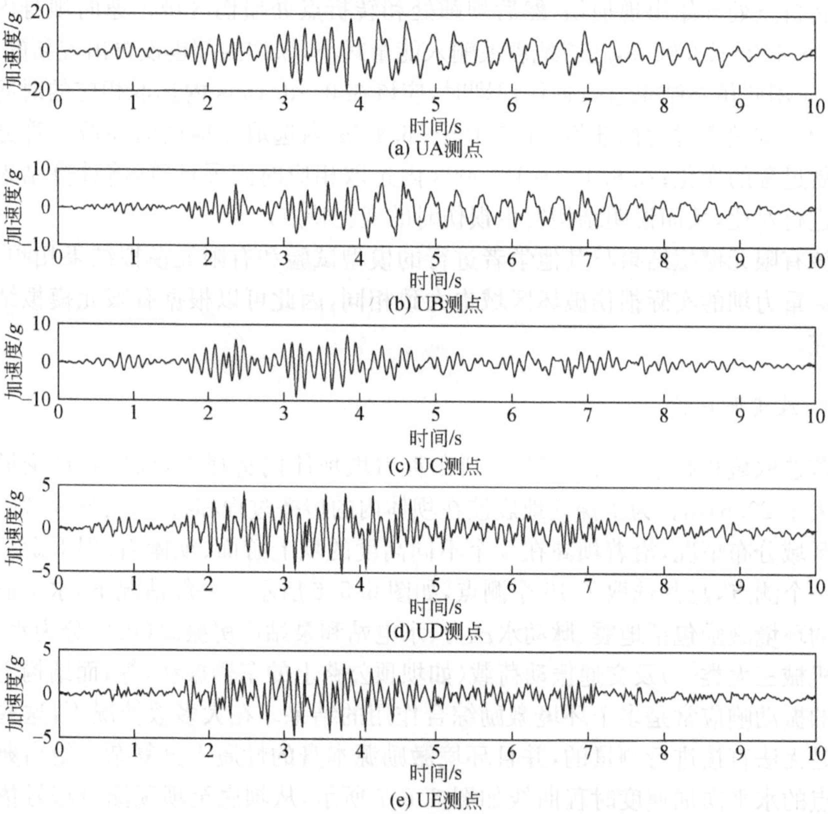

图 6.5.7　典型上游测点的水平向加速度时程曲线

以坝顶上的测点作为虚拟的信号源，将整个地震过程划分为 4 个时段，即 0～3s、2.5～5.5s、5～8s、7～10s，时间窗宽度为 3s，频率范围取分析得到的 0～16Hz，分别计算 4 个时间段内坝上游面测点 UA～UB、UB～UC、UC～UD、UD～UE，坝体内测点 MA～MB、MB～MC、MC～MD、MD～ME，坝下游面测点 DA～DB、DB～DC、DC～DD、DD～DE 的波走时，各测点相对坝顶虚拟源的波走时见表 6.5.3，测点间的脉冲响应函数图如图 6.5.8 所示。进而求得各测点之间的波走时，各测点之间的结构状态、距离、波速和波走时见表 6.5.4，波走时在有损区域和无损区域的变化过程曲线如图 6.5.9 所示。

表 6.5.3　不同时段内各测点相对坝顶虚拟源的波走时(0～16Hz)

测点位置	测点名称	测点高程/m	高程差/m	波走时/s			
				0～3s	2.5～5.5s	5～8s	7～10s
坝上游面	UA	103	0	—	—	—	—
	UB	76	27	0.038	0.038	0.038	0.040
	UC	50	53	0.045	0.055	0.048	0.053
	UD	21	82	0.068	0.073	0.075	0.070
	UE	0	103	0.073	0.085	0.080	0.085
坝体内	MA	103	0	—	—	—	—
	MB	76	27	0.038	0.038	0.038	0.040
	MC	50	53	0.048	0.058	0.050	0.053
	MD	21	82	0.068	0.073	0.075	0.070
	ME	0	103	0.080	0.085	0.080	0.085
坝下游面	DA	103	0	—	—	—	—
	DB	76	27	0.038	0.038	0.038	0.040
	DC	50	53	0.048	0.060	0.050	0.058
	DD	21	82	0.065	0.073	0.075	0.070
	DE	0	103	0.080	0.085	0.080	0.085

注：测点高程以 UE 所在水平线为 0 高程点，高程差为各测点所在高程相对于 UA 测点所在水平线高差的绝对值。

从图 6.5.9 中有损区域和无损区域的波走时过程线可以看出，地震历时内，有损区域的波走时都逐渐增加，无损区域的波走时变化不大。对于重力坝发生损伤的区域，相对于 0～3s(地震初时段)，7～10s(地震末时段)的波走时明显增加，通过

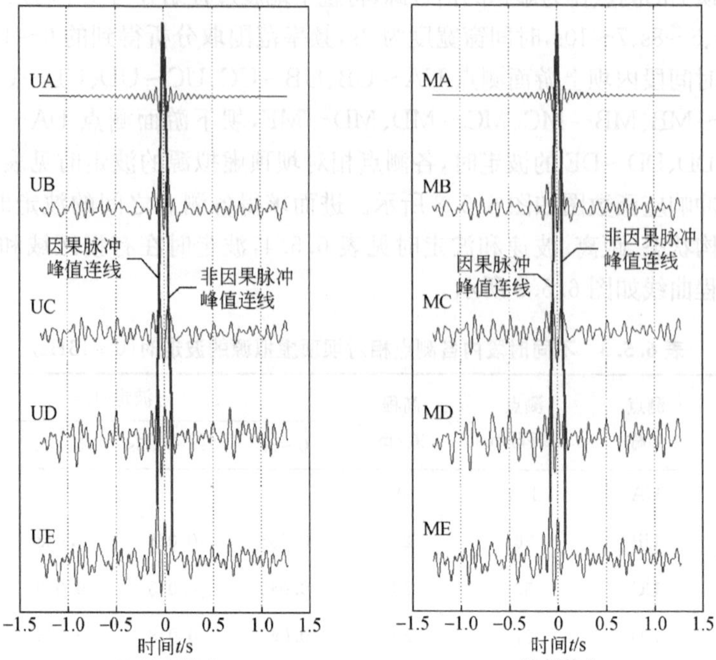

(a) 坝上游面　　(b) 坝体内

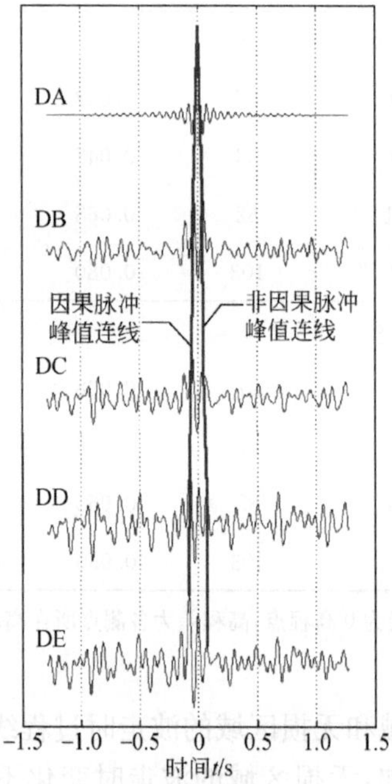

(c) 坝下游面

图 6.5.8　测点间的脉冲响应函数图

表 6.5.4　各测点之间的结构状态、距离、波速和波走时

测点		距离/m	结构状态	波走时/s				平均波走时/s	波速/(m/s)
				0～3s	2.5～5.5s	5～8s	7～10s		
坝上游面	UA～UB	27	无损	0.0370	0.0360	0.0370	0.0360	0.0365	713.5
	UB～UC	26	有损	0.0520	0.0570	0.0600	0.0600	0.0573	553.8
	UC～UD	29	无损	0.0320	0.0320	0.0330	0.0320	0.0323	818.1
	UD～UE	21	有损	0.0360	0.0390	0.0400	0.0400	0.0388	600.6
坝体内	MA～MB	27	无损	0.0370	0.0360	0.0370	0.0360	0.0365	713.5
	MB～MC	26	有损	0.0520	0.0570	0.0580	0.0600	0.0568	553.8
	MC～MD	29	无损	0.0310	0.0320	0.0320	0.0310	0.0315	844.5
	MD～ME	21	无损	0.0390	0.0390	0.0390	0.0400	0.0393	554.4
坝下游面	DA～DB	27	无损	0.0370	0.0370	0.0370	0.0370	0.0370	713.5
	DB～DC	26	有损	0.0530	0.0550	0.0590	0.0610	0.0570	543.4
	DC～DD	29	无损	0.0320	0.0320	0.0330	0.0320	0.0323	818.1
	DD～DE	21	无损	0.0360	0.0370	0.0370	0.0370	0.0368	600.6

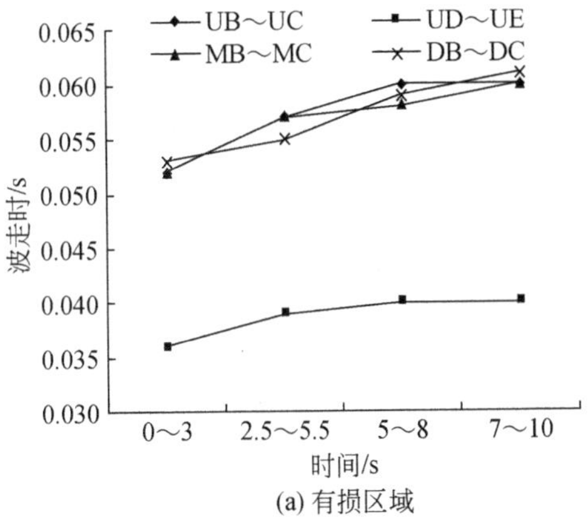

(a) 有损区域

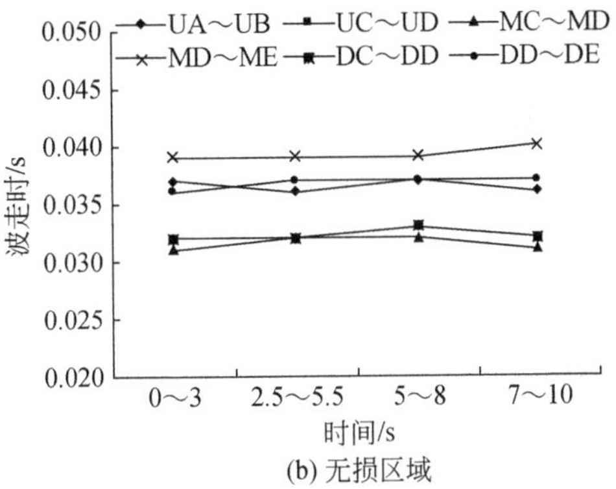

(b) 无损区域

图 6.5.9　有损区域和无损区域的波走时过程线

表 6.5.4 中的数据计算得到波走时最小增加 11.11%(UD～UE)，最大增加 15.38%(UB～UC 和 MB～MC)。对于重力坝无损区域，相对于 0～3s 时段，7～10s 时段内的波走时无明显变化，通过表 6.5.4 中的数据计算得到波走时最大增加 2.78%(DD～DE)，其余均不变或波走时略微减小。

因此，对于一个完好的结构，如果地震过程中末时段的波走时相对于初时段的波走时增加达 10%以上，可以认为该结构出现损伤破坏，如果波走时减小或不变，或者增加不超过10%,则可认为结构没有出现损伤破坏。综合上述分析,从波走时的变化来判断大坝是否出现损伤是比较直观可靠的。

参考文献

[1] Todorovska M I, Rahmani M T. System identification of buildings by wave travel time analysis and layered shear beam models—Spatial resolution and accuracy[J]. Structural Control & Health Monitoring,2013,20(5):686-702.

[2] Timoshenko S P. On the correction for shear of the differential equation for transverse vibrations of prismatic bars[J]. Philosophical Magazine,1921,41(245):744-746.

[3] Ivanovic S S,Trifunac M D,Todorovska M D. On identification of damage in structures via wave travel times[J]. Nato Science,2001,373:447-467.

[4] Kawakami H, Oyunchimeg M. Normalized input-output minimization analysis of wave propagation in buildings[J]. Engineering Structures,2003,25(11):1429-1442.

[5] Oyunchimeg M,Kawakami H. A new method for propagation analysis of earthquake waves in damaged buildings: Evolutionary normalized input-output minimization(NIOM)[J]. Journal of Asian Architecture and Building Engineering,2003,2(1):9-16.

[6] Kawakami H,Oyunchimeg M. Wave propagation modeling analysis of earthquake records for buildings(building structures and materials)[J]. Journal of Asian Architecture and Building Engineering,2004,3(1):33-40.

[7] Snieder R,Şafak E. Extracting the building response using seismic interferometry: Theory and application to the Millikan Library in Pasadena, California[J]. Bulletin of the Seismological Society of America,2006,96(2):586-598.

[8] Todorovska M I, Trifunac M D. Earthquake damage detection in the Imperial County Services Building III:Analysis of wave travel times via impulse response functions[J]. Soil Dynamics and Earthquake Engineering,2007,28(5):387-404.

[9] Todorovska M I, Ivanović S S, Trifunac M D. Wave propagation in a seven-story reinforced concrete building: I. Theoretical models[J]. Soil Dynamics and Earthquake Engineering, 2001, 21(3):211-223.

第7章 非稳定激励和环境变量作用下水工混凝土结构的损伤诊断

7.1 引 言

理想情况下，如果外部环境激励和环境变量保持稳定，对正常的结构而言，特征指标变化较小。当结构出现异常时，特征指标会有明显变化。因此，只要通过特征指标的变化，便可以判定结构是否出现损伤。但是，稳定的外部环境激励和环境变量这一假定，对实际的工程结构而言常常是不能满足的。如图 7.1.1 所示，与试验和数值模拟的问题不同，环境激励下结构的振动问题还要考虑环境激励的不稳定性及环境变量对结构系统产生的影响。在非稳定的环境激励、不断发生变化的环境变量和观测噪声等干扰因素的作用下，即使是无损的结构，损伤指标的识别值也可能会发生较大变动。研究如何减弱这些干扰因素的影响，建立环境变量与损伤指标之间的关系，对保证损伤指标能客观反映结构损伤状态有十分重要的意义。

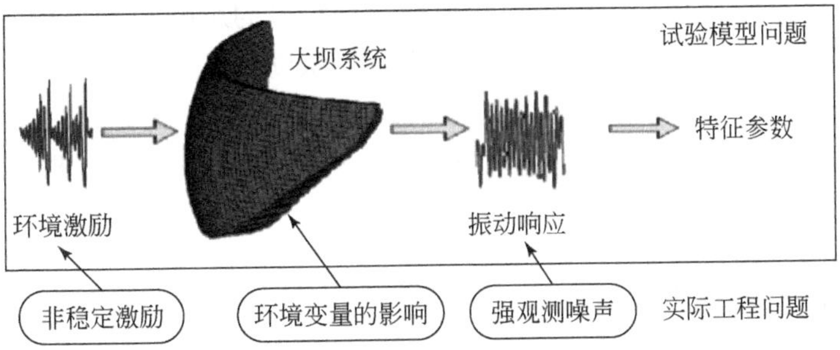

图 7.1.1 实际工程问题和试验模拟问题的不同

为此，本章在深入分析非稳定环境激励和环境变量对损伤诊断指标识别结果影响的基础上，研究非稳定环境激励和环境变量影响下结构损伤识别的 PCA 方法。同时，针对 PCA 方法在分析非线性复杂结构的多维数据时，易出现虚报警和漏报警的问题，进一步研究基于非线性流形学习的结构损伤识别方法。考虑到环境变量和损伤指标之间关系的复杂性，以及损伤指标的多维性（多阶模态或由多个测点的振动响应识别的诊断指标），将机器学习的多输出支持向量机（multiple output support vector machine，M-SVM）模型引入结构的损伤诊断，由此建立复杂环境作用下损伤指标的 M-SVM 预报模型。此外，还提出基于有监督学习的环境激励下水工混凝土结构损伤程度估算的方法。

7.2 非稳定环境激励和环境变量的影响分析

环境激励下水工混凝土结构的振动问题需要考虑环境激励性质的非稳定性，以及环境变量对结构系统产生的影响。

7.2.1 非稳定环境激励的影响

对于实际的工程问题，各次振动测量对应的环境激励可能不是由同一个动力系统(对确定性激励而言)或同一个随机过程(对随机激励而言)产生的。在计算模态指标时，模态参数的识别可以采用随机减量技术或自然激励技术滤除随机激励和观测噪声的干扰，以获得结构的自由振动或脉冲响应，并通过稳态图法剔除由环境激励优势频率产生的非稳定虚假模态。因此，即使环境激励发生变动，其对模态指标计算结果的影响也是有限的。然而，在计算结构损伤诊断的非线性动力系统指标时，激励信号性质的改变，必然会直接反映在结构的振动响应中，从而引起非线性动力系统指标的变化。这时便无法辨别指标的变化到底是由结构损伤引起的，还是由激励变动引起的。

为了减弱非稳定环境激励对损伤指标计算结果的影响，对于随机激励下的线性结构，在提取动力系统指标时，可以采用自然激励技术，将受迫系统变成确定性的自治系统，以最大限度地减小随机环境激励的影响；对于受确定性分量占优势的环境激励作用的结构，在提取受迫系统的非线性动力系统指标时，难以直接滤除环境激励的影响。

7.2.2 环境变量的影响

水工混凝土结构在正常运行时会受到各种环境变量的影响。环境变量的变化会直接导致结构损伤诊断的模态指标和非线性动力系统指标的识别结果发生变化，而且这种变化常常是十分显著的。例如，Roberts 等[1]对某桥梁的研究表明，无损桥梁的特征频率在一年之内会有 3% ～ 4%的变动；Peeters 等[2]对位于瑞士的一座桥梁研究发现，由环境温度引起的特征频率变化达到 18%。

水工混凝土结构常见的环境变量包括库水位、温度、降雨和时效作用。一般进行一次振动测量的总历时很短，在这短暂的时间内，各种环境变量的变动基本上是可以忽略的。对有一定时间间隔的不同测次，其环境变量变化较为明显，这时需考虑环境变量变化对结构损伤诊断指标的影响。

1. 库水位影响

影响水工混凝土结构运行的各种环境变量中，库水位是一个最重要的环境变量。考虑库水位作用的水工混凝土结构的质量矩阵可以表达为

$$\boldsymbol{M}=\boldsymbol{M}_0+\boldsymbol{M}_a \tag{7.2.1}$$

式中，$\boldsymbol{M}_a$为动水压力产生的附加质量矩阵；$\boldsymbol{M}_0$为不考虑动水压力时结构的质量矩阵。

当采用有限元法进行计算时，根据 Westergaard 公式[3]，作用于固水交界面节点 i 处的三个自由度方向附加质量可以采用式(7.2.2)计算：

$$M_{ai}=\frac{\psi}{90}\frac{7}{8}\rho_w\sqrt{H_0 z_i}A_i \tag{7.2.2}$$

式中，ρ_w为水的密度；z_i为节点 i 处在水面以下的深度；H_0为节点所在的铅直断面总的水深；ψ为固水交界面与水平面的夹角；A_i为节点 i 的控制面积。

当库水位变化 ΔH 时，附加质量 $\boldsymbol{M}_a$、结构刚度 $\boldsymbol{K}$、特征值 $\lambda=\omega^2$ 和模态振型 $\boldsymbol{\Phi}$ 分别变为[4]

$$\boldsymbol{M}_a=\boldsymbol{M}_{a0}+\Delta\boldsymbol{M}_a,\quad \boldsymbol{K}=\boldsymbol{K}_0+\Delta\boldsymbol{K}_w,\quad \lambda=\lambda_0+\Delta\lambda,\quad \boldsymbol{\Phi}=\boldsymbol{\Phi}_0+\Delta\boldsymbol{\Phi} \tag{7.2.3}$$

式中，$\boldsymbol{M}_{a0}$、$\boldsymbol{K}_0$、λ_0 和 $\boldsymbol{\Phi}_0$ 分别为库水位变化前的附加质量矩阵、劲度矩阵、系统特征值和模态振型；$\Delta\boldsymbol{M}_a$、$\Delta\boldsymbol{K}_w$、$\Delta\lambda$ 和 $\Delta\boldsymbol{\Phi}$ 为库水位变化的效应。

令位移的表达形式为 $\boldsymbol{x}(t)=\boldsymbol{\Phi}\cos(\omega t)$，将式(7.2.3)代入结构的自由振动平衡方程(忽略阻尼的影响)$\boldsymbol{M}\ddot{\boldsymbol{x}}(t)+\boldsymbol{K}\boldsymbol{x}(t)=0$ 中，可以得到以下表达形式：

$$[\boldsymbol{K}_0+\Delta\boldsymbol{K}-(\lambda+\Delta\lambda)(\boldsymbol{M}_0+\boldsymbol{M}_a+\Delta\boldsymbol{M}_a)](\boldsymbol{\Phi}+\Delta\boldsymbol{\Phi})=0 \tag{7.2.4}$$

将式(7.2.4)展开，注意到$(\boldsymbol{K}_0-\lambda\boldsymbol{M})\boldsymbol{\Phi}=0$，并忽略高阶项可以得到

$$[\Delta\boldsymbol{K}-\lambda\Delta\boldsymbol{M}_a-\Delta\lambda(\boldsymbol{M}_0+\boldsymbol{M}_a)]\boldsymbol{\Phi}=-[\boldsymbol{K}_0-\lambda(\boldsymbol{M}_0+\boldsymbol{M}_a)]\Delta\boldsymbol{\Phi} \tag{7.2.5}$$

在式(7.2.5)两边同时左乘 $\boldsymbol{\Phi}^T$，则

$$\boldsymbol{\Phi}^T[\Delta\boldsymbol{K}-\lambda\Delta\boldsymbol{M}_a-\Delta\lambda(\boldsymbol{M}_0+\boldsymbol{M}_a)]\boldsymbol{\Phi}\approx-\boldsymbol{\Phi}^T[\boldsymbol{K}_0-\lambda(\boldsymbol{M}_0+\boldsymbol{M}_a)]\Delta\boldsymbol{\Phi} \tag{7.2.6}$$

考虑到 $\boldsymbol{\Phi}^T[\boldsymbol{K}_0-\lambda(\boldsymbol{M}_0+\boldsymbol{M}_a)]=0$，有

$$\boldsymbol{\Phi}^T[\Delta\boldsymbol{K}-\lambda\Delta\boldsymbol{M}_a-\Delta\lambda(\boldsymbol{M}_0+\boldsymbol{M}_a)]\boldsymbol{\Phi}\approx 0 \tag{7.2.7}$$

或

$$\Delta\lambda\approx\frac{\boldsymbol{\Phi}^T\Delta\boldsymbol{K}_w\boldsymbol{\Phi}}{\boldsymbol{\Phi}^T(\boldsymbol{M}_0+\boldsymbol{M}_a)\boldsymbol{\Phi}}-\frac{\lambda\boldsymbol{\Phi}^T\Delta\boldsymbol{M}_a\boldsymbol{\Phi}}{\boldsymbol{\Phi}^T(\boldsymbol{M}_0+\boldsymbol{M}_a)\boldsymbol{\Phi}} \tag{7.2.8}$$

对式(7.2.8)分析可以看出，库水位的变化对大坝等水工混凝土结构可能会产生两方面的效应：一方面，库水位升高会引起附加质量的增加，从而降低结构的自振频率；另一方面，随着库水位的升高，水压力的作用使基础上部分的节理和裂隙闭合，结构整体刚度可能会增大，从而使结构的自振频率增大。因此，对于实际的水工混凝土结构，随着库水位的变化其相应的模态参数的变化是以上两种效应的

叠加。Okuma 等[5]根据 Hitotsuse 拱坝近 44 年振动观测数据，识别了大坝的自振频率，如图 7.2.1 所示。可以看出，随着库水位升高，自振频率的变化趋势线出现一个明显的折点。这个折点就对应上述库水位升高时两种效应的平衡点。此外，Sevim 等[6]通过对某拱坝的物理模型试验，也得到了与上述相似的自振频率和库水位之间的关系。加拿大舍布鲁克大学的地震工程与结构动力学研究中心通过对 Emosson 拱坝长期的振动测试[7]，也得到类似的结果，其库水位变化与频率关系如图 7.2.2 所示。

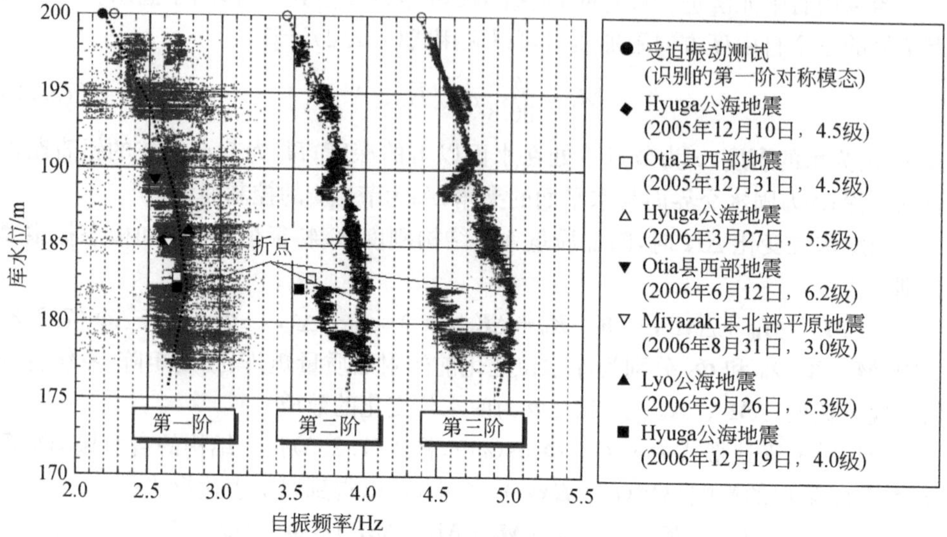

图 7.2.1　Hitotsuse 拱坝自振频率随库水位的变化[5]

下面结合某实际工程进行库水位影响的数值模拟分析。大坝三维有限元模型如图 7.2.3 所示。本次计算共剖分 122008 个单元、137301 个节点，其中坝体 10818 个单元、18747 个节点；为简化计算，坝体竖直方向设置 5 条厚度为 0.05m 的薄层接缝单元模拟横缝，从上游侧自左至右编号为缝 1～缝 5，如图 7.2.4 所示。有限元模型主要采用六面体八节点等参单元，部分区域采用五面体六节点等参单元。

计算范围：自拱坝中心线向左右岸各取 800m；自坝轴线向上下游各取 400m、600m；建基面以下取约一倍坝高；坝顶高程以上岩体边坡切割到自然边界高程。

材料属性：考虑到在坝体附近很大的范围内，地基的力学性质相对均一，由此采用简化的均质、无质量地基模型；拱坝实际布置了 48 条横缝，本节仅模拟了 5 条，试算发现，缝体法向初始刚度取 $K_{ni}=5\times10^8\,\mathrm{Pa/m}$，法向最大压缩量取 $V_m=$

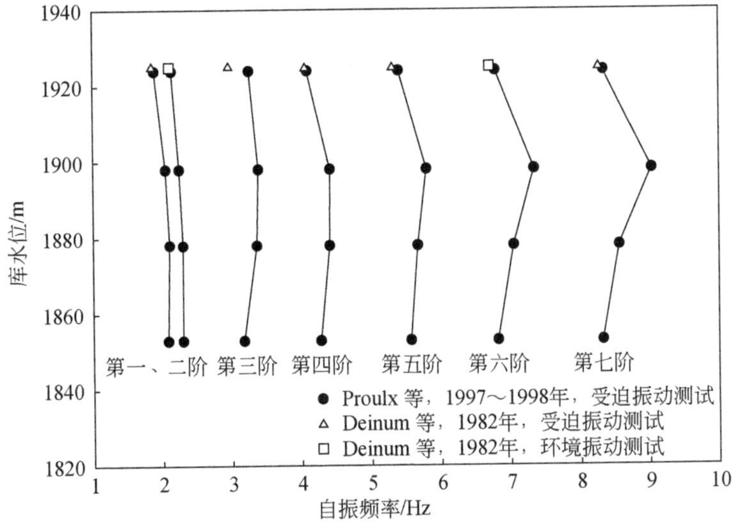

图 7.2.2　Emosson 拱坝在不同库水位下的自振频率[7]

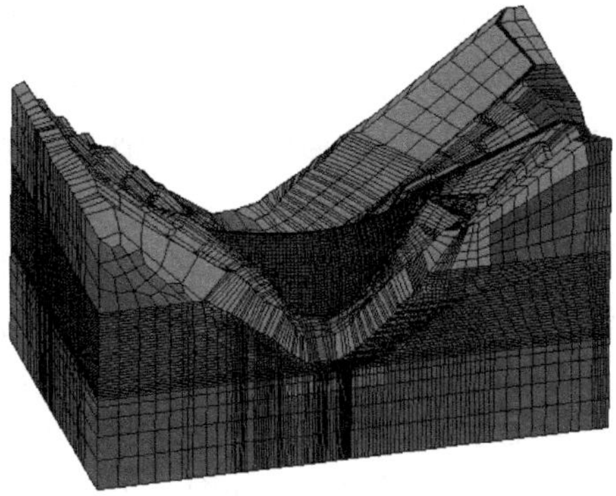

图 7.2.3　拱坝三维有限元模型

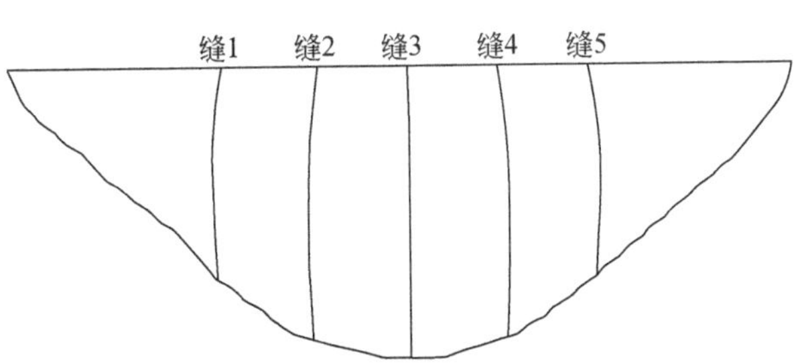

图 7.2.4　横缝位置及编号示意图(上游立视)

0.01m,可以较好地模拟横缝在动力作用下法向的张开闭合行为。假设横缝键槽对切向滑移完全约束,横缝切向弹性模量足够大,取 $D_{ns}=10^{10}$ Pa。具体材料参数见表 7.2.1,分析中动弹性模量取为静弹性模量的 1.2 倍。考虑不同库水位 Z 的影响,设计了 6 种工况,计算工况见表 7.2.2。

表 7.2.1　模型材料参数

材料	密度/(kg/m³)	弹性模量/GPa	泊松比
坝体混凝土	2400	21	0.167
基岩	2500	23	0.25
横缝	2400	—	0.2

表 7.2.2　计算工况

工况 1(空库)	工况 2	工况 3	工况 4	工况 5	工况 6(满库)
Z=953m	Z=1013m	Z=1073m	Z=1113m	Z=1181m	Z=1240m

ABAQUS 线性摄动分析步中的频率分析步一般用来求解线性系统的频率,并不能解决非线性问题。为了考虑拱坝横缝在动力过程中的非线性特性和坝库动力相互作用,本章在动力分析过程中,利用薄层接缝单元模拟横缝材料的非线性变化,同时采用附加质量法模拟动水作用,运用环境激励下结构的时程响应数据进行模态参数识别。

选取 Koyna 地震波作为环境激励,水平向地震动峰值加速度为 0.2g,竖直向地震动峰值加速度取为水平方向的 2/3,地震波从坝基底部输入,计算时长为 10s,时间间隔为 0.02s,共选取 501 个时间点。水平向地震波加速度时程曲线如图 7.2.5所示。混凝土的阻尼系数取为 0.05。本节在上游面拱冠梁顶部、中部和顶拱 1/4、3/4 处设置动力响应点 A、B、C、D,如图 7.2.6 所示。

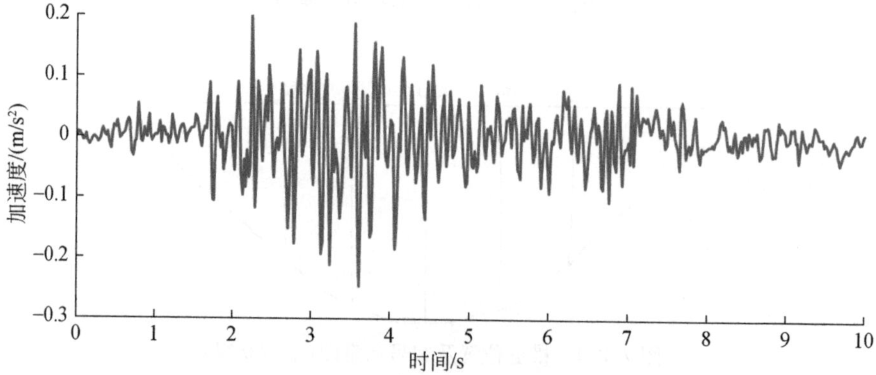

图 7.2.5　水平向地震波加速度时程曲线

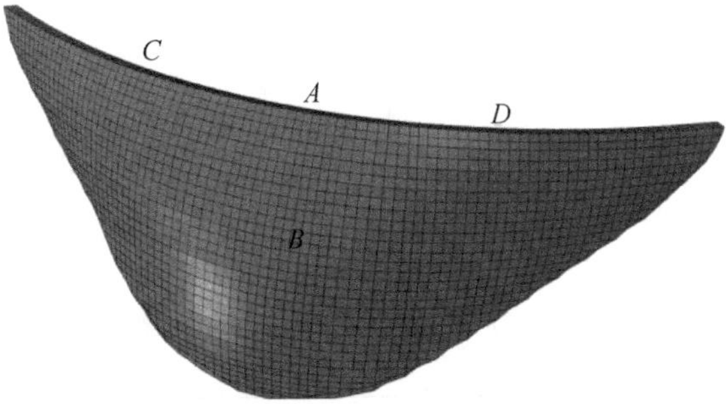

图 7.2.6 响应信息采集点示意图

考虑到动力作用下，拱坝顺河向变形明显，故选取响应点顺河向加速度响应数据采用协方差驱动的随机子空间方法进行模态参数识别。图 7.2.7～图 7.2.10 为空库和满库工况，同时考虑横缝非线性特性和水压力作用下 A、B、C、D 点在地震作用下的顺河向加速度响应时程曲线。基于响应点数据识别有缝情况下拱坝前四阶频率见表 7.2.3，不考虑拱坝横缝非线性特性仅考虑水压力作用的拱坝前四阶频率见表 7.2.4。有缝和无缝情况下拱坝前四阶频率对比如图 7.2.11 所示。

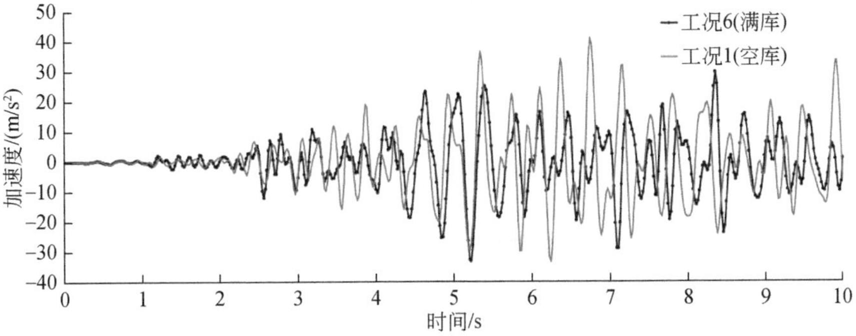

图 7.2.7 A 点的顺河向加速度响应时程曲线

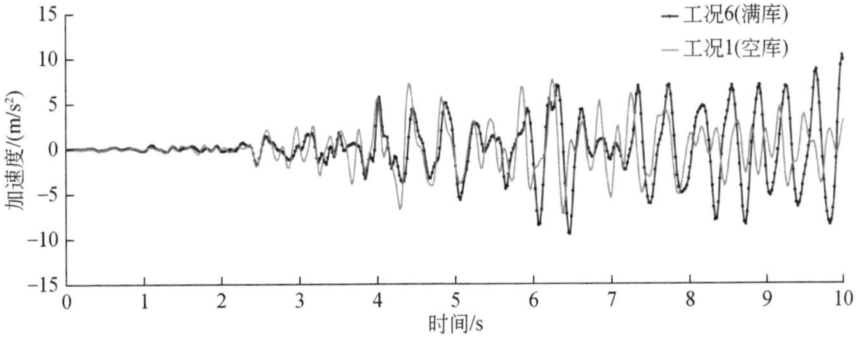

图 7.2.8 B 点的顺河向加速度响应时程曲线

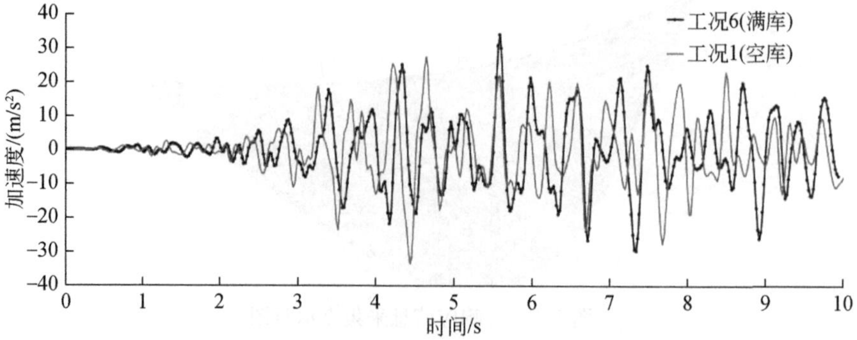

图 7.2.9 *C* 点的顺河向加速度响应时程曲线

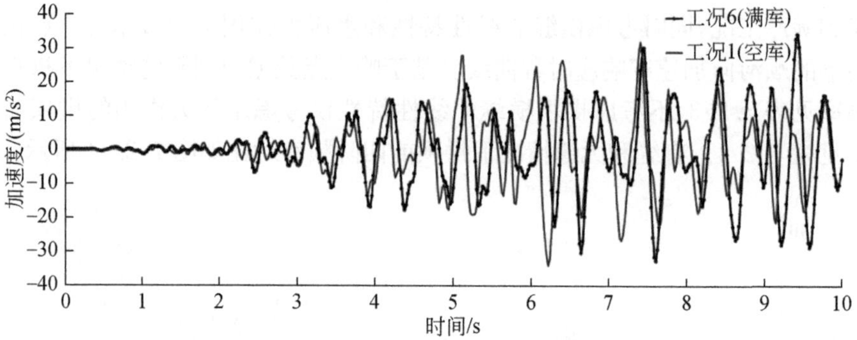

图 7.2.10 *D* 点的顺河向加速度响应时程曲线

表 7.2.3 有缝时各种工况下坝体的前四阶频率

阶次	频率及变化率	工况 1	工况 2	工况 3	工况 4	工况 5	工况 6
第一阶	频率/Hz	1.1068	1.1086	1.1235	1.1351	1.1079	0.9713
	变化率/%	—	0.16	1.51	2.56	0.10	−12.24
第二阶	频率/Hz	1.5704	1.5718	1.5789	1.5967	1.5950	1.4181
	变化率/%	—	0.09	0.54	1.67	1.57	−9.70
第三阶	频率/Hz	1.8802	1.8792	1.8723	1.8511	1.8016	1.7432
	变化率/%	—	−0.05	−0.42	−1.55	−4.18	−7.29
第四阶	频率/Hz	1.9841	1.9837	1.9851	1.9941	1.9920	1.8636
	变化率/%	—	−0.02	0.05	0.50	0.40	−6.07

注:变化率为不同工况下频率值相对于工况 1(空库)频率值的变化率,下同。

表 7.2.4　无缝时各种工况下坝体的前四阶频率

阶次	频率及变化率	工况 1	工况 2	工况 3	工况 4	工况 5	工况 6
第一阶	频率/Hz	1.2023	1.2023	1.2012	1.1906	1.1344	0.9949
	变化率/%	—	0.00	−0.09	−0.97	−5.65	−17.25
第二阶	频率/Hz	1.6980	1.6980	1.6978	1.6941	1.6485	1.4505
	变化率/%	—	0.00	−0.01	−0.23	−2.92	−14.58
第三阶	频率/Hz	1.9016	1.9002	1.8913	1.8645	1.8115	1.7519
	变化率/%	—	−0.07	−0.54	−1.95	−4.74	−7.87
第四阶	频率/Hz	1.9986	1.9986	1.9985	1.9983	1.9977	1.8697
	变化率/%	—	0.00	−0.01	−0.02	−0.05	−6.45

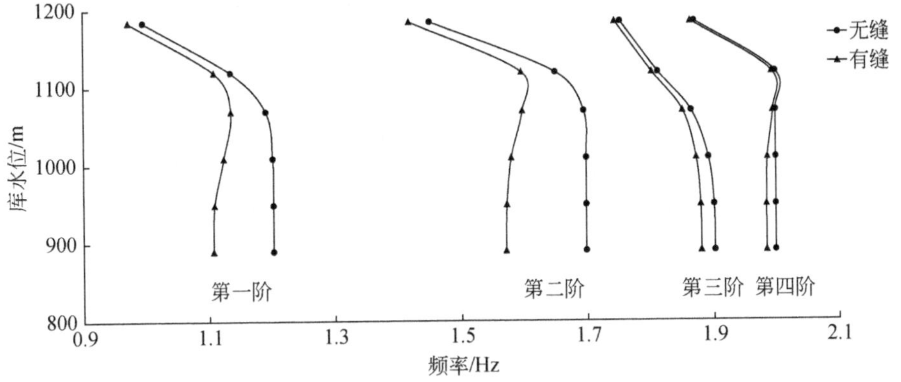

图 7.2.11　有缝和无缝情况下拱坝前四阶频率对比

(1) 由表 7.2.4 和图 7.2.11 可以看出，当不考虑横缝影响时，在高水位时，随着库水位的升高，该拱坝的自振频率逐渐降低，且水位越高，降低的速度越快；但在低水位时，这种趋势不明显甚至没有变化。这是因为附加质量与库水深度正相关，同时由于拱坝坝面上宽下窄的几何特性，在低水位时，动水附加质量的改变很小，对结构频率的影响较小。

(2) 由图 7.2.11 可以看出，相对于无缝情况下，当考虑横缝影响时，结构的频率有所下降。这是因为横缝是坝体中的薄弱面，其在地震过程中的张开、闭合行为破坏了拱坝的整体性，导致坝体的频率降低。这也说明了动力分析过程中考虑横缝非线性特性的重要意义。

(3) 对比表 7.2.3 和表 7.2.4，并联系图 7.2.11 可以看出，考虑横缝和不考虑横缝影响下的频率之差随着库水位的升高而降低。这说明横缝的等效刚度随库水位发生变化。随着库水位的升高，水压的作用使坝体拱向压应力增大，横缝两侧法向压应力增大，缝体法向刚度提高，进而引起频率的升高，使得有缝模型的频率越来越接近无缝模型的频率。值得注意的是，对于该拱坝，在中高水位时，横缝等效刚度的增加比较明显，有缝、无缝模型的频率差迅速降低。

(4) 当考虑横缝的影响时，结构的频率(除第三阶外)随库水位的升高呈现先增加后减小的现象。这说明在低水位时，横缝等效刚度的提高抵消甚至超过了库水附加质量对频率的影响，在高水位时，库水附加质量对频率的影响占主导地位。对于该拱坝结构，第一、二、四阶频率出现最大值时对应的水位约在同一高度。

2. 温度影响

温度变化对混凝土结构动力响应特征的影响比较复杂，主要有以下三种方式：①温度变化时，混凝土材料会发生鼓胀或收缩，结构几何形态发生改变，进而引起频率变化；②温度变化时，混凝土材料的力学参数如弹性模量会发生改变，进而改变刚度，导致结构自振频率发生变化；③温度变化时，结构内部产生温度应力，结构刚度发生变化，进而引起频率的变化。

混凝土坝作为典型的大体积混凝土结构，温度变化对其动力响应特征的影响不容忽视。Roberts 等[1]通过对某桥梁结构的研究发现，由环境温度的改变引起结构特征频率的改变达到 4%。黄世勇等[8]通过对变厚度板在瞬态温度应力下的振动测试，发现结构受热后出现自振频率下降的趋势。王宏宏等[9]通过对加热状态下变厚度模型进行模态分析，得出温度变化引起的材料弹性模量变化对频率的影响比较显著，而温度应力的影响效应较小。贺旭东等[10]利用有限元软件模拟了不同温度条件下机翼结构的振动模态，发现对于不同阶次的振动模态，温度应力对频率变化趋势的影响效应是不同的。可见，对于基于振动的结构损伤诊断技术，温度变化的影响会对其诊断结果造成明显的干扰，甚至超过结构损伤带来的影响。因此，通过理论分析建立有限元模型对于研究温度变化状态对结构动力响应特征的影响有积极的作用。

对混凝土拱坝来说，材料的线膨胀系数为 $10^{-6}\sim10^{-5}℃^{-1}$，所以温度引起的几何形态的改变对结构的刚度影响相对小很多，可以忽略不计。而温度应力对拱坝这样的超静定结构的影响比较大。拱坝运行期的温度作用是指水泥水化放热作用结束，结构混凝土冷却至稳定温度后，仅由外界环境温度(包括空气温度和库水温度)变化引起的温度作用。相关规范中规定，以封拱温度作为初始状态，依据运行期上游水库水温及气温条件得到的温度场，与初始状态温度之差作为坝体的温升荷载和温降荷载[11]，将此荷载作用于拱坝可以得到温度应力。由于拱坝结构坝体比较单薄，内部温度变化受外界影响比较大，且除坝顶外，受到地基三方面的约束，温度作用下无法自由变形，拱坝内部会产生较大的温度应力。

除此之外，拱坝的结构分缝和坝体、坝基可能存在的裂隙开合情况也会受温度的影响，发生相应的变化，从而改变缝两侧结构的接触刚度。接触刚度的变化会造成坝体整体的刚度发生变化，从而改变坝体的动力响应特征。一般认为，温度升高情况下，由于结构压应力的增加，某些分缝或裂隙趋于闭合，接触刚度升高；温度降低情况下，由于结构拉应力的增加，这些分缝或裂隙趋于张开，接触刚度降低。这种影响在讨论温度对于拱坝的动力响应特征的影响时需要给予关注。切线刚度矩阵及温度变化的效应分析基本原理简介如下。

对于平衡状态下的结构，由最小势能原理 $\delta\Pi^{e}=0$，有

$$\iiint_{v}\delta\boldsymbol{\varepsilon}^{*\mathrm{eT}}\boldsymbol{\sigma}^{\mathrm{e}}\mathrm{d}v-\delta\boldsymbol{\delta}^{*\mathrm{eT}}\boldsymbol{F}^{\mathrm{e}}=0 \tag{7.2.9}$$

式中，$\boldsymbol{F}^{\mathrm{e}}$ 为单元节点向量；$\boldsymbol{\varepsilon}^{*\mathrm{e}}$为单元虚应变；$\boldsymbol{\delta}^{*\mathrm{e}}$为单元节点虚位移向量；$\boldsymbol{\sigma}^{\mathrm{e}}$ 为单元应力矩阵。

当考虑结构几何非线性时，相应的应变位移关系如下：

$$\delta\boldsymbol{\varepsilon}^{*\mathrm{e}}=\bar{\boldsymbol{B}}\delta\boldsymbol{\delta}^{*\mathrm{e}} \tag{7.2.10}$$

式中，$\bar{\boldsymbol{B}}$ 为非线性几何矩阵，在大位移情况下，$\bar{\boldsymbol{B}}$ 是节点位移的函数。

非线性几何矩阵 $\bar{\boldsymbol{B}}$ 可分解为线性分析时的几何矩阵 $\boldsymbol{B}_0$ 和由大位移非线性引起的 $\boldsymbol{B}_{\mathrm{L}}$ 两部分组成，即

$$\bar{\boldsymbol{B}}=\boldsymbol{B}_0+\boldsymbol{B}_{\mathrm{L}} \tag{7.2.11}$$

式中，$\boldsymbol{B}_0$ 与节点位移无关；$\boldsymbol{B}_{\mathrm{L}}$ 与节点位移相关。

将式(7.2.10)代入式(7.2.9)，可得

$$\iiint_{v}\bar{\boldsymbol{B}}^{\mathrm{T}}\boldsymbol{\sigma}^{\mathrm{e}}\mathrm{d}v-\boldsymbol{F}^{\mathrm{e}}=0 \tag{7.2.12}$$

对式(7.2.12)进行微分，可得

$$\iiint_{v}\mathrm{d}(\bar{\boldsymbol{B}}^{\mathrm{T}}\boldsymbol{\sigma}^{\mathrm{e}})\mathrm{d}v-\mathrm{d}\boldsymbol{F}^{\mathrm{e}}=0 \tag{7.2.13}$$

当讨论几何非线性问题时，非线性几何矩阵 $\bar{\boldsymbol{B}}$ 和单位应力矩阵 $\boldsymbol{\sigma}^{\mathrm{e}}$ 均为节点位移的函数，因此有

$$\mathrm{d}(\bar{\boldsymbol{B}}^{\mathrm{T}}\boldsymbol{\sigma}^{\mathrm{e}})=\mathrm{d}\,\bar{\boldsymbol{B}}^{\mathrm{T}}\boldsymbol{\sigma}^{\mathrm{e}}+\bar{\boldsymbol{B}}^{\mathrm{T}}\mathrm{d}\boldsymbol{\sigma}^{\mathrm{e}} \tag{7.2.14}$$

将式(7.2.14)代入式(7.2.13)可得

$$\iiint_{v}\mathrm{d}\,\bar{\boldsymbol{B}}^{\mathrm{T}}\boldsymbol{\sigma}^{\mathrm{e}}\mathrm{d}v+\iiint_{v}\bar{\boldsymbol{B}}^{\mathrm{T}}\mathrm{d}\boldsymbol{\sigma}^{\mathrm{e}}\mathrm{d}v=\mathrm{d}\boldsymbol{F}^{\mathrm{e}} \tag{7.2.15}$$

线弹性材料的单元应力-应变关系满足：

$$\mathrm{d}\boldsymbol{\sigma}^{\mathrm{e}}=\boldsymbol{D}\mathrm{d}\boldsymbol{\varepsilon}^{\mathrm{e}} \tag{7.2.16}$$

式中，$\boldsymbol{D}$ 为材料的本构矩阵。

将式(7.2.10)代入式(7.2.16),单元节点应力位移满足:

$$d\boldsymbol{\sigma}^{e}=\boldsymbol{D}\bar{\boldsymbol{B}}d\boldsymbol{\delta}^{e} \tag{7.2.17}$$

将式(7.2.11)代入式(7.2.17)可得

$$d\boldsymbol{\sigma}^{e}=\boldsymbol{D}(\boldsymbol{B}_0+\boldsymbol{B}_L)d\boldsymbol{\delta}^{e} \tag{7.2.18}$$

因此,式(7.2.15)等号左边第二项可表示为

$$\begin{aligned}\iiint_v \bar{\boldsymbol{B}}^{T}d\boldsymbol{\sigma}^{e}dv=&\iiint_v \boldsymbol{B}_0^{T}\boldsymbol{D}\boldsymbol{B}_0 dv+\Big(\iiint_v \boldsymbol{B}_0^{T}\boldsymbol{D}\boldsymbol{B}_L dv\\&+\iiint_v \boldsymbol{B}_L^{T}\boldsymbol{D}\boldsymbol{B}_0 dv+\iiint_v \boldsymbol{B}_L^{T}\boldsymbol{D}\boldsymbol{B}_L dv\Big)d\boldsymbol{\delta}^{e}\end{aligned} \tag{7.2.19}$$

若记

$$\boldsymbol{K}_0=\iiint_v \boldsymbol{B}_0^{T}\boldsymbol{D}\boldsymbol{B}_0 dv \tag{7.2.20}$$

可见 $\boldsymbol{K}_0$ 与单元节点位移无关,这就是通常线性分析时的单元刚度矩阵。式(7.2.19)右端的剩余项可记为

$$\boldsymbol{K}_L=\iiint_v (\boldsymbol{B}_0^{T}\boldsymbol{D}\boldsymbol{B}_L+\boldsymbol{B}_L^{T}\boldsymbol{D}\boldsymbol{B}_0+\boldsymbol{B}_L^{T}\boldsymbol{D}\boldsymbol{B}_L)dv \tag{7.2.21}$$

式中,$\boldsymbol{K}_L$ 为单元的初位移矩阵,表示由单元初始位移引起的单元变形对单元整体刚度矩阵的影响。

对于式(7.2.15)左端第一项,考虑线性分析时的几何矩阵 $\boldsymbol{B}_0$ 与节点位移无关,且对节点位移的微分为0。因此,式(7.2.15)左端第一项写为

$$\iiint_v d\bar{\boldsymbol{B}}^{T}\boldsymbol{\sigma}^{e}dv=\iiint_v d\boldsymbol{B}_L^{T}\boldsymbol{\sigma}^{e}dv=\boldsymbol{K}_{\sigma}d\boldsymbol{\delta}^{e} \tag{7.2.22}$$

式中,$\boldsymbol{K}_{\sigma}$ 为单元的初应力矩阵,是由单元初始应力对单元整体刚度矩阵造成的影响。

考虑到式(7.2.20)和式(7.2.21)的关系,基于式(7.2.22)和式(7.2.19)可得

$$(\boldsymbol{K}_0+\boldsymbol{K}_{\sigma}+\boldsymbol{K}_L)d\boldsymbol{\delta}^{e}=d\boldsymbol{F}^{e} \tag{7.2.23}$$

若记

$$\boldsymbol{K}_T=\boldsymbol{K}_0+\boldsymbol{K}_{\sigma}+\boldsymbol{K}_L \tag{7.2.24}$$

则 $\boldsymbol{K}_T$ 称为单元的切线刚度矩阵[12]。

根据第6章库水位变化的效应分析,可以认为温度变化下,结构质量矩阵 $\boldsymbol{M}_0$ 不变,切线刚度矩阵的改变是结构模态频率变化的主要原因。温度变化对频率的影响可表示为

$$\Delta\lambda\approx\frac{\boldsymbol{\Phi}^{T}\Delta\boldsymbol{K}_T\boldsymbol{\Phi}}{\boldsymbol{\Phi}^{T}\boldsymbol{M}_0\boldsymbol{\Phi}}=\frac{\boldsymbol{\Phi}^{T}(\Delta\boldsymbol{K}_0+\Delta\boldsymbol{K}_{\sigma}+\Delta\boldsymbol{K}_L)\boldsymbol{\Phi}}{\boldsymbol{\Phi}^{T}\boldsymbol{M}_0\boldsymbol{\Phi}} \tag{7.2.25}$$

式中,$\Delta\boldsymbol{K}_0$、$\Delta\boldsymbol{K}_{\sigma}$、$\Delta\boldsymbol{K}_L$ 分别为温度变化时的结构线性刚度矩阵、初应力刚度矩阵和初位移矩阵的变化量。

$\Delta \boldsymbol{K}_{\mathrm{L}}$ 是由结构的大变形引起的，温度变化会导致结构出现一定的初始热位移，实际工程中大部分都属于小变形，大变形情况下结构可能处于失稳或破坏状态，因此只考虑小变形情况，并认为小位移的变形不会改变结构的刚度，所以忽略初位移矩阵变化量 $\Delta \boldsymbol{K}_{\mathrm{L}}$ 的影响。

线性刚度矩阵 $\boldsymbol{K}_0$ 与材料的力学特性相关，尤其是材料的弹性模量、泊松比等。欧洲混凝土规范 CEB-FIP Model Code 1990[13]给出了在不同温度条件下混凝土弹性模量的一种计算方法：

$$E(T)=E_{20℃}[1-\theta_E(T-20)] \tag{7.2.26}$$

式中，T 为混凝土的温度；$E_{20℃}$ 为 20℃时混凝土的弹性模量；θ_E 为弹性模量的温度系数，取 $\theta_E=0.003$。

式(7.2.26)显示，温度与弹性模量呈线性关系，当混凝土温度升高时，结构弹性模量会降低，也就是说，线性刚度矩阵 $\boldsymbol{K}_0$ 减小，结构频率降低。

初应力刚度矩阵 $\boldsymbol{K}_\sigma$ 与结构的初始应力相关，变温效应引起的结构温度应力是结构的初始应力，因此在热应力问题中，$\boldsymbol{K}_\sigma$ 又称为热应力刚度矩阵。当热应力总体体现为拉应力时，$\Delta \boldsymbol{K}_\sigma$ 为正，结构频率升高；当热应力总体体现为压应力时，$\Delta \boldsymbol{K}_\sigma$ 为负，结构频率降低[12]。前者在温度升高条件下与结构的线性刚度矩阵 $\boldsymbol{K}_0$ 对频率的影响趋势相反，因此在温度变化情况下，有必要研究初应力刚度矩阵 $\boldsymbol{K}_\sigma$ 的变化对自振频率的影响。

对于混凝土拱坝，温度变化引起坝体应力状态的改变，也必然导致结构分缝受力状态的改变，从而改变分缝的刚度。横缝的这种刚度本质上也属于结构初应力刚度矩阵 $\boldsymbol{K}_\sigma$。因此，需要综合考虑温度变化情况下横缝刚度的改变对拱坝动力响应特征的影响。在不考虑其他因素时，当温度应力为压应力时，横缝趋于闭合，结构整体刚度升高，自振频率增大；当温度应力为拉应力时，横缝趋向张开，结构整体刚度降低，自振频率减小。图 7.2.12 为考虑变温效应的非线性结构模态频率计算流程。首先，需要给结构材料赋予必要的热力学属性，根据温度设置计算结构温度场，之后基于初始温度场通过应力分析得到结构内部的温度应力分布。将温度应力分布作为预应力载荷导入并作用于结构，考虑结构自重及静水压力的作用，在动力分析过程中，利用薄层接缝单元模拟横缝材料的非线性变化，同时采用附加质量法模拟动水作用，运用环境激励下结构的时程响应数据进行模态参数识别。

下面采用水位影响分析模型(图 7.2.3 和图 7.2.4)，数值模拟分析温度变化对拱坝固有频率的影响。

封拱温度的高低在一定程度上决定了温度荷载的大小。一般来说，封拱温度越低，越有利于后期降低坝体拉应力，对坝体的应力有利，但对大坝稳定不利；而较低的封拱温度依赖于较强的降温措施。施工过程中，一般选在略低于年平均气温

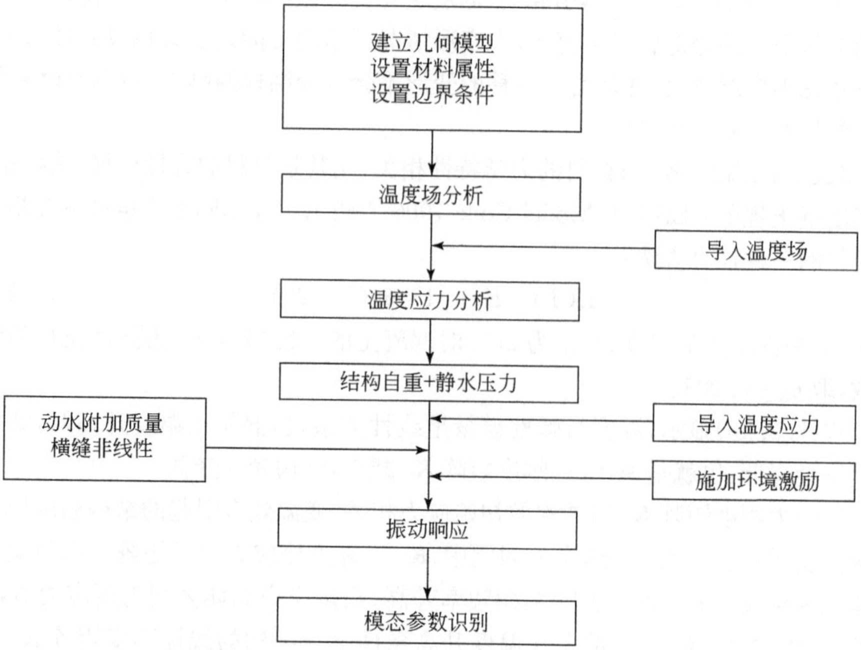

图 7.2.12　非线性结构模态频率计算流程

时进行封拱。该拱坝坝址区多年平均气温为 19.1℃，各高程的封拱温度为 12～16℃，本节为简化封拱过程，取封拱温度 15℃。对于拱坝结构，在空库时气温和地温为温度边界，实际地温变化幅度不大，取为恒温 10℃，结构频率的改变是由气温变化引起的。当上游存在库水时，还需考虑水温边界条件，由第 3 章可知，库水位的变化对结构频率也会产生影响。本节首先以空库条件下的坝体为例，分析温度变化对拱坝横缝状态及模态频率的影响。之后研究四种特征水位（Z=1240m、1181m、1113m、953m）下，温度变化及库水位变化对拱坝模态频率的影响。

模型材料热力学参数见表 7.2.5，设计了一种温度降低工况与两种温度升高工况，见表 7.2.6。

表 7.2.5　坝体与基岩材料热力学参数

材料	弹性模量 (20℃)/GPa	容重 /(kN/m³)	线膨胀系数 /(10^{-5}℃$^{-1}$)	比热容 /(kJ/(kg·℃))	导热系数 /(kJ/(m·d·℃))
混凝土	25	2400	1	1.047	203.5
基岩	25	2400	1	1	240

表 7.2.6　温度计算工况

项目	工况 1	工况 2	工况 3	工况 4
环境温度/%	5	15	25	35

按照图 7.2.12 流程基于动力响应数据识别考虑弹性模量随温度变化情况下的前四阶自振频率，首先计算封拱后蓄水前拱坝的自振频率，见表 7.2.7；不考虑弹性模量(以 20℃时弹性模量进行计算)随温度变化情况下前四阶自振频率，见表 7.2.8。绘制这两种情况下前四阶频率对比图，如图 7.2.13 所示。

表 7.2.7　考虑弹性模量变化时各温度工况下坝体的前四阶频率

阶次	频率及变化率	工况 1	工况 2	工况 3	工况 4
第一阶	频率/Hz	1.1037	1.1454	1.1392	1.1323
	变化率/%	−3.64	—	−0.54	−1.14
第二阶	频率/Hz	1.5675	1.6086	1.5982	1.5880
	变化率/%	−2.56	—	−0.65	−1.28
第三阶	频率/Hz	1.8823	1.8925	1.8921	1.8912
	变化率/%	−0.54	—	−0.02	−0.07
第四阶	频率/Hz	1.9810	1.9967	1.9963	1.9957
	变化率/%	−0.79	—	−0.02	−0.05

注：变化率为不同工况下频率值相对于工况 2(封拱温度)频率值的变化率，下同。

表 7.2.8　不考虑弹性模量变化时各温度工况下坝体的前四阶频率

阶次	频率及变化率	工况 1	工况 2	工况 3	工况 4
第一阶	频率/Hz	1.0667	1.1299	1.1457	1.1521
	变化率/%	−5.59	—	1.40	1.96
第二阶	频率/Hz	1.5213	1.5844	1.6072	1.6158
	变化率/%	−3.98	—	1.44	1.98
第三阶	频率/Hz	1.8756	1.8874	1.8931	1.8945
	变化率/%	−0.63	—	0.30	0.38
第四阶	频率/Hz	1.9573	1.9856	1.9966	1.9969
	变化率/%	−1.43	—	0.55	0.57

(1) 由表 7.2.8 和图 7.2.13 可知，当不考虑弹性模量变化时，结构频率的变化主要由初应力刚度矩阵的变化引起。随着温度升高，该拱坝的前四阶频率逐渐增大，温度升高(相对封拱温度)时，这种增大趋势比较平缓；温度降低(相对封拱温

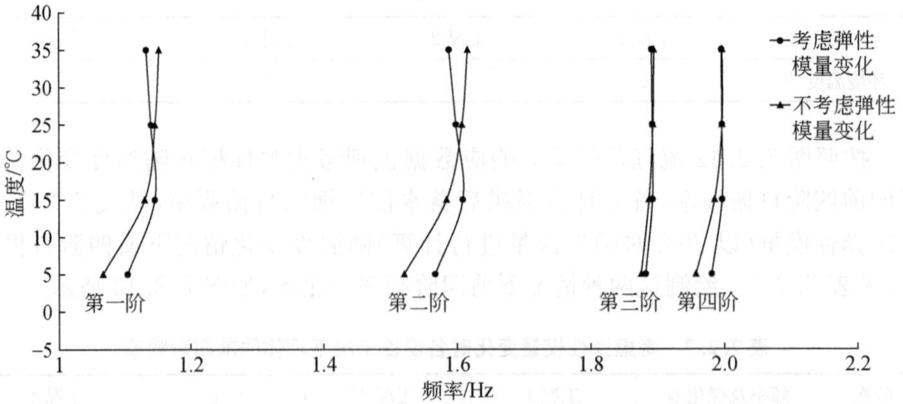

图 7.2.13 考虑与不考虑弹性模量随温度变化影响下拱坝前四阶频率对比

度)时,结构频率出现明显降低,这是由于横缝法向拉应力的分布范围较大,横缝张开,法向刚度迅速降低,从而引起结构频率显著降低,这一点在之前的横缝开度分析中有所说明。由此可知,在空库情况下出现温度降低时,横缝张开,破坏了结构的整体性,结构频率降低。

(2) 由表 7.2.7 和图 7.2.13 可知,当考虑弹性模量随温度变化时,在温度升高(相对封拱温度)时,结构前两阶频率几乎呈线性趋势降低,但第三、四阶频率改变不明显。在温度降低(相对封拱温度)时,结构频率均出现明显降低。

下面分析同时考虑库水位变化和温度变化对拱坝结构自振频率的影响规律,四种特征水位在不同温度工况下,基于结构动力响应时程数据识别获得的拱坝前四阶自振频率见表 7.2.9~表 7.2.12。各温度工况在特征水位下拱坝前四阶频率如图 7.2.14 所示。

表 7.2.9 各温度工况在特征水位下坝体第一阶频率

水位 Z/m	频率及变化率	工况 1	工况 2	工况 3	工况 4
1240	频率/Hz	0.9893	0.9778	0.9680	0.9596
	变化率/%	1.18	—	−1.00	−1.86
1181	频率/Hz	1.1129	1.1118	1.1052	1.0968
	变化率/%	0.10	—	−0.59	−1.35
1113	频率/Hz	1.1269	1.1432	1.1382	1.1309
	变化率/%	−1.43	—	−0.44	−1.08
953	频率/Hz	1.1037	1.1334	1.1272	1.1223
	变化率/%	−2.62	—	−0.55	−0.98

表 7.2.10　各温度工况在特征水位下坝体第二阶频率

水位 Z/m	频率及变化率	工况 1	工况 2	工况 3	工况 4
1240	频率/Hz	1.4461	1.4276	1.4128	1.3978
	变化率/%	1.30	—	−1.04	−2.09
1181	频率/Hz	1.6114	1.6061	1.5951	1.5818
	变化率/%	0.33	—	−0.68	−1.51
1113	频率/Hz	1.5938	1.6155	1.6085	1.5987
	变化率/%	−1.34	—	−0.43	−1.04
953	频率/Hz	1.5675	1.6086	1.5982	1.5880
	变化率/%	−2.56	—	−0.65	−1.28

表 7.2.11　各温度工况在特征水位下坝体第三阶频率

水位 Z/m	频率及变化率	工况 1	工况 2	工况 3	工况 4
1240	频率/Hz	1.7474	1.7369	1.7312	1.7246
	变化率/%	0.60	—	−0.33	−0.71
1181	频率/Hz	1.8054	1.8064	1.8042	1.8011
	变化率/%	−0.06	—	−0.12	−0.29
1113	频率/Hz	1.8487	1.8542	1.8535	1.8521
	变化率/%	−0.30	—	−0.04	−0.11
953	频率/Hz	1.8823	1.8925	1.8921	1.8912
	变化率/%	−0.54	—	−0.02	−0.07

表 7.2.12　各温度工况在特征水位下坝体第四阶频率

水位 Z/m	频率及变化率	工况 1	工况 2	工况 3	工况 4
1240	频率/Hz	1.8608	1.8365	1.8190	1.8006
	变化率/%	1.32	—	−0.95	−1.95
1181	频率/Hz	1.9971	1.9966	1.9958	1.9935
	变化率/%	0.03	—	−0.04	−0.16
1113	频率/Hz	1.9964	1.9967	1.9962	1.9955
	变化率/%	−0.02	—	−0.03	−0.06
953	频率/Hz	1.9810	1.9967	1.9963	1.9957
	变化率/%	−0.79	—	−0.02	−0.05

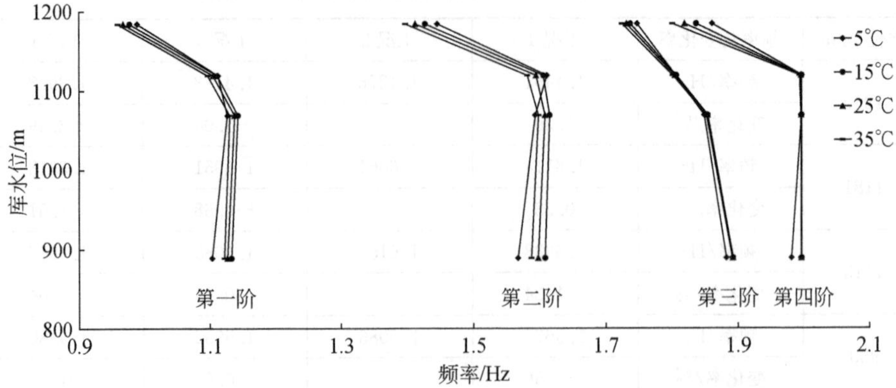

图 7.2.14　各温度工况在特征水位下拱坝前四阶频率对比

(1) 由图 7.2.14 可以看出,仅考虑温度升高情况(相对于封拱温度),在同一水位下,随着温度的升高,结构前四阶频率均匀降低,而第三、四阶频率受温度的影响改变不明显。

(2) 在温度降低情况(相对于封拱温度)下,结构频率变化与库水位有关。低水位时,随着温度降低,结构频率呈降低趋势;高水位时,随着温度降低,结构自振频率显著升高。

(3) 综合考虑库水位变化和温度变化的影响,结构的频率(除第三阶)随库水位的升高呈现先增大后减小的现象。对于该拱坝结构,在各温度工况下,第一、二、四阶频率出现最大值时对应的水位约在同一高度。

3. 时效的影响

时效的作用主要是由坝体混凝土徐变、基岩蠕变和基岩中的裂隙、节理等受压产生的不可逆变形引起的。时效作用在大坝蓄水初期(或坝体灌浆和加固措施的一两年内)变化较大,而在后期趋于稳定。因此,对于正常运行的水工混凝土结构,时效引起的坝体特征参数的变化一般比较平稳。时效的突然增大或急剧变化常是大坝或坝基工作异常的征兆。

7.3　基于无监督学习的水工混凝土结构损伤诊断方法

非稳定的环境激励和各种环境变量会对模态指标和各种非线性动力系统指标的识别值产生很大影响,造成识别的损伤指标不能客观反映结构损伤的真实状态。为了解决这一问题,需要分析环境变量和各种因素对结构损伤诊断的影响规律。

损伤指标 $\boldsymbol{F}\in\mathbf{R}^l$($l$ 阶模态或由 l 个测点的振动响应识别的诊断指标)与各种

环境变量 $\boldsymbol{v}\in\mathbf{R}^p$(如温度、库水位和时效等)之间的关系是十分复杂的,一般很难采用解析的形式来表达。不失一般性,这里将其表达为以下形式[14,15]:

$$\boldsymbol{F}=f(\boldsymbol{v})+\boldsymbol{\varepsilon}=\widetilde{\boldsymbol{F}}+\boldsymbol{\varepsilon} \tag{7.3.1}$$

式中,$\widetilde{\boldsymbol{F}}$ 为环境变量产生的效应,$\widetilde{\boldsymbol{F}}=f(\boldsymbol{v})$;当结构无损时,$\boldsymbol{\varepsilon}$ 主要是由监测噪声和非稳定环境激励等干扰因素产生的效应;当结构存在损伤时,$\boldsymbol{\varepsilon}$ 中还包含结构损伤产生的效应。

对于无损结构,在结构正常运行情况下,进行 n_{r} 次振动测量作为参考的数据 $\boldsymbol{Y}_{\mathrm{r}}$,每条振动响应记录的长度为 N_s。

$$\boldsymbol{Y}_{\mathrm{r}}=[y^1(k)\quad y^2(k)\quad \cdots\quad y^{n_{\mathrm{r}}}(k)],\quad k=1,2,\cdots,N_{\mathrm{s}} \tag{7.3.2}$$

为了分析环境变量的影响,一般要求参考数据应具有广泛的代表性,即与其对应的环境变量的变化范围应尽可能大,对应的结构运行状态(如不同水位、温度和泄洪水等)应尽可能多。

由此可根据 n_{r} 次振动响应的观测数据提取无损状态下结构损伤诊断指标:

$$\boldsymbol{F}_{\mathrm{r}}=[F^1\quad F^2\quad \cdots\quad F^{n_{\mathrm{r}}}] \tag{7.3.3}$$

如果能从上述识别的损伤指标中消除环境变量的效应 $\widetilde{\boldsymbol{F}}=f(\boldsymbol{v})$,就可以得到反映噪声和非稳定环境激励源等干扰因素的项 $\boldsymbol{\varepsilon}_{\mathrm{r}}$。在随机噪声和随机激励源情况下,$\boldsymbol{\varepsilon}_{\mathrm{r}}$ 为随机项。由 $\boldsymbol{\varepsilon}_{\mathrm{r}}$ 计算统计特征量 x,并对 x 进行统计检验,可以获得 x 服从的概率密度函数(probability density function,PDF)$P_{\mathrm{r}}(x)$,如图 7.3.1(a)所示。

同样,对于状态未知的结构,也可以通过 n_{c} 次测量

$$\boldsymbol{Y}_{\mathrm{c}}=[y^1(k)\quad y^2(k)\quad \cdots\quad y^{n_{\mathrm{c}}}(k)],\quad k=1,2,\cdots,N_{\mathrm{s}} \tag{7.3.4}$$

识别得到损伤诊断指标:

$$\boldsymbol{F}_{\mathrm{c}}=[F^1\quad F^2\quad \cdots\quad F^{n_{\mathrm{c}}}] \tag{7.3.5}$$

这时如果可以得到消除环境变量效应后的随机项 $\boldsymbol{\varepsilon}_{\mathrm{c}}$,就可以根据 $\boldsymbol{\varepsilon}_{\mathrm{c}}$ 计算统计特征量 x 及其概率密度函数 $P_{\mathrm{c}}(x)$,如图 7.3.1(b)所示。如果 $P_{\mathrm{r}}(x)$ 和 $P_{\mathrm{c}}(x)$ 的分布相差不大,就可以认为结构的状态基本正常;否则,结构状态异常,可能出现了损伤。

对于一维损伤诊断指标,可以根据 $P_{\mathrm{r}}(x)$ 来确定监控指标,如图 7.3.2 所示,由监控指标可以分析结构损伤指标的识别值是否异常,以评价结构的损伤状态。对于多维的损伤指标,可以采用多元统计分析的方法来拟定相关的统计指标,以实现结构损伤的识别和预警。

为了实现上述分析方法,关键的一步是从损伤指标的实际识别值 $\boldsymbol{F}$ 中分离出环境变量效应 $\widetilde{\boldsymbol{F}}$。如图 7.3.3 所示,为了实现这一目标,目前主要有两种分析思路。当环境变量的影响因子难以辨识或缺乏环境变量的监测资料时,可以采用

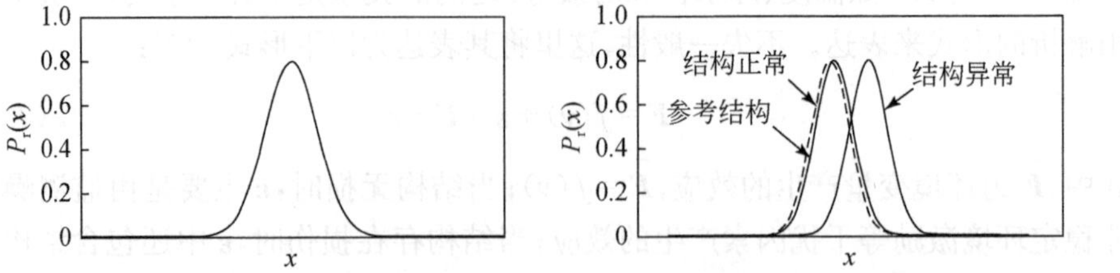

(a) 参考数据随机项的概率密度函数$P_r(x)$　　(b) 有损和无损结构随机项PDF的对比

图 7.3.1　随机项统计特征量的概率密度函数

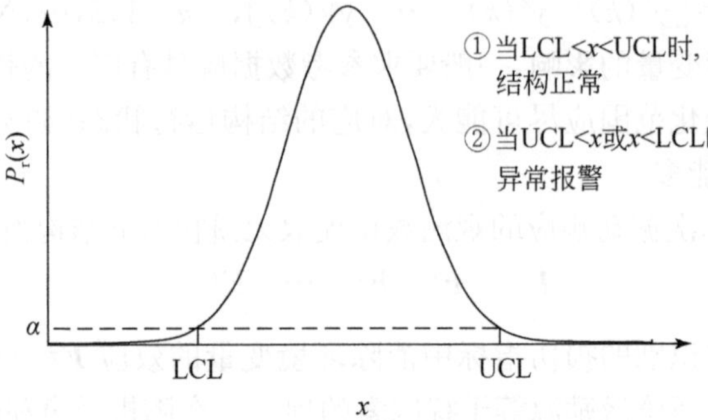

图 7.3.2　一维损伤诊断指标的监控

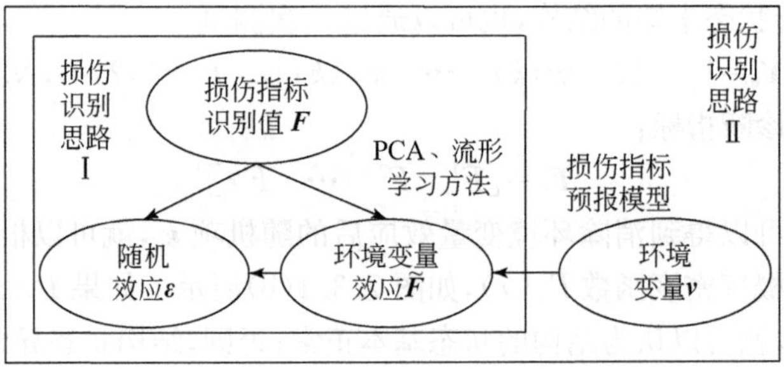

图 7.3.3　损伤诊断的两种分析思路

PCA 和流形学习方法对损伤指标识别数据所在的空间进行划分，从数据中直接获得环境变量的效应和随机干扰项。当环境变量的影响因子比较明显，并且有完整的环境变量的监测资料时，可以根据结构正常运行状态下识别的损伤指标和对应的环境变量监测数据，通过机器学习的方法建立预报模型；然后采用该模型对状态未知结构的损伤指标进行预报，并与损伤指标的实际识别值进行比较，以判断结构是否发生异常。这种分析思路在大坝静力安全监控中已有广泛应用。基于这一分析思路，本书提出基于 M-SVM 预报模型的结构损伤识别方法。以下针对这两种情况进一步研究环境激励下水工混凝土结构的损伤诊断方法。

7.3.1　基于主成分分析的监控方法

1. 损伤诊断指标的主成分分析

如图 7.3.4 所示，对于某一种损伤诊断指标，假设环境变量效应 $\widetilde{\boldsymbol{F}}$ 可以表达为以下复合函数的形式：

$$\widetilde{\boldsymbol{F}}=\boldsymbol{\Lambda}(\Theta(\boldsymbol{v}))=\boldsymbol{\Lambda}\boldsymbol{\xi} \tag{7.3.6}$$

式中，$\boldsymbol{\Lambda}$ 为一个线性投影，它将潜变量 $\boldsymbol{\xi}\in\mathbf{R}^m$ 投影为环境变量的效应；Θ 为一个非线性投影，它将环境变量 $\boldsymbol{v}$ 投影为潜变量组成的向量。潜变量 $\boldsymbol{\xi}$ 借用的是多元统计分析中最小二乘法的一个概念，它表示的是一个不可以直接观测到，但可以通过其他方法加以综合的指标。由以下分析还可以进一步看到，各潜变量是相互独立的。当各环境变量之间相互独立时，每一个潜变量应该与一种环境变量的效应相对应，但如果环境变量之间存在相关性，这种假设就不成立了。

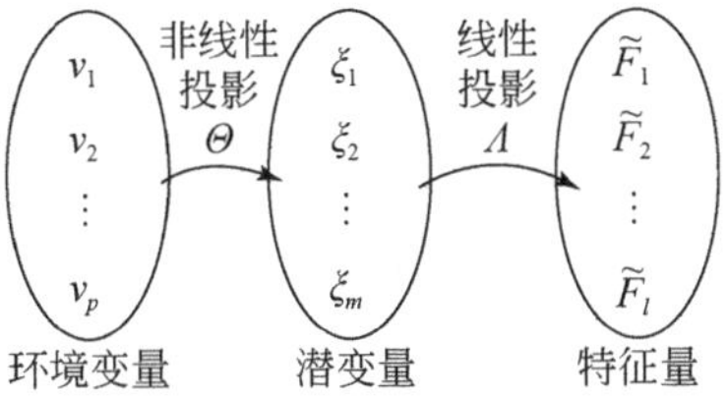

图 7.3.4　映射关系

定义指标 $\boldsymbol{F}$ 的协方差函数矩阵：

$$\mathbf{V}(\boldsymbol{F})=\boldsymbol{E}(\boldsymbol{F}\boldsymbol{F}^{\mathrm{T}}) \tag{7.3.7}$$

根据对 l 个测点的振动观测数据识别损伤指标(或者是根据 N_s次观测数据识别结构的 l 阶模态参数)可以得到样本数据阵：

$$\begin{bmatrix} F_{11} & \cdots & F_{1N_s} \\ \vdots & & \vdots \\ F_{l1} & \cdots & F_{lN_s} \end{bmatrix}=[F_1,F_2,\cdots,F_{N_s}] \tag{7.3.8}$$

这时，协方差矩阵 $\mathbf{V}(\boldsymbol{F})\in\mathbf{R}^{l\times l}$可以采用式(7.3.9)进行估算：

$$\mathbf{V}(\boldsymbol{F})=E(\boldsymbol{F}\boldsymbol{F}^{\mathrm{T}})\approx\frac{1}{N_s}\sum_{i=1}^{N_s}(\boldsymbol{F}_i-\overline{\boldsymbol{F}})(\boldsymbol{F}_i-\overline{\boldsymbol{F}})^{\mathrm{T}} \tag{7.3.9}$$

式中，$\overline{\boldsymbol{F}}$ 为 $\boldsymbol{F}$ 的均值向量。

将式(7.3.1)和式(7.3.6)代入式(7.3.7),并假定潜变量 $\boldsymbol{\xi}=(\xi_1,\xi_2,\cdots,\xi_m)$ 是零均值的,随机干扰因素 $\boldsymbol{\varepsilon}=(\varepsilon_1,\varepsilon_2,\cdots,\varepsilon_s)$。这时,有以下表达形式:

$$\boldsymbol{V}(\boldsymbol{F})=\boldsymbol{\Lambda\Phi\Lambda}^{\mathrm{T}}+\boldsymbol{\Psi} \tag{7.3.10}$$

式中,$\boldsymbol{\Phi}=E(\boldsymbol{\xi\xi}^{\mathrm{T}})$;$\boldsymbol{\Psi}=E(\boldsymbol{\varepsilon\varepsilon}^{\mathrm{T}})$。

对矩阵 $\boldsymbol{V}(\boldsymbol{F})$ 进行谱分解:

$$\boldsymbol{V}(\boldsymbol{F})=\boldsymbol{USU}^{\mathrm{T}}=\sum_{i=1}^{l}\boldsymbol{\lambda}_i\boldsymbol{u}_i\boldsymbol{u}_i^{\mathrm{T}} \tag{7.3.11}$$

式中,$\boldsymbol{U}$ 为矩阵 $\boldsymbol{V}(\boldsymbol{F})$ 的特征向量 $\boldsymbol{u}_i$ 形成的矩阵;$\boldsymbol{S}$ 为以矩阵 $\boldsymbol{V}(\boldsymbol{F})$ 的特征值 λ_i 为主对角元素形成的对角矩阵。

由于在正常情况下,环境变量以外因素(观测噪声、激励变动和仪器误差等)产生的影响要远远小于环境变量本身产生的影响,即

$$\|\boldsymbol{\varepsilon}\|\ll\|\boldsymbol{\Lambda\xi}\| \tag{7.3.12}$$

这时,式(7.3.10)中右端第一项所代表的环境变量对协方差矩阵的贡献也要远远大于其他因素的影响 $\boldsymbol{\Psi}$。因此,可以在式(7.3.11)中选取前 m 个最大的特征值对应项的和作为环境变量对协方差矩阵的贡献,即

$$\boldsymbol{\Lambda\Phi\Lambda}^{\mathrm{T}}=\sum_{i=1}^{l}\boldsymbol{\lambda}_i\boldsymbol{u}_i\boldsymbol{u}_i^{\mathrm{T}} \tag{7.3.13}$$

合理地确定 m 值十分重要,因为它直接决定了环境变量效应 $\widetilde{\boldsymbol{F}}=f(\boldsymbol{v})$ 和随机干扰因素 $\boldsymbol{\varepsilon}$ 的分离,一般采用 2.3.4 节介绍的奇异值谱图法[16]。

将矩阵 $\boldsymbol{S}$ 和 $\boldsymbol{U}$ 按以下形式进行重新排列:

$$\boldsymbol{S}=\begin{bmatrix}\boldsymbol{S}_1 & 0\\ 0 & \boldsymbol{S}_2\end{bmatrix},\quad \boldsymbol{U}=(\boldsymbol{U}_1,\boldsymbol{U}_2) \tag{7.3.14}$$

式中,$\boldsymbol{S}_1=\mathrm{diag}(\lambda_1,\lambda_2,\cdots,\lambda_m)$ 是由前 m 个最大特征值为主对角元素形成的对角矩阵;$\boldsymbol{S}_2=\mathrm{diag}(\lambda_{m+1},\lambda_{m+2},\cdots,\lambda_l)$ 是以剩余的其他特征值为主对角元素形成的对角矩阵。与对角矩阵 $\boldsymbol{S}_1$ 中各特征值对应的特征向量按列组合形成矩阵 $\boldsymbol{U}_1$,而与 $\boldsymbol{S}_2$ 相对应的矩阵是 $\boldsymbol{U}_2$。这时协方差矩阵可以表达为

$$\boldsymbol{V}(\boldsymbol{F})=\boldsymbol{U}_1\boldsymbol{S}_1\boldsymbol{U}_1^{\mathrm{T}}+\boldsymbol{U}_2\boldsymbol{S}_2\boldsymbol{U}_2^{\mathrm{T}} \tag{7.3.15}$$

将式(7.3.15)和式(7.3.10)进行对比可以看出:

$$\boldsymbol{\Lambda}=\boldsymbol{U}_1,\quad \boldsymbol{\Phi}=\boldsymbol{S}_1,\quad \boldsymbol{\Psi}=\boldsymbol{U}_2\boldsymbol{S}_2\boldsymbol{U}_2^{\mathrm{T}} \tag{7.3.16}$$

得到线性投影矩阵 $\boldsymbol{\Lambda}$ 以后,为了确定环境变量的影响,还需要计算潜变量 $\boldsymbol{\xi}$ 的值。线性投影的识别是针对参考数据进行的,结构正常运行时环境变量以外的因素对监测值的影响很小,即满足式(7.3.12)的假定 $\|\boldsymbol{\varepsilon}\|\ll\|\boldsymbol{\Lambda\xi}\|$。因此,这时选定的潜变量 $\boldsymbol{\xi}$ 的估计值 $\widetilde{\boldsymbol{\xi}}$ 应满足:

$$\|\boldsymbol{F}-\boldsymbol{\Lambda}\widetilde{\boldsymbol{\xi}}\|^2=\min(\|\boldsymbol{F}-\boldsymbol{\Lambda\xi}\|^2) \tag{7.3.17}$$

其最小二乘解为

$$\tilde{\boldsymbol{\xi}}=(\boldsymbol{\Lambda}^{\mathrm{T}}\boldsymbol{\Lambda})^{-1}\boldsymbol{\Lambda}^{\mathrm{T}}\boldsymbol{x}=\boldsymbol{U}_1^{\mathrm{T}}\boldsymbol{F} \tag{7.3.18}$$

对进行了中心化处理的数据，潜变量的估计值 $\tilde{\boldsymbol{\xi}}$ 满足均值为 0 的假设，并且考虑到特征向量 $\boldsymbol{U}_1$ 的正交性，各潜变量也是相互独立的。而潜变量的个数正好等于矩阵 $\boldsymbol{U}_1$ 的列数，即 m 值。

这时，残余的随机干扰项 $\boldsymbol{\varepsilon}$，即消除了环境变量效应后的数据，可以表达为

$$\boldsymbol{\varepsilon}=\boldsymbol{F}-\boldsymbol{\Lambda}\tilde{\boldsymbol{\xi}} \tag{7.3.19}$$

对于无损的结构，$\boldsymbol{\varepsilon}$ 主要是反映模型误差和观测噪声的效应；当结构出现损伤时，$\boldsymbol{\varepsilon}$ 会出现趋势性变化。

2. 结构损伤的诊断与定位

1) 结构损伤的诊断方法

以上分析过程可以看作对识别得到的多维损伤诊断指标 $\boldsymbol{F}$ 进行 PCA 的过程。潜变量 $\boldsymbol{\xi}$ 即为主成分或线性主元，它和损伤诊断指标的识别值之间存在式(7.3.18)所示的线性关系。将式(7.3.11)改写成以下形式：

$$\boldsymbol{V}(\boldsymbol{F})=\sum_{i=1}^{m}\boldsymbol{\lambda}_i\boldsymbol{u}_i\boldsymbol{u}_i^{\mathrm{T}}+\sum_{j=m+1}^{l}\boldsymbol{\lambda}_j\boldsymbol{u}_j\boldsymbol{u}_j^{\mathrm{T}} \tag{7.3.20}$$

这时可以看出，上述分析实际上是把 l 维空间 $\mathbf{R}^l$ 划分成以基向量 $\boldsymbol{u}_1,\boldsymbol{u}_2,\cdots,\boldsymbol{u}_m$ 张成的空间 M 和剩余特征向量 $\boldsymbol{u}_{r+1},\boldsymbol{u}_{r+2},\cdots,\boldsymbol{u}_l$ 张成的空间 $M^{\perp}$。根据式(7.3.12)所示的假定，在结构正常的情况下，环境变量引起的效应位于空间 M 内，而噪声等随机干扰因素的效应分布在 M 的补空间 $M^{\perp}$ 内。上述的分析过程可以采用图 7.3.5 来进行解释。一般情况下，可以在由主成分向量张成的空间 M 和其补空间 $M^{\perp}$ 内分别计算 Hotelling T^2 统计量和平方预测误差(SPE)统计量来监控结构的安全状态[17]。但考虑到大型水工混凝土结构，由损伤引起的诊断指标的变化常常不是十分显著，明显小于环境变量的效应，在 M 空间内计算的 T^2 统计量的变化主要是环境变量引起的，损伤的效应不明显。因此，对于损伤诊断问题，更常用的统计指标是在补空间 $M^{\perp}$ 内计算的 SPE 统计量。

定义平方预测误差范数

$$\mathrm{SPE}=\|\boldsymbol{F}-\tilde{\boldsymbol{F}}\|^2 \tag{7.3.21}$$

式中，$\|\cdot\|^2$ 为 L_2 范数算子；$\tilde{\boldsymbol{F}}$ 如式(7.3.6)所示，是由主成分重构得到的环境变量效应。

对于任意一次观测对应的损伤诊断指标的识别值，均可以按照式(7.3.21)计算出一个范数，来定量地反映环境变量以外因素影响的大小。大坝正常运行情况

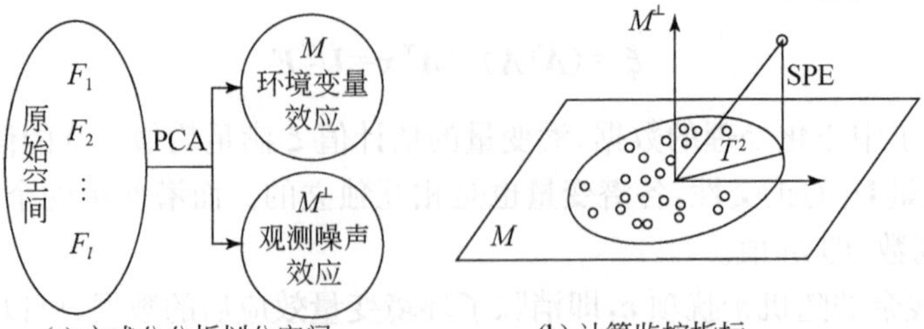

图 7.3.5　基于主成分分析的损伤诊断原理

下，SPE 范数应该在控制限范围以内，但当坝体结构出现异常或监测仪器出现故障时，环境变量以外的因素对监测量的影响会显著增加，实测数据的 SPE 范数会超过控制限。

2）损伤定位方法

对于根据不同测点识别的损伤诊断指标，当监测数据发生异常时，除了能及时进行报警，还应该对异常的测点进行定位以便对异常情况进行诊断，及时发现大坝的安全隐患并分析出数据异常的原因。这可以通过多元统计分析的贡献图[18]来实现。将 SPE 重新表达为以下形式：

$$\mathrm{SPE}=\|\boldsymbol{x}-\tilde{\boldsymbol{x}}\|^2=\sum_{i=1}^{l}(\boldsymbol{x}_i-\tilde{\boldsymbol{x}}_i)^2=\sum_{i=1}^{l}C_{\mathrm{spe}_i} \tag{7.3.22}$$

式中，$C_{\mathrm{spe}_i}=(\boldsymbol{x}_i-\tilde{\boldsymbol{x}}_i)^2$ 表示第 i 个测点对 SPE 统计量的贡献。

对任意一次观测对应的损伤诊断指标的识别值，代入式(7.3.22)可以得到不同测点在该时刻对应的 C_{spe_k}。对于具有损伤定位功能的诊断指标(如模态振型、模态柔度和非线性互预测误差等)，若空间中某一点对应的 C_{spe_k} 比其他测点持续偏大，则有两种可能性，即仪器故障和结构在该测点附近出现损伤。

3. 损伤诊断指标控制限确定

在确定诊断指标后，需要对诊断指标拟定合理的控制限(control limit，CL)。在结构状态正常的情况下，干扰因素可以看作随机项，可通过估算随机项变量的分布，用统计学方法确定给定显著水平下的随机变量控制限。

1）分布已知

若损伤指标识别数据随机干扰项的分布已知，如服从正态分布，当检验显著水平为 α 时，SPE 的控制限可以采用式(7.3.23)计算：

$$\mathrm{SPE}_{\mathrm{f,lim}}=\theta_1\left[\frac{c_\alpha\sqrt{2\theta_2h_0^2}}{\theta_1}+1+\frac{\theta_2h_0(h_0-1)}{\theta_1^2}\right]^{1/h_0} \tag{7.3.23}$$

式中，$\theta_j=\sum_{i=m+1}^{l}\lambda_i^j$，$\lambda_i$ 为样本协方差矩阵的特征值；$h_0=1-\frac{2\theta_1\theta_3}{3\theta_2^2}$；$c_\alpha$ 为标准正态分布在检验显著水平为 α 时的临界值。

2) 分布未知

随机干扰项的分布未知时，可采用核密度估计（kernel density estimation, KDE）方法、最大熵方法和小数据量的 Bootstrap 方法来估计随机项的分布函数，并在一定检验显著水平下给出控制限。

(1) 核密度估计方法。

Martin 等[19]提出的核密度估计方法是一种估算随机变量分布的常用方法。核密度估计方法采用核函数 $\kappa(\cdot)$（一般采用高斯型函数）来拟合数据的分布函数。对于一维随机变量的分布函数 $D(x)$，可以采用以下形式来进行估计：

$$\widetilde{D}(x)=\frac{1}{N_s h}\sum_{i=1}^{n}\kappa\left(\frac{x-y_i}{h}\right) \tag{7.3.24}$$

式中，N_s为样本个数；h 为时间窗宽度，也称为光滑参数或带宽；y_i 为第 i 个监测数据。

(2) 最大熵方法。

熵最大意味着因为数据不足而做的人为假定最少，从而所获得的解最合乎自然，偏差最小，因而是最客观的[20]。

连续型随机变量 x 的信息熵定义为

$$H(x)=-\int_R P(x)\ln P(x)\mathrm{d}x \tag{7.3.25}$$

式中，$P(x)$为随机变量 x 的概率密度函数。

给定的条件下，在所有可能的概率分布中，存在一个使信息熵取得极大值的分布。在根据部分信息进行推理时，必须选择熵最大的概率分布，该概率分布包含的主观成分最少，因而是最客观的。

$$\begin{aligned}
\max\ & H(x)=-\int_R P(x)\ln P(x)\mathrm{d}x\\
\text{s.t.}\ & \int_R P(x)\mathrm{d}x=1\\
& \int_R x^i P(x)\mathrm{d}x=\mu_i,\quad i=1,2,\cdots,N
\end{aligned} \tag{7.3.26}$$

构造 Lagrangian 函数：

$$L(x)=H(x)+(\lambda_0+1)\left[\int_R P(x)\mathrm{d}x-1\right]+\sum_{i=1}^{N}\lambda_i\left[\int_R x^i P(x)\mathrm{d}x-\mu_i\right] \tag{7.3.27}$$

得到最大熵形式的概率密度函数的解析形式为

$$P(x)=\exp\left(\lambda_0+\sum_{i=1}^{N}\lambda_i x^i\right) \tag{7.3.28}$$

当确定了 Lagrangian 乘子 $\lambda_0,\lambda_1,\cdots,\lambda_N$ 以后,就可以确定 $P(x)$。

(3) 小数据量的 Bootstrap 方法。

为了得到合理的分析结果,以上控制限的确定方法一般要求具有较大的数据量,但这在实际应用中并不是总能得到满足。Bootstrap 方法[21]可以很好地解决小数据量情况下数据分布估计的问题。该方法的实质是从样本中进行再抽样,通过再抽样将小样本问题转化为大样本问题。

设 $X=(x_1,x_2,\cdots,x_n)$ 为独立的随机样本,x_1 的分布函数为 $D(X)$,$\theta=\theta(P)$ 为总体分布中的未知参数,D_n 为抽样分布函数,$\hat{\theta}=\hat{\theta}(D_n)$ 为 θ 的估计。记 $T_n=\hat{\theta}(D_n)-\theta(D)$ 为估计误差。设 $X^*=(x_1^*,x_2^*,\cdots,x_n^*)$ 为从 D_n 中重新抽样获得的再生样本,称为 Bootstrap 样本;D_n 是由 X^* 所获得的抽样分布,记 $R_n^*=\hat{\theta}(D_n^*)-\hat{\theta}(D_n)$,称 R_n^* 为 T_n 的 Bootstrap 统计量。利用 R_n^* 的分布(在给定 D_n)来模拟 T_n 的分布,这就是 Bootstrap 方法的中心思想。Bootstrap 方法常与核密度估计方法相结合,进行再抽样,生成扩大样本容量以后,对大样本采用核密度估计方法估计其概率密度函数。

7.3.2 基于流形学习的监控方法

PCA 是一种无监督的机器学习方法。根据结构在正常运行情况下识别得到的损伤诊断指标数据,采用 PCA 可得到对应结构正常运行的模式。这种模式体现在主成分的方向和主成分的大小上。PCA 在本质上是一种线性结构数据分析方法,对具有线性结构(cigar-shaped)或高斯结构(图 7.3.6)的数据具有很好的分析效果。但也应该看到,损伤指标和环境变量之间的关系常常是十分复杂的,识别得到的多维损伤诊断指标数据的结构有可能表现出很强的非线性。当对具有“拐棍型”(stick-shaped)或更加复杂结构的高维数据采用 PCA 方法分析时,只能通过增加主成分数目的方法来解决。这样不仅削弱了 PCA 降维消噪的能力,而且此时这种方法在理论上也不是十分完备,因为小的主元可能包含关于非线性的重要信息,很容易导致结构损伤状态的误诊断,即损伤的漏报和虚报。解决这一问题的一种思路是先对数据聚类分区,然后在各个分区内采用局部 PCA 方法来进行分析[22,23]。这实际上是一种把非线性问题转化为分段线性问题的方法,该方法最大的挑战是分区方法的确定。

对于多维数据集的来源,目前通常有两种不同的假设:①来自于某一统计分布

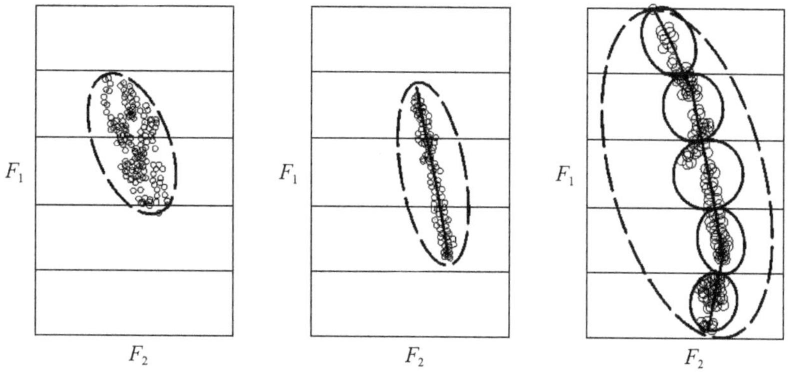

图 7.3.6　二维空间中三种不同结构的数据

的随机样本;②来自在高维空间中对某一低维流形的离散采样。因此,对识别得到的多维的具有非线性结构的损伤指标数据进行分析时,目前也有两种思路:一种是采用统计学的相关方法,对非线性多维数据进行降维,转换成对非线性主元的诊断。例如,Kramer 提出的自相关神经元网络[24];Tan 等[25]提出的输入训练神经网络方法等。另一种思路是采用流形学习的方法,确定多元损伤指标在特征空间流形上的低维表示,并认为该流形是以环境变量为主要驱动因素的。

流形学习是从 2000 年开始受到关注的。在 *Science* 杂志同期发表的 3 篇文章[26-28]中,不同作者分别从神经科学和计算机科学的角度对流形学习的问题进行了研究。后期相继发表的一系列文章,从算法和验证的角度证明了这种方法的高效性和合理性。流形学习是一种典型的无监督学习方法,通过流形学习可以有效地提取多维数据所代表的特征并能很好地去除噪声的干扰。为此将流形学习引入环境激励下水工混凝土结构的损伤诊断问题中,以提高损伤诊断的准确性。下面简单介绍流形学习的基本原理。

1. 流形学习

定义 1　流形　设 M 是 Hausdorff 空间,如果对于每一点 $p\in M$,都有 p 的一个开邻域 $U\subset M$ 与 d 维欧氏空间 $\mathbf{R}^d$ 中的一个开邻域同胚,则称 M 是 d 维拓扑流形,简称为 d 维流形。

定义 2　流形学习　设 $Y\subset\mathbf{R}^d$ 是一个低维的流形,$f:Y\to\mathbf{R}^D$,其中 $d<D$。数据集$\{y_i\}$是随机生成的,且经过 f 映射为观察空间的数据$\{x_i=f(y_i)\}$。流形学习就是在给定观察样本$\{x_i\}$的条件下重构 f 和$\{y_i\}$。

流形学习是在没有任何先验知识的情况下,根据 D 维变量的 N_s 个观测数据,如振动响应数据：

$$\begin{bmatrix} F_{11} & \cdots & F_{1N_s} \\ \vdots & & \vdots \\ F_{D1} & \cdots & F_{DN_s} \end{bmatrix} = [\boldsymbol{F}_1, \boldsymbol{F}_2, \cdots, \boldsymbol{F}_{N_s}] \tag{7.3.29}$$

得到其在流形上的 d(一般情况下,$d < D$)维坐标为

$$\begin{bmatrix} ff_{11} & \cdots & ff_{1N_s} \\ \vdots & & \vdots \\ ff_{d1} & \cdots & ff_{dN_s} \end{bmatrix} = [\boldsymbol{ff}_1, \boldsymbol{ff}_2, \cdots, \boldsymbol{ff}_{N_s}] \tag{7.3.30}$$

流形上低维坐标的实质是原始多维观测数据的非线性主元。

图 7.3.7 为三维 Swiss roll 数据采用流形学习的 KPCA 和最大方差展开(maximum variance unfolding,MVU)算法得到的在特征空间内的低维流形表示。从图中可以看出,经过非线性投影,观测空间内复杂结构的数据变成了特征空间内具有简单结构的数据。

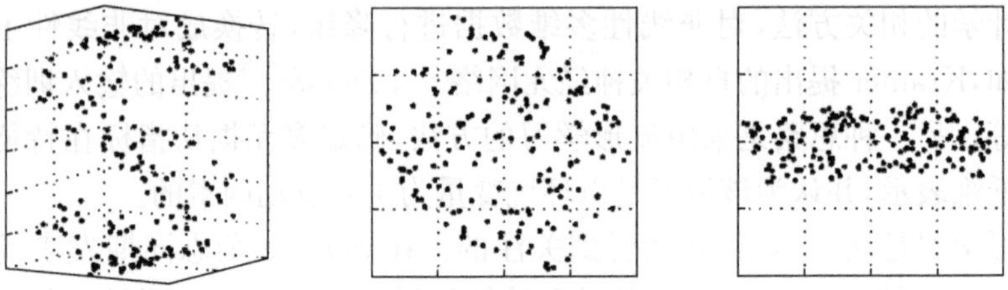

(a) 观测空间　(b) KPCA　(c) MVU

图 7.3.7　流形学习算法的效果

2. 流形学习算法

目前常用的流形学习算法包括 KPCA、等距特征映射(isometric feature mapping,ISOMAP)、局部线性嵌入(locally linear embedding,LLE)、拉普拉斯特征映射(Laplacian eigenmaps,LE)、局部切空间排列(local tangent space alignment,LTSA)和最大方差展开(MVU)等[29]。考虑到计算效率和实际应用效果,本书采用的是 KPCA 法。

KPCA 方法是 PCA 方法在非线性数据中的推广。假定 $\boldsymbol{F}_1, \cdots, \boldsymbol{F}_N \in \mathbf{R}^D$ 是 N 个 l 维的损伤诊断指标 $\boldsymbol{F}$ 的识别值,有非线性投影 $\Theta(\cdot)$ 使得特征向量被投影到特征空间 $\Theta(\boldsymbol{F}_1), \cdots, \Theta(\boldsymbol{F}_N) \in \Gamma$,即投影 $\Theta: \boldsymbol{F} \in \mathbf{R}^l \rightarrow \boldsymbol{\xi} \in \Gamma$。这时,在特征空间内对 $\Theta(\boldsymbol{F}_1), \cdots, \Theta(\boldsymbol{F}_N)$ 实施 PCA,并假定在特征空间内的数据均值为 0,在特征空间内可以计算协方差函数矩阵：

$$\boldsymbol{C}=\frac{1}{N}\sum_{i=1}^{N}\Theta(\boldsymbol{F}_i)\Theta(\boldsymbol{F}_i)^{\mathrm{T}}\in\mathbf{R}^{l\times l} \tag{7.3.31}$$

为了在特征空间内对数据 $\Theta(\boldsymbol{F}_1),\cdots,\Theta(\boldsymbol{F}_n)$ 实施 PCA，需要对协方差函数矩阵 $\boldsymbol{C}$ 进行特征值分解，即求解以下的特征值问题：

$$\lambda\boldsymbol{v}=\boldsymbol{C}\boldsymbol{v}=\frac{1}{N}\sum_{i=1}^{N}\langle\Theta(\boldsymbol{F}_i)^{\mathrm{T}}\boldsymbol{v}\rangle\Theta(\boldsymbol{F}_i) \tag{7.3.32}$$

式中，λ 为特征值，$\lambda>0$；$\boldsymbol{v}$ 为特征向量，$\boldsymbol{v}\neq0$。

式(7.3.32)表明，主成分可以由向量 $\Theta(\boldsymbol{F}_1),\cdots,\Theta(\boldsymbol{F}_n)$ 线性表达，即 $\boldsymbol{v}=\sum_{i=1}^{N}\alpha_i\Theta(\boldsymbol{F}_i)$。在式(7.3.32)左右两边同时左乘 $\Theta(\boldsymbol{F}_j)$ 可以得到

$$\lambda(\Theta(\boldsymbol{F}_j)\cdot\boldsymbol{v})=\Theta(\boldsymbol{F}_j)\cdot\boldsymbol{C}\boldsymbol{v} \tag{7.3.33}$$

定义核矩阵 $K_{ij}=\langle\Theta(\boldsymbol{F}_i),\Theta(\boldsymbol{F}_j)\rangle$，这时以上特征值问题(7.3.33)可以表达为以下的形式：

$$\lambda\boldsymbol{\alpha}=(1/N)\boldsymbol{K}\boldsymbol{\alpha} \tag{7.3.34}$$

式中，$\boldsymbol{\alpha}\in\mathbf{R}^N$，$\|\boldsymbol{\alpha}\|^2=1/N\lambda$。

式(7.3.34)表明线性表达系数 $\boldsymbol{\alpha}$ 即为核矩阵的特征向量。求解上述的特征值问题得到特征向量 $\boldsymbol{\alpha}$ 和特征值 λ 后，与任一时刻重新识别的结构损伤诊断指标值 $\boldsymbol{F}_{\text{new}}$ 相对应的流形的低维表示可以表达为

$$t_{\text{new},k}=(\boldsymbol{v}_k\cdot\Theta(\boldsymbol{F}_{\text{new}}))=\sum_{i=1}^{N}\alpha_i^k\Theta(\boldsymbol{F}_j)\cdot\Theta(\boldsymbol{F}_{\text{new}}),\quad k=1,2,\cdots,d \tag{7.3.35}$$

核矩阵可以通过核函数进行计算：$K_{ij}=\kappa(\boldsymbol{F}_i\boldsymbol{F}_j)(i,\ j=1,2,\cdots,N)$。最常用的核函数是高斯型函数 $\kappa(\boldsymbol{F}_i,\boldsymbol{F}_j)=\exp(-|\boldsymbol{F}_i-\boldsymbol{F}_j|/\sigma^2)$，其中 σ 为待优化的参数。

3. 基于流形学习的损伤诊断方法

基于流形学习的损伤诊断方法的基本原理如图 7.3.8 所示。由正常运行的水工混凝土结构振动的实测响应，可以识别得到结构损伤诊断指标的多维时间序列，采用一个非线性投影将其投影到特征空间，得到其在特征空间内的表示。在 KPCA 中，这一投影过程是通过对核函数优化[30]来实现的。然后，在特征空间内对结构简单的多维数据实施 PCA，以获得其在流形上的低维表示。正常运行的水工混凝土结构，损伤诊断指标发生变化的主要驱动因素是环境变量。因此，诊断指标识别数据在低维流形上的表示可以看作环境变量的效应。

图 7.3.9 给出了基于流形学习的水工混凝土结构损伤在线诊断流程，其主要步骤如下。

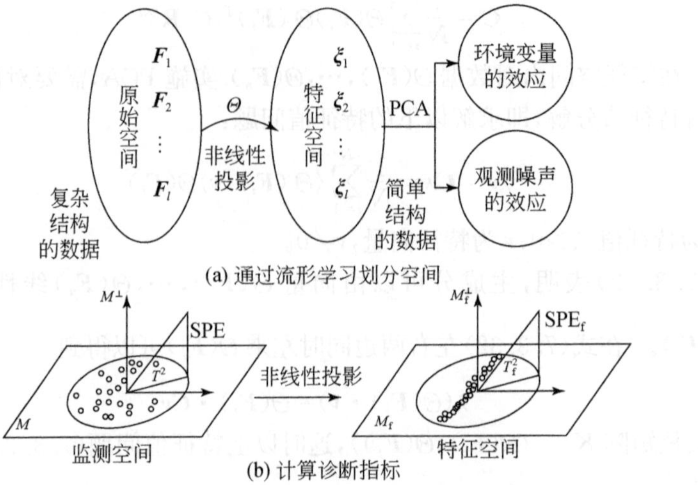

图 7.3.8　基于流形学习的损伤诊断方法的基本原理

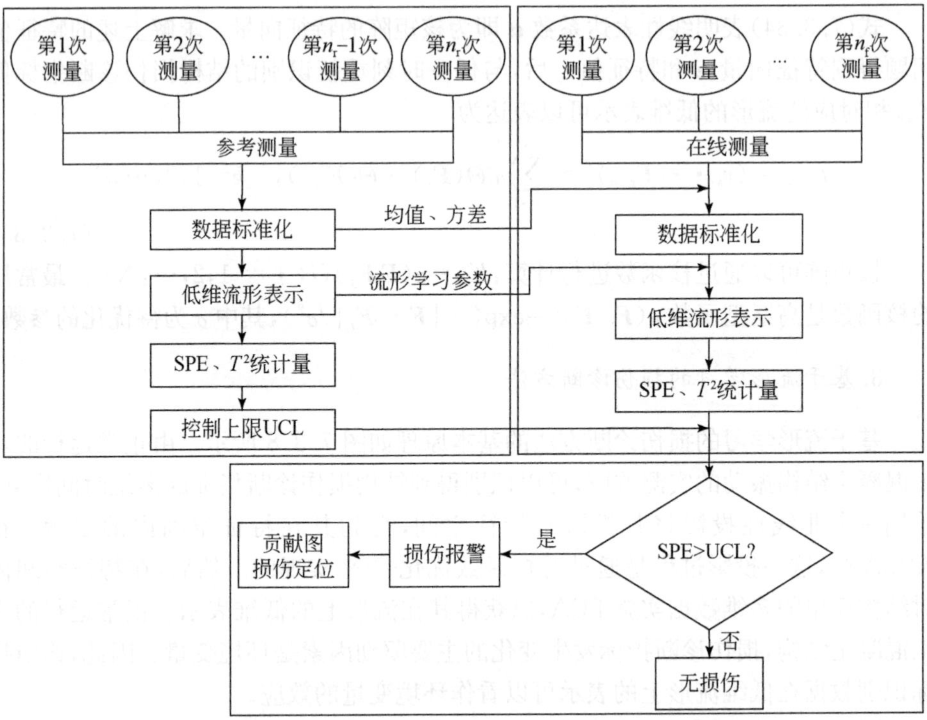

图 7.3.9　基于流形学习的水工混凝土结构损伤在线诊断的流程

(1) 获取水工混凝土结构在正常运行情况下的大坝振动监测数据，计算损伤诊断指标（模态指标或非线性动力系统指标）$\boldsymbol{F}_1,\boldsymbol{F}_2,\cdots,\boldsymbol{F}_{N_s}$，并进行标准化处理。

(2) 采用流形学习算法得到标准化后的损伤诊断指标的低维流形表示，在特征空间内，或根据重构的数据在观测空间内，计算平方预测误差（squared prediction error，SPE）统计量和相应的控制限。由于 SPE≥0，故只设定控制上限（upper control limit，UCL）。

(3)根据结构状态待诊断时刻的振动监测数据，识别新的损伤诊断指标 $\boldsymbol{F}_{\text{new}}$ 并计算其对应的低维流形表示或根据流形重构的数据。计算 SPE 统计量，并与步骤(2)计算得到的控制上限进行对比，若超过控制上限，则进行结构损伤报警。发生报警时，对于由不同测点的振动响应识别得到具有损伤定位功能的诊断指标，可采用 SPE 贡献图来确定结构损伤发生的位置。

7.3.3　基于多输出支持向量机的诊断指标预报

对于状态未知的结构，根据实测的环境变量来对结构的特征指标进行预报，将指标的预报值与识别值进行比较，就可以判断结构的安全状态。传统的大坝静力监测数据的安全分析方法就是基于这一思想的，对于结构的动力响应监测数据，该分析思路也同样适用。例如，Ni 等[31]采用单输出的支持向量机（support vector machine，SVM）模型，Sohn 等[32]采用线性回归模型来模拟环境变量和模态参数之间的关系，实现了在线的结构损伤诊断。

根据实测数据或数值模拟得到的数据，可以得到正常状态下环境变量和各种诊断指标之间的关系，这实际上是一种函数逼近问题。函数逼近是机器学习的三类问题之一。因此，可以采用机器学习的相关方法，建立环境变量和诊断指标之间的复杂映射关系。机器学习是根据某系统的输入样本和输出样本，通过训练求系统输入和输出之间的相互依赖关系，使它能够对未知输出做出尽可能准确的预测[33,34]。

对于一组输入 $\boldsymbol{x}$ 和输出 y 的训练样本：

$$(\boldsymbol{x}_1,y_1),(\boldsymbol{x}_2,y_2),\cdots,(\boldsymbol{x}_n,y_n) \tag{7.3.36}$$

在一组函数$\{f(\boldsymbol{x},\omega)\}$中寻找一个最优函数 $f(\boldsymbol{x},\omega_0)$，使期望风险 $R(\omega)$ 最小化，期望风险 $R(\omega)$可以表达为

$$R(\omega)=\int L(y,f(\boldsymbol{x},\omega))\mathrm{d}F(\boldsymbol{x},y) \tag{7.3.37}$$

式中，$F(\boldsymbol{x},y)$为 $\boldsymbol{x}$ 和 y 的联合概率密度函数；$L(y,f(\boldsymbol{x},\omega))$为风险函数，对于函数逼近问题，风险函数可以定义为

$$L(y,f(\boldsymbol{x},\omega))=(y-f(\boldsymbol{x},\omega))^2 \tag{7.3.38}$$

传统机器学习方法，如人工神经网络（artificial neural networtk，ANN）和响应

曲面等采用的是经验风险最小化(empirical risk minimization,ERM)准则,经验风险的表达式为

$$R_{\text{emp}}(\omega)=\frac{1}{n}\sum_{i=1}^{n}L(y_i,f(\boldsymbol{x}_i,\omega)) \tag{7.3.39}$$

ERM 准则在样本有限时常是不合理的,只有当样本数 n 趋近于无穷大时,$R_{\text{emp}}(\omega)$ 才趋近于式(7.3.39)所示的风险。机器学习领域最近的发展趋势是采用结构风险最小化(structural risk minimization,SRM)准则代替传统的 ERM 准则。SRM 准则的原理如图 7.3.10 所示,把函数集构造为一个函数子集序列 $S_1,S_2,\cdots,S_r$,使每个子集序列按照 VC 维的大小排列,在每个子集内寻找最小经验风险,在子集间折中考虑经验风险和置信范围,使实际取得的风险最小。SVM 模型是 SRM 准则的一种近似实现,相比于传统的机器学习方法,SVM 模型在理论上具有明显的优势。实际应用结果表明,SVM 模型不仅可以克服传统机器学习算法(神经网络和响应曲面等)的过拟合问题,而且对小样本数据的学习问题同样有较好的效果。但是,目前的 SVM 都是单输出模型,而根据振动响应数据识别得到的结构损伤诊断指标一般是多维的。对多维损伤指标的每一个分量都建立一个 SVM 模型不仅显著增加了计算量,还有可能会增加模型的误差。因此,需要研究 SVM 模型的多维版本,即多输出支持向量机(M-SVM)模型。

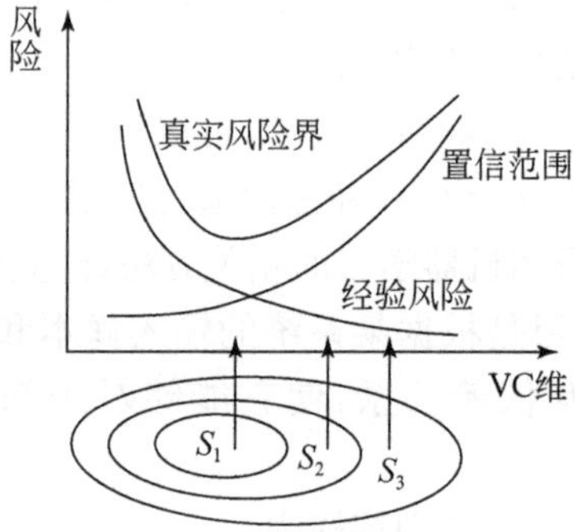

图 7.3.10　SRM 准则的原理

1. M-SVM 模型

1) 引入 M-SVM 模型的必要性

对于一系列数据$(\boldsymbol{x}_1,y_1),(\boldsymbol{x}_2,y_2),\cdots,(\boldsymbol{x}_n,y_n)$,其中系统的输入 $\boldsymbol{x}_i\in\mathbf{R}^r$ 和系统的输出 $y_i\in\mathbf{R}$ 之间存在非线性关系。根据 SRM 准则,典型的单输出 SVM 模型通过寻找函数 $f(\boldsymbol{x})$,使输入和输出之间的非线性投影关系转换为特征空间内的线性投影:

$$f(\boldsymbol{x})=\boldsymbol{w}^{\mathrm{T}}\varphi(\boldsymbol{x})+b \tag{7.3.40}$$

式中，$\varphi(\cdot)$为非线性投影，它将输入投影到特征空间；矢量 $\boldsymbol{w}$ 和标量 b 为线性投影的参数。函数 $f(\boldsymbol{x})$ 既要保证使实际的输出值 y_i 和该函数的预测值 $f(\boldsymbol{x})$ 之间仅有一个微小的偏离 ε，同时又要尽可能平滑。这可以通过以下优化问题来实现：

$$\min\ \|\boldsymbol{w}\|^2/2+C\sum_{i=1}^{n}(\xi_i+\xi_i^*) \tag{7.3.41a}$$

$$\text{s.t.}\ \begin{cases} y_i-f(x_i)\leqslant\varepsilon+\xi_i, \\ f(x_i)-y_i\leqslant\varepsilon+\xi_i^*, \quad i=1,2,\cdots,n \\ \xi_i,\xi_i^*\geqslant 0, \end{cases} \tag{7.3.41b}$$

式中，$\|\boldsymbol{w}\|$ 为矢量 $\boldsymbol{w}$ 的 L_2 范数；C 为惩罚因子，$C>0$；松弛变量 ξ_i 和 ξ_i^* 的引入是为了允许误差可以超过 ε 一定量。

上述优化问题可以写成无约束的形式：

$$\min L_{\mathrm{P}}(\boldsymbol{w},b)=\|\boldsymbol{w}\|^2/2+C\sum_{i=1}^{n}L_\varepsilon(u_i) \tag{7.3.42}$$

式中，$u_i=y_i-\boldsymbol{w}\varphi(\boldsymbol{x}_i)-b$；$L_\varepsilon(\cdot)$为 Vapnik 提出的 ε 不敏感损失函数：

$$L_\varepsilon(\boldsymbol{u})=\begin{cases} 0, & |u|<\varepsilon \\ |u|-\varepsilon, & |u|\geqslant\varepsilon \end{cases} \tag{7.3.43}$$

从式(7.3.42)可以看出，对单输出的 SVM 而言，采用一个 L_1 范数在模型预测值附近定义了一个不敏感区域，当预测值和实测值之间的误差超过 ε 时，在优化目标函数中会对其施加惩罚因子 C。

对于多输出问题 $\boldsymbol{y}\in\mathbf{R}^k$，目前常常是通过建立 k 个单输出的 SVM 模型来实现的。以二维输出问题为例，当对两个输出变量独立建模时，二维 ε 不敏感区域是以图 7.3.11 中的正方形为边界的区域。图 7.3.11 中 $O(y_{i1},y_{i2})$ 代表实际得到的输出值，A 和 B 代表通过式(7.3.40)所示的函数得到的两个预测值。这时，对 A 点而言，其对应的预测值和实际输出值的差在一个方向超过了 ε，因此在式(7.3.42)所示的优化目标函数中，就会被施加惩罚。而对于图中的 B 点，虽然实测值与预测值之间的距离已接近$\sqrt{2}\varepsilon$，但仍然不会被施加惩罚。对于 k ($k>1$) 维输出的情形，随着 k 的增大，这种不合理的情况会更加显著。

此外，对各输出变量独立地建模，没有考虑各输出变量之间可能存在的相关性，在数据信息的利用上是不充分的[35-37]。当输出变量较多时，对每个输出变量都建立模型也无疑将大大增加计算量。

为此，考虑对多输出问题采用一个统一的模型来处理。将式(7.3.43)中的 L_1 范数表示的损失函数换成以下 L_2 范数的形式：

$$L_\varepsilon(u)=\begin{cases} 0, & |u|<\varepsilon \\ |u-\varepsilon|^2, & |u|\geqslant\varepsilon \end{cases} \tag{7.3.44}$$

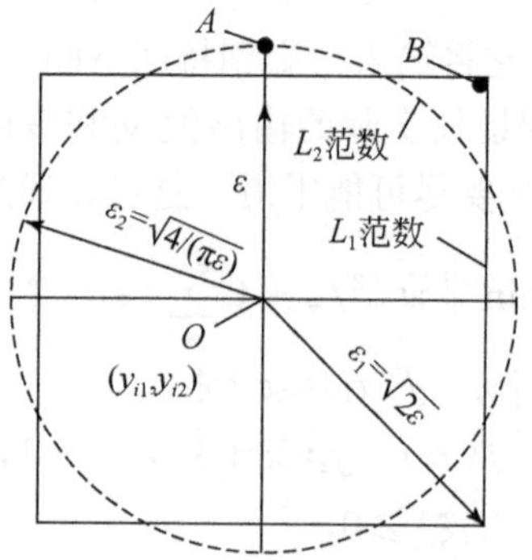

图 7.3.11　二维 ε 不敏感区域

式中，$u=\sqrt{\boldsymbol{e}\boldsymbol{e}^{\mathrm{T}}}$，$\boldsymbol{e}=\boldsymbol{y}-\boldsymbol{f}(\boldsymbol{x})$，$\boldsymbol{f}(\boldsymbol{x})=\boldsymbol{W}^{\mathrm{T}}\boldsymbol{\varphi}(\boldsymbol{x})+\boldsymbol{b}$，$\boldsymbol{W}=[\boldsymbol{w}^1,\cdots,\boldsymbol{w}^k]$，$\boldsymbol{b}=[b^1,\cdots,b^k]^{\mathrm{T}}$。

当采用式(7.3.44)所示的损失函数时，二维输出问题的 ε 不敏感区域是以图 7.3.11中的圆为边界的区域，优化目标函数中惩罚因子施加不合理的情况便被成功避免了。同时，不同的输出变量由同一个约束条件来统一进行限制，不需要对每一个输出变量都施加一个约束条件，从而大大减少了计算的复杂程度，提高了计算效率。

2) M-SVM 模型的训练方法

与式(7.3.43)所示的单输出 SVM 相对应的优化问题类似，定义与 M-SVM 相对应的优化问题如下：

$$\min \sum_{j=1}^{k}\|\boldsymbol{w}^j\|^2/2+C\sum_{i=1}^{n}\xi_i \tag{7.3.45a}$$

$$\text{s.t.}\quad \begin{cases}\|\boldsymbol{y}_i-\boldsymbol{f}(\boldsymbol{x}_i)\|^2\leqslant\varepsilon+\xi_i, \\ \xi_i>0,\end{cases}\quad i=1,2,\cdots,n \tag{7.3.45b}$$

上述优化问题同样可以写成无约束的形式：

$$\min L_{\mathrm{P}}(\boldsymbol{W},\boldsymbol{b})=\frac{1}{2}\sum_{j=1}^{k}\|\boldsymbol{w}^j\|^2+C\sum_{i=1}^{n}L_\varepsilon(u_i) \tag{7.3.46}$$

为了得到式(7.3.46)所示问题的最优解，可以采用迭代加权最小二乘算法(iterative reweighted least squares，IRWLS)来求解。在迭代求解时，为了根据上一步得到的解$(\boldsymbol{W}^t,\boldsymbol{b}^t)$来推求下一步的解$(\boldsymbol{W}^{t+1},\boldsymbol{b}^{t+1})$，可以将 $L_{\mathrm{P}}(\boldsymbol{W},\boldsymbol{b})$在$(\boldsymbol{W}^t,\boldsymbol{b}^t)$附近采用一阶 Taylor 级数展开：$L_{\mathrm{P}}(\boldsymbol{W},\boldsymbol{b})\approx L'_{\mathrm{P}}(\boldsymbol{W},\boldsymbol{b})$

$$L'_{\mathrm{P}}(\boldsymbol{W},\boldsymbol{b})=\frac{1}{2}\sum_{j=1}^{k}\|\boldsymbol{w}^j\|^2+C\left[\sum_{i=1}^{n}L(u_i^k)+\left.\frac{\mathrm{d}L(u)}{\mathrm{d}u}\right|_{u_i^k}\frac{(e_i^t)^{\mathrm{T}}}{u_i^t}(e_i-e_i^t)\right] \tag{7.3.47}$$

进而可以得到 $L_P(\boldsymbol{W},\boldsymbol{b})\approx L'_P(\boldsymbol{W},\boldsymbol{b})$

$$
\begin{aligned}
L''_P(\boldsymbol{W},\boldsymbol{b}) &= \frac{1}{2}\sum_{j=1}^{k}\|\boldsymbol{w}^j\|^2 + C\left[\sum_{i=1}^{n}L(u_i^t) + \left.\frac{\mathrm{d}L(u)}{\mathrm{d}u}\right|_{u_i^k}\frac{u_i^2-(u_i^t)^2}{2u_i^t}\right] \\
&= \frac{1}{2}\sum_{j=1}^{k}\|\boldsymbol{w}^j\|^2 + \frac{1}{2}\sum_{i=1}^{l}\alpha_i u_i^2 + \tau
\end{aligned}
\tag{7.3.48}
$$

式中，τ 为与 $\boldsymbol{W}$ 或 $\boldsymbol{b}$ 无关的常数项的和；参数 α_i 可以表达为

$$
\alpha_i = \begin{cases} 0, & u_i \leqslant \varepsilon \\ \dfrac{2C(u_i-\varepsilon)}{u_i}, & u_i > \varepsilon \end{cases}
\tag{7.3.49}
$$

当 $(\boldsymbol{W}^t,\boldsymbol{b}^t)$ 已知时，$L_P(\boldsymbol{W},\boldsymbol{b})$ 的最优解可以转化成求 $L''_P(\boldsymbol{W},\boldsymbol{b})$ 的最优解，根据驻点条件 $\dfrac{\partial L''_P(\boldsymbol{W},\boldsymbol{b})}{\partial \boldsymbol{w}^j}=0$ 和 $\dfrac{\partial L''_P}{\partial b^j}=0$，可以得到

$$
2\boldsymbol{w}^j - 2\boldsymbol{\Phi}^{\mathrm{T}}\boldsymbol{D}_\alpha[\boldsymbol{y}^j - \boldsymbol{\Phi}\boldsymbol{w}^j - \boldsymbol{1}b^j] = 0
\tag{7.3.50}
$$

$$
\boldsymbol{\alpha}^{\mathrm{T}}[\boldsymbol{y}^j - \boldsymbol{\Phi}\boldsymbol{w}^j - \boldsymbol{1}b^j] = 0
\tag{7.3.51}
$$

整理可以得到

$$
\begin{bmatrix} \boldsymbol{\Phi}^{\mathrm{T}}\boldsymbol{D}_\alpha\boldsymbol{\Phi} & \boldsymbol{I}\boldsymbol{\Phi}^{\mathrm{T}}\boldsymbol{\alpha} \\ \boldsymbol{\alpha}^{\mathrm{T}}\boldsymbol{\Phi} & \boldsymbol{\alpha}^{\mathrm{T}}\boldsymbol{1} \end{bmatrix}
\begin{bmatrix} \boldsymbol{w}^j \\ b^j \end{bmatrix}
=
\begin{bmatrix} \boldsymbol{\Phi}^{\mathrm{T}}\boldsymbol{D}_\alpha\boldsymbol{y}^j \\ \boldsymbol{\alpha}^{\mathrm{T}}\boldsymbol{y}^j \end{bmatrix}, \quad j=1,2,\cdots,k
\tag{7.3.52}
$$

式中，$\boldsymbol{D}_\alpha=\mathrm{diag}(\alpha_1,\cdots,\alpha_n)$；$\boldsymbol{\Phi}=[\varphi(\boldsymbol{x}_1),\cdots,\varphi(\boldsymbol{x}_n)]$；$\boldsymbol{\alpha}=[\alpha_1,\cdots,\alpha_n]^{\mathrm{T}}$；$\boldsymbol{y}^j=[y_{j1},\cdots,y_{jn}]^{\mathrm{T}}$。

根据表示定理(representer theorem)，机器学习问题可以表达为训练样本的线性组合，即

$$
\boldsymbol{w}^j = \sum_{i=1}^{n}\beta_i^j\varphi(x_i) = \boldsymbol{\Phi}^{\mathrm{T}}\boldsymbol{\beta}^j
\tag{7.3.53}
$$

将式(7.3.53)代入式(7.3.52)可以得到

$$
\begin{bmatrix} \boldsymbol{K}+\boldsymbol{D}_\alpha^{-1} & \boldsymbol{1} \\ \boldsymbol{\alpha}^{\mathrm{T}}\boldsymbol{K} & \boldsymbol{1}^{\mathrm{T}} \end{bmatrix}
\begin{bmatrix} \beta^j \\ b^j \end{bmatrix}
=
\begin{bmatrix} \boldsymbol{y}^j \\ \boldsymbol{\alpha}^{\mathrm{T}}\boldsymbol{y}^j \end{bmatrix}
\tag{7.3.54}
$$

式中，$\boldsymbol{K}=\kappa(\boldsymbol{x}_i,\boldsymbol{x}_j)=\boldsymbol{\Phi}(\boldsymbol{x}_i)^{\mathrm{T}}\boldsymbol{\Phi}(\boldsymbol{x}_j)$ 是核函数矩阵，应满足 Mercer 条件[38]，以保证其与变换空间中的某一内积相对应。常见的核函数是径向基核函数和高斯核函数。

在给定惩罚因子 C 和核函数参数(如径向基核函数的参数 σ^2)的情况下，可以采用 IRWLS 来对其进行训练，以获得模型参数 $\boldsymbol{B}=[\boldsymbol{\beta}^1,\cdots,\boldsymbol{\beta}^k]$ 和 $\boldsymbol{b}=[b^1,\cdots,b^k]^{\mathrm{T}}$。图 7.3.12 总结了 M-SVM 的训练流程，训练的步骤如下：

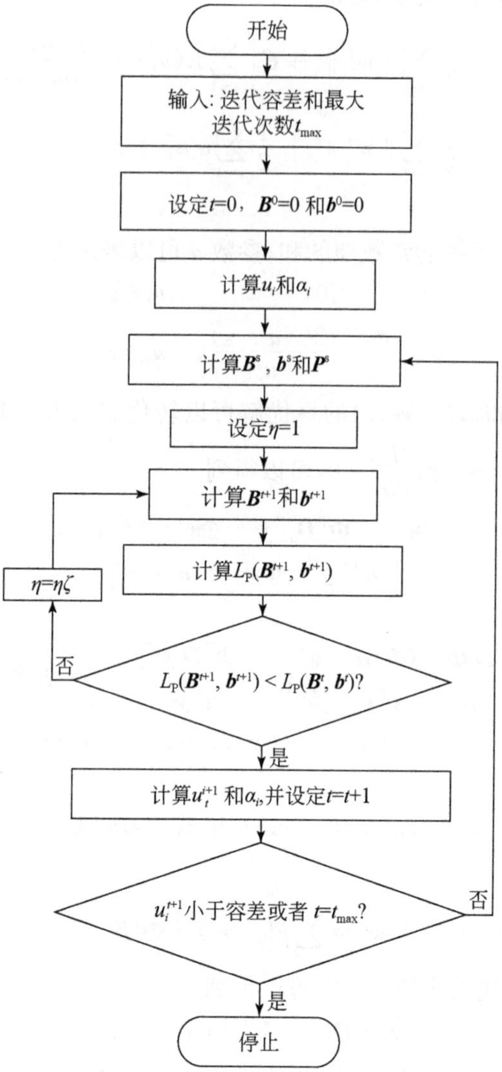

图 7.3.12　M-SVM 的训练流程

(1) 设定参数 Tolerance 和 t_{max}；初始化：$t=0$，设定 $\boldsymbol{B}^0=0$，$\boldsymbol{b}^0=0$，并计算相应的 u_i 和 α_i。

(2) 求解方程(7.3.54)，得到 $\boldsymbol{B}^s$ 和 $\boldsymbol{b}^s$，并得到搜索方向 $\boldsymbol{P}^s$：

$$\boldsymbol{P}^s=\begin{bmatrix}\boldsymbol{B}^s-\boldsymbol{B}^t\\(\boldsymbol{b}^s-\boldsymbol{b}^t)^{\mathrm{T}}\end{bmatrix}\tag{7.3.55}$$

(3) 计算新的下一步的 $\boldsymbol{B}^{t+1}$ 和 $\boldsymbol{b}^{t+1}$：

$$\begin{bmatrix} \boldsymbol{B}^{t+1} \\ (\boldsymbol{b}^{t+1})^{\mathrm{T}} \end{bmatrix} = \begin{bmatrix} \boldsymbol{B}^{t} \\ (\boldsymbol{b}^{t})^{\mathrm{T}} \end{bmatrix} + \eta^t \boldsymbol{P}^t \tag{7.3.56}$$

η 可以采用搜索法来确定。初始设定 $\eta=1$,然后根据以下表达式:

$$L_{\mathrm{P}}(\boldsymbol{B},\boldsymbol{b}) = \frac{1}{2}\sum_{j=1}^{k}(\boldsymbol{\beta}^j)^{\mathrm{T}}\boldsymbol{K\beta}^j + C\sum_{i=1}^{n}L_{\varepsilon}(u_i) \tag{7.3.57}$$

计算并判断 $L_{\mathrm{P}}(\boldsymbol{B}^{t+1},\boldsymbol{b}^{t+1})<L_{\mathrm{P}}(\boldsymbol{B}^{t},\boldsymbol{b}^{t})$ 是否成立。若成立,转下一步;若不成立,$\eta=\eta\zeta$,$0<\zeta<1$,采用式(7.3.56)和式(7.3.57)重新计算判定。

(4) 计算新的 u_i^{t+1} 和 α_i,若 u_i^{t+1} 小于容差成立,或 t 已达到最大迭代次数 $t_{\max}$,则计算终止;否则,设定 $t=t+1$,转步骤(2)继续迭代。

惩罚因子 C 和核函数的参数,如 RBF 核函数的参数 σ^2,需进行优化。优化时,先给定参数的范围,然后采用某种优化算法进行搜索,优化的评价函数采用均方根误差 RMSE:

$$\mathrm{RMSE} = \frac{1}{N_{\mathrm{t}}}\sum_{i=1}^{N_{\mathrm{t}}}\|\boldsymbol{y}_i - \boldsymbol{W\varphi}(\boldsymbol{x}_i) - \boldsymbol{b}\|^2 \tag{7.3.58}$$

式中,N_{t} 为测试样本的数目,当采用 K 折的交叉验证[21]时,$N_{\mathrm{t}}=N_{\mathrm{s}}/K$,$N_{\mathrm{s}}$为样本总数。

2. 基于 M-SVM 模型的损伤诊断指标预报模型

根据上述的 M-SVM 模型,可以对环境变量 $\boldsymbol{v}$ 和结构损伤诊断指标 $\boldsymbol{F}$ 之间的复杂关系进行学习。选定结构在正常运行状态下环境变量和损伤指标的数据:

$$(\boldsymbol{v}_1,\boldsymbol{F}_1),(\boldsymbol{v}_2,\boldsymbol{F}_2),\cdots,(\boldsymbol{v}_n,\boldsymbol{F}_n) \tag{7.3.59}$$

采用图 7.3.12 所示的流程对 M-SVM 模型进行训练。为了根据诊断指标的预报值 $\hat{F}^j(j=1,2,\cdots,l)$ 和实际的识别值 $F^j(j=1,2,\cdots,l)$ 来对水工混凝土结构的状态进行诊断,需要对预报值设置一定的预报区间,以判定预报值和实际识别值之间的差异是否显著。本书采用 Lin 等[39]提出的基于交叉验证(cross validation,CV)的方法来近似地确定 M-SVM 预测区间的控制限(CL),预测误差的分布形式通过假设检验来确定。当确定 CL 以后,根据预报值和 CL 可以得到预报上限(预报值加上 CL)和预报下限(预报值减去 CL),这时,便可以按如下方法对结构进行损伤诊断:

(1) $|F^j-\hat{F}^j|\leqslant\mathrm{CL}$,结构正常。

(2) $|F^j-\hat{F}^j|>\mathrm{CL}$,损伤报警。

7.4 基于有监督学习的水工混凝土结构损伤诊断方法

上述基于无监督学习的结构损伤诊断方法仅需要无损伤结构的监测数据，就可以对结构状态进行诊断，但只能实现损伤识别（发现损伤）和简单的损伤定位。为了实现结构损伤诊断更高级别的目标，如估算结构损伤程度，则需要采用基于有监督学习的结构损伤诊断方法。

基于有监督学习的结构损伤诊断方法，需要获得结构在多种损伤状态下的振动响应数据，而这些数据一般只能通过物理模型试验或数值模拟的方式得到。通过引入结构的数值模型（如有限元模型），应用有限元法可以计算与不同损伤类型、不同损伤位置和不同损伤程度对应的结构响应。根据这些响应数据可以提取损伤诊断指标（模态指标或非线性动力系统指标），从而为有监督学习的结构损伤诊断方法提供所需的数据。这时对于待诊断的水工混凝土结构，通过实测的振动响应数据提取损伤指标后，便可以通过一定的方法实现对结构损伤位置和损伤程度的估算。同时，考虑到结构动力仿真模型与实际结构的差异难以避免，应进行修正，本书应用环境激励下水工混凝土结构损伤诊断响应数据，结合结构有限元动力分析，研究环境激励下水工混凝土结构动力模型修正和损伤程度的估计方法，以实现基于有监督学习的结构损伤诊断。

7.4.1 基于多输出支持向量机的动力有限元模型修正

当采用有监督学习方法来进行水工混凝土结构的损伤诊断时，建立一个精度高的有限元模型是十分重要的。对大坝等水工混凝土结构而言，在进行结构的有限元模拟时，由于结构在几何尺寸、材料特性和边界条件等方面存在不确定性，使通过有限元计算的结构特征参数，如模态参数，与根据实测数据识别的参数之间存在一定的差异。这时可以利用结构现场实测的振动数据修正结构的动力有限元模型，使得根据修正模型计算的模态参数与通过实测响应提取的模态参数趋于一致，这一过程称为结构动力有限元模型修正。结构动力有限元模型修正在结构的动力分析和损伤诊断问题中已有广泛应用[40]。结构动力有限元模型修正方法，按修正对象大致可分为三类：矩阵修正法、元素修正法和设计参数修正法。矩阵修正法和元素修正法计算量很大，不适用于大型工程结构。对于大型的水工混凝土结构，设计参数修正法更为适用。水工混凝土结构一般体型庞大，结构复杂，因此对水工混凝土结构进行动力有限元模型修正，需要考虑计算效率的问题。本书提出应用 M-SVM 模型的机器学习优势算法，以减少优化搜索过程中有限元计算的次数，从而提高计算的效率。

结构动力有限元模型修正一般可以表达为一个最优化问题。优化的目标函数可以反映通过实测数据识别得到的模态参数以及通过有限单元法(finite element method,FEM)计算得到的模态参数之间的偏差最小化。一般情况下,该优化问题可以表达为

$$\min g(p)=\sum_{i=1}^{n}\left[1-\mathrm{MAC}(\boldsymbol{\Phi}_i^{\mathrm{r}},\boldsymbol{\Phi}_i^{\mathrm{d}})+\mathrm{ER}(\omega_i^{\mathrm{r}},\omega_i^{\mathrm{d}})\right] \tag{7.4.1a}$$

$$\text{s.t.}\quad \boldsymbol{p}\in D_p \tag{7.4.1b}$$

式中,$\boldsymbol{p}$ 为结构的材料、几何和边界条件等方面的不确定性参数,参数 $\boldsymbol{p}$ 应在一定的范围 D_p 内;ω_i^{r} 和 $\boldsymbol{\Phi}_i^{\mathrm{r}}$ 分别为通过实测响应分析得到的结构自振角频率和振型;ω_i^{d} 和 $\boldsymbol{\Phi}_i^{\mathrm{d}}$ 分别为通过有限元计算得到的自振频率和振型;模态置信因子 MAC 如式(3.2.57)所示;误差函数 $\mathrm{ER}(\omega_i^{\mathrm{r}},\omega_i^{\mathrm{d}})=|\omega_i^{\mathrm{r}}-\omega_i^{\mathrm{d}}|/\omega_i^{\mathrm{r}}$。应该指出的是,在环境激励下,不可能将结构所有的各阶模态都激励起来。同时,一些模态受噪声干扰可能无法识别,因此式(7.4.1a)中的自振频率和振型是指识别出来的各阶模态。

由于材料等结构参数和结构的模态参数之间的关系是通过有限元法来模拟的,并没有显式的表达形式。求解上述优化问题一般可以采用遗传算法、模拟退火算法、蚁群算法和粒子群算法等来进行优化搜索。这些方法的优化搜索过程常常需要多次反复试算,而每一次试算都需要进行一次或多次有限元计算。考虑到水工混凝土结构动力分析的复杂性,优化计算的耗费常常是难以接受的。解决该问题的一种思路是,在进行优化搜索之前,首先设定一组不同的结构参数,采用 FEM 计算获得对应的结构模态参数;然后采用这些数据通过机器学习方法建立结构参数和模态参数之间的关系。在搜索寻优的过程中,采用上述训练好的数学模型代替有限元来获得对应一个可行解的模态参数计算值。例如,Karimi 等[41]根据这一思路采用训练好的人工神经网络来代替有限元计算以实现结构动力有限元模型的修正。

响应曲面和人工神经网络等传统机器学习方法都是基于 ERM 准则的,为了获得好的学习效果,要求学习样本足够多,而且容易出现过拟合问题。机器学习的 SVM 模型,由于采用更先进的 SRM 准则,可以很好地克服上述传统机器学习方法的缺点。考虑到模态参数一般是多维的,这里采用的是 M-SVM 模型,结合不同结构参数的有限元模拟分析结果,建立结构参数和模态参数之间的关系,在优化搜索过程中替代 FEM 计算,由此获得可行解对应的结构模态参数。优化搜索的方法采用目前在工程中应用最为广泛的遗传算法[42]。采用 M-SVM 模型和遗传算法进行水工混凝土结构动力有限元模型修正的流程如图 7.4.1 所示,其基本步骤如下:

(1) 根据现场试验和工程类比的结果,设定结构各种不确定性参数的可能范围 D_p;然后采用 Taguchi 正交试验表[43]来设计有限元计算的方案,每一种计算方案代表一种不确定参数的可能组合。

(2) 根据设计好的计算方案,采用 FEM 来计算结构在某水位 H 时对应的模态参数。

(3) 将不同的不确定性参数的组合作为 M-SVM 模型的输入,将根据相应参数组合由 FEM 计算得到的模态参数作为 M-SVM 模型的输出。由此形成输入-输出样本对 M-SVM 模型进行训练,通过 M-SVM 模型建立结构参数和结构各阶模态参数之间的非线性投影关系。

(4) 根据结构在库水位为 H 时实测的振动响应数据识别其各阶模态参数,然后在结构不确定性参数的设定范围 D_p 内,采用遗传算法来搜索使目标函数(式(7.4.1a))最小化的最优解,并将最优解作为结构不确定性参数的校正值。在搜索最优参数的过程中,采用以上训练好的 M-SVM 模型代替 FEM 来获得不同可行解对应的结构各阶模态参数的计算值。

为了增加分析结果的鲁棒性,可以选择一组不同的库水位 $H_1, H_2, \cdots, H_l$ 进行上述分析,并把各次分析的结果进行平均。

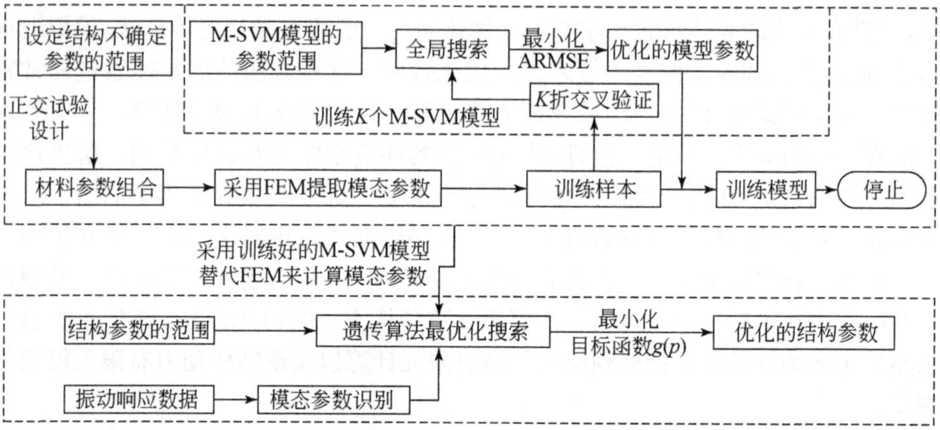

图 7.4.1 基于 M-SVM 模型和遗传算法进行水工混凝土结构动力有限元模型修正的流程

7.4.2 损伤程度估算

在对结构的动力有限元模型修正后,可以采用该修正的有限元模型进行结构损伤的模拟。对于位置已知的损伤,如大坝表面的裂缝,采用修正的有限元模型计算不同损伤程度(如不同裂缝宽度、长度和深度等)情况下的结构振动响应,并识别结构的模态参数或非线性动力系统指标,然后根据这些数据可以建立结构损伤程度和损伤指标之间的关系。这时,对于损伤状态未知的结构,根据实际识别的损伤指标,便可以评估结构的损伤程度。但是,由于受到环境变量变化、非稳定的环境激励、观测噪声的干扰以及有限元模拟误差的影响,当采用上述分析思路对环境激励下的水工混凝土结构的损伤程度进行估算时，仍然会面临许多困难。为了解决这些困难，本书根据统计学的相关原理，提出环境激励下考虑环境变量等干扰因素作用时的水工混凝土结构损伤程度估算方法。

如式(7.3.1)所示，一维的结构损伤指标(结构的某一阶模态参数或根据某一个测点振动响应识别的非线性动力系统指标)可以表达为以下形式：

$$\boldsymbol{F}=\widetilde{\boldsymbol{F}}+\boldsymbol{\varepsilon}$$

式中，$\widetilde{\boldsymbol{F}}$ 为环境变量产生的效应；对于无损结构，随机项 $\boldsymbol{\varepsilon}$ 还包含观测噪声、非稳定的环境激励和模型误差产生的效应；当结构出现损伤时，$\boldsymbol{\varepsilon}$ 还包含损伤产生的效应。为了定量地评价结构的损伤程度，可以采用以下分析步骤。

(1) 根据无损结构的 n_r 次振动测量，$\boldsymbol{Y}_r=\{\boldsymbol{y}^1(k),\boldsymbol{y}^2(k),\cdots,\boldsymbol{y}^{n_r}(k)\}(k=1,2,\cdots,N_s)$，可以得到某种损伤诊断指标的 n_r 个识别值 $\boldsymbol{F}_r=(F^1,F^2,\cdots,F^{n_r})$。在上述 n_r 次振动测量对应的水位和温度等环境变量作用下，采用修正后的有限元模型计算结构的振动响应并提取损伤诊断指标，将其作为损伤诊断指标的环境变量效应值，如图 7.4.2(a)所示。这时随机项 $\varepsilon_r=F_r-\widetilde{F}_r$，并可以估算其概率密度函数(probability distribution function，PDF)。

(2) 通过在有限元模型上模拟不同程度的损伤，便可以计算有损结构在不同环境变量和不同损伤程度 D 情况下的振动响应，并提取相应的诊断指标，将其作为有损状况下诊断指标的环境变量的效应值 $\widetilde{F}_d$，如图 7.4.2(a)所示。这时有损结构对应的诊断指标的预报值为

$$F_d=\widetilde{F}_d+\varepsilon_r=\widetilde{F}_r+\varepsilon_d \tag{7.4.2}$$

式中，随机项 $\varepsilon_d=F_d-\widetilde{F}_r=\widetilde{F}_d-\widetilde{F}_r+\varepsilon_r$。

(3) 如图 7.4.2(b)所示，假定 ε_r 的分布是一定的，结构的损伤程度越大，ε_r 和 ε_d 的概率密度函数的差异也越大。如图 7.4.2(c)所示，采用损伤概率[44,45] P_D 来对 ε_r 和 ε_d 的概率密度函数进行量化分析。假定 $\varepsilon_r\sim N(\mu_r,\sigma_r^2)$，$\varepsilon_d\sim N(\mu_d,\sigma_d^2)$，如果损伤引起诊断指标值增加，那么损伤概率 P_D 可以采用以下公式计算：

$$P_D=P\{\varepsilon_d>\varepsilon_r\}=P\{\varepsilon_d-\varepsilon_r>0\}=\Phi\left(\frac{\mu_r-\mu_d}{\sqrt{\sigma_r^2+\sigma_d^2}}\right) \tag{7.4.3}$$

否则，如果损伤引起诊断指标值减小，那么损伤概率 P_D 可以采用以下公式计算：

$$P_D=P\{\varepsilon_r>\varepsilon_d\}=P\{\varepsilon_r-\varepsilon_d>0\}=\Phi\left(\frac{\mu_d-\mu_r}{\sqrt{\sigma_r^2+\sigma_d^2}}\right) \tag{7.4.4}$$

式中的均值 μ_d、μ_r 和方差 σ_r^2、σ_d^2 可以通过损伤诊断指标的识别值 $F^1,F^2,\cdots,F^{n_r}$

和有限元计算结果之间的误差 ε_d 和 ε_r 来计算，$\Phi(\cdot)$是标准正态分布的分布函数。

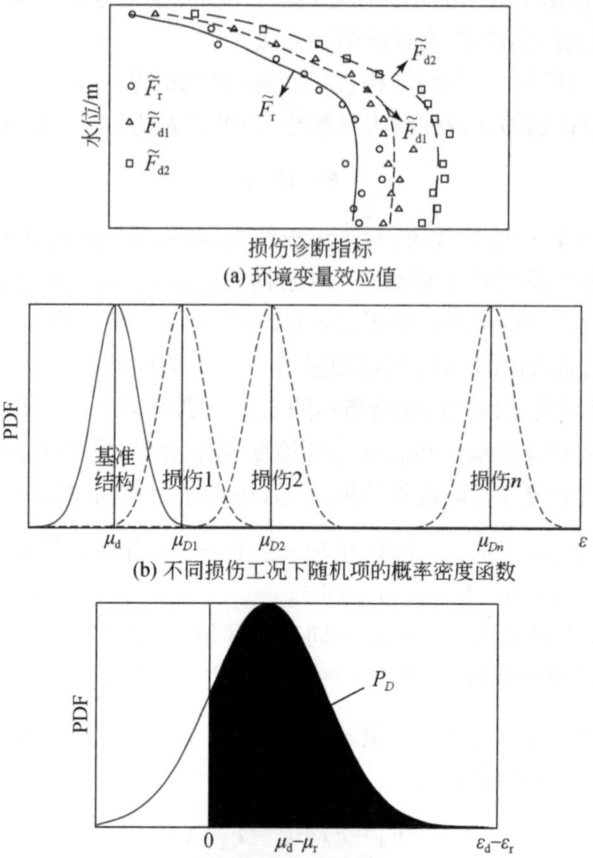

(a) 环境变量效应值

(b) 不同损伤工况下随机项的概率密度函数

(c) 损伤概率的计算原理

图 7.4.2　损伤程度估算的原理

通过FEM模拟，可以得到与一系列不同损伤程度 $D_1, D_2, \cdots, D_n$ 对应的损伤概率 $P(D_1), P(D_2), \cdots, P(D_n)$，从而得到损伤程度 D 和损伤概率 P_D 之间的关系曲线。

(4) 对于损伤状态未知的结构，根据 n_c 次实测的振动响应 $\mathbf{Y}_r = \{\mathbf{y}^1(k), \mathbf{y}^2(k), \cdots, \mathbf{y}^{n_c}(k)\}(k = 1, 2, \cdots, N_s)$，可以得到损伤指标的一系列识别值 $F_c = (F_c^1, F_c^2, \cdots, F_c^{n_c})$。采用无损的有限元模型在上述 n_c 次振动测量对应的环境变量作用下，计算结构的振动响应，并提取损伤诊断指标，将其作为环境变量的效应值 $\widetilde{F}_c$。这时，随机项 $\varepsilon_c = F_c - \widetilde{F}_c$。根据式(7.4.3)或式(7.4.4)得到损伤概率 P_D，根据 D-P_D 曲线进行插值计算，便可以估算结构的损伤程度 D_c。

在以上分析中要多次进行 FEM 计算，为提高计算效率也可以采用与动力模型修正相似的方法，即采用 M-SVM 模型代替 FEM 计算，以获取不同环境变量对应的损伤指标效应值。此外，应该注意到，这里估计得到的结构损伤程度是相对于结构数值模型（有限元模型）而言的。由于数值模拟总是难免存在一定的系统误差，估计得到的结构损伤程度包含了系统误差的结构损伤程度，是实际结构损伤程度在数值模型上的一个映射。当假定由数值模拟引起的系统误差稳定时，以上估算出来的结构损伤程度也可以间接地反映实际结构的损伤状况。

在上述分析中，将损伤程度变量换成损伤位置变量，用类似的方法可以实现结构损伤的定位。

参 考 文 献

[1] Roberts G P, Pearson A J. Dynamic monitoring as a tool for long span bridges[C]//Proceedings of Bridge Management 3: Inspection, Maintenance, Assessment and Repair, Guildford, 1996: 704-711.

[2] Peeters B, de Roeck G. One year monitoring of the Z24-bridge: Environmental influences versus damage events[J]. Earthquake Engineering & Structural Dynamics, 2001, 30(2): 149-171.

[3] Westergaard H M. Water pressures on dams during earthquakes[J]. Transactions of the American Society of Civil Engineers, 1993, 98(2): 418-433.

[4] Zheng D J, Cheng L, Li X Q. Face slab dispatch detection of concrete faced rock-fill dam[C]//Proceedings of Earth and Space 2012, ASCE, Pasadena, 2012: 858-866.

[5] Okuma N, Etou Y, Kanazawa K, et al. Dynamic property of a large arch dam after forty-four years of completion[C]//Proceedings of 14th World Conference on Earthquake Engineering, Beijing, 2008.

[6] Sevim B, Bayraktar A, Altunisik A C, et al. Determination of water level effects on the dynamic characteristics of a prototype arch dam model using ambient vibration testing[J]. Experimental Techniques, 2012, 36(1): 72-82.

[7] Proulx J, Paultre P, Rheault J, et al. An experimental investigation of water level effects on the dynamic behaviour of a large arch dam[J]. Earthquake Engineering & Structural Dynamics, 2010, 30(30): 1147-1166.

[8] 黄世勇，王智勇. 热环境下的结构模态分析[J]. 导弹与航天运载技术，2009，(5)：50-52.

[9] 王宏宏，陈怀海，崔旭利，等. 热效应对导弹翼面固有振动特性的影响[J]. 振动、测试与诊断，2010，30(3)：275-279.

[10] 贺旭东，吴松，张步云，等. 热应力对机翼结构固有频率的影响分析[J]. 振动、测试与诊断，2015，35(6)：1134-1139.

[11] 中华人民共和国水利部. SL282—2018　混凝土拱坝设计规范[S]. 北京：中国水利水电出版社，2018.

[12] 吴剑飞. 结构在热环境下振动特性研究[D]. 南京：南京航空航天大学，2014.

[13] Thomas Telford Services Ltd. MC90 CEB/FIP Modal Code 1990[S]. London: Thomas Telford,1993.

[14] Yan A M, Kerschen G, de Boe P, et al. Structural damage diagnosis under varying environmental conditions-Part I: A linear analysis[J]. Mechanical Systems and Signal Processing,2005,19(4):847-864.

[15] Deraemaeker A, Reynders E, de Roeck G, et al. Vibration-based structural health monitoring using output-only measurements under changing environment[J]. Mechanical Systems and Signal Processing,2008,22(1):34-56.

[16] 虞鸿,吴中如,包腾飞,等. 基于主成分的大坝观测数据多效应量统计分析[J]. 中国科学:技术科学,2010,40(7):1088-1097.

[17] 张杰. 多变量统计过程控制[M]. 北京:化学工业出版社,2000.

[18] Miller P, Swanson R E, Heckler C E. Contribution plots: A missing link in multivariate quality control[J]. Applied Mathematics and Computer Science,1998,8(4):775-792.

[19] Martin E B, Morris A J. Non-parametric confidence bounds for process performance monitoring charts[J]. Journal of Process Control,1996,6(6):349-358.

[20] 从培江,顾冲时,谷艳昌. 大坝安全监控指标拟定的最大熵法[J]. 武汉大学学报(信息科学版),2008,33(11):1126-1129.

[21] Kohavi R. A study of cross-validation and bootstrap for accuracy estimation and model selection[C]//Proceedings of the 14th International Joint Conference on Artificial Intelligence, Montreal,1995:1137-1143.

[22] Yan A M, Kerschen G, de Boe P, et al. Structural damage diagnosis under varying environmental conditions-part II: local PCA for non-linear cases[J]. Mechanical Systems and Signal Processing 2005,19(4):865-880.

[23] Lee K Y. Local fuzzy PCA based GMM with dimension reduction on speaker identification[J]. Pattern Recognition Letters,2004,25(16):1811-1817.

[24] Kramer M A. Nonlinear principal component analysis using auto-associative neural networks[J]. AIChE Journal,1991,37(2):233-243.

[25] Tan S, Mavrovounitis M L. Reducing data dimensionality through optimizing neural network inputs[J]. AIChE Journal,1995,41(6):1471-1480.

[26] Seung H S, Lee D D. The manifold ways of perception[J]. Science,2000,290(5500):2268-2269.

[27] Tenenbaum J B, de Silva V, Langford J C. A global geometric framework for nonlinear dimensionality reduction[J]. Science,2000,290(5500):2318-2323.

[28] Roweis S T, Saul L K. Nonlinear dimensionality reduction by locally linear embedding[J]. Science,2000,290(5500):2323-2326.

[29] Weinberger K, Saul L. Unsupervised learning of image manifolds by semidefinite programming[J]. International Journal of Computer Vision,2006,70(1):11-90.

[30] Choi S W, Lee C, Lee J M, et al. Fault detection and identification of nonlinear processes

based on kernel PCA[J]. Chemometrics and Intelligent Laboratory Systems,2005,75(1):55-67.

[31] Ni Y Q, Hua X G, Fan K Q, et al. Correlating modal properties with temperature using long-term monitoring data and support vector machine technique[J]. Engineering Structures, 2005, 27(12):1762-1773.

[32] Sohn H, Dzwonczyk M, Straser E G, et al. An experimental study of temperature effect on modal parameters of the Alamos Canyon Bridge[J]. Earthquake Engineering and Structural Dynamics,1999,28(8):879-897.

[33] 赵洪波. 岩土力学与工程中的支持向量机分析[M]. 北京:煤炭工业出版社,2008.

[34] Samui P. Support vector machine applied to settlement of shallow foundations on cohesionless soils[J]. Computers and Geotechnics,2008,35(3):419-427.

[35] Pérez-Cruz F, Camps-Valls G, Soria-Olivas E, et al. Multi-dimensional function approximation and regression estimation[C]//International conference on artificial neural networks, Madrid,2002:757-762.

[36] Sánchez-Fernández M, De-Prado-Cumplido M, Arenas-García J, et al. SVM multiregression for nonlinear channel estimation in multiple-input multiple-output systems[J]. IEEE Transactions on Signal Processing,2004,52(8):2298-2307.

[37] Tuia D, Verrelst J, Alonso L, et al. Multioutput support vector regression for remote sensing biophysical parameter estimation[J]. IEEE Geoscience and Remote Sensing Letters,2011,8(4):804-808.

[38] Schölkopf B, Smola A. Learning with Kernels[M]. Cambridge:MIT Press,2002.

[39] Lin C J, Weng R C. Simple probabilistic predictions for support vector regression[R]. Taipei:Taiwan University,2004.

[40] Larsson P O, Sas P. Model updating based on forced vibration testing using numerically stable formulations[C]//Proceedings of the Internationa Modal Analysis Conference IMAC 10, San Diego,1992:966-974.

[41] Karimi N, Khaji M T, Ahmadi M M. System identification of concrete gravity dams using artificial neural networks based on a hybrid finite element-boundary element approach[J]. Engineering Structures,2010,32(11):3583-3591.

[42] Houck C R, Joines J A, Kay M G. A genetic algorithm for function optimization: A Matlab implementation[R]. Raleigh: North Carolina State University.

[43] 石林平,杜应吉. 碳纤维混凝土断裂韧度影响因素正交试验[J]. 人民黄河,2009,31(1):88-89.

[44] 张启伟. 桥梁健康监测中的损伤特征提取与异常诊断[J]. 同济大学学报,2003,31(3):258-262.

[45] Zhang Q W. Statistical damage identification for bridges using ambient vibration data[J]. Computers and Structures,2007,85(7-8):476-485.

第 8 章　状态空间和贝叶斯理论的结构辨识方法

8.1　引　　言

建立有效可靠的大坝结构安全监控模型，判断大坝结构是否损伤并进行损伤定位，有利于及时掌握大坝工作状态，采取必要措施以减少或避免灾害事件的发生。混凝土坝结构在水流、大坝振动和地震等荷载作用下会产生动力响应，动力响应对结构状态具有较高敏感性。状态空间法不但可以描述控制系统的输入和输出关系，而且可以揭示能控性和能观性等反映结构系统内部构造的基本特性。因此，可以用结构动力响应状态方程建立结构状态的监控模型，辨识结构状态的变化。为此，本章将从结构动力学的平衡方程出发，在分析状态空间理论基本概念的基础上，推导结构动力响应的递推表达式，建立结构状态动力响应监控模型，提出结构状态判断方法；同时，应用状态空间理论能反映结构内部参数变化的特点，研究基于状态空间理论的结构刚度参数辨识算法，以实现结构损伤程度的判断和损伤的定位。

8.2　状态空间理论的基本概念

动力学系统通常用一组常微分方程、偏微分方程或差分方程来表示。当该方程为线性时，称为线性系统，显然真实的系统都有非线性因素，但当在其状态的标称轨道附近扰动时，往往可以用线性系统理论很好地加以描述。动态结构系统的状态空间描述可表示如下。

图 8.2.1 中，向量 $\boldsymbol{u}=[u_1, u_2, \cdots, u_m]^{\mathrm{T}}$ 和 $\boldsymbol{y}=[y_1, y_2, \cdots, y_q]^{\mathrm{T}}$ 分别为系统的输入向量和输出向量，又称为系统的外部向量。深入到系统内部，刻画系统各时刻状态变化的是系统的状态变量，用 $x_1, x_2, \cdots, x_n$ 表示，或用状态向量 $\boldsymbol{x}=[x_1, x_2, \cdots, x_n]$表示。状态空间法刻画了系统的内部行为，能够从本质上解释系统的运行特性，并可以逐步输出结构的状态向量，求解结构系统的状态。

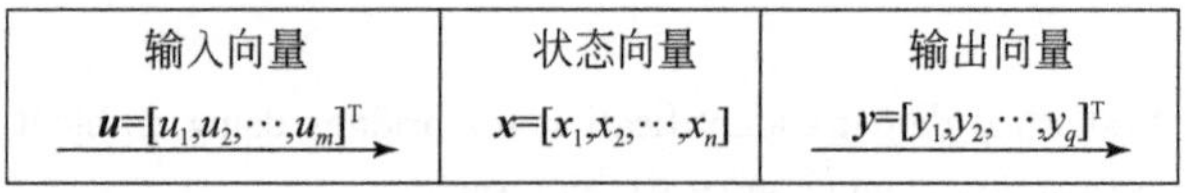

图 8.2.1　状态空间法

经典控制论着重分析系统的输入-输出及其传递函数，主要关注点是系统的稳定性。然而，输入-输出的描述是对系统的不完全描述，它不能讲清系统内部的全部情况。状态空间法则深入到系统内部，能给出系统完全、本质的动力学特征。

连续型状态方程及其输出方程为[1]

$$\boldsymbol{x}(t)=\boldsymbol{A}(t)\boldsymbol{x}(t)+\boldsymbol{B}(t)\boldsymbol{u}(t) \tag{8.2.1}$$

$$\boldsymbol{y}(t)=\boldsymbol{C}(t)\boldsymbol{x}(t)+\boldsymbol{D}(t)\boldsymbol{u}(t) \tag{8.2.2}$$

式中，$\boldsymbol{x}(t)=[x_1(t),x_2(t),\cdots,x_n(t)]^{\mathrm{T}}$ 为 n 维系统状态向量；$\boldsymbol{u}(t)=[u_1(t),u_2(t),\cdots,u_m(t)]^{\mathrm{T}}$ 为 m 维系统输入向量；$\boldsymbol{y}(t)=[y_1(t),y_2(t),\cdots,y_q(t)]^{\mathrm{T}}$ 为 q 维系统输出向量。$\boldsymbol{A}(t)$为 $n\times n$ 系统矩阵；$\boldsymbol{B}(t)$为 $n\times m$ 控制矩阵；$\boldsymbol{C}(t)$为 $q\times n$ 输出矩阵；$\boldsymbol{D}(t)$为 $q\times m$ 直接传递矩阵，$m\leqslant n$，$q\leqslant n$，通常 $\boldsymbol{D}(t)=0$。若状态方程和输出方程系数矩阵中的元素是随时间 t 变化的函数，则称系统为时变系统；如果系数矩阵 $\boldsymbol{A}(t)$、$\boldsymbol{B}(t)$、$\boldsymbol{C}(t)$、$\boldsymbol{D}(t)$为常数矩阵，则系统为定常系统。

当系统的状态变量只取值于离散时刻时，相应地，系统的运动方程将成为差分形式。线性离散时间系统的状态空间描述为[1]

$$\boldsymbol{x}(k+1)=\boldsymbol{A}(k)\boldsymbol{x}(k)+\boldsymbol{B}(k)\boldsymbol{u}(k) \tag{8.2.3}$$

$$\boldsymbol{y}(k)=\boldsymbol{C}(k)\boldsymbol{x}(k)+\boldsymbol{D}(k)\boldsymbol{u}(k) \tag{8.2.4}$$

对于定常系统，设初始时刻为 t_0，则式(8.2.1)和式(8.2.3)的解分别为[1]

$$\boldsymbol{x}(t)=\mathrm{e}^{\boldsymbol{A}(t-t_0)}\boldsymbol{x}(t_0)+\int_{t_0}^{t}\mathrm{e}^{\boldsymbol{A}(t-\tau)}\boldsymbol{B}(\tau)\boldsymbol{u}(\tau)\mathrm{d}\tau \tag{8.2.5}$$

$$\boldsymbol{x}(k)=\mathrm{e}^{\boldsymbol{A}k}\boldsymbol{x}(0)+\sum_{i=0}^{k-1}\mathrm{e}^{\boldsymbol{A}(t-i-1)}\boldsymbol{B}(i)\boldsymbol{u}(i) \tag{8.2.6}$$

该解的前一项是系统的初始状态 $\boldsymbol{x}(t_0)$所引起的状态响应，后一项是输入向量 $\boldsymbol{u}(t)$所引起的状态响应，两项相加描述了系统在输入向量 $\boldsymbol{u}(t)$的激励下，从初始状态 $\boldsymbol{x}(t_0)$出发到时刻 t 的状态。

对于不同的工程结构问题，应用状态空间法的基本思路是：首先针对实际问题确定好力学模型或数学模型，找到状态变量；然后进行一系列如直接推导、拉普拉斯变换、Hankel 变换等的数学变换，构建状态方程；最后利用状态空间理论，通过传递矩阵或状态转移矩阵、边界条件等求解状态方程，最终求得状态变量的实时解。

8.3　基于状态空间理论的结构状态监控模型

8.3.1　结构动力响应状态方程

由结构动力学的基本理论写出 N_{d} 个自由度结构系统的平衡方程：

$$\boldsymbol{M}\ddot{\boldsymbol{x}}(t)+\boldsymbol{L}\dot{\boldsymbol{x}}(t)+\boldsymbol{K}\boldsymbol{x}(t)=-\boldsymbol{M}\boldsymbol{g}(t) \tag{8.3.1}$$

式中，$\boldsymbol{M}$、$\boldsymbol{L}$ 和 $\boldsymbol{K}$ 分别为结构系统的质量矩阵、(Rayleigh 或模态)阻尼矩阵和刚度矩阵；$\boldsymbol{g}(t)$为 N_g 维加速度激励荷载。

定义状态矢量 $\boldsymbol{y}$，其包括位移矢量 $\boldsymbol{x}$，速度矢量 $\dot{\boldsymbol{x}}$：

$$\boldsymbol{y}(t)=[\boldsymbol{x}(t)^{\mathrm{T}},\dot{\boldsymbol{x}}(t)^{\mathrm{T}}]^{\mathrm{T}} \tag{8.3.2}$$

将方程(8.3.2)两边分别对时间 t 求导，再结合方程(8.3.1)，可将方程(8.3.1)转换成一阶微分方程的状态空间形式：

$$\frac{\mathrm{d}}{\mathrm{d}x}\boldsymbol{y}(t)=\bar{\boldsymbol{A}}\boldsymbol{y}(t)+\bar{\boldsymbol{B}}\boldsymbol{g}(t) \tag{8.3.3}$$

式中，系统矩阵 $\bar{\boldsymbol{A}}$ 和控制矩阵 $\bar{\boldsymbol{B}}$ 分别如下：

$$\bar{\boldsymbol{A}}=\begin{bmatrix} 0_{N_\mathrm{d}\times N_\mathrm{d}} & \boldsymbol{I}_{N_\mathrm{d}\times N_\mathrm{d}} \\ -\boldsymbol{M}^{-1}\boldsymbol{K} & -\boldsymbol{M}^{-1}\boldsymbol{K} \end{bmatrix} \tag{8.3.4}$$

$$\bar{\boldsymbol{B}}=\begin{bmatrix} 0_{N_\mathrm{d}\times N_\mathrm{g}} \\ -\boldsymbol{I}_{N_\mathrm{d}\times N_\mathrm{g}} \end{bmatrix} \tag{8.3.5}$$

式中，$0_{a\times b}$为 $a\times b$ 零矩阵；$\boldsymbol{I}_{a\times b}$为 $a\times b$ 的单位矩阵。

设取样时间间隔为 Δt，取 N_0 个自由度的加速度数据作为结构响应，第 i 个时间步的结构加速度状态矢量响应表示为

$$\ddot{\boldsymbol{x}}_i=-[\boldsymbol{M}^{-1}\boldsymbol{K}\quad \boldsymbol{M}^{-1}\boldsymbol{L}]\boldsymbol{y}_i-\boldsymbol{g}(t) \tag{8.3.6}$$

式中，$y_i\equiv y(i\Delta t)$。

根据状态空间方程解的理论，方程(8.3.3)的解为

$$\boldsymbol{y}(t)=\mathrm{e}^{\bar{\boldsymbol{A}}(t-t_0)}\boldsymbol{y}(t_0)+\int_{t_0}^{t}\bar{\boldsymbol{A}}(t-t_0)\bar{\boldsymbol{B}}\boldsymbol{g}(\tau)\mathrm{d}\tau \tag{8.3.7}$$

求解上述矩阵积分函数并离散化，最终得到分离形式的状态空间方程：

$$\boldsymbol{y}_{i+1}=\boldsymbol{A}(i+1,i)\boldsymbol{y}_i+\boldsymbol{B}(i)\boldsymbol{g}_i \tag{8.3.8}$$

式中，$\boldsymbol{y}_{i+1}=[\boldsymbol{y}(i+1)\Delta t]$为 $i+1$ 时刻的状态矢量；$\boldsymbol{A}(i+1,i)$为从时刻 $i\Delta t$ 到 $(i+1)\Delta t$ 时刻的状态转移矩阵；$\boldsymbol{B}(i)$为采样时刻 $i\Delta t$ 的输入影响矩阵。

对于在时间区间$[i\Delta t,(i+1)\Delta t]$内的状态转移矩阵 $\boldsymbol{A}(i+1,i)$，将其在 $t=i\Delta t$ 附近做 Taylor 级数展开：

$$\begin{aligned}\boldsymbol{A}(i+1,i)&=\boldsymbol{A}(i,i)+\left.\frac{\mathrm{d}\boldsymbol{A}(i+1,i)}{\mathrm{d}t^2}\right|_{t=i\Delta t}\cdot\Delta t+\frac{1}{2!}\left.\frac{\mathrm{d}^2\boldsymbol{A}(i+1,i)}{\mathrm{d}t^2}\right|_{t=i\Delta t}\cdot\Delta t^2\\&\quad+\frac{1}{3!}\left.\frac{\mathrm{d}^3\boldsymbol{A}(i+1,i)}{\mathrm{d}t^3}\right|_{t=i\Delta t}\cdot\Delta t^3+\cdots\\&=I+\bar{\boldsymbol{A}}(i)\Delta t+\frac{1}{2!}[\bar{\boldsymbol{A}}^2(i)+\dot{\bar{\boldsymbol{A}}}(i)]\Delta t^2\\&\quad+\frac{1}{3!}[\bar{\boldsymbol{A}}^3(i)+2\bar{\boldsymbol{A}}(i)\dot{\bar{\boldsymbol{A}}}(i)+\dot{\bar{\boldsymbol{A}}}(i)\bar{\boldsymbol{A}}(i)+\ddot{\bar{\boldsymbol{A}}}(i)]\Delta t^3+\cdots\end{aligned} \tag{8.3.9}$$

式中，$\boldsymbol{I}$ 为单位矩阵；由于矩阵的导数$\dot{\bar{\boldsymbol{A}}}(i)$、$\ddot{\bar{\boldsymbol{A}}}(i)$、…很小，在误差允许范围内可忽略不计，所以

$$\begin{aligned}\boldsymbol{A}(i+1,i)&\approx\boldsymbol{I}+\bar{\boldsymbol{A}}\Delta t+\frac{1}{2!}\bar{\boldsymbol{A}}^2(i)\Delta t^2+\frac{1}{3!}\bar{\boldsymbol{A}}^3(i)\Delta t^3+\cdots\\&=\exp[\bar{\boldsymbol{A}}(i)\Delta t]\end{aligned}\tag{8.3.10}$$

根据式(8.3.7)，采样时刻 $i\Delta t$ 的输入影响矩阵 $\boldsymbol{B}(i)$ 为

$$\boldsymbol{B}(i)=\int_{i\Delta t}^{(i+1)\Delta t}\boldsymbol{A}\left(i+1,\frac{\tau}{\Delta t}\right)\bar{\boldsymbol{B}}\left(\frac{\tau}{\Delta t}\right)\mathrm{d}\tau\tag{8.3.11}$$

将(8.3.10)代入(8.3.11)得

$$\begin{aligned}\boldsymbol{B}(i)&=\int_{i\Delta t}^{(i+1)\Delta t}\exp\left\{\bar{\boldsymbol{A}}\left(\frac{\tau}{\Delta t}\right)[(i+1)\Delta t-\tau]\right\}\bar{\boldsymbol{B}}\left(\frac{\tau}{\Delta t}\right)\mathrm{d}\tau\\&\approx\int_{i\Delta t}^{(i+1)\Delta t}\exp\{\bar{\boldsymbol{A}}(i)[(i+1)\Delta t-\tau]\}\bar{\boldsymbol{B}}(i)\mathrm{d}\tau\\&\approx\{\exp[\bar{\boldsymbol{A}}(i)\Delta t]-\boldsymbol{I}\}\,\bar{\boldsymbol{A}}^{-1}(i)\bar{\boldsymbol{B}}(i)\\&=[\bar{\boldsymbol{A}}(i)-\boldsymbol{I}_{N_\mathrm{d}\times N_\mathrm{d}}]\,\bar{\boldsymbol{A}}^{-1}(i)\bar{\boldsymbol{B}}(i)\end{aligned}\tag{8.3.12}$$

由式(8.3.8)可知，只要确定系统矩阵 $\boldsymbol{A}(i+1,i)$ 和控制矩阵 $\boldsymbol{B}(i)$，以及初始条件和激励荷载，即可获得结构状态矢量 $\boldsymbol{y}_i$ 的实时更新，将各个时刻计算得到的 $\boldsymbol{y}_i$ 代入方程(8.3.6)，可获得各时刻的相对加速度$\ddot{\boldsymbol{x}}_i$，结合结构振动或地震加速度可获得结构各测点的绝对加速度，将此计算的绝对加速度与各测点的加速度观测值比较，即可看出结构动力响应的不同变化过程，初步判断结构是否损伤。

8.3.2　结构状态监控模型

由于结构的动力响应观测资料有噪声的干扰，导致结构响应递推计算的预测值和实际观测值之间的差值包含噪声的影响，为了消除噪声的干扰，需要设定一个差值的下限作为损伤的判定标准，在此限值之下为噪声干扰，若差值大于此限值则认为是由结构损伤引起的。

设由式(8.3.8)计算的振动荷载历时 i 时刻某测点初始状态结构响应为 y_{10}，y_{20}，…，y_{i0}，荷载作用后该测点状态实测的结构响应为 y_1，y_2，…，y_i，两时间序列绝对值的均值分别为$\bar{\delta}_{i0}$和$\bar{\delta}_i$，即 $\bar{\delta}_{i0}=\sum\limits_{n=0}^{i}|y_{n0}|/i$，$\bar{\delta}_i=\sum\limits_{n=0}^{i}|y_n|/i$，令 $\Delta\bar{\delta}_i=\sum\limits_{n=0}^{i}|y_n-y_{n0}|/i$，表示测点实测值与状态预测值的差别。并设结构初始状态加均方根为 5% 噪声时的该测点结构响应为 y'_{10}，y'_{20}，…，y'_{i0}，令 $\Delta\bar{\delta}_{i0}=\sum\limits_{n=0}^{i}|y'_{n0}-y_{n0}|/i$，则有以下结论。

(1)当$\frac{\Delta\bar{\delta}_i}{\bar{\delta}_i}>\frac{\Delta\bar{\delta}_{i0}}{\bar{\delta}_{i0}}$时，说明结构动力响应的差别是由结构损伤造成的，$i$ 时刻结构损伤破坏。

(2)当$\frac{\Delta\bar{\delta}_i}{\bar{\delta}_i}=\frac{\Delta\bar{\delta}_{i0}}{\bar{\delta}_{i0}}$时，结构处于损伤临界状态。

(3)当$\frac{\Delta\bar{\delta}_i}{\bar{\delta}_i}<\frac{\Delta\bar{\delta}_{i0}}{\bar{\delta}_{i0}}$时，动力响应的差别是由观测噪声干扰引起的，$i$ 时刻结构状态正常。

8.4 基于状态空间理论的结构刚度参数辨识

8.3节所述结构状态监控模型仅是监控结构动力响应的变化，从动力响应计算值与实际观测值之间的偏差来近似判断结构是否受损，但是结构的具体损伤位置和损伤程度未能得到判断和计算。而结构的损伤主要通过结构刚度的减少和阻尼的变化来反映，这种刚度的损失和阻尼的变化也是引起结构动力响应变化的根本原因。判断结构具体的损伤位置和损伤程度，可以运用结构动力响应辨识结构刚度和阻尼参数的变化来实现。如果振动荷载作用下结构的刚度和阻尼参数等结构内部性能参数的识别结果与原始无损结构有偏差，则由出现偏差的程度和位置可以确定结构损伤的程度和位置。

一般情况下结构的质量矩阵不变，假定为已知，但是服役一定时间的结构系统刚度矩阵和阻尼矩阵是未知的。令 $\theta(t)\in\mathbf{R}^{N_\theta}$ ($\theta(t)\in[0,1]$，1表示无损伤发生，0表示完全损伤)表示 t 时刻决定结构刚度矩阵 $\boldsymbol{K}(\boldsymbol{\theta}_K)$ 和阻尼矩阵 $\boldsymbol{L}(\boldsymbol{\theta}_L)$ 等结构状态参数的相对系数，其含义如下：

$$\boldsymbol{K}(\boldsymbol{\theta}_K)=\sum_{k=1}^{N_K}\boldsymbol{\theta}_K^{(k)}\widetilde{\boldsymbol{K}}^{(k)},\quad \boldsymbol{L}(\boldsymbol{\theta}_L)=\sum_{l=1}^{N_L}\boldsymbol{\theta}_L^{(l)}\widetilde{\boldsymbol{L}}^{(l)} \tag{8.4.1}$$

式中，$\boldsymbol{\theta}_K=[\theta_K^{(1)},\cdots,\theta_K^{(N_K)}]^{\mathrm{T}}$ 为未知的刚度参数相对系数矢量；$\boldsymbol{\theta}_L=[\theta_L^{(1)},\cdots,\theta_L^{(N_L)}]^{\mathrm{T}}$ 为未知的阻尼参数相对系数矢量；$\widetilde{\boldsymbol{K}}^{(k)}(k=1,\cdots,N_K)$ 和 $\widetilde{\boldsymbol{L}}^{(l)}(l=1,\cdots,N_L)$ 为规范化的名义刚度和阻尼子矩阵，N_K 和 N_L 为结构相应名义自由度，可取 $N_K=N_L=N_{\mathrm{d}}$。一种特定的刚度和阻尼矩阵代表一种特定的结构状态，不同的结构状态代表大坝结构不同的损伤情形。

为实现结构状态的递推辨识，在状态矢量 $\boldsymbol{y}$ 中引入结构参数系数 $\theta(t)$，则

$$\boldsymbol{y}(t)=[\boldsymbol{x}(t)^{\mathrm{T}},\boldsymbol{x}(t)^{\mathrm{T}},\boldsymbol{\theta}(t)^{\mathrm{T}}]^{\mathrm{T}} \tag{8.4.2}$$

基于8.3.1节 N_{d} 个自由度系统的平衡方程，最终得到结构动力响应和结构性

能参数相对系数 $\boldsymbol{\theta}$ 分离形式的状态空间方程：

$$\boldsymbol{y}_{i+1}=\boldsymbol{A}_i\boldsymbol{y}_i+\boldsymbol{B}_i\boldsymbol{g}_i+\boldsymbol{h}_i \tag{8.4.3}$$

即

$$\begin{bmatrix}\boldsymbol{x}_{i+1}\\ \dot{\boldsymbol{x}}_{i+1}\\ \boldsymbol{\theta}_{i+1}\end{bmatrix}=\boldsymbol{A}_i\begin{bmatrix}\boldsymbol{x}_{i}\\ \dot{\boldsymbol{x}}_{i}\\ \boldsymbol{\theta}_{i}\end{bmatrix}+\boldsymbol{B}_i\boldsymbol{g}_i+\boldsymbol{h}_i \tag{8.4.4}$$

式中，$\boldsymbol{y}_i$ 为第 i 个时间步的结构状态向量，$\boldsymbol{y}_i=\boldsymbol{y}(i\Delta t)=[\boldsymbol{x}_i^{\mathrm{T}}\quad \dot{\boldsymbol{x}}_i^{\mathrm{T}}\quad \boldsymbol{\theta}_i^{\mathrm{T}}]^{\mathrm{T}}$；$\boldsymbol{x}_i$、$\dot{\boldsymbol{x}}_i$ 和 $\boldsymbol{\theta}_i$ 分别为第 i 个时间步的结构位移向量、速度矢量和结构性能参数的相对系数向量；$\boldsymbol{A}_i=\exp(\bar{\boldsymbol{A}}_i\Delta t)$，$\boldsymbol{B}_i=(\boldsymbol{A}_i-\boldsymbol{I}_{2N_{\mathrm{d}}+N_\theta})\bar{\boldsymbol{A}}_i^{-1}\bar{\boldsymbol{B}}$，$\boldsymbol{h}_i=(\boldsymbol{A}_i-\boldsymbol{I}_{2N_{\mathrm{d}}+N_\theta})\bar{\boldsymbol{A}}_i^{-1}\bar{\boldsymbol{h}}_i$。

8.4.1　损伤时间的判断和损伤定位

结构刚度由初始的 $\boldsymbol{K}$ 变为损伤后的 $\boldsymbol{K}(\boldsymbol{\theta})$，由于式(8.4.3)的状态矢量 $\boldsymbol{y}$ 包含结构性能参数的相对系数 $\boldsymbol{\theta}$，故随着结构状态 $\boldsymbol{y}$ 的逐步更新，根据式(8.4.4)结构性能参数的相对系数 $\boldsymbol{\theta}$ 也自适应地得以更新，所以当 $\boldsymbol{\theta}$ 发生明显变化时，就可以确定损伤发生的时刻和发生损伤的结构部位。下面通过将状态方程(8.4.3)代入扩展卡尔曼滤波算法，结合结构的动力响应观测值，不断更新其中的状态矢量 $\boldsymbol{y}(\theta)$。具体建模过程如下。

(1) 基于从开始直到第 i 个时间步的观测序列 $D_i=\{z_0,z_1,\cdots,z_i\}$ 信息，通过上述状态方程(8.4.3)可以预测第 $i+1$ 时间步的状态矢量(一步预测)：

$$\boldsymbol{y}_{i+1|i}=\boldsymbol{A}_i\boldsymbol{y}_{i|i}(\boldsymbol{\theta})+\boldsymbol{B}_i\boldsymbol{g}_i+\boldsymbol{h}_i \tag{8.4.5}$$

即

$$\begin{bmatrix}\boldsymbol{x}_{i+1|i}\\ \dot{\boldsymbol{x}}_{i+1|i}\\ \boldsymbol{\theta}_{i+1|i}\end{bmatrix}=\boldsymbol{A}_i\begin{bmatrix}\boldsymbol{x}_{i|i}\\ \dot{\boldsymbol{x}}_{i|i}\\ \boldsymbol{\theta}_{i|i}\end{bmatrix}+\boldsymbol{B}_i\boldsymbol{g}_i+\boldsymbol{h}_i \tag{8.4.6}$$

式中，$\boldsymbol{y}_{i|i}(\boldsymbol{\theta})$为第 i 时间步的滤波状态矢量；$\boldsymbol{x}_{i|i}$、$\dot{\boldsymbol{x}}_{i|i}$和 $\boldsymbol{\theta}_{i|i}$分别为第 i 时间步的结构位移矢量、速度矢量和结构内部参数的相对系数矢量，$i=0,1,2,\cdots$；$\boldsymbol{y}_{0|0}$ 为状态的初始值；$\boldsymbol{y}_{i+1|i}(\boldsymbol{\theta})$为卡尔曼滤波中一步预测的状态矢量；$\boldsymbol{\theta}_{i+1|i}$为一步预测的结构参数的相对系数矢量；其他符号的含义同式(8.4.3)的说明。

(2) 一步预测的状态矢量$\boldsymbol{y}_{i+1|i}(\boldsymbol{\theta})$的协方差矩阵为

$$\boldsymbol{\Sigma}_{\boldsymbol{y}(\boldsymbol{\theta}),i+1|i}=\boldsymbol{A}_i\boldsymbol{\Sigma}_{\boldsymbol{y}(\boldsymbol{\theta}),i|i}\boldsymbol{A}_i^{\mathrm{T}}+\boldsymbol{B}_i\boldsymbol{\Sigma}_g\boldsymbol{B}_i^{\mathrm{T}} \tag{8.4.7}$$

式中，$\boldsymbol{\Sigma}_{\boldsymbol{y}(\boldsymbol{\theta}),i+1|i}\in\mathbf{R}^{(2N_{\mathrm{d}}+N_\theta)\times(2N_{\mathrm{d}}+N_\theta)}$ 为一步预测状态矢量 $\boldsymbol{y}_{i+1|i}(\boldsymbol{\theta})$ 的协方差矩阵；$\boldsymbol{\Sigma}_{\boldsymbol{y}(\boldsymbol{\theta}),i|i}\in\mathbf{R}^{(2N_{\mathrm{d}}+N_\theta)\times(2N_{\mathrm{d}}+N_\theta)}$ 为滤波状态矢量 $\boldsymbol{y}_{i|i}$的协方差矩阵；$\boldsymbol{\Sigma}_g\in\mathbf{R}^{N_g\times N_g}$ 为激励荷载的协方差矩阵，其他符号意义同上。

协方差矩阵是表示状态矢量与观测矢量中各随机变量之间相关性的一种量度，其每个元素是状态矢量与观测矢量中各个列向量之间的协方差，记为 $\mathrm{Cov}(\boldsymbol{X},\boldsymbol{Y})$。一维列向量 $\boldsymbol{X}$ 和 $\boldsymbol{Y}$ 的协方差记为

$$\mathrm{Cov}(\boldsymbol{X},\boldsymbol{Y})=\frac{\sum_{i=1}^{n}(X_i-\bar{X})(Y_i-\bar{Y})}{n-1} \tag{8.4.8}$$

当 $\boldsymbol{X}$ 为 n 维矩阵时，则 $\boldsymbol{X}$ 的协方差矩阵为

$$\boldsymbol{\Sigma}_X=\begin{bmatrix}\mathrm{Cov}(\boldsymbol{X}_1,\boldsymbol{X}_1) & \cdots & \mathrm{Cov}(\boldsymbol{X}_1,\boldsymbol{X}_n)\\ \vdots & & \vdots\\ \mathrm{Cov}(\boldsymbol{X}_n,\boldsymbol{X}_1) & \cdots & \mathrm{Cov}(\boldsymbol{X}_n,\boldsymbol{X}_n)\end{bmatrix} \tag{8.4.9}$$

(3) 对于给定的新观测值 $\boldsymbol{z}_{i+1}$，滤波状态矢量 $\boldsymbol{y}_{i+1|i+1}$ 及其协方差矩阵 $\boldsymbol{\Sigma}_{\boldsymbol{y},i+1|i+1}$ 可以通过卡尔曼滤波方程[2]获得

$$\boldsymbol{y}_{i+1|i+1}(\boldsymbol{\theta})=\boldsymbol{y}_{i+1|i}(\boldsymbol{\theta})+\boldsymbol{G}_{i+1}\cdot(\boldsymbol{z}_{i+1}-\boldsymbol{C}\boldsymbol{y}_{i+1|i}(\boldsymbol{\theta})) \tag{8.4.10}$$

$$\boldsymbol{\theta}_{i+1|i+1}=\boldsymbol{\theta}_{i+1|i}+\boldsymbol{G}_{i+1}(2N_\mathrm{d}:2N_\mathrm{d}+N_\theta,:)\cdot(\boldsymbol{z}_{i+1}-\boldsymbol{C}\boldsymbol{y}_{i+1|i}(\boldsymbol{\theta})) \tag{8.4.11}$$

$$\boldsymbol{\Sigma}_{\boldsymbol{y}(\boldsymbol{\theta}),i+1|i+1}=(\boldsymbol{I}_{2N_\mathrm{d}+N_\theta}-\boldsymbol{G}_{i+1}\boldsymbol{C})\boldsymbol{\Sigma}_{\boldsymbol{y}(\boldsymbol{\theta}),i+1|i} \tag{8.4.12}$$

式中，$\boldsymbol{y}_{i+1|i+1}$ 为第 $i+1$ 时间步滤波状态矢量；$\boldsymbol{\theta}_{i+1|i+1}$ 为第 $i+1$ 时间步结构参数的相对系数矢量，$i=0,1,2,\cdots$；$\boldsymbol{z}_{i+1}$ 为第 $i+1$ 时间步的观测值；$\boldsymbol{C}\in\mathbf{R}^{N_0(2N_\mathrm{d}+N_\theta)}$ 为观测矩阵；$\boldsymbol{G}_{i+1}$ 为卡尔曼滤波增益矩阵，它反映了状态最优估计中通过状态方程的一步预测值与观测值的权重分配。

$$\boldsymbol{G}_{i+1}=\boldsymbol{\Sigma}_{\boldsymbol{y}(\boldsymbol{\theta}),i+1|i}\boldsymbol{C}^\mathrm{T}(\boldsymbol{C}\boldsymbol{\Sigma}_{\boldsymbol{y}(\boldsymbol{\theta}),i+1|i}\boldsymbol{C}^\mathrm{T}+\boldsymbol{\Sigma}_n)^{-1} \tag{8.4.13}$$

式中，$\boldsymbol{\Sigma}_n$ 为观测噪声序列的协方差矩阵。

上述算法的计算步骤如下。

(1) 由式(8.4.3)计算状态方程中的系数 $\boldsymbol{A}_i$、$\boldsymbol{B}_i$ 和 $\boldsymbol{h}_i$。

(2) 基于状态初始值 $\boldsymbol{y}_{0|0}$ 和 0 时刻的基底加速度 $\boldsymbol{g}_0$，利用式(8.4.5)和式(8.4.6)进行一步预测，求出一步预测状态矢量 $\boldsymbol{y}_{i+1|i}(\boldsymbol{\theta})$ 和 $\boldsymbol{\theta}_{i+1|i}$。

(3) 基于初始状态矢量的协方差矩阵 $\boldsymbol{\Sigma}_{\boldsymbol{y}(\boldsymbol{\theta}),0|0}$ 和激励的协方差矩阵 $\boldsymbol{\Sigma}_g\in\mathbf{R}^{N_g\times N_g}$，利用式(8.4.7)求出一步预测状态矢量 $\boldsymbol{y}_{i+1|i}$ 的协方差矩阵 $\boldsymbol{\Sigma}_{\boldsymbol{y}(\boldsymbol{\theta}),i+1|i}\in\mathbf{R}^{(2N_\mathrm{d}+N_\theta)\times(2N_\mathrm{d}+N_\theta)}$。

(4) 根据观测矩阵 $\boldsymbol{C}\in\mathbf{R}^{N_0\times(2N_\mathrm{d}+N_\theta)}$ 和观测噪声协方差矩阵 $\boldsymbol{\Sigma}_n$，用式(8.4.13)计算得到卡尔曼滤波增益矩阵 $\boldsymbol{G}_{i+1}$。

(5) 由式(8.4.10)和式(8.4.11)分别求得滤波状态矢量 $\boldsymbol{y}_{i+1|i+1}$ 和 $\boldsymbol{\theta}_{i+1|i+1}$。

(6) 由式(8.4.12)计算求得其协方差矩阵 $\boldsymbol{\Sigma}_{\boldsymbol{y}(\boldsymbol{\theta}),i+1|i+1}$，进而进行下一步的循环计算。

按照上述步骤最终实现整个地震历时过程中结构系统状态变化的估计，由于结构性能参数的相对系数 $\boldsymbol{\theta}$ 是结构状态矢量 $\boldsymbol{y}$ 中的子矢量，时间上的相关性使结

构状态矢量 $\boldsymbol{y}$ 的更新包含了结构性能参数的相对系数 $\boldsymbol{\theta}$ 的更新，辨识过程用框图 8.4.1表示。

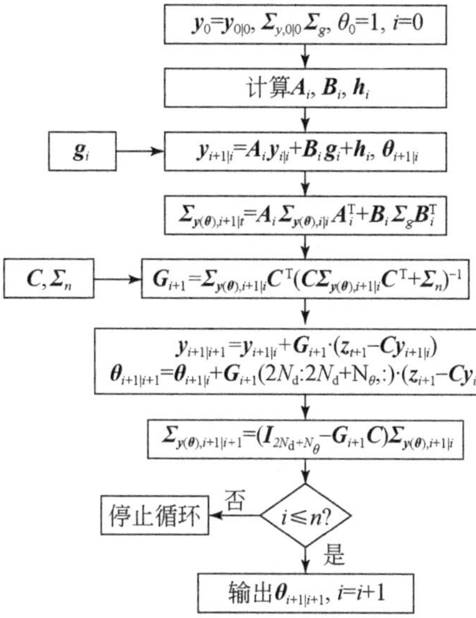

图 8.4.1 结构性能参数的相对系数 $\boldsymbol{\theta}$ 的辨识过程

8.4.2 结构损伤程度的判断

8.4.1 节对结构刚度或阻尼相对系数 $\boldsymbol{\theta}$ 的递推计算可以确定结构发生损伤的时刻和损伤的位置，但是动力响应噪声的干扰和算法对观测数据的适应性等因素的影响，使得结构损伤的程度不能得到精确计算，结构刚度或阻尼的相对系数 $\boldsymbol{\theta}$ 的识别值会有一定的波动。在损伤时刻确定的情况下，计算该时刻之后稳定的相对系数计算值 $\hat{\boldsymbol{\theta}}$ 的平均值与损伤时刻前结构参数相对系数 $\boldsymbol{\theta}_{\text{in}}$ 平均值的差值 $\Delta\boldsymbol{\theta}=|\hat{\boldsymbol{\theta}}-\boldsymbol{\theta}_{\text{in}}|$，作为结构损伤程度的估计。

8.5 基于贝叶斯统计理论的结构状态组合辨识模型

鉴于结构有限元模型精度的不确定性、动力响应数据的不完备性以及噪声干扰的影响，应用动力响应数据反分析结构模型刚度易出现病态和解不唯一的问题。例如，动力响应测点数量、观测自由度以及响应与带宽的限制，局部刚度变化对动力响应实测数据的敏感性，结构状态模拟的不完全等均会导致反分析结果的不确定性。较佳的选择是将结构模型的反分析作为统计推断问题进行处理，也就是将结构仿真模型（结构状态）作为概率模型的一部分，这样结构仿真模型可进行动力响应预测，并用不确定性模拟预测误差，因此结构模型（结构状态）的反分析可以应用统计学理论来实现。

贝叶斯统计理论可以结合动力响应历史数据及其分布，以及传统统计模型特点和相关经验与已有的知识，因此与传统的统计推断方法相比具有更好的适应性，适合描述复杂的变化规律，可以处理异常情况的发生，这对于处理混凝土坝结构动力响应这样的非平稳时间序列及预测大坝结构状态的突变有较明显的理论优势。

本节通过不同结构损伤状态的动力有限元时程分析，结合动力响应实测资料，应用贝叶斯统计理论研究实时反分析结构参数分布的方法，推断最可能的结构状态，同时建立结构损伤辨识的组合模型，实现结构损伤定位和损伤程度的辨识，为准确把握结构状态、确保工程安全提供科学依据。

8.5.1 贝叶斯统计理论

贝叶斯学派的基本观点是：任何一个未知量都可以看成随机变量，可用一个概率分布来描述，这个分布称为先验分布。在获得样本之后，总体分布、样本和先验分布通过贝叶斯公式结合起来得到一个关于未知量的新分布——后验分布，任何关于未知量的统计推断都应该基于它的后验分布进行。

贝叶斯估计的目标是，给定一个观测矢量 $\boldsymbol{z}$，估计参数矢量 $\boldsymbol{x}$ 的连续值。一般将矢量 $\boldsymbol{x}$ 和矢量 $\boldsymbol{z}$ 作为随机矢量来处理，假设随机量测噪声的存在，可以证明观测矢量的随机性质。假设随机矢量 $\boldsymbol{x}$ 有已知的分布函数 $P(\boldsymbol{x})$ 和先验概率密度函数 $p(\boldsymbol{x})$，两者合称为随机矢量 $\boldsymbol{x}$ 的先验分布，先验分布解释为在抽样前就有的关于 $\boldsymbol{x}$ 的先验信息的概率表述。根据 $\boldsymbol{x}$ 的概率密度函数和 $\boldsymbol{z}$ 的条件概率，通过贝叶斯统计理论可获得 $\boldsymbol{x}$ 的后验条件密度：

$$p(\boldsymbol{x}|\boldsymbol{z})=\frac{p(\boldsymbol{z}|\boldsymbol{x})p(\boldsymbol{x})}{p(\boldsymbol{z})} \tag{8.5.1}$$

式中，随机矢量 $\boldsymbol{z}$ 的概率 $p(\boldsymbol{z})$ 可由全概率公式(8.5.2)获得，后验密度 $p(\boldsymbol{x}|\boldsymbol{z})$ 中包括考虑实际观测结果之后，需要了解的 $\boldsymbol{x}$ 的所有信息。

$$p(\boldsymbol{z})=\int_{\mathbf{R}^{n_x}} p(\boldsymbol{z}|\boldsymbol{x})p(\boldsymbol{x})\mathrm{d}\boldsymbol{x} \tag{8.5.2}$$

式中，n_x 为 $\boldsymbol{x}$ 的维度。

对于完全贝叶斯估计问题的似然密度和后验密度，或者它们的联合密度，定义观测矢量的联合密度为

$$p(\boldsymbol{x},\boldsymbol{z})=p(\boldsymbol{x}|\boldsymbol{z})p(\boldsymbol{z}) \tag{8.5.3}$$

贝叶斯估计方法主要有点估计、基于概率密度函数的递推贝叶斯估计、基于状态均值和协方差的递推贝叶斯估计。后验密度的评价是一个非常困难的问题，是多维推理问题的复杂解。点估计是在给定观测值的情况下，对参数值进行有根据

的推测。基于所有的观测值,生成点估计 $\hat{\boldsymbol{x}}$ 的解析方法称为 $\boldsymbol{x}$ 的估计器。使用的估计算法不同,得到的 $\hat{\boldsymbol{x}}$ 实际值也不同。即便使用同样的估计器,每次试验的值也不同。因此,点估计本身被当成一个随机变量。基于概率密度函数的递推贝叶斯估计是通过对概率密度函数的积分来进行概率估计的。基于状态均值和协方差的递推贝叶斯估计是通过状态矢量的预测和更新来进行概率估计的。本章运用基于概率密度函数的递推贝叶斯估计理论,研究结构状态模型的贝叶斯实时算法。

在贝叶斯意义上,对于状态矢量 $\boldsymbol{x}$ 中第 i 个元素 x_i 基于之前的 n 个观测数据集合 $z_{1:n}$ 的估计,可以转化成条件后验密度 $p(x_i|z_{1:n})$ 的估计问题来加以理解。对于后验分布 $p(x_i|z_{1:n})$,将式(8.5.1)的贝叶斯公式改写为

$$p(x_i|z_{1:n})=\frac{p(z_{1:n}|x_i)p(x_i)}{p(z_{1:n})} \tag{8.5.4}$$

后验概率密度函数 $p(x_i|z_{1:n})$是基于 n 个观测值 $z_{1:n}$ 条件下 x_i 的概率密度函数。因为集合$\{z_{1:n}\}$可以改写为$\{z_n,z_{1:n-1}\}$形式,所以式(8.5.4)可以变形为如下形式:

$$p(x_i|z_{1:n})=\frac{p(z_n,z_{1:n-1}|x_i)p(x_i)}{p(z_n,z_{1:n-1})} \tag{8.5.5}$$

将式(8.5.3)代入式(8.5.5)右端的分子和分母,式(8.5.5)变换为

$$p(x_i|z_{1:n})=\frac{p(z_n|z_{1:n-1},x_i)p(z_{1:n-1}|x_i)p(x_i)}{p(z_n,z_{1:n-1})p(z_{1:n-1})} \tag{8.5.6}$$

将贝叶斯法则式(8.5.1)应用到 $p(z_{1:n-1}|x_i)$,化简方程(8.5.6)得

$$\begin{aligned}p(x_i|z_{1:n})&=\frac{p(z_n|z_{1:n-1},x_i)p(x_i|z_{1:n-1})p(z_{1:n-1})p(x_i)}{p(z_n|z_{1:n-1})p(z_{1:n-1})p(x_i)}\\&=\frac{p(z_n|z_{1:n-1},x_i)p(x_n|z_{1:n-1})p(z_{1:n-1})}{p(z_n|z_{1:n-1})p(z_{1:n-1})}\\&=\frac{p(z_n|x_i)p(x_i|z_{1:n-1})}{p(z_n|z_{1:n-1})}\end{aligned} \tag{8.5.7}$$

式中,$p(z_n|z_{1:n-1},x_i)\equiv p(z_n|x_i)$;$t_n$时刻的观测值不依赖于 $t_{1:n-1}$时刻的观测值,即相邻观测值之间是不相关的。

根据上述贝叶斯概率计算理论,可以计算第 2 章模拟的不同结构状态在不同激励时刻的概率,根据概率大小对不同时间段的结构状态进行优选,以进行最优的统计决策,从而选择出各时间段与实际损伤结构最似然的结构状态。

8.5.2　结构实时状态的贝叶斯理论分析方法

1. 结构状态似然概率计算

令 D 表示结构系统或力学系统的输入输出动态数据或仅输出动态数据。目

标是基于数据 D 在给出的 N_M 个结构状态 $(M_1, M_2, \cdots, M_{N_M})$ 中选择能够表示系统的最似然结构状态。因为概率可以解释为基于特定信息的系统似然性的量度，基于一系列动态监测数据 D 的结构状态 M_j 的概率可通过如下贝叶斯公式得到：

$$P(M_j | D, U) = \frac{P(D | M_j, U) P(M_j | U)}{P(D | U)}, \quad j = 1, 2, \cdots, N_M \tag{8.5.8}$$

式中，$P(D|U)$ 由全概率公式 $P(D|U) = \sum_{j=1}^{N_M} P(D|M_j, U) P(M_j|U)$ 求得，U 表示各结构状态参数类别初始概率的预先判断。$P(M_j|U)$ 为结构状态 M_j 的先验概率，$j = 1, 2, \cdots, N_M$，有 $\sum_{j=1}^{N_M} P(M_j|U) = 1$。因子 $P(D|M_j, U)$ 称为结构状态 M_j 关于监测数据 D 的证据因子，其表示结构状态参数类别为 M_j 时的系统数据 D 的概率密度函数。需要注意的是，U 与此概率密度函数无关，其假定结构状态 M_j 与系统数据 D 的概率密度函数是独立的，即 $P(D|M_j, U) = P(D|M_j)$，概率 $P(D|M_j, U)$ 是结构状态族中各个结构状态 M_j 的预测误差大小和预测精确度的概率描述[3]。式(8.5.8)表明，最似然的结构状态是对应第 j 个结构状态概率 $P(D|M_j, U) P(M_j|U)$ 最大的结构状态。

概率 $P(M_j|D, U)$ 不仅可以用来选择最似然的单个结构状态参数类别，而且可以在基于所有结构状态组合的响应预测中得到应用。用 u 表示待预测的量，则基于给定数据 D 的预测量 u 的概率密度函数可用全概率理论表示：

$$P(u|D, U) = \sum_{j=1}^{N_M} P(u|D, M_j) P(M_j|D, U) \tag{8.5.9}$$

由全概率理论，基于观测资料 D 的结构状态 M_j 的证据因子 $P(D|M_j)$ 表示如下：

$$P(D|M_j) = \int_{\Theta_j} P(D|\boldsymbol{\theta}_j, M_j) P(\boldsymbol{\theta}_j|M_j) \mathrm{d}\boldsymbol{\theta}_j, \quad j = 1, 2, \cdots, N_M \tag{8.5.10}$$

式中，$\boldsymbol{\theta}_j$ 为定义在参数空间 Θ_j 中各结构状态 M_j 内的参数矢量。先验概率密度函数 $P(\boldsymbol{\theta}_j|M_j)$ 由用户自己评判选择确定，似然概率 $P(D|\boldsymbol{\theta}_j, M_j)$ 由监控结构状态最适应监测数据的原则确定。

在结构系统全局辨识[4]的情况下，基于给定大量系统数据 $\boldsymbol{\theta}_j$ 的后验概率密度函数，$P(D|M_j)$ 可通过高斯分布精确近似，故概率 $P(D|M_j)$ 可由拉普拉斯渐近估计的方法[5]计算如下：

$$P(D|M_j) \approx P(D|\hat{\boldsymbol{\theta}}_j, M_j) P(\hat{\boldsymbol{\theta}}_j, M_j) (2\pi)^{N_j/2} \det(\boldsymbol{H}_j(\hat{\boldsymbol{\theta}}_j))^{-1/2}, \quad j = 1, 2, \cdots, N_M \tag{8.5.11}$$

式中，N_j 为结构状态 M_j 中不确定参数的个数；$\hat{\boldsymbol{\theta}}_j$ 为最理想的参数矢量，即 $\boldsymbol{\theta}_j$ 最可

能的值(假定为在参数空间 Θ_j 内使得概率 $P(\boldsymbol{\theta}_j|D,M_j)$ 最大的 $\boldsymbol{\theta}_j$ 值)；$\boldsymbol{H}_j(\hat{\boldsymbol{\theta}}_j)$ 为函数 $-\ln[P(D|\boldsymbol{\theta}_j,M_j)P(\boldsymbol{\theta}_j|M_j)]$ 在 $\boldsymbol{\theta}_j=\hat{\boldsymbol{\theta}}_j$ 处的 Hessian 矩阵(一个多元函数的二阶偏导数构成的方阵，描述了函数的局部曲率)。

在系统不可辨识的情况下[4]，证据因子 $P(D|M_j)$ 可由式(8.5.11)中渐近扩展的方法计算得到[6,7]或基于式(8.5.10)由马尔可夫链蒙特卡罗仿真技术[8]得到。本章只讨论全局识别的情况。

式(8.5.11)中似然概率 $P(D|\hat{\boldsymbol{\theta}}_j,M_j)$ 的值将会比这些使系统数据更似然的结构状态 M_j 的概率还要高，以便对系统数据进行更好地拟合。例如，如果似然函数是高斯分布，则似然概率 $P(D|\hat{\boldsymbol{\theta}}_j,M_j)$ 的最大值是由最小二乘法拟合数据确定的，此似然因子支持更多不确定参数的结构状态参数类别。如果监测数据的个数过大，则式(8.5.11)中的似然因子将会占据主导成分，因为该似然因子随着监测数据的个数呈指数增长。而其他因子则随着监测数据个数呈负指数增长，式(8.5.11)中的因子 $P(\hat{\boldsymbol{\theta}}_j,M_j)(2\pi)^{N_j/2}\det(\boldsymbol{H}_j(\hat{\boldsymbol{\theta}}_j))^{-1/2}$ 被称为奥卡姆因子[9,10]，奥卡姆因子代表一种惩罚参数。

为使计算所得概率可以反映结构状态似然性的大小，希望奥卡姆因子在结构状态参数类别中随着不确定参数的个数增多而呈指数减少的趋势(负指数增长)。为了达到这个目的，考虑一种替代表达，具体阐述如下：已知对于一个数据量很大的系统，后验概率密度函数 $P(\hat{\boldsymbol{\theta}}_j|D,M_j)$ 可由均值为 $\hat{\boldsymbol{\theta}}_j$、协方差矩阵为 Hessian 矩阵的逆矩阵的高斯分布的概率密度函数连续逼近。$\boldsymbol{\theta}_j$ 的主后验方差表示为 $\sigma_{j,i}^2$ $(i=1,2,\cdots,N_j)$，其值为 Hessian 矩阵特征值的逆[11]。因此，奥卡姆因子中的行列式因子 $\det(\boldsymbol{H}_j(\hat{\boldsymbol{\theta}}_j))^{-1/2}$ 可表示为所有 $\sigma_{j,i}(i=1,2,\cdots,N_j)$ 的乘积形式。假设先验概率密度函数 $P(\boldsymbol{\theta}_j|M_j)$ 是高斯分布，均值为 $\bar{\boldsymbol{\theta}}_j$，协方差矩阵为以方差 $\rho_{j,i}^2(i=1,2,\cdots,N_j)$ 为对角元素的矩阵。对结构状态 M_j 的奥卡姆因子取对数，表示为 β_j：

$$
\begin{aligned}
\beta_j &= \ln[P(\hat{\boldsymbol{\theta}}_j|M_j)\ (2\pi)^{N_j/2}\,|\boldsymbol{H}_j(\hat{\boldsymbol{\theta}}_j)|^{-1/2}] \\
&\approx -\sum_{i=1}^{N_j}\ln\frac{\rho_{j,i}}{\sigma_{j,i}}-\frac{1}{2}\sum_{i=1}^{N_j}\frac{\hat{\theta}_{j,i}-\bar{\theta}_{j,i}}{\rho_{j,i}}
\end{aligned}
\tag{8.5.12}
$$

因为只要系统数据提供关于结构状态参数的任何信息，先验方差中的元素就总是比后验方差中的对应元素要大，故式(8.5.12)中第一个和式所有项均为正值，第二个和式中，只要后验概率分布的均值 $\hat{\theta}_{j,i}$ 不等于先验概率的均值 $\bar{\theta}_{j,i}$，则其中每一项也均为正值。因此，奥卡姆因子的对数 β_j 值将随着结构状态 M_j 中参数个数 N_j 的增多而减小。

由贝叶斯理论，有如下确定等式：

$$P(D|M_j)=\frac{P(D|\hat{\boldsymbol{\theta}}_j,M_j)P(\hat{\boldsymbol{\theta}}_j|M_j)}{P(\hat{\boldsymbol{\theta}}_j|D,M_j)} \tag{8.5.13}$$

比较式(8.5.13)和式(8.5.11)可知,奥卡姆因子约等于比值 $P(\hat{\boldsymbol{\theta}}_j|M_j)/P(\hat{\boldsymbol{\theta}}_j|D,M_j)$,只要系统数据为结构状态模型参数提供任何信息支撑,其值总是小于1。实际上,对于大量的系统数据,该比值的负对数是由数据 D 支持的参数 $\boldsymbol{\theta}_j$ 的信息的渐近估计[12]。因此,奥卡姆因子的对数 β_j 将由数据 D 支持的参数 $\boldsymbol{\theta}_j$ 的信息从似然概率的对数 $\ln P(D|\hat{\boldsymbol{\theta}}_j,M_j)$ 转移到证据因子的对数 $\ln P(D|M_j)$。

奥卡姆因子一定程度上也是结构状态模型参数类别 M_j 的鲁棒性的量度。若给定结构状态模型类别中参数不断更新的概率密度函数标准差很小,则比值 $P(\hat{\boldsymbol{\theta}}_j|M_j)/P(\hat{\boldsymbol{\theta}}_j|D,M_j)$ 和奥卡姆因子的值将会很小。但是这种标准差很小的概率密度函数的模型对响应的预测将会很敏感,其会过分依赖模型的最优参数 $\hat{\boldsymbol{\theta}}_j$,参数估计中非常小的误差将会对响应的预测产生很大的偏差。因此,奥卡姆因子较小的模型在含有噪声的参数估计以及最优模型的选择中都是不利的。

采用贝叶斯方法进行模型选择时,模型序列按照概率 $P(D|M_j)P(M_j|U)$ $(j=1,2,\cdots,N_M)$ 值的大小进行排序,代表系统性能最好的模型是上述概率值最大的模型。各模型的证据因子 $P(D|M_j)$ 可通过式(8.5.11)来计算,所有模型的先验因子 $P(M_j|U)$ 则要求事先统一确定。

现考虑 N_M 个可供选择的结构状态模型,分别命名为 $M_1,M_2,\cdots,M_{N_M}$。每一个结构状态模型参数代表未知刚度矩阵 $\boldsymbol{K}$ 和阻尼矩阵 $\boldsymbol{L}$ 结构系统一个特定的参数设置。为了以实时的方式评估不同监控模型的监控效果,可以根据贝叶斯理论得出某个结构状态模型的概率[13,14]为

$$P(M_m|D_{i+1})=\frac{P(\boldsymbol{z}_{i+1}|D_i,M_m)P(M_m|D_i)}{\sum_{m=1}^{N_M}P(\boldsymbol{z}_{i+1}|D_i,M_m)P(M_m|D_i)},\quad m=1,2,\cdots,N_M \tag{8.5.14}$$

式中,$P(z_{i+1}|D_i,M_m)$ 为结构状态模型 M_m 基于 D_i 的条件概率;$P(M_m|D_i)$ 为结构状态模型 M_m 在第 i 个时间步的概率,该概率代表在第 i 个时间步动力响应信息条件下,N_M 个可供选择的结构状态模型中模型 M_m 的相关概率;D_i 为第 i 个时间步的动力响应信息。

该条件概率代表了当前数据点对该结构状态模型参数概率的贡献。因为第一个时间步没有测量数据的值,所以每个结构状态模型的初始概率定为相同,即 $P(M_m|D_0)=1/N_M(m=1,2,\cdots,N_M)$。

现有的贝叶斯模型参数选择算法是在整个数据序列获得之后进行结构状态模型参数选择，不能直接应用于实时结构状态辨识。这里提出一种实时算法，根据全概率理论，条件概率可表达成如下形式：

$$P(\boldsymbol{z}_{i+1} \mid D_i, M_m) = \int_{-\infty}^{+\infty} P(\boldsymbol{z}_{i+1} \mid \boldsymbol{y}_{i+1}, D_i, M_m) P(\boldsymbol{y}_{i+1} \mid D_i, M_m) \mathrm{d}y_{i+1}, \quad m = 1, 2, \cdots, N_M \tag{8.5.15}$$

使用拉普拉斯渐近扩展变换[15]，上述积分可约等于式(8.5.16)：

$$P(\boldsymbol{z}_{i+1} \mid D_i, M_m) \approx P(\boldsymbol{z}_{i+1} \mid \boldsymbol{y}_{i+1}^*, D_i, M_m) P(\boldsymbol{y}_{i+1}^* \mid D_i, M_m) \times (2\pi)^{2N_\mathrm{d}+2N_\theta} \det(\boldsymbol{H}(\boldsymbol{y}_{i+1}^*))^{-\frac{1}{2}}, \quad m = 1, 2, \cdots, N_M \tag{8.5.16}$$

式中，det(·)表示矩阵的行列式；N_d和 N_θ分别为结构系统自由度的个数和结构状态模型 M_m中结构性能参数相对系数 $\boldsymbol{\theta}$ 的个数，矢量 $\boldsymbol{y}_{i+1}^*$是使式(8.5.15)中被积函数 $P(\boldsymbol{z}_{i+1} \mid \boldsymbol{y}_{i+1}, D_i, M_m) P(\boldsymbol{y}_{i+1} \mid D_i, M_m)$取最大值时的状态矢量；矩阵 $\boldsymbol{H}(\boldsymbol{y}_{i+1}^*)$表示函数 $-\ln[P(\boldsymbol{z}_{i+1} \mid \boldsymbol{y}_{i+1}, D_i, M_m) P(\boldsymbol{y}_{i+1} \mid D_i, M_m)]$在 $\boldsymbol{y}_{i+1} = \boldsymbol{y}_{i+1}^*$处的 Hessian 矩阵。

因为概率 $P(\boldsymbol{z}_{i+1} \mid \boldsymbol{y}_{i+1}, D_i, M_m) P(\boldsymbol{y}_{i+1} \mid D_i, M_m) = P(\boldsymbol{y}_{i+1} \mid \boldsymbol{z}_{i+1}, D_i, M_m) \cdot P(\boldsymbol{z}_{i+1} \mid D_i, M_m) = P(\boldsymbol{y}_{i+1} \mid D_{i+1}, M_m) P(\boldsymbol{y}_{i+1} \mid D_{i+1}, M_m)$，$\boldsymbol{y}_{i+1}^*$ 为使 $P(\boldsymbol{z}_{i+1} \mid \boldsymbol{y}_{i+1}, D_i, M_m) P(\boldsymbol{y}_{i+1} \mid D_i, M_m)$取最大值时的状态矢量，即使 $P(\boldsymbol{y}_{i+1} \mid D_{i+1}, M_m)$最大化的状态矢量。因此，$\boldsymbol{y}_{i+1}^*$是第 $i+1$ 个时间步的滤波状态矢量，即 $\boldsymbol{y}_{i+1}^* = \boldsymbol{y}_{i+1|i+1}$。因此，方程(8.5.16)中的 Hessian 矩阵为 $\boldsymbol{H}(\boldsymbol{y}_{i+1}^*) = \boldsymbol{\Sigma}_{\boldsymbol{y},i+1|i+1}^{-1}$。

因此，方程(8.5.16)右侧的第一项 $P(\boldsymbol{z}_{i+1} \mid \boldsymbol{y}_{i+1}^*, D_i, M_m)$可以表示如下：

$$\begin{aligned} & P(\boldsymbol{z}_{i+1} \mid \boldsymbol{y}_{i+1}^*, D_i, M_m) \\ & = P(\boldsymbol{z}_{i+1} \mid \boldsymbol{y}_{i+1|i+1}, D_i, M_m) \\ & = [(2\pi)^{N_0} \det(\boldsymbol{C}\boldsymbol{\Sigma}_{\boldsymbol{y},i+1|i+1}\boldsymbol{C}^\mathrm{T} + \boldsymbol{\Sigma}_n)]^{-\frac{1}{2}} \\ & \quad \times \exp\left[-\frac{1}{2}(\boldsymbol{z}_{i+1} - \boldsymbol{C}\boldsymbol{y}_{i+1|i+1})^\mathrm{T} (\boldsymbol{C}\boldsymbol{\Sigma}_{\boldsymbol{y},i+1|i+1}\boldsymbol{C}^\mathrm{T} + \boldsymbol{\Sigma}_n)^{-1} \boldsymbol{z}_{i+1} - \boldsymbol{C}\boldsymbol{y}_{i+1|i+1}\right] \end{aligned} \tag{8.5.17}$$

第二项 $P(\boldsymbol{y}_{i+1}^* \mid D_i, M_m) = P(\boldsymbol{y}_{i+1|i+1} \mid D_i, M_m)$由预测的状态矢量在 $\boldsymbol{y}_{i+1}^*$处的概率密度函数计算得到

$$\begin{aligned} & P(\boldsymbol{y}_{i+1}^* \mid D_i, M_m) \\ & = [(2\pi)^{2N_\mathrm{d}+N_\theta} \det(\boldsymbol{\Sigma}_{\boldsymbol{y},i+1|i})]^{-\frac{1}{2}} \\ & \quad \times \exp\left[-\frac{1}{2}(\boldsymbol{y}_{i+1|i+1} - \boldsymbol{y}_{i+1|i})^\mathrm{T} \boldsymbol{\Sigma}_{\boldsymbol{y},i+1|i+1}^{-1} (\boldsymbol{y}_{i+1|i+1} - \boldsymbol{y}_{i+1|i})\right] \end{aligned} \tag{8.5.18}$$

将方程 $\boldsymbol{\Sigma}_{\boldsymbol{y},i+1|i+1} = (\boldsymbol{I}_{2N_\mathrm{d}+N_\theta} - \boldsymbol{G}_{i+1}\boldsymbol{C})\boldsymbol{\Sigma}_{\boldsymbol{y},i+1|i}$ 进行简单变换，得到 $\boldsymbol{\Sigma}_{\boldsymbol{y},i+1|i+1}/$

$\boldsymbol{\Sigma}_{\boldsymbol{y},i+1|i}^{-1}=\boldsymbol{I}_{2N_{\mathrm{d}}+N_{\theta}}-\boldsymbol{G}_{i+1}\boldsymbol{C}$。因此，式(8.5.16)的条件概率可以化简成如下形式：

$$
\begin{aligned}
&P(\boldsymbol{z}_{i+1}\mid D_i,M_m)\\
&\approx(2\pi)^{\frac{N_0}{2}}\left[\det((\boldsymbol{I}_{2N_{\mathrm{d}}+N_{\theta}}-\boldsymbol{G}_{i+1}\boldsymbol{C})^{-1})\right]^{-\frac{1}{2}}\times\left[\det(\boldsymbol{C}\,\boldsymbol{\Sigma}_{\boldsymbol{y},i+1|i+1}\boldsymbol{C}^{\mathrm{T}}+\boldsymbol{\Sigma}_n)\right]^{\frac{1}{2}}\\
&\quad\times\exp\Big[-\frac{1}{2}(\boldsymbol{y}_{i+1|i+1}-\boldsymbol{y}_{i+1|i})^{\mathrm{T}}\times\boldsymbol{\Sigma}_{\boldsymbol{y},i+1|i}^{-1}(\boldsymbol{y}_{i+1|i+1}-\boldsymbol{y}_{i+1|i})\\
&\quad-\frac{1}{2}(\boldsymbol{z}_{i+1}-\boldsymbol{C}\boldsymbol{y}_{i+1|i+1})^{\mathrm{T}}(\boldsymbol{C}\boldsymbol{\Sigma}_{y,i+1|i+1}\boldsymbol{C}^{\mathrm{T}}+\boldsymbol{\Sigma}_n)^{-1}(\boldsymbol{z}_{i+1}-\boldsymbol{C}\boldsymbol{y}_{i+1|i+1})\Big],\\
&m=1,2,\cdots,N_M
\end{aligned}
\tag{8.5.19}
$$

2. 结构状态组合辨识模型的计算步骤

最合理的结构状态是所有可供选择的结构状态中概率最大者。然而，还没有哪一种结构状态能够在不同状况和不同时刻保持绝对优良的预测和辨识性能。而且在同一时刻可能不止一个结构状态具有较高的概率，故本节利用各个结构状态的组合来辨识结构的刚度和阻尼参数，而各组合项的权重即为由式(8.5.14)计算的该结构状态的概率 $P(M_m|D_{i+1})(m=1,2,\cdots,N_M)$。使用所有的 N_M 个结构状态对所关注的结构参数进行分析，组合辨识方程表示如下：

$$
\boldsymbol{\theta}_i(M_1,\cdots,M_{N_M},D_i)=\sum_{m=1}^{N_M}\boldsymbol{\theta}_{i|i}(M_m,D_i)P(M_m|D_i) \tag{8.5.20}
$$

式中，$\boldsymbol{\theta}_{i|i}(M_m,D_i)$ 为在第 i 个时间步时利用结构状态 M_m 所得的更新参数；$\boldsymbol{\theta}_i(M_1,\cdots,M_{N_M},D_i)$ 为结构系统通过组合辨识模型所得的结构性能参数的最优估计；$P(M_m|D_i)$ 为结构状态 M_m 在第 i 个时间步的概率。换句话说，结构系统的性能参数可以通过以各个结构状态概率为权重的组合进行估计，因为其利用了使所有结构状态合理的加权组合，所以可获得最佳的估计效果。

综上所述，各结构状态模型在时间步 $i+1$ 的概率计算步骤如下。

(1) 在每个时间步对所提出的各个结构状态模型执行扩展卡尔曼滤波算法。①一步预测：由式(8.4.12)和式(8.4.13)得到 $\boldsymbol{y}_{i+1|i}$ 和 $\boldsymbol{\Sigma}_{\boldsymbol{y},i+1|i}$；②根据式(8.4.16)计算卡尔曼增益矩阵 $\boldsymbol{G}_{i+1}$；③滤波：结合新的观测值 $\boldsymbol{z}_{i+1}$，由式(8.3.14)和式(8.3.15)计算 $\boldsymbol{y}_{i+1|i+1}$ 和 $\boldsymbol{\Sigma}_{\boldsymbol{y},i+1|i+1}$。

(2) 根据式(8.5.19)计算条件概率 $P(\boldsymbol{z}_{i+1}|D_i,M_m)$，再将其代入式(8.5.14)，计算各结构状态模型的概率 $P(M_m|D_{i+1})(m=1,2,\cdots,N_M)$。

(3) 根据式(8.5.20)利用所有 N_M 个模型得到结构参数在第 $i+1$ 个时间步的组合估计。

(4) 重复步骤(1)～步骤(3)，直到整个激励过程结束。

根据上述计算步骤，获得由动力响应推断真实结构状态为各仿真结构状态的概率，由此获得目前最可能的结构状态，实现结构损伤定位和损伤辨识，同时可以将最大概率结构状态作为真实的结构状态，进行动力响应分析和监控。更进一步，以概率为权重将各结构状态仿真模型进行组合，可得组合模型，进而提供更加合理和适应的结构系统监控模型。

8.6　混凝土拱坝结构状态实例分析

选取某混凝土拱坝建立有限元三维模型，计算其在地震作用下的动力响应，并基于该响应运用本节提出的结构安全监控模型结构参数辨识算法对其进行结构安全的监控和刚度参数的辨识，以验证理论和方法的可行性。该混凝土双曲拱坝最大坝高 305.0m，坝顶宽度 16.0m，坝底厚度 63.0m，厚高比 0.207。该混凝土高拱坝的有限元模型如图 8.6.1 所示，地基部分有限元网格的范围：沿顺河向、横河向和深度方向均取一倍坝高。虽然该双曲拱坝坝体混凝土进行了分区设计，但为了数值模拟的简便，本次分析设整个坝体为单一标号的混凝土。将坝体分为 14 个区域，并布置 5 个传感器的测点，如图 8.6.2 所示，拱坝在服役过程中的可能损伤形式复杂，样式繁多，为简化起见，本算例仅模拟坝体表面两个区域的刚度损失，如图 8.6.1 中区域 1 和区域 2 所示，刚度的损失通过坝体混凝土弹性模量的减少来模拟。为方便计算，假设整个坝体混凝土的初始弹性模量和泊松比均相同，阻尼采用 Rayleigh 阻尼，即 $L=\alpha M+\beta K$，其中 α、β 为比例系数，可采用最小二乘法确定，设该大坝结构前两阶模态的阻尼比均为 10%。加速度模拟为采样节点为 0.01s、总历时为 40s 的人工地震波序列，如图 8.6.3 所示。且只施加大坝顺河向的水平加速度。

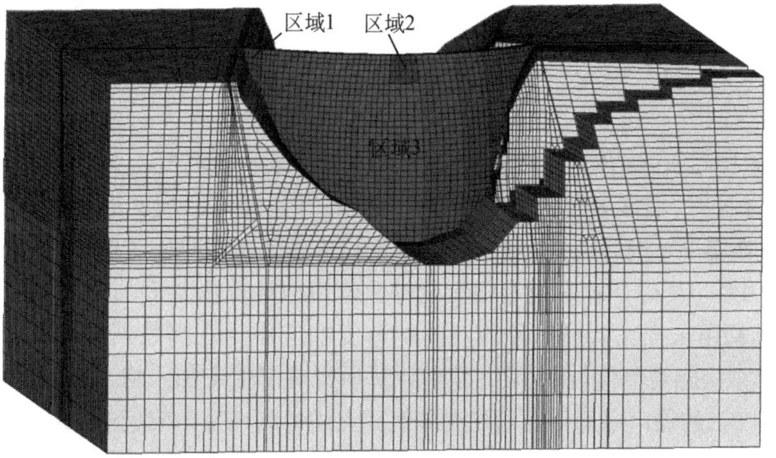

图 8.6.1　拱坝有限元模型网格及坝体分区

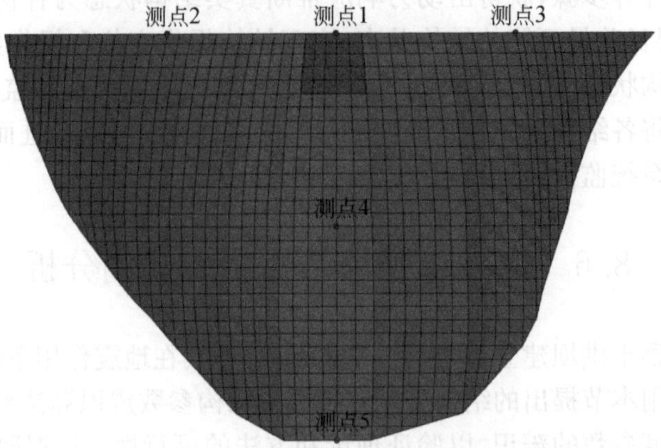

图 8.6.2　拱坝坝体上游面测点布置

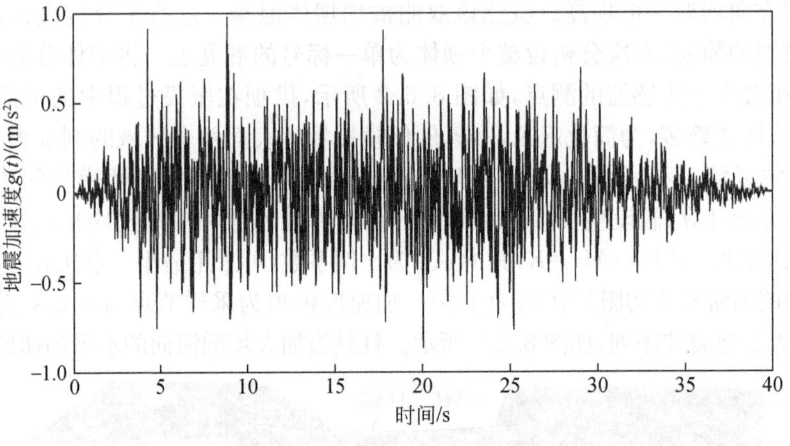

图 8.6.3　基底加速度过程线

在前 10s，坝体结构没有损伤，坝体结构各个区域的混凝土弹性模量均保持不变；在第 10s 时，坝体区域 1 处的刚度损失为 12%，即该区域的混凝土弹性模量降低 12%；在第 20s 时，坝体区域 2 处的刚度损失为 10%，即该区域的混凝土弹性模量降低 10%。具体计算时由有限元软件数值模拟计算出基底加速度作用下，混凝土拱坝结构由未损伤到损伤各测点的加速度响应作为观测数据(图 8.6.3)。为更真实地模拟实际观测值，在有限元软件计算所得观测值中加入均方根为加速度响应均方根的 8%的噪声序列作为最终观测值。上述各测点动力响应的噪声水平和加速度响应的变化过程线如图 8.6.4～图 8.6.9 所示，由不同损伤状态下 5 个测点的加速度响应过程线，列出不同损伤情形下各测点的最大加速度响应，见表 8.6.1。

由表 8.6.1 可知：①坝顶拱冠梁区域的动力响应大于坝顶两岸坝段的动力响应；②拱冠梁上部测点的动力响应大于下部测点的动力响应；③测点 1 在坝体出现损伤之后的加速度响应大于未损伤状态。对于其他测点，区域 1 损伤之后的动力响应小于未损伤状态，区域 2 损伤之后的动力响应大于未损伤状态。

表 8.6.1　不同损伤情形下各测点的最大加速度响应　（单位：m/s^2）

损伤情形	测点 1	测点 2	测点 3	测点 4	测点 5
未损伤	4.215	2.780	2.274	1.000	1.136
区域 1 损伤	4.447	2.316	1.722	0.962	1.028
区域 2 损伤	4.412	2.914	2.483	1.155	1.161

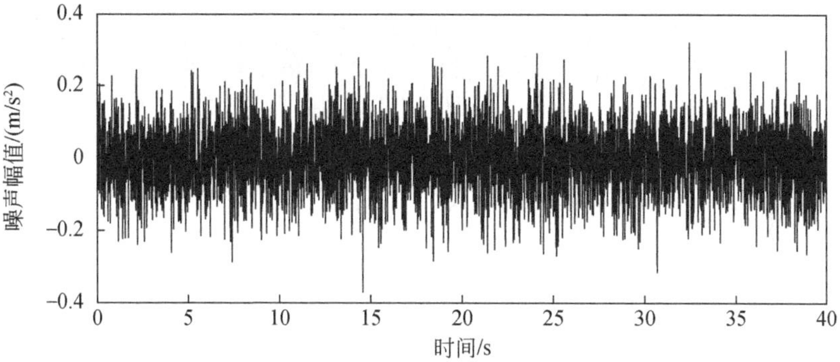

(a) 测点1动力响应的噪声水平

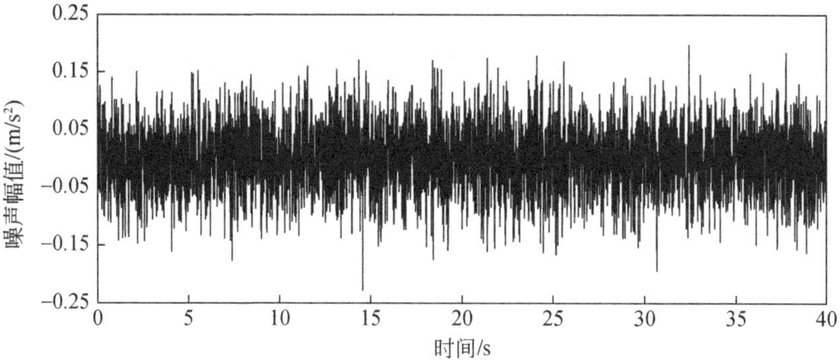

(b) 测点2动力响应的噪声水平

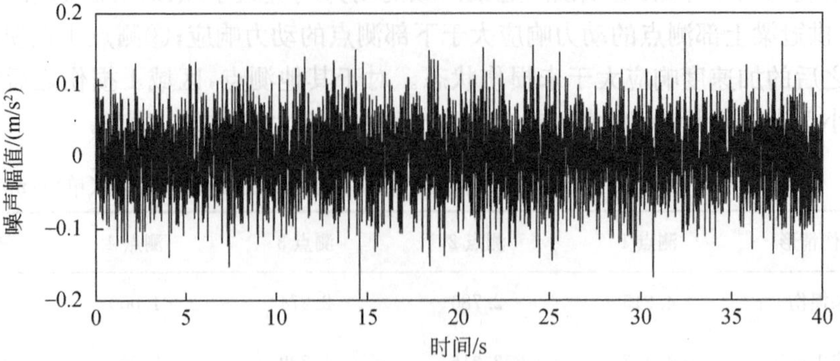

(c) 测点3动力响应的噪声水平

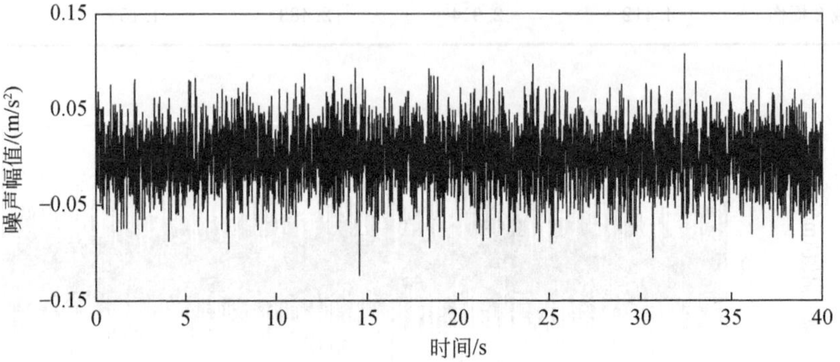

(d) 测点4动力响应的噪声水平

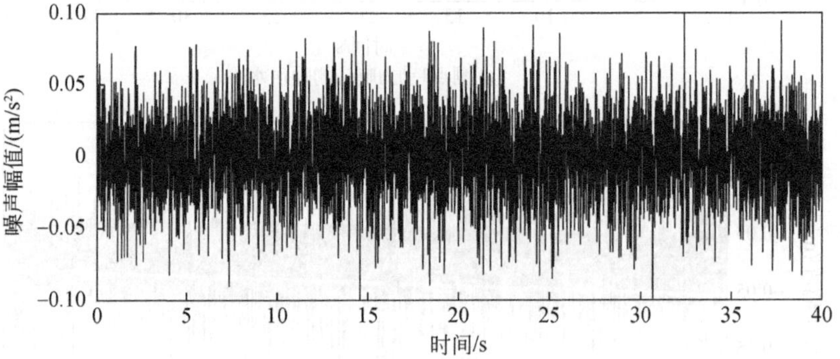

(e) 测点5动力响应的噪声水平

图 8.6.4 各测点动力响应的噪声水平

由图 8.6.5～图 8.6.9 可知，该拱坝结构在 40s 的地震历时中，原始无损结构的预测值和损伤结构各测点加速度观测值的响应是有明显差别的。在 0～10s，坝体结构没有损伤，故上述 5 个测点的实测值和动力响应的递推计算值是基本吻合的；在 10～20s，坝体区域 1 弹性模量减少了 12%，故上述各测点从第 10s 开始加速

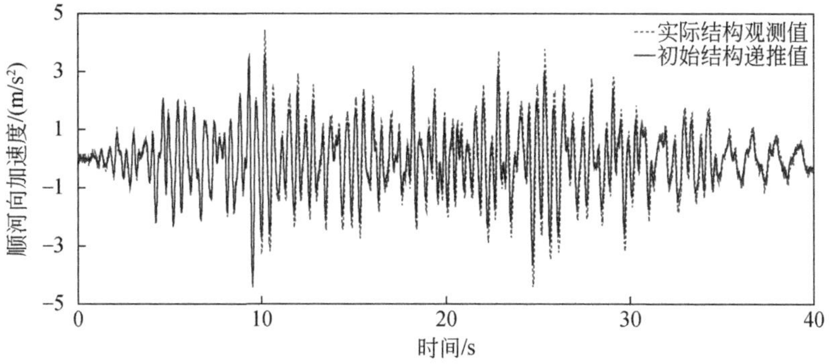

图 8.6.5　拱坝坝体上游面测点 1 的加速度变化过程线

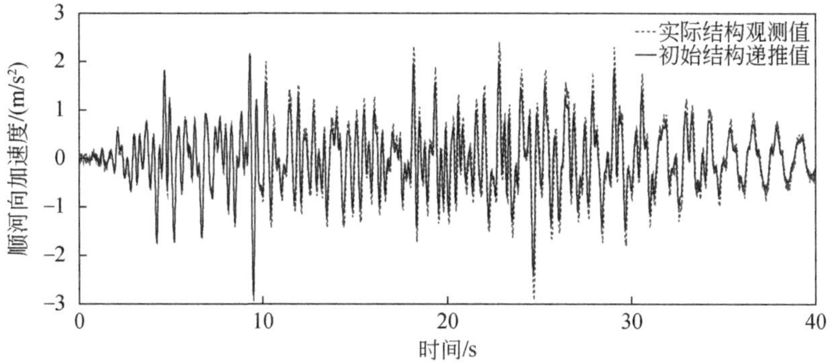

图 8.6.6　拱坝坝体上游面测点 2 的加速度变化过程线

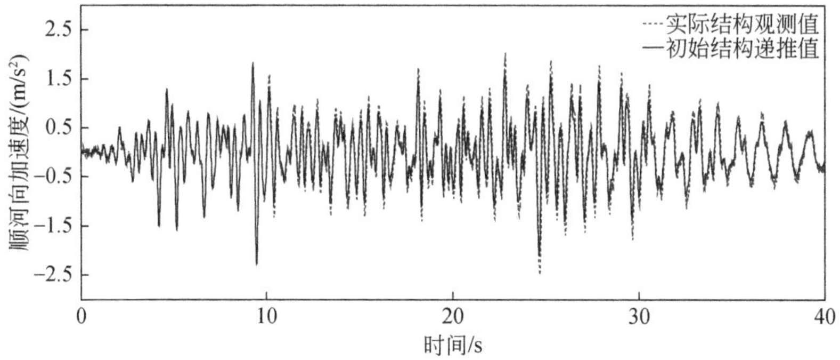

图 8.6.7　拱坝坝体上游面测点 3 的加速度变化过程线

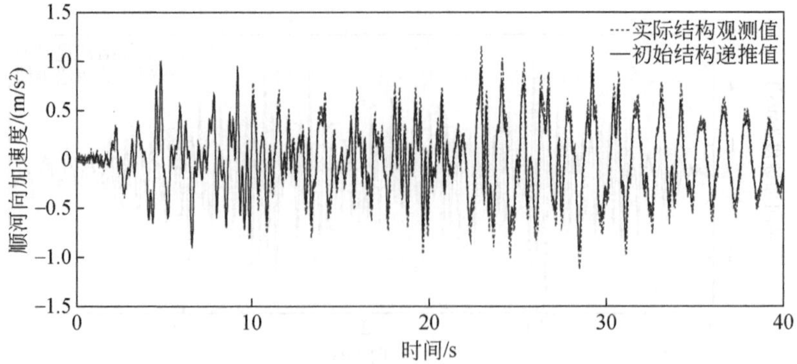

图 8.6.8 拱坝坝体上游面测点 4 的加速度变化过程线

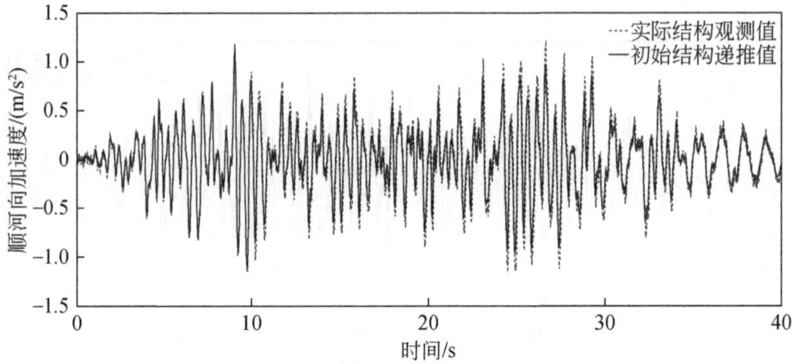

图 8.6.9 拱坝坝体上游面测点 5 的加速度变化过程线

响应的观测值与原始无损结构动力响应的递推计算值出现了差别；在 20～40s，在坝体区域 1 弹性模量减少 12％的基础上，坝体区域 2 弹性模量减少 10％，结构进一步受损，故上述各测点加速响应观测值与原始结构响应的递推计算值的差别更加明显。从图中还可以看出，在基底加速度的作用下，拱坝结构上部测点的动力响应大于下部测点的动力响应，并且刚度损伤具有累积和延迟效应；同时还能看出，损伤之后的结构观测值比原始结构的动力响应递推计算值更大，所以损伤结构在地震等振动激励过程中的破坏可能性更大。

8.6.1 状态方程监控模型及结构状态分析

1. 结构状态的监控

利用第 2 章介绍的动力响应时间序列递推计算方法和结构状态监控模型，监控该拱坝结构在 40s 地震历时过程中图 8.6.2 中 5 个测点的加速度变化历程。通过比较原始无损结构的预测值和上述损伤结构的各测点加速度观测值的差别，可以辨别结构是否发生损伤以及损伤的时间，为下一步结构损伤的定位做准备。

由于动力响应的观测值均含有噪声干扰，为了尽量减少该干扰，确定上述大坝动力响应的差值确实是由结构刚度的损伤引起的，根据 8.3.2 节的监控算法，首先确定各时间步仅包含噪声干扰的监控限值 $\Delta\bar{\delta}_{i0}/\bar{\delta}_{i0}$，由在原始无损结构加速度响应观测值上加入均方根为 8% 的噪声作为最终观测值计算得到，然后计算各层各时间步的 $\Delta\bar{\delta}_{i0}/\bar{\delta}_{i0}$，并画出它们的比较图，以监控结构是否发生损伤以及损伤的时刻。

图 8.6.10(a)～图 8.6.14(a)是对坝体区域 1 刚度损伤 12% 的监控，图 8.6.10(b)～图 8.6.14(b)是对坝体区域 2 损伤 10% 的监控，根据 8.3.2 节的监控方法，对于基底历时 10s 时的损伤，上述各测点在基底激励 10s 之前的各时刻 $\dfrac{\Delta\bar{\delta}_i}{\bar{\delta}_i}<\dfrac{\Delta\bar{\delta}_{i0}}{\bar{\delta}_{i0}}$，说明在历时 10s 之前的各时刻区域 1 结构状态是正常的；从 10s 开始，各测点各时刻 $\dfrac{\Delta\bar{\delta}_i}{\bar{\delta}_i}>\dfrac{\Delta\bar{\delta}_{i0}}{\bar{\delta}_{i0}}$，故结构开始出现损伤，与实例给定的 10s 时坝体区域 1 弹性模量减少相符；对于基底历时 20s 时的损伤，在激励历时 20s 之前的各时刻 $\dfrac{\Delta\bar{\delta}_i}{\bar{\delta}_i}<\dfrac{\Delta\bar{\delta}_{i0}}{\bar{\delta}_{i0}}$，说明在历时 20s 之前的各时刻区域 2 结构状态是正常的；从 20s 开始，各测点各时刻 $\dfrac{\Delta\bar{\delta}_i}{\bar{\delta}_i}>\dfrac{\Delta\bar{\delta}_{i0}}{\bar{\delta}_{i0}}$，故结构开始出现损伤，与实例给定的 20s 时坝体区域 2 弹性模量减少相符。故上述监控过程可以比较准确地监控结构是否发生损伤以及损伤的时刻，也能够定性判断损伤程度的扩大。

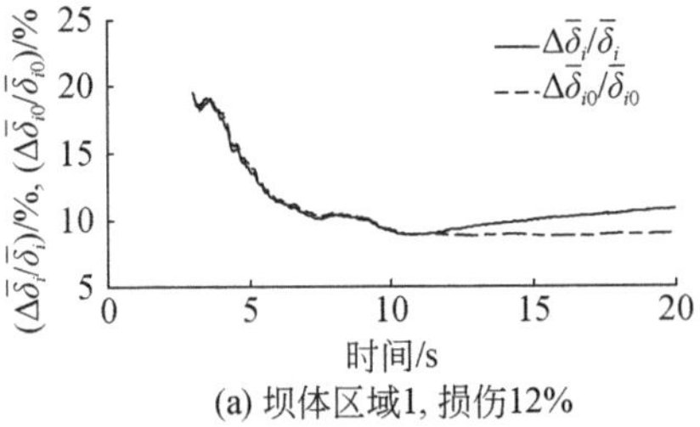

(a) 坝体区域1, 损伤12%

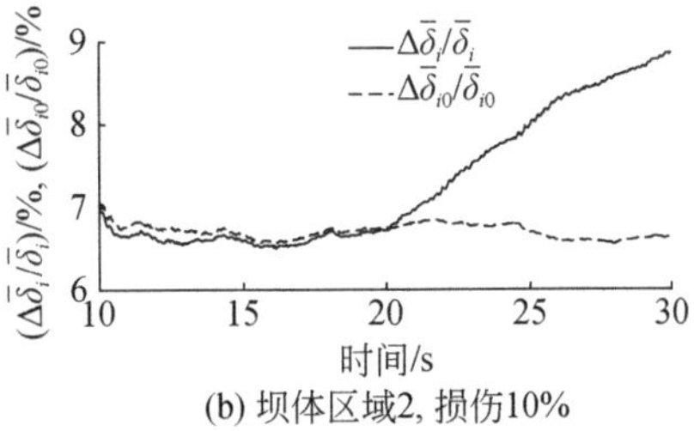

(b) 坝体区域2, 损伤10%

图 8.6.10　拱坝坝体上游面测点 1 的加速度响应监控值与限值变化过程

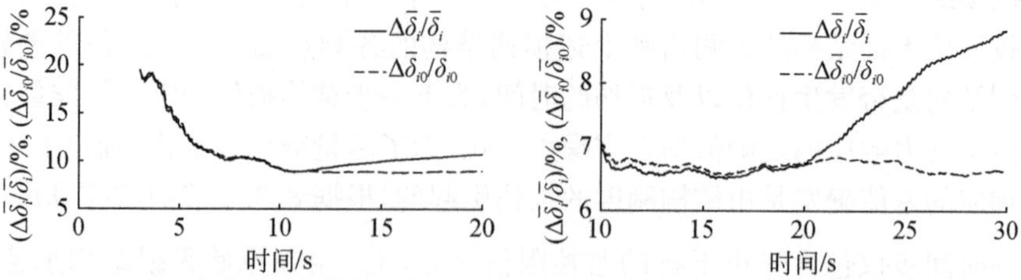

(a) 坝体区域1, 损伤10%　　(b) 坝体区域2, 损伤10%

图 8.6.11　拱坝坝体上游面测点 2 的加速度响应监控值与限值变化过程

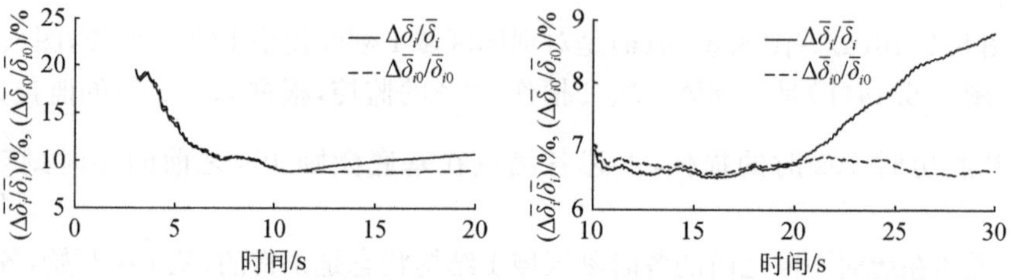

(a) 坝体区域1, 损伤10%　　(b) 坝体区域2, 损伤10%

图 8.6.12　拱坝坝体上游面测点 3 的加速度响应监控值与限值变化过程

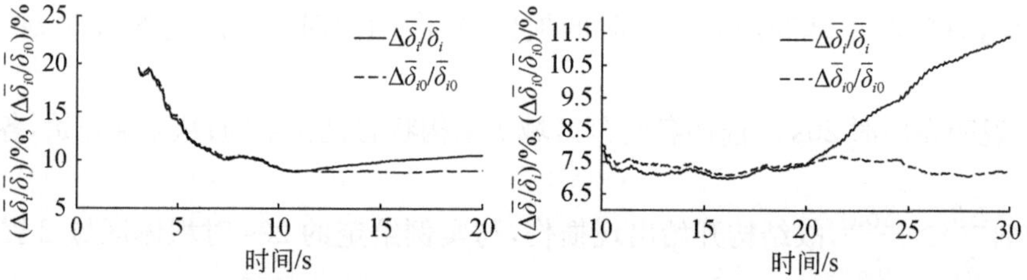

(a) 坝体区域1, 损伤10%　　(b) 坝体区域2, 损伤10%

图 8.6.13　拱坝坝体上游面测点 4 的加速度响应监控值与限值变化过程

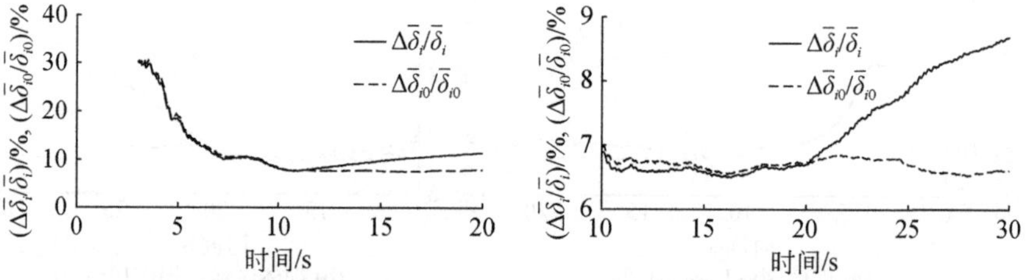

(a) 坝体区域1, 损伤10%　　(b) 坝体区域2, 损伤10%

图 8.6.14　拱坝坝体上游面测点 5 的加速度响应监控值与限值变化过程

2. 坝体结构不同区域刚度参数的辨识

1) 损伤时间的确定和损伤定位

根据上述结构状态监控模型对坝体结构动力响应的监控，判断出了结构损伤的存在，为进行结构损伤程度的判断和损伤的定位，需要对结构的刚度进行辨识。基于 8.4 节的结构刚度参数辨识算法，用三种刚度参数组合来分析不同组合对损伤定位的敏感性。其中，Ψ_1表示整体坝体结构用一个参数反映；Ψ_2表示坝体区域 1 用一个参数反映，区域 2 和坝体其他区域(设为区域 3)用另一个参数反映；Ψ_3表示坝体区域 1 用一个参数反映，区域 2 用一个参数反映，坝体其他区域(区域 3)用一个参数反映。具体参数见表 8.6.2。Ψ 的下标数字代表坝体不同区域刚度参数的个数，例如，在 Ψ_2 中有两个刚度参数，第一个代表坝体区域 1 的刚度参数，第二个代表区域 2 和坝体其他区域(区域 3)的刚度参数。

表 8.6.2　3 种参数组合情况

刚度参数组合	$\boldsymbol{\theta}^{(1)}$	$\boldsymbol{\theta}^{(2)}$	$\boldsymbol{\theta}^{(3)}$
Ψ_1	1～3	—	—
Ψ_2	1	2～3	—
Ψ_3	1	2	3

针对上述 3 种参数组合，选取不同测点的观测值作为动力响应的输入，分析不同测点的动力响应对刚度参数辨识的效果。将测点 1 的加速度动力响应数据作为输入的刚度参数辨识过程，如图 8.6.15～图 8.6.17 所示。

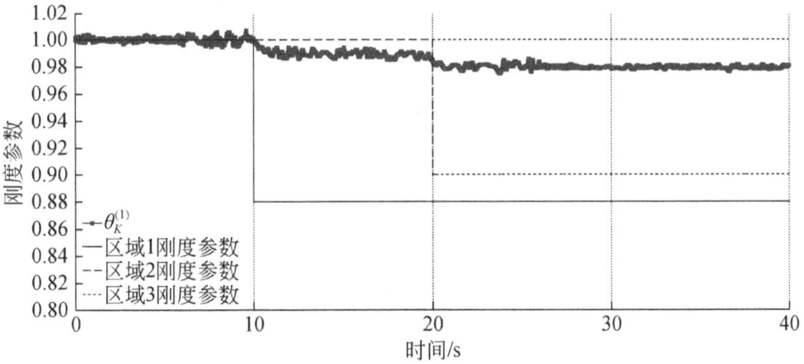

图 8.6.15　基于测点 1 动力响应的参数组合 Ψ_1 的结构刚度参数辨识过程

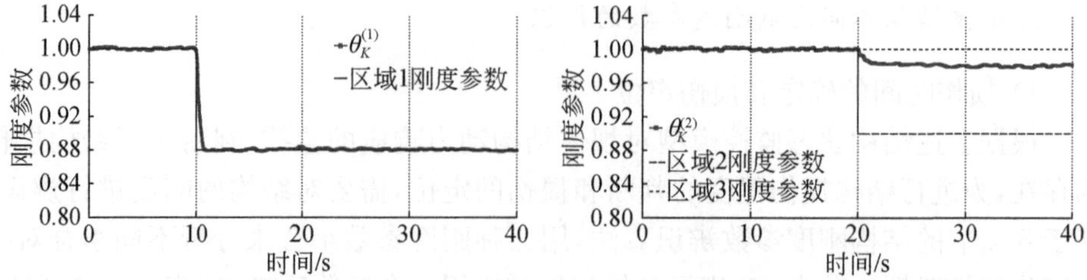

(a) 坝体区域1刚度参数变化过程　(b) 坝体区域2和区域3刚度参数变化过程

图 8.6.16　基于测点 1 动力响应的参数组合 Ψ_2 的结构刚度参数辨识过程

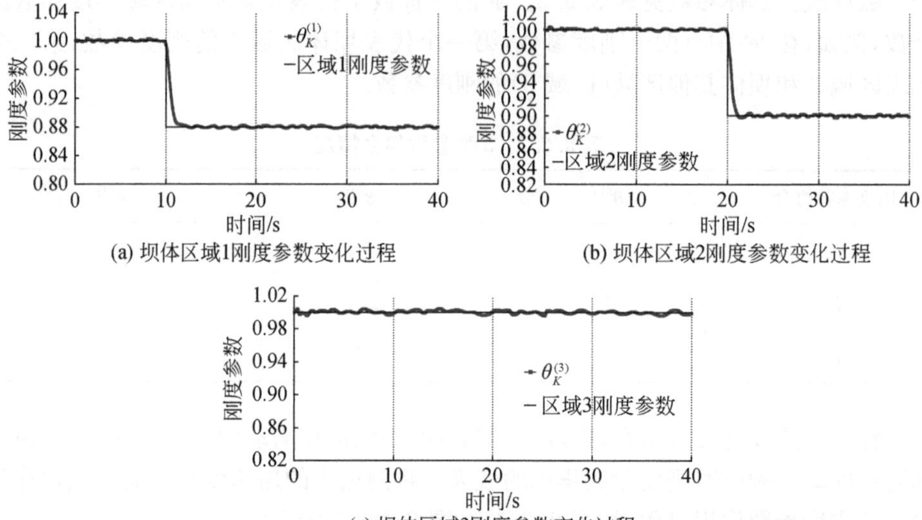

(a) 坝体区域1刚度参数变化过程　(b) 坝体区域2刚度参数变化过程

(c) 坝体区域3刚度参数变化过程

图 8.6.17　基于测点 1 动力响应的参数组合 Ψ_3 的结构刚度参数辨识过程

将测点 2 的加速度动力响应数据作为输入的刚度参数辨识过程如图 8.6.18～图 8.6.20 所示。

将测点 3 的加速度动力响应数据作为输入的刚度参数辨识过程如图 8.6.21～图 8.6.23 所示。

将测点 4 的加速度动力响应数据作为输入的刚度参数辨识过程如图 8.6.24～图 8.6.26 所示。

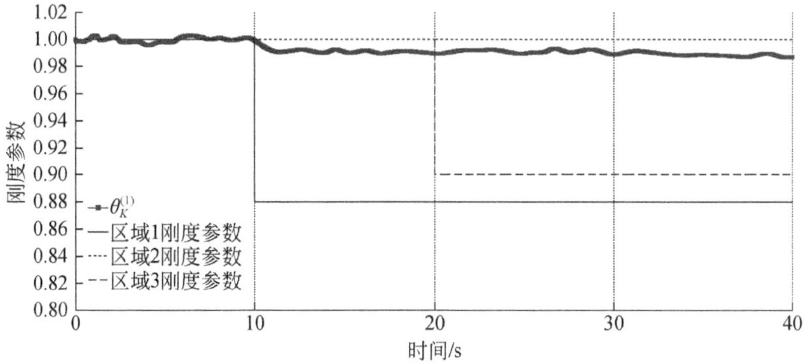

图 8.6.18　基于测点 2 动力响应的参数组合 Ψ_1 的结构刚度参数辨识过程

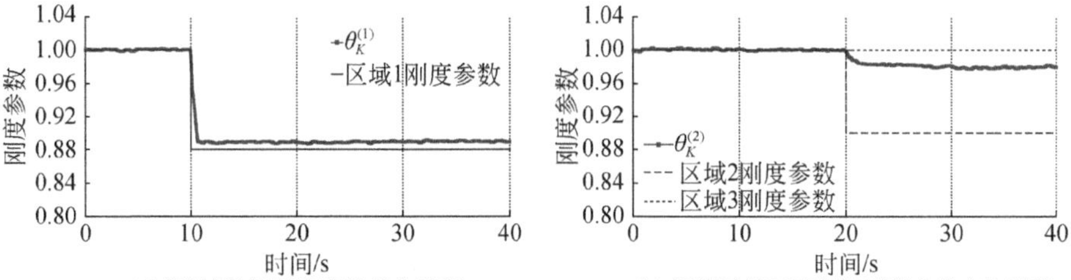

(a) 坝体区域1刚度参数变化过程　(b) 坝体区域2和区域3刚度参数变化过程

图 8.6.19　基于测点 2 动力响应的参数组合 Ψ_2 的结构刚度参数辨识过程

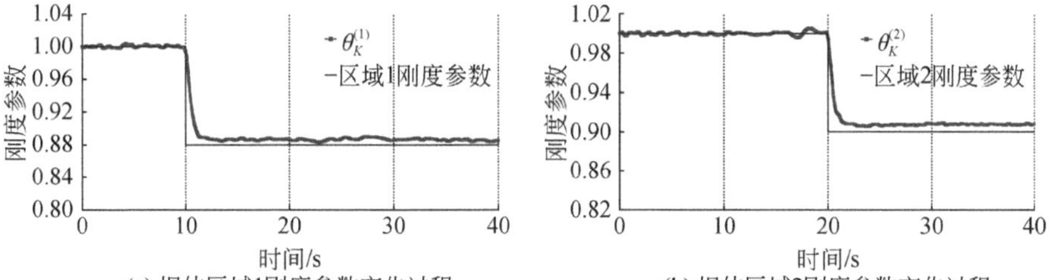

(a) 坝体区域1刚度参数变化过程　(b) 坝体区域2刚度参数变化过程

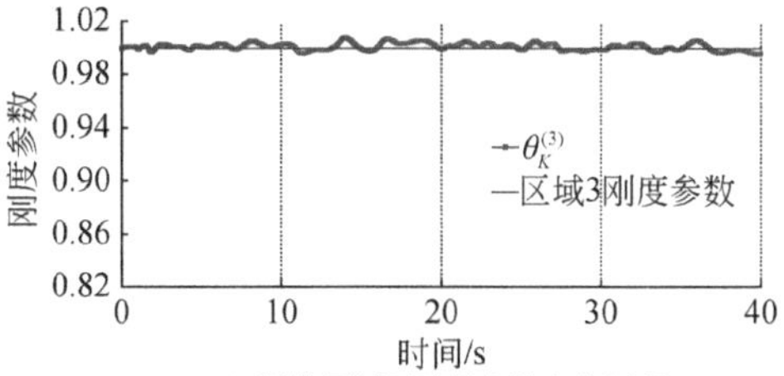

(c) 坝体区域3刚度参数变化过程

图 8.6.20　基于测点 2 动力响应的参数组合 Ψ_3 的结构刚度参数辨识过程

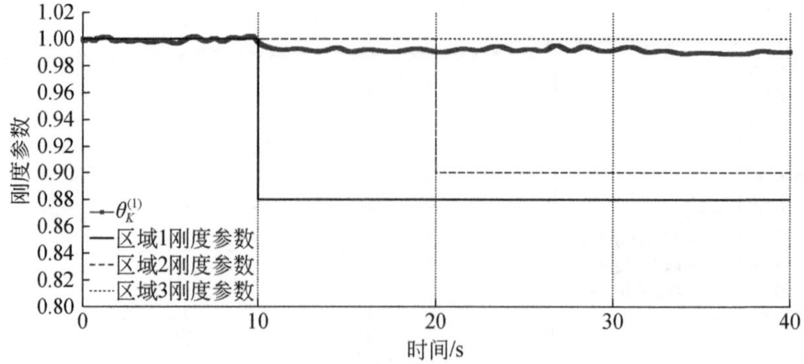

图 8.6.21　基于测点 3 动力响应的参数组合 Ψ_1 的结构刚度参数辨识过程

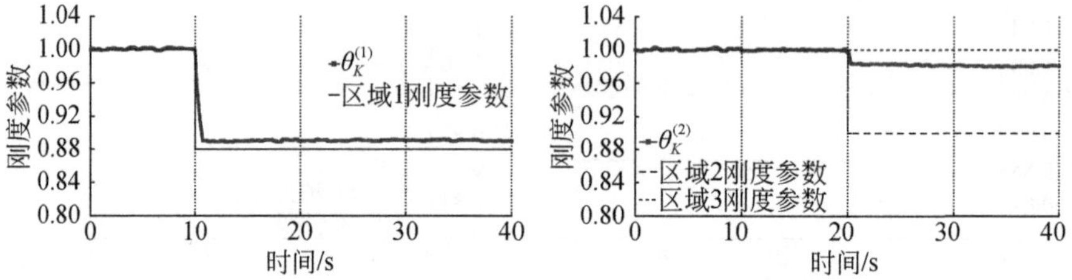

(a) 坝体区域1刚度参数变化过程　　(b) 坝体区域2和区域3刚度参数变化过程

图 8.6.22　基于测点 3 动力响应的参数组合 Ψ_2 的结构刚度参数辨识过程

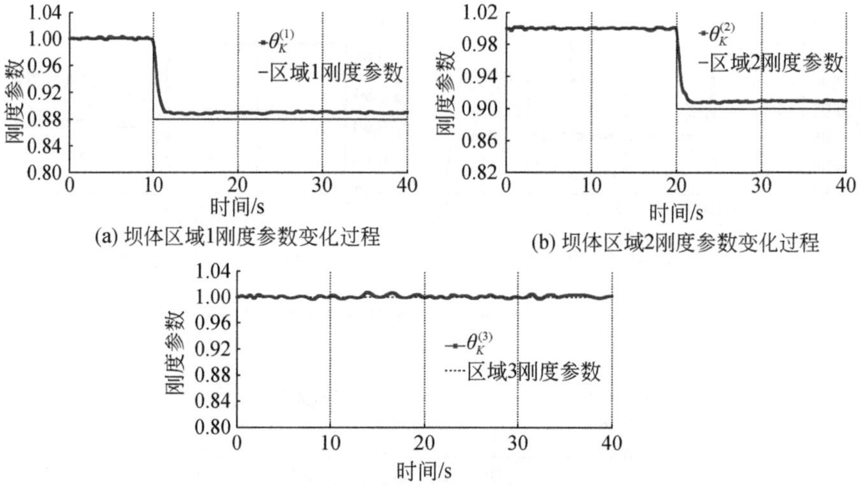

(a) 坝体区域1刚度参数变化过程　　(b) 坝体区域2刚度参数变化过程

(c) 坝体区域3刚度参数变化过程

图 8.6.23　基于测点 3 动力响应的参数组合 Ψ_3 的结构刚度参数辨识过程

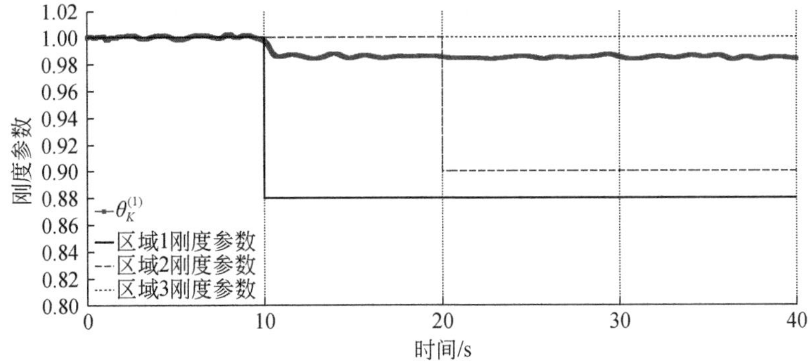

图 8.6.24　基于测点 4 动力响应的参数组合 Ψ_1 的结构刚度参数辨识过程

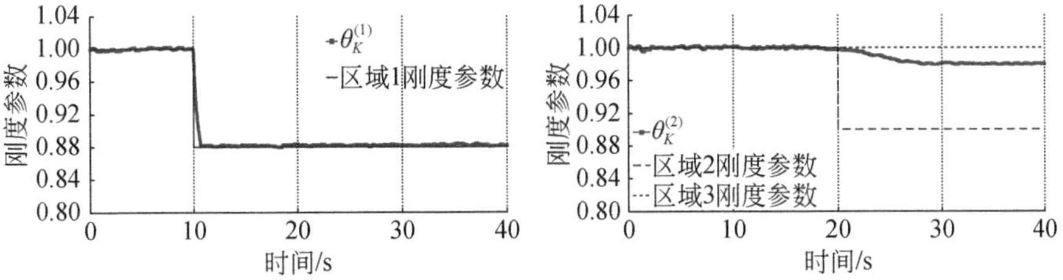

(a) 坝体区域1刚度参数变化过程　(b) 坝体区域2和区域3刚度参数变化过程

图 8.6.25　基于测点 4 动力响应的参数组合 Ψ_2 的结构刚度参数辨识过程

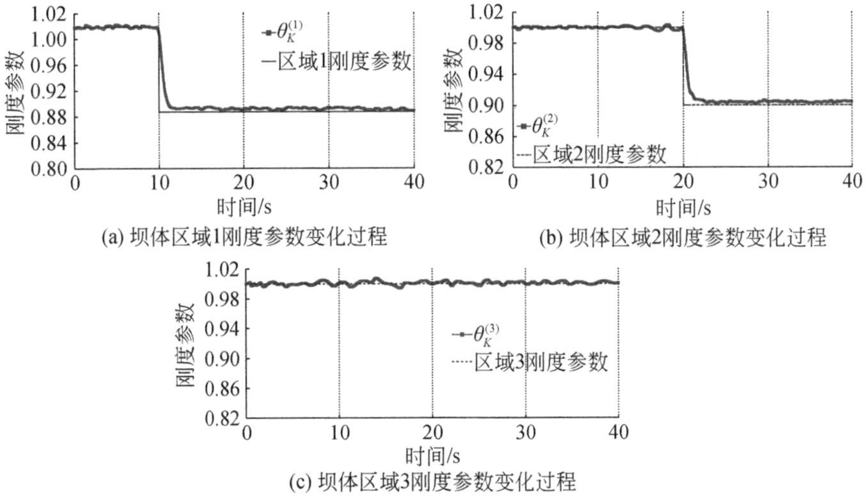

(a) 坝体区域1刚度参数变化过程　(b) 坝体区域2刚度参数变化过程

(c) 坝体区域3刚度参数变化过程

图 8.6.26　基于测点 4 动力响应的参数组合 Ψ_3 的结构刚度参数辨识过程

将测点 5 的加速度动力响应数据作为输入的刚度参数辨识过程如图 8.6.27～图 8.6.29 所示。

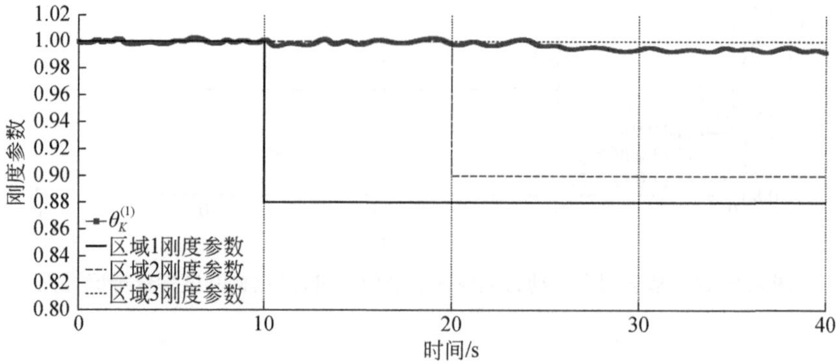

图 8.6.27　基于测点 5 动力响应的参数组合 Ψ_1 的结构刚度参数辨识过程

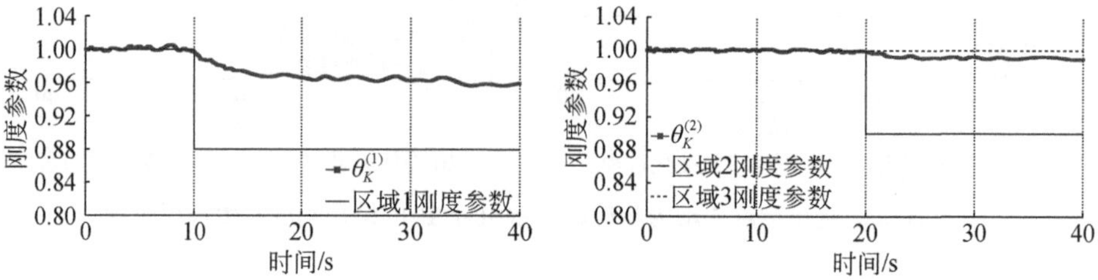

(a) 坝体区域1刚度参数变化过程　(b) 坝体区域2和区域3刚度参数变化过程

图 8.6.28　基于测点 5 动力响应的参数组合 Ψ_2 的结构刚度参数辨识过程

分别由上述测点 1、测点 2、测点 3、测点 4 和测点 5 的加速度动力响应作为输入的大坝损伤分析可知，各参数组合在 0～10s 地震历时内的参数辨识过程是基本一致的，表明三种参数组合均能很好地辨识结构未损伤的情形，同时因为参数组合 Ψ_1 最简单，所以比其他参数组合具有更好的辨识效果。然而，在第二个时间段(10～20s)，参数组合 1 没有针对拱坝坝体区域 1 的特定刚度参数，故不能准确辨识坝体区域 1 的刚度损失。而参数组合 Ψ_2 和 Ψ_3 均能辨识拱坝坝体区域 1 的刚度损失。在第三个时间段(20～40s)，除坝体区域 1 的刚度损失之外，还在 20s 时坝体区域 2 发生了 10％的刚度损失，在这三种参数组合中，Ψ_3 是唯一能同时辨识拱坝这两种损伤情形的参数组合。从图 8.6.17、图 8.6.20、图 8.6.23、图 8.6.26 和图 8.6.29 可以看出，参数组合 Ψ_3 的刚度参数 $\theta_K^{(1)}$ 和 $\theta_K^{(2)}$ 的辨识过程线分别显示了基底激励历时 10s 和 20s 的两处损伤情形。综上所述，单个参数组合的辨识结果表明，Ψ_1、Ψ_2 和 Ψ_3 分别是在时间段 $t\in[0,10)$、$t\in[10,20)$ 和 $t\in[20,40]$ 内最适合(似然)的参数组合。

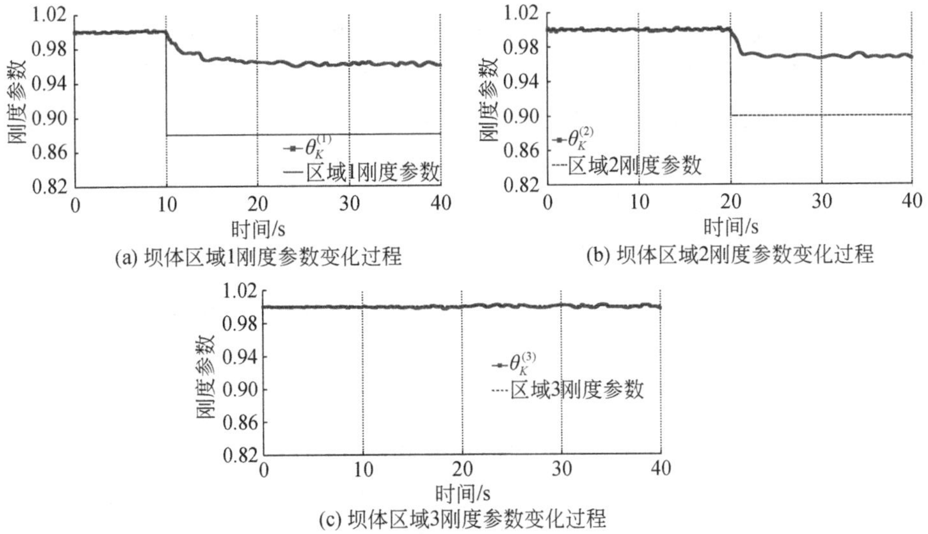

(a) 坝体区域1刚度参数变化过程　(b) 坝体区域2刚度参数变化过程

(c) 坝体区域3刚度参数变化过程

图 8.6.29　基于测点 5 动力响应的参数组合 Ψ_3 的结构刚度参数辨识过程

2）损伤程度的确定

由图 8.6.15～图 8.6.29 的参数辨识过程还可以看出，损伤时刻的判断和损伤定位能够很好地实现，但是损伤程度的辨识存在一定的波动性，并且不同测点的动力响应输入对损伤程度的估计略有不同。根据 8.4.2 节损伤程度的确定方法，计算损伤时刻之后 $\hat{\boldsymbol{\theta}}$ 的平均值与之前的 $\boldsymbol{\theta}_{\text{in}}$ 的平均值差值 $\Delta\boldsymbol{\theta}$，作为刚度损伤程度的估计，计算结果见表 8.6.3。

表 8.6.3　各参数组合在各区域刚度损失 $\Delta\boldsymbol{\theta}$ 的不同测点计算值

$\Delta\boldsymbol{\theta}$	区域 1					区域 2					区域 3				
	测点 1	测点 2	测点 3	测点 4	测点 5	测点 1	测点 2	测点 3	测点 4	测点 5	测点 1	测点 2	测点 3	测点 4	测点 5
Ψ_1	0.0200	0.0100	0.0090	0.0150	0.0040										
Ψ_2	0.1198	0.1106	0.1095	0.1180	0.0361	0.0190	0.0195	0.0183	0.0167	0.0088					
Ψ_3	0.1197	0.1134	0.1102	0.1154	0.0354	0.0997	0.0923	0.0903	0.0955	0.0311	0.0004	0.0010	0.0009	0.0001	0.0003

由表 8.6.3 可知：①对于同一测点，参数组合 Ψ_1 由于使用了单一的刚度参数，其各层间刚度损伤程度值 $\Delta\boldsymbol{\theta}$ 是相同的，只能表示坝体结构整体的损伤程度，不能准确估计坝体不同区域刚度的损伤程度；Ψ_2 的坝体区域 1 刚度损伤程度估计值 $\Delta\boldsymbol{\theta}$ 为 0.1198(测点 1)，与算例设计的区域 1 刚度损失 12％较吻合，表明其可以比较准确地识别坝体区域 1 刚度的损伤程度，而其他区域因为使用的是同一刚度参数，所

以该参数组合不能分别辨识出坝体结构其他区域的刚度变化情况，只能给出坝体其他区域整体的损伤情况；同理，参数组合 Ψ_3 能识别出坝体结构各区域的刚度损伤情况，即区域 1 刚度损失为 12%，区域 2 刚度损失为 10%，坝体区域 3 没有损伤。②对于不同测点，同一参数组合的识别结果也有差别。参数组合 Ψ_2 和 Ψ_3 中对于区域 1 和区域 2 刚度参数的辨识效果，测点 1 优于测点 4，优于测点 2，优于测点 3，测点 5 最差。考虑坝体不同测点对参数组合的敏感性不同，拱冠梁上部测点的辨识效果优于下部测点，坝顶中部测点的辨识效果优于两岸的测点。

8.6.2 坝体结构状态似然概率的计算和结构状态组合辨识模型

1. 坝体结构状态似然概率的计算

模拟三个不同参数分布的结构损伤状态来分别表示坝体结构刚度可能的不同损伤情形。具体参数见表 8.6.4，下标数字代表拱坝不同损伤状态的刚度参数个数，损伤状态 M_1 是最简单的，它表示整个坝体结构只有一个刚度参数，即坝体结构未损伤的情形，损伤状态 M_2 含有两个刚度参数，分别代表坝体区域 1 以及区域 2 和区域 3 的混凝土弹性模量减小程度，损伤状态 M_3 是最复杂的损伤状态，它使用三个不同的刚度参数，分别表示拱坝三个不同分区的不同损伤情形。

表 8.6.4 三种结构状态各自参数情况

损伤状态	$\theta^{(1)}$	$\theta^{(2)}$	$\theta^{(3)}$
M_1	1～3	—	—
M_2	1	2～3	—
M_3	1	2	3

应用贝叶斯统计理论进行结构状态似然概率的计算，进而建立结构刚度损伤辨识的组合模型，通过对结构可能损伤状态的不同模拟，优选出不同时刻相对最优的大坝结构状态，再建立该拱坝的组合结构损伤辨识模型，最终实现对坝体结构系统刚度参数的精确辨识。采用 8.5.1 节的概率计算方法，获得各结构状态在各个时刻的概率。图 8.6.30 和图 8.6.31 分别显示了该拱坝结构监控坝体测点动力响应和辨识结构刚度参数三个损伤状态的对数概率 $\lg P(M_m|D_{i+1})$ 和概率 $P(M_m|D_{i+1})$ 的过程线。图中的前两条垂直虚线对应损伤发生的时间点，即在基底激励历时第 10s 时坝体区域 1 刚度损失 12%，第 20s 时坝体区域 2 刚度损失 10%。由图 8.6.30 和图 8.6.31 可知，损伤状态 M_1、M_2 和 M_3 的概率分别在 $t\in[0,10)$s，$t\in[10,20)$s 和 $t\in[20,40]$s 接近 1。在第一个时间段（$t\in[0,10)$s），损伤状态 M_1 的动力响应监控和刚度参数辨识效果明显优于损伤状态 M_2 和 M_3，因

为对于未损伤的拱坝结构，其是最似然的损伤状态。在第二个时间段($t\in[10,20)$ s)，损伤状态 M_1 的概率迅速降低而损伤状态 M_2 的概率迅速上升到 1 并维持在 1，在这一阶段，损伤状态 M_1 没有针对拱坝坝体区域 1 的特定刚度参数，因而不能辨识拱坝结构在 10s 时的刚度损失，也不能充分拟合 10s 之后的实际观测值。所以在 10s 之后损伤状态 M_1 拥有最低的似然度，即拥有最低的概率。另外，损伤状态 M_2 和 M_3 均能监控拱坝结构坝体区域 1 的刚度损失，但是因为在这两个损伤状态中 M_2 比较简单，所以在第二个时间段 $t\in[10,20)$s 中含有更少参数的简单损伤状态 M_2 是最合适(最似然)的损伤状态。在第三个时间段 $t\in[20,40]$s，损伤状态 M_2 的概率急速下降而损伤状态 M_3 的概率迅速上升到 1，由于拱坝坝体区域 1 和坝体区域 2 不同的损伤情形，损伤状态 M_1 和 M_2 均不能充分拟合损伤结构在 20s 之后的坝体测点观测数据。因此，损伤状态 M_3 是唯一能够稳健辨识该损伤拱坝的损伤状态，故其在该时间段拥有最高的概率。总体而言，本节所采用的算法能够根据混凝土拱坝不同的损伤情形优选出最似然的结构状态，进而进行结构系统不同损伤状态参数的辨识，实现损伤的定位和损伤程度辨识。

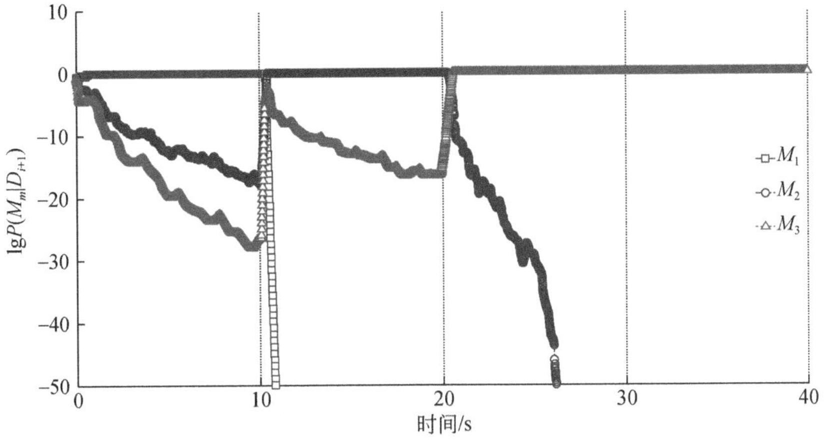

图 8.6.30　损伤状态 M_1 到损伤状态 M_3 的对数概率过程线

2. 坝体结构状态组合辨识模型

为了实现更精确的拱坝结构性能参数辨识，根据式(8.5.20)，将上述各个结构状态各时刻的概率值分别作为权重，利用上述 3 个不同结构状态获得实际结构参数的组合估计，使用三个结构状态对所关注的拱坝结构不同区域的刚度参数进行辨识，辨识过程如图 8.6.32～图 8.6.34 所示。

由图 8.6.32～图 8.6.34 可知，组合结构状态辨识模型的刚度参数识别精度相

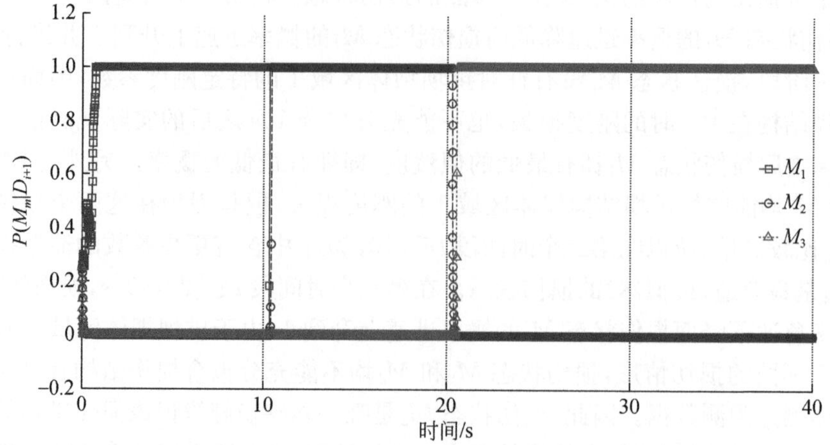

图 8.6.31 损伤状态 M_1 到损伤状态 M_3 的概率过程线

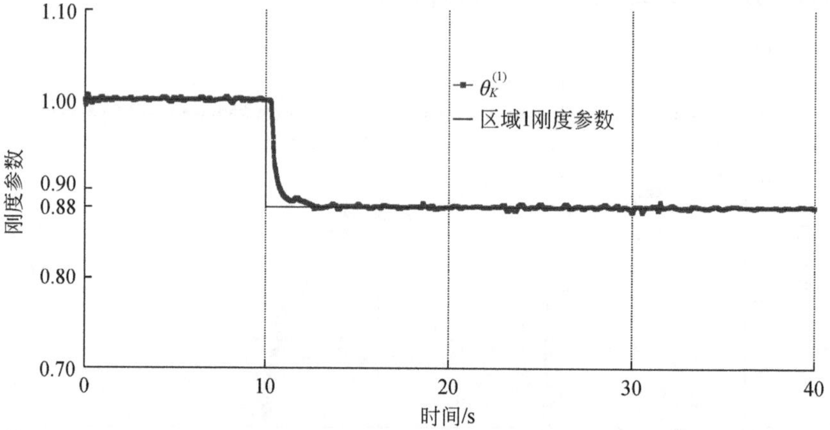

图 8.6.32 坝体区域 1 刚度参数辨识过程

比于前述单一结构状态的识别精度更高，识别数据序列的波动性也更小，虽然辨识过程仍有少量的局部延时现象，但是数据收敛的速度很快。在 0～10s 时间内比较准确地辨识了结构未损伤的刚度参数；在 10～20s 时间内，区域 1 的刚度损失了 10%，尽管组合辨识模型在一定程度上有延时现象，但是区域 1 的刚度参数 $\theta_K^{(1)}$ 能够快速收敛于实际刚度参数 0.88，其精确度较高；在 20～40s 的时间内，区域 2 的刚度损失了 10%，从组合辨识模型的参数辨识过程可以看出，其能准确辨识出损伤后刚度的参数值 0.90。相比于前述单一辨识模型的辨识过程，基于组合模型的结构刚度参数辨识相比于单一结构参数辨识模型更具有稳健性和辨识的精确性，具有更好的辨识效果。

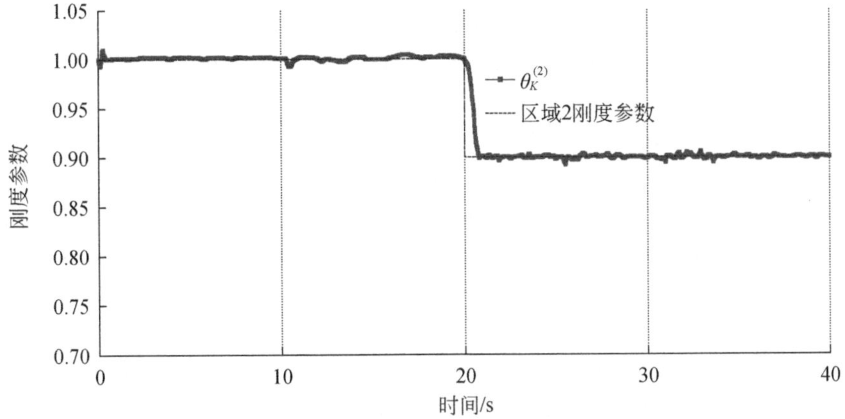

图 8.6.33 坝体区域 2 刚度参数辨识过程

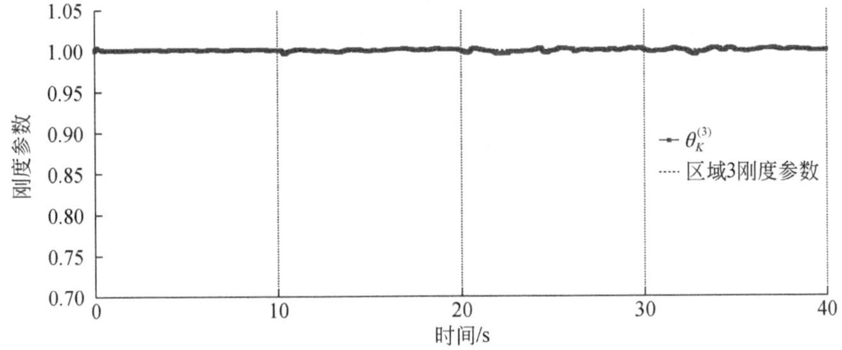

图 8.6.34 坝体区域 3 刚度参数辨识过程

参 考 文 献

[1] 孙万泉. 泄洪激励下高拱坝损伤识别的互熵矩阵曲率法[J]. 工程力学，2012，29(9)：30-36.

[2] Garden E P，Fanning P. Vibration based condition monitoring：A review[J]. Structural Health Monitoring，2004，3(4)：355-377.

[3] Box G E P，Jenkins G M. Time Series Analysis，Forecasting and Control[M]. San Francisco：Holden-Day，1970.

[4] Okafor A C，Dutta A. Structural damage detection in beams by wavelet transforms[J]. Smart Materials and Structures，2000，9(6)：906-917.

[5] 曹茂森. 基于动力指纹小波分析的结构损伤特征提取与辨识基本问题研究[D]. 南京：河海大学，2005.

[6] Huang N E，Shen Z，Long S R，et al. The empirical mode decomposition and the Hilbert

spectrum for nonlinear and nonstationary time series analysis[J]. Proceedings of Royal Society of London Series, 1998, 454(1971): 903-995.

[7] 丁幼亮，李爱群，邓群. 小波包分析和信息融合在结构损伤预警中的联合应用[J]. 工程力学，2010, 27(8): 72-76.

[8] Wang Q, Deng X M. Damage detection with spatial wavelets[J]. International Journal of Solids and Structures, 1999, 36(23): 3443-3468.

[9] Hong J C, Kim Y Y, Lee H C, et al. Damage detection using the Lipschitz exponent estimated by the wavelet transform: Applications to vibration modes of a beam[J]. International Journal of Solids and Structures, 2002, 39(7): 1803-1816.

[10] Huang Y, Meyer D, Nemat-Nasser S. Damage detection with spatially distributed 2D continuous wavelet transform[J]. Mechanics of Materials, 2009, 41(10): 1096-1107.

[11] Craig C, Nelson R D, Penman J. The use of correlation dimension in condition monitoring of systems with clearance[J]. Journal of Sound and Vibration, 2000, 231(1): 1-17.

[12] Clément A. An alternative to Lyapunov exponent as damage sensitive feature[J]. Smart Materials and Structures, 2011, 20(2): 1-17.

[13] Yan R Q, Robert Gao X. Approximate entropy as a diagnostic tool for machine health monitoring[J]. Mechanical Systems and Signal Processing, 2007, 21(2): 824-839.

[14] Azizpour H, Sotudeh-Gharebagh R, Zarghami R, et al. Vibration time series analysis of bubbling and turbulent fluidization[J]. Particuology, 2012, 10(3): 292-297.

[15] Arnhold J, Grassberger P, Lehnertz K, et al. A robust method for detecting interdependences: Application to intracranially recorded EEG[J]. Physica D: Nanlinear Phenomena, 1999, 134(4): 419-430.

第 9 章　环境激励下水工混凝土结构损伤诊断的试验研究和实例分析

9.1　引　　言

本章通过地震环境激励下无损和有损混凝土重力坝振动模型试验，获取无损和有损两种状态下结构的振动响应数据并进行数据处理和模态参数识别，提取损伤诊断的模态指标和非线性动力系统指标，诊断结构的损伤状态，以验证本书所提出的环境激励下水工混凝土结构损伤指标提取算法和结构损伤诊断方法的合理性及有效性。在此基础上，将相关理论和方法应用于实际工程结构的损伤状态诊断。

9.2　重力坝混凝土砂浆模型试验研究

9.2.1　试验模型

为了对各种损伤指标的计算方法以及这些指标对实际结构损伤的敏感性进行评价，本章根据某混凝土重力坝的一个挡水坝段，按照几何相似的原则（比例 1∶160）制作试验模型，并进行振动台试验。由于未考虑物理条件相似，模型振动响应的大小与原型结构不成比例，但在损伤诊断指标提取中，一般要进行数据的标准化，因此比尺效应不影响方法的应用和验证。试验模型及其几何尺寸如图 9.2.1所示。试验模型的材料采用混凝土砂浆，密度为 2100kg/m^3，水灰比为水∶细砂∶水泥 = 1∶2.9∶2.09。如图 9.2.2(a)所示，为了测定模型材料的动弹性模量，用与试验模型相同的材料制作标准梁试件（尺寸为 100cm×100cm×400cm），然后采用锤击法对其进行激励，并根据实测的脉冲响应识别梁的自振频率，然后根据识别的自振频率反演材料的动弹性模量。根据实测激励和响应信号计算得到的频响函数如图 9.2.2(b)所示。根据频响函数识别得到的自振频率并结合有限元模型反演，得到模型材料的动弹性模量约为 11.4GPa，泊松比为 0.18。

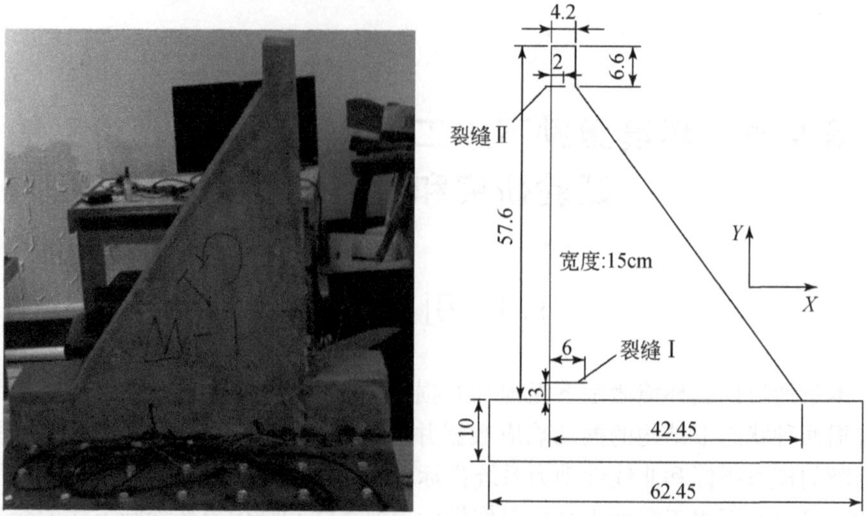

(a) 试验模型　　(b) 模型尺寸(单位：cm)

图 9.2.1　试验模型及其尺寸

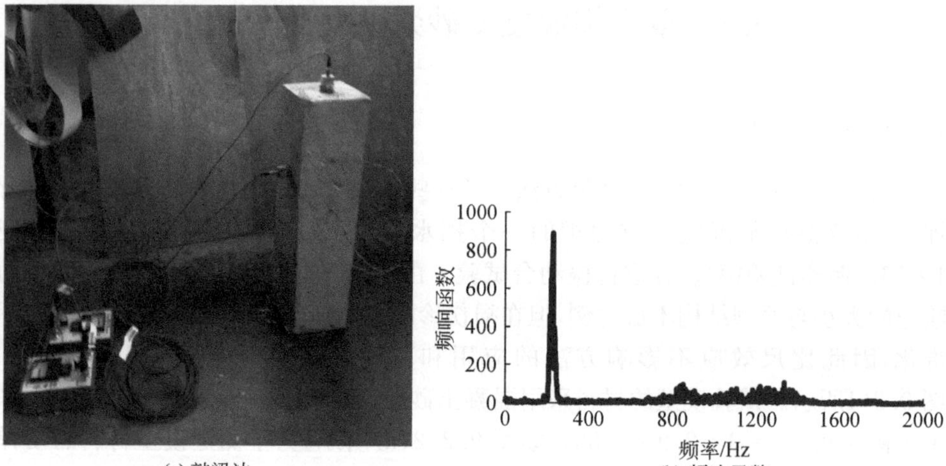

(a) 敲梁法　　(b) 频响函数

图 9.2.2　采用敲梁法反演弹性模量

9.2.2　试验仪器和设备

试验中所用仪器见表 9.2.1。试验现场的布置如图 9.2.3(a)所示。试验中环境激励通过振动台产生的带限白噪声来模拟，考虑到模型自振频率的范围和式(2.3.9)所示的采样定理，设定带限白噪声激励的频率范围为 100～2000Hz，采样频率为 4000Hz。模型共布置 6 个单向的压电式加速度传感器，这些传感器的布置如图 9.2.3(b)所示，传感器等间距布置，间距为 10cm。

表 9.2.1　试验仪器

仪器	DY-600-5 型振动试验系统	压电式加速度传感器	dSPACE 数据采集系统	信号调理器	冲击锤
数量	1 台	6 个	1 套	6 个	1 套

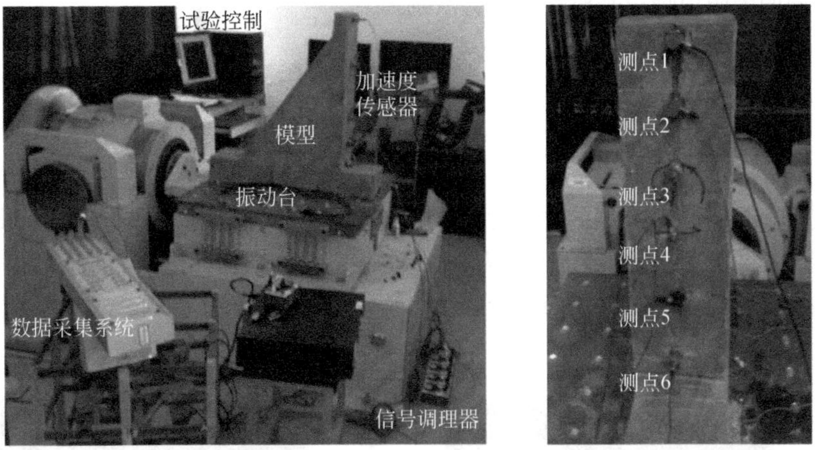

(a) 试验现场布置　　(b) 传感器布置

图 9.2.3　试验现场布置及传感器布置

9.2.3　试验步骤和方法

如图 9.2.1 和图 9.2.4 所示，首先进行结构的无损状态试验，然后通过人工形

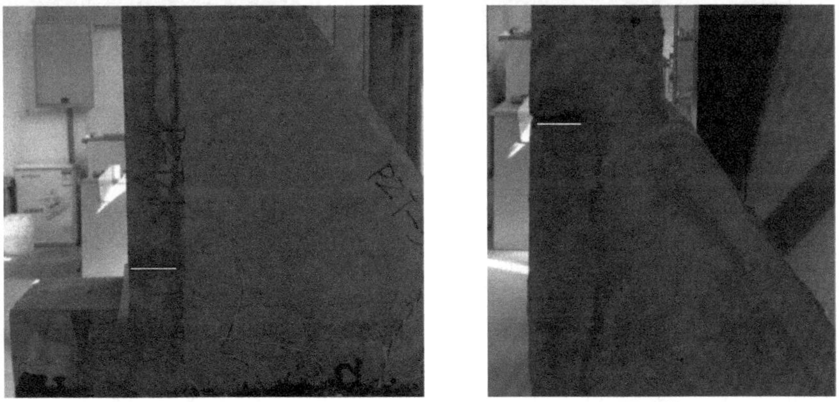

(a) 裂缝 Ⅰ　　(b) 裂缝 Ⅱ

图 9.2.4　裂缝模拟

成裂缝的方法，进行有损结构的模型试验，试验中结构的损伤分两步来进行模拟：①在靠近坝踵部位（距坝踵 3cm）模拟一条裂缝Ⅰ，与损伤工况 1～损伤工况 3 对应的裂缝长度分别为 2cm、4cm 和 6cm；②与损伤工况 4 对应的结构有两条裂缝，裂缝Ⅰ（长度 6cm）和在大坝顶部模拟的裂缝Ⅱ（距坝顶 6.6cm，缝长度 2cm）。众多工程实例和计算结果表明，对重力坝而言，大坝经历强震后，上述两个部位附近容易出现裂缝。对于每一个损伤状态，采用 6 个峰值（等效加速度为 0.5g、1.0g、…、3.0g）不同的带限白噪声来对结构进行激励。

9.2.4 试验结果分析

1. 模态参数识别结果

分别采用 2.3 节介绍的方法对振动观测数据进行校正、滤波和非线性去噪处理，处理后 6 个测点（激励等效加速度为 3.0g）的振动响应数据如图 9.2.5 所示。6 个测点响应的综合功率谱和采用峰值拾取（PP）法识别的自振频率如图 9.2.6 所示。

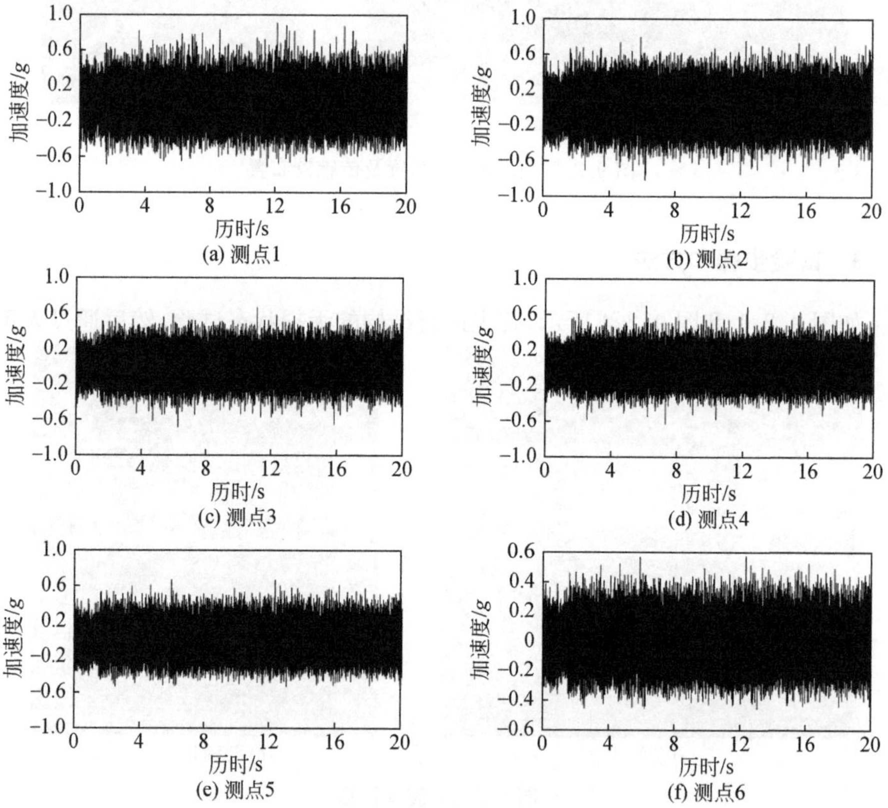

(a) 测点1　(b) 测点2　(c) 测点3　(d) 测点4　(e) 测点5　(f) 测点6

图 9.2.5　无损模型实测振动响应

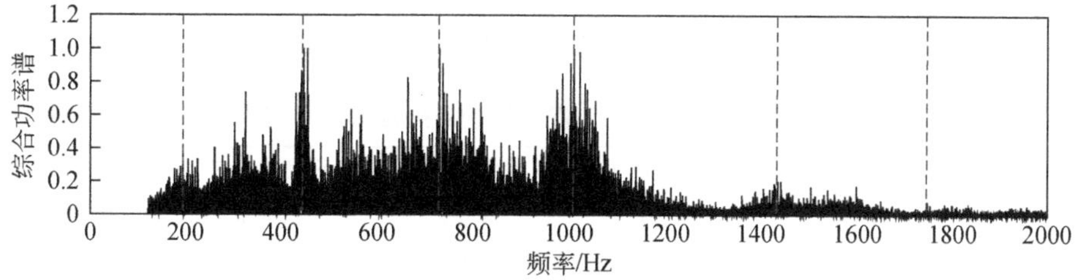

图 9.2.6　6 个测点响应的综合功率谱和采用峰值拾取法识别的自振频率

根据 Hankel 矩阵的奇异值 σ 进行系统定阶，如图 9.2.7 所示。系统的阶次为 50，模态阶次为 25。根据 6 个测点振动测量数据，采用三种不同的方法，即数据驱动的随机子空间(SSI-Data)方法、基于 Hankel 矩阵联合近似对角化(HJAD)技术的方法和综合谱带通滤波改进的小波分解方法进行结构的模态参数识别。识别得到的无损结构模态参数和有限元法计算结果的对比见表 9.2.2。可以看出，各种识别方法的识别结果相近，并与 FEM 计算结果有一定误差，该误差主要是由有限元模拟误差(材料和边界条件等方面)造成的。

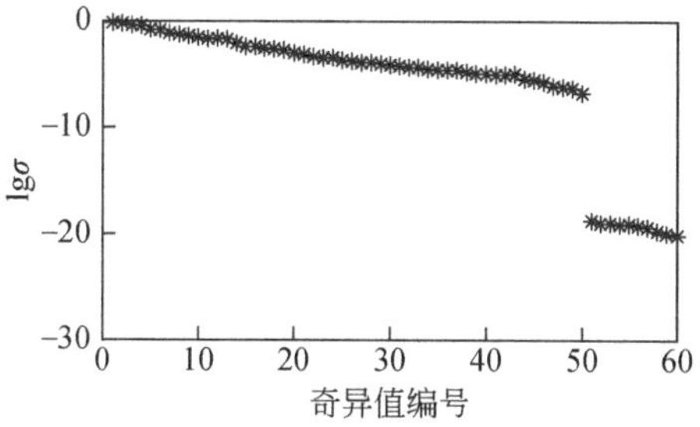

图 9.2.7　系统定阶

表 9.2.2　无损模型自振频率的识别结果　(单位：Hz)

方法	1 阶	2 阶	3 阶	4 阶	5 阶
FEM	222.0	452.1	765.1	943.4	992.7
PP	205.4	444.9	750.9	—	1000.5
SSI+稳态图	207.2	445.5	746.7	—	993.7
HJAD+稳态图	205.4	442.1	746.6	—	994.9
带通滤波+小波分解	206.3	458.6	750.8	—	1001.1

注：—表示未识别出来。

采用“HJAD+稳态图”法识别得到的与不同损伤程度对应的结构自振频率见

表 9.2.3。可以看出,各阶自振频率基本上是随着损伤程度的增加而逐步减小的,其中第 2 阶和第 3 阶自振频率对损伤的敏感性较强,最大的相对变化率为 1.6%。

表 9.2.3 不同损伤工况对应的自振频率识别结果 (单位:Hz)

阶次	无损	损伤工况 1	损伤工况 2	损伤工况 3	损伤工况 4
第 1 阶	205.4	205.1	204.7	204.5	204.7
第 2 阶	442.1	444.2	440.3	439.8	436.8
第 3 阶	746.6	745.3	741.9	738.5	732.4
第 5 阶	994.9	994.1	993.8	993.5	993.3

各种损伤工况下,两阶模态振型的识别结果如图 9.2.8 所示。可以看出,模态振型的识别精度偏低,尤其是靠近模型底部的测点对应的振型分量,这主要是因为模型底部振动幅值较小,测量误差较大。由于测点数目较少,并且无法获得质量归一化的振型,分析中仅提取了坐标模态置信因子(COMAC)和损伤部位小波变换的 Lipschitz 指数,如图 9.2.9 所示。可以看出,在损伤出现的部位,COMAC 小于其他部位,从而证明了该指标的损伤定位功能;随着裂缝Ⅰ长度的增加,损伤部位附近第二阶振型的 Lipschitz 指数有增大的趋势,最大变化率为 9%。

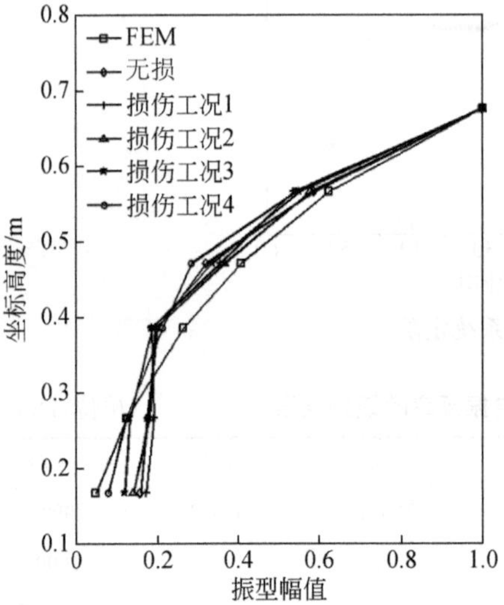

(a) 第2阶振型

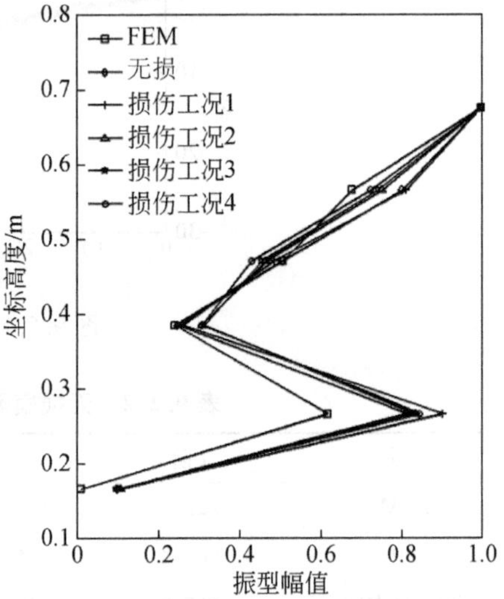

(b) 第3阶振型

图 9.2.8 不同工况下两阶振型的识别结果

2. 非线性动力系统指标识别结果

由于环境激励是随机的带限白噪声,在提取非线性动力系统指标之前,应采用

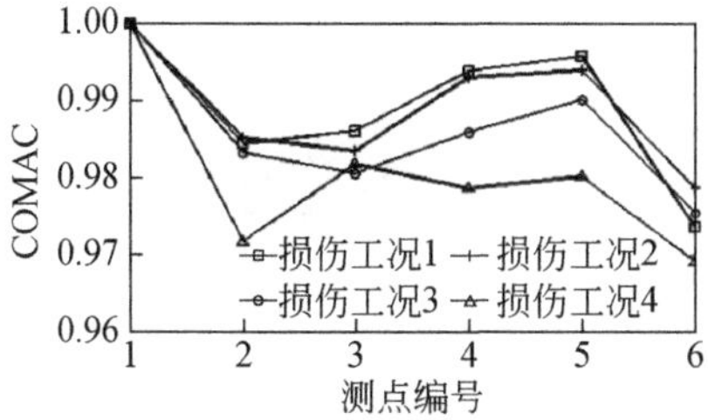

(a) 不同损伤工况下COMAC指标

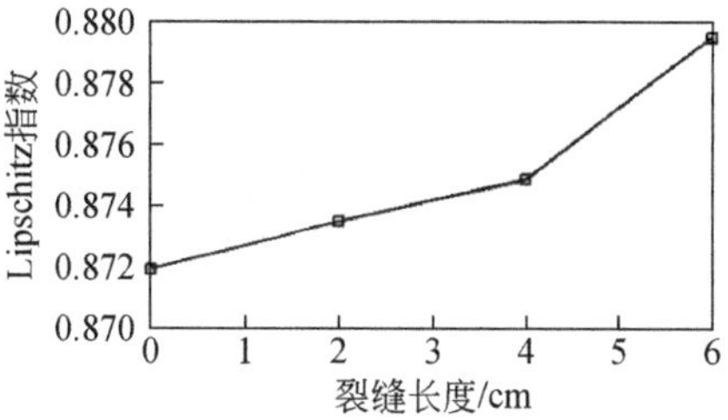

(b) Lipschitz指数随裂缝长度的变化

图 9.2.9 不同损伤工况下的模态指标

自然激励技术(NExT)对实测的振动响应进行处理,并进行归一化,以获得结构的脉冲响应。根据测点1脉冲响应识别的不同损伤工况下的非线性动力系统指标,见表9.2.4。从表中可以看出,除了个别的计算值,大部分指标随着损伤程度的增加呈单调性变化。其中形貌系数和非线性预测误差(吸引子比较的"形心-基准点"指标)对损伤的敏感性明显高于其他指标,最大相对变化率超过100%,明显高于模态指标的变化。

表 9.2.4 不同损伤工况下根据测点1脉冲响应识别的非线性动力系统指标

损伤工况	关联维数	Hurst指数	分形维数	形貌系数	互相关因子	非线性预测误差	Poincaré特征量	递归率	确定率
无损	1.621	0.1981	1.687	5321.28	0.000	0.0	0.00	0.000	0.000
损伤工况1	1.626	0.2041	1.662	5430.43	7.960	242.3	140.61	0.259	0.656
损伤工况2	1.595	0.2166	1.661	71214.35	8.383	261.1	147.73	0.242	0.794
损伤工况3	1.573	0.2364	1.650	104542.10	8.800	271.9	176.72	0.183	0.806
损伤工况4	1.566	0.2410	1.647	113137.14	7.960	280.3	177.50	0.157	0.845

在无损工况和裂缝Ⅰ长度为6cm的工况下,根据测点1、测点3和测点5的脉冲响应重构的吸引子对比(图9.2.10),可以看出,测点位置越靠近模型底部,根据该测点的振动响应重构的吸引子几何形状越不规则,随机性越强。这主要是由于模型底部测点的振动响应微弱,信号的信噪比小。6种非线性动力系统指标,即分形维数、Hurst指数、动力系统互相关因子、非线性预测误差、递归率和Poincaré截面特征量随裂缝Ⅰ长度的变化如图9.2.11所示。可以看出,随着裂缝Ⅰ长度的增加,四种非线性动力系统指标基本上呈单调性(增加或减小)变化,从而验证了其损伤表征能力。

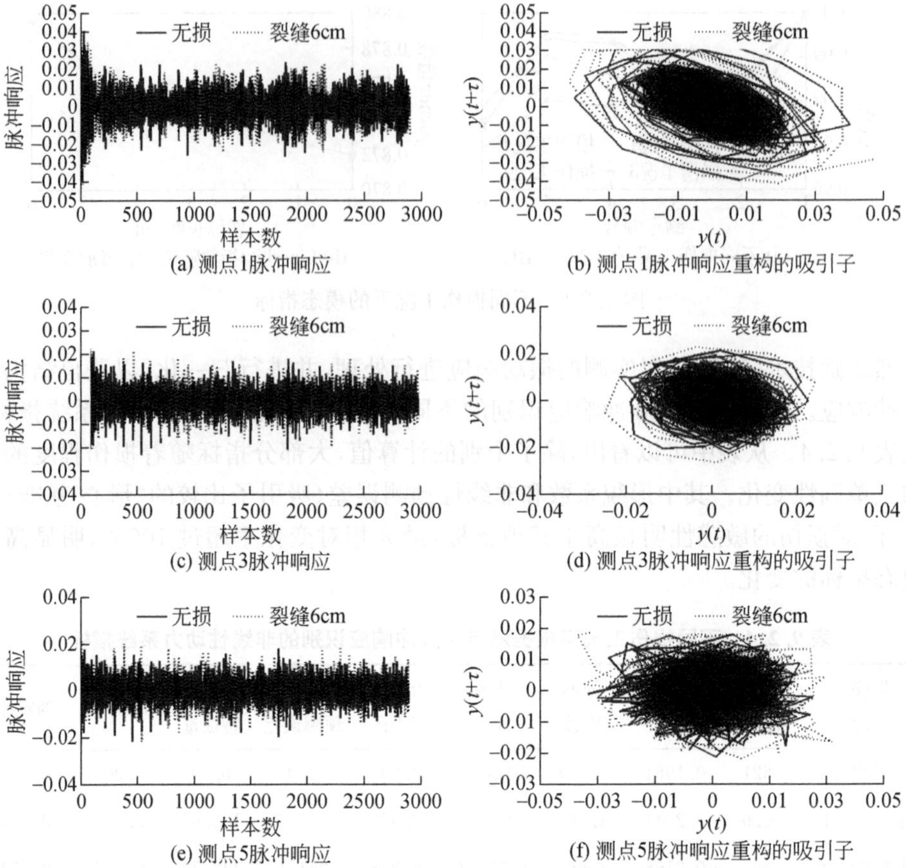

图 9.2.10　在无损工况和裂缝 6cm 工况下重构的吸引子对比

裂缝Ⅰ长度为 2cm、4cm 和 6cm 时，模型上各测点的非线性互预测误差相对于无损状态时的变化量如图 9.2.12 所示。可以看出，测点 5 和测点 6 间非线性互预测误差增加最大，说明测点 5 和测点 6 之间，或测点 6 附近，结构可能存在损伤，这与实际的损伤位置符合，从而验证了非线性互预测误差的损伤定位能力。

当模型中同时存在两条裂缝时，根据脉冲响应重构的吸引子和无损状态时的比较(图 9.2.13)，各测点间的非线性互预测误差相对于无损状态时的变化(图 9.2.14)，可以看出，互预测误差增加较多的部位，位于测点 5 和测点 6 之间，以及测点 1 和测点 2 之间，与实际的结构损伤位置一致。因此，当结构存在多处损伤时，各测点间的非线性互预测误差仍然能较好地实现损伤的定位。

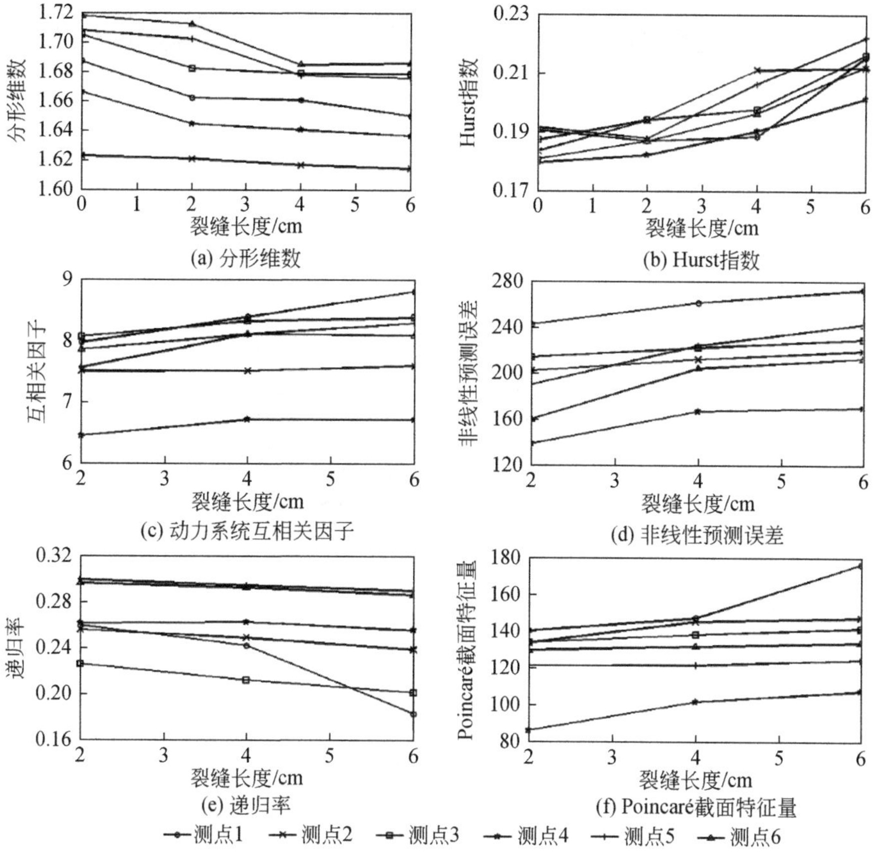

图 9.2.11　非线性动力系统指标随裂缝Ⅰ长度的变化

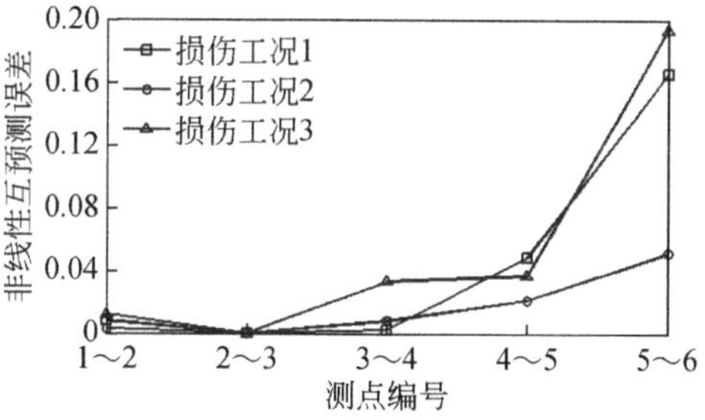

图 9.2.12　不同损伤工况互预测误差相对于无损状态时的变化

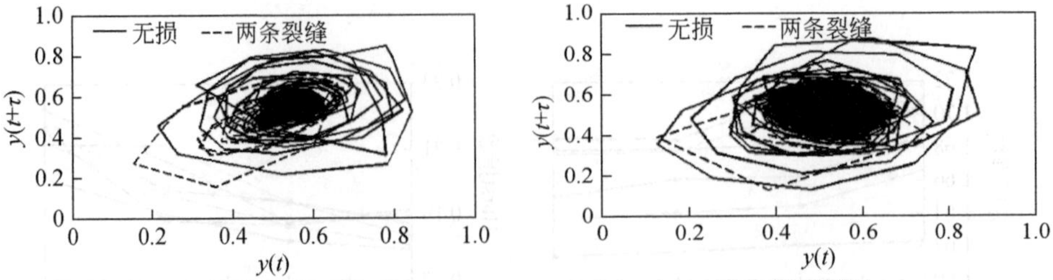

(a) 测点1　　(b) 测点6

图 9.2.13　在无损工况和两条裂缝工况下重构的吸引子对比

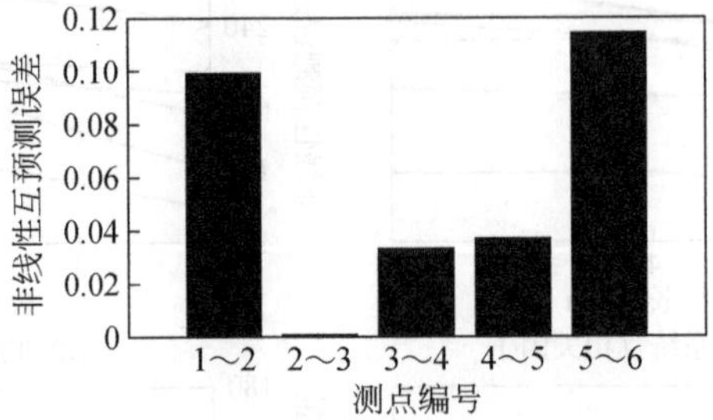

图 9.2.14　损伤工况 4 吸引子非线性互预测误差相对于无损状态时的变化

9.3　工 程 实 例

模型试验分析比较了各种结构损伤诊断指标对损伤的敏感性，验证了方法的有效性。为了进一步分析在实际工程中的应用效果，应用某重力坝的强震观测资料进行分析，以验证本书提出的环境激励下水工混凝土结构损伤诊断方法的适用性。

9.3.1　工程和监测概况

某水电站位于福建省闽江干流中游。枢纽工程是以发电为主，兼有航运、过木等综合利用的大型水利工程。总库容 2.6Gm^3，总装机容量 1.4GW。工程属于一等工程，主要建筑物按一级建筑物标准设计，洪水重现期按千年设计，万年校核。正常蓄水位 65.0m。电站七台机组多年平均发电量 4950GW · h。该工程水电站枢纽由大坝、电厂、船闸、升船机等建筑物组成。混凝土重力坝最大坝高 101.0m，坝顶全长 783.0m，坝顶高程 74.0m，共分 42 个坝段。其中，8$^{\#}$～21$^{\#}$ 为引水坝段，23$^{\#}$～35$^{\#}$ 为溢流坝段，溢洪道共 12 孔，22$^{\#}$ 和 36$^{\#}$ 为泄水底孔坝段；37$^{\#}$ 和 38$^{\#}$ 为船闸、升船机上闸首坝段，其余为挡水坝段，枢纽平面布置如图 9.3.1 所示。大坝建成后，坝址区气温和库水位的历时曲线如图 9.3.2 所示。

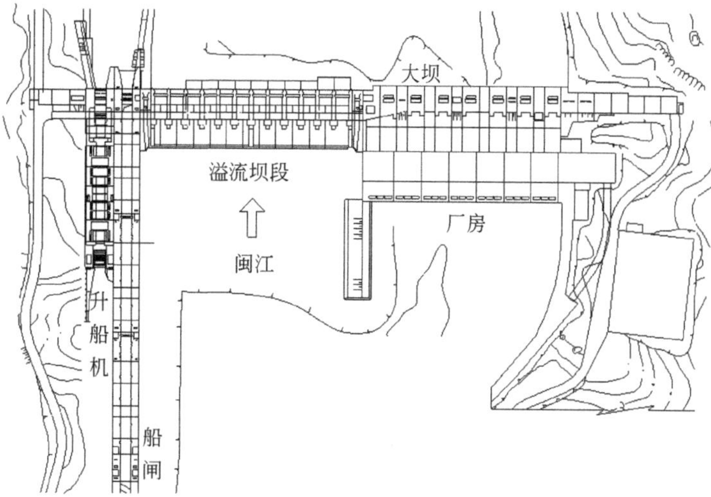

图 9.3.1　枢纽平面布置图

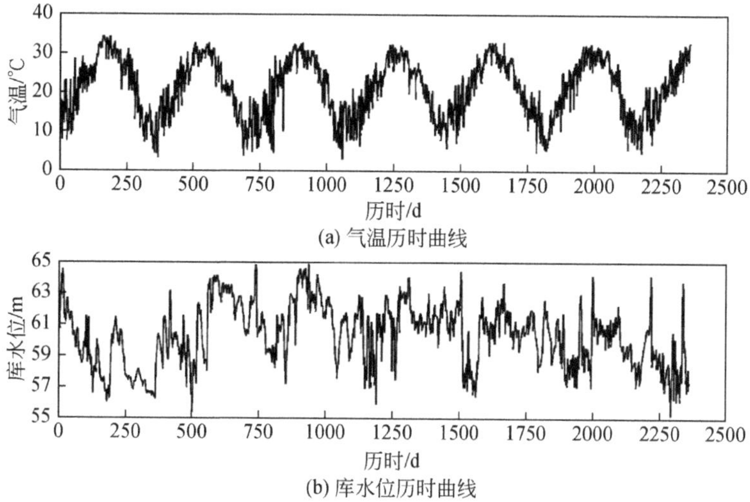

图 9.3.2　坝址区气温和库水位的历时曲线

该工程临近台湾海峡强震带，为了监测强烈地震对大坝和升船机的影响，根据结构对地震的反应特征，选取 19# 坝段和 25# 坝段作为典型坝段，布置强震仪进行监测，自由场测点设在右坝肩基岩上。大坝强震仪的具体布置如图 9.3.3 所示。本章主要对 19# 坝段的强震仪观测数据进行分析。19# 坝段上的强震仪分 4 个高程布置，坝顶和坝基布置三分向拾震器(垂直向、顺河向和横河向)，高程 32.0m 处布置二向(垂直向、顺河向)拾震器，高程 11.3m 处布置一向(横河向)拾震器。19# 坝段上强震仪各测量通道对应的测量方向见表 9.3.1。从 2003 年大坝强震仪安装完成至今，强震系统各测量通道记录的振动响应数据的总量达到了13Gbit,其中强震($M>3$)记录有7条。由于测点的数量较多,限于篇幅本章仅列出对部分测点数据的分析结果。

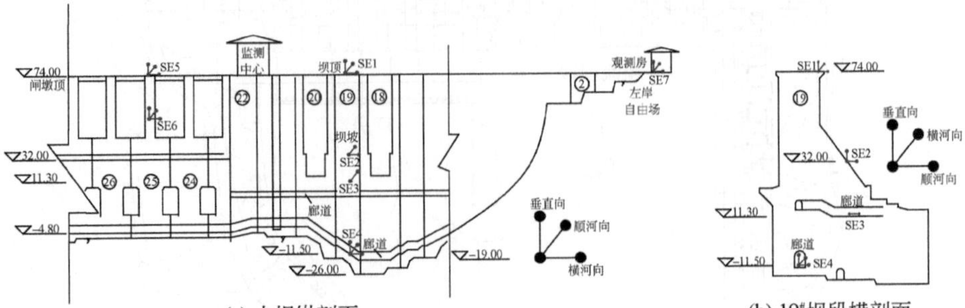

(a) 大坝纵剖面　　(b) 19#坝段横剖面

图 9.3.3　大坝强震仪布置图(单位:m)

表 9.3.1　测量通道和测量方向

仪器编号	SE1			SE2		SE3		SE4	
通道号	1	2	3	4	5	6	7	8	9
测量方向	垂直	横河	顺河	横河	顺河	顺河	垂直	横河	顺河

9.3.2　监测数据前处理

图9.3.4是通道3记录的4个不同日期的振动响应数据经过校正、去趋势项、滤

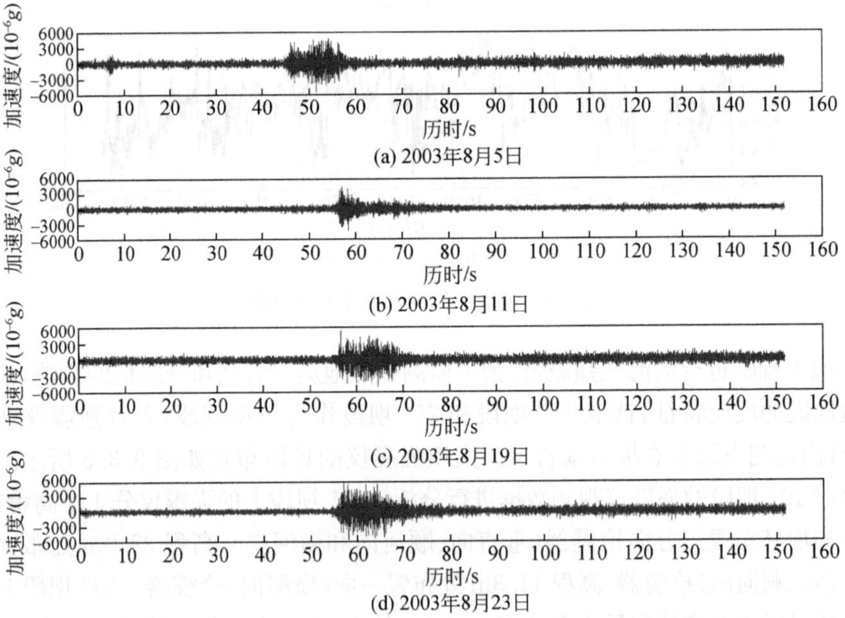

图 9.3.4　通道3记录的4个不同日期振动响应经过校正、去趋势项、滤波和去噪处理后的结果

波和去噪处理后的结果。数据的采样频率 $f_s=100\text{Hz}$，因此，设定 $f_{\text{Nyquist}}=50\text{Hz}$，带通滤波时，最大截止频率设定为 45Hz，最小截止频率为 0.5Hz。采用 AFMM 方法对所有的强震记录进行时变性判定，其中，2003 年 8 月 5 日通道 3 和通道 9 的强震记录判定结果如图 9.3.5 所示。可以看出，ARMA 模型系数保持恒定，系统在振动过程中保持定常。对其他通道在不同时刻强震记录的判定也有类似的结果。说明本工程目前强震记录的幅值较小，微震激励还不足以对结构系统产生很大影响。

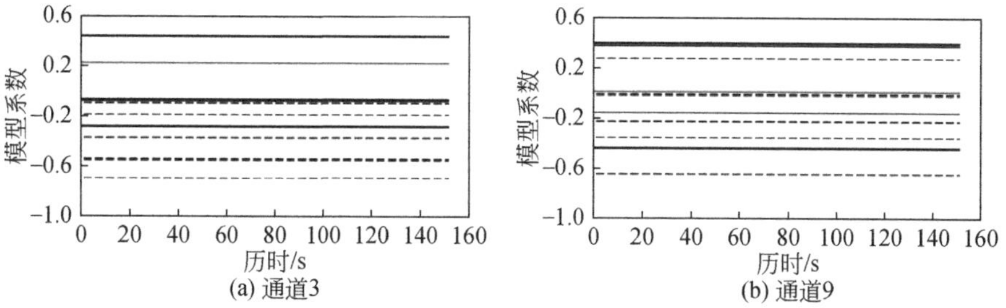

图 9.3.5　采用 AFMM 方法对强震记录进行时变性判定

实测的 2008 年 8 月 11 日的微震激励信号和通道 3 记录的坝体响应信号的功率谱分析结果如图 9.3.6 所示。采用 RDT 和 NExT 对该微震响应信号处理后得到的结构自由振动响应和脉冲响应（归一化的）及其功率谱，如图 9.3.7 所示。可以看出，经过 NExT 和 RDT 处理后数据的功率谱中优势频率更明显。但经过

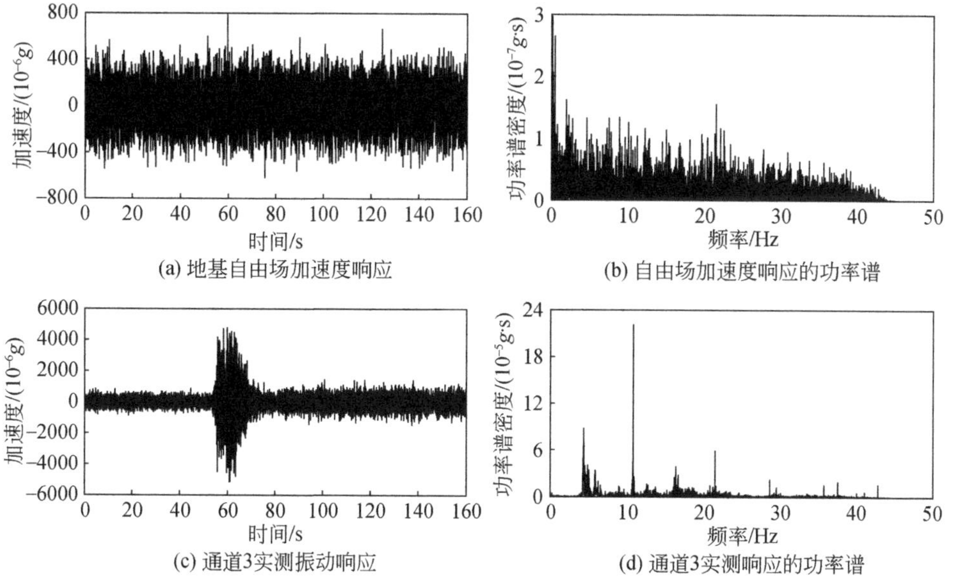

图 9.3.6　实测微震激励、响应及其功率谱

RDT 处理后，一些响应比较微弱的模态被滤除了，相比而言，NExT 的处理效果更好。

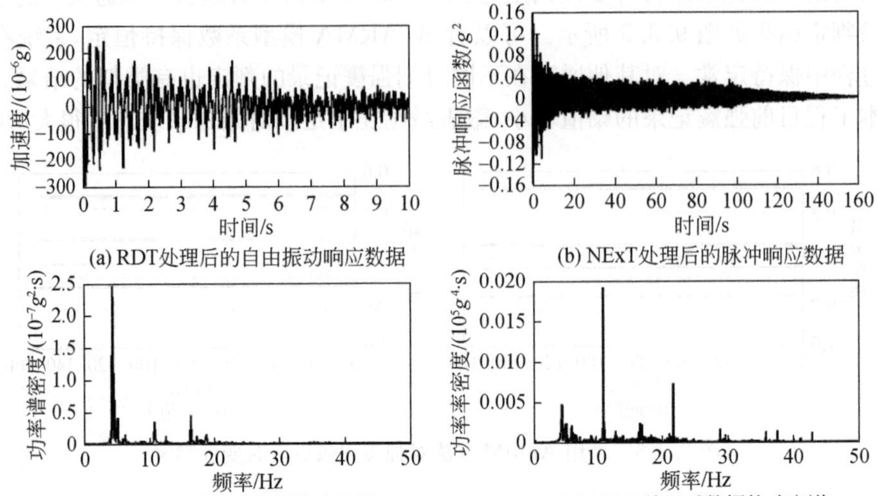

(a) RDT处理后的自由振动响应数据　(b) NExT处理后的脉冲响应数据

(c) RDT处理后数据的功率谱　(d) NExT处理后数据的功率谱

图 9.3.7　RDT 和 NExT 的处理效果

微震和强震作用下，通道 3 记录的结构振动响应与坝基自由场加速度（顺河向）间的相干函数如图 9.3.8 所示。可以看出，强震作用时，地震输入和结构响应间的相干函数要明显大于微震作用时，相干函数趋势性更明显。这是因为发生强震时，在各种环境激励中，地震是最主要的激励，结构响应主要是由地震引起的，其他激励的效应相对较小。

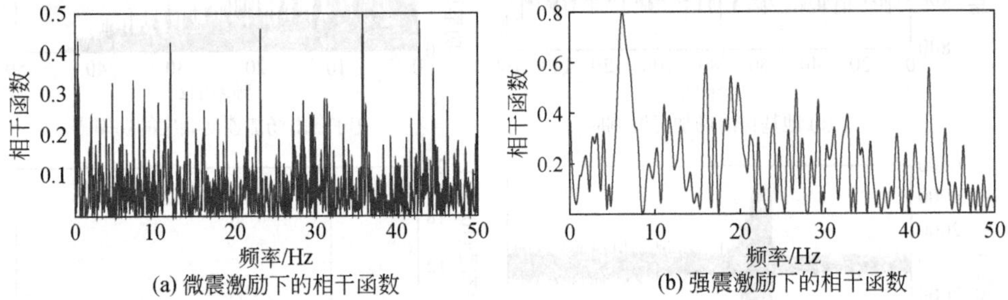

(a) 微震激励下的相干函数　(b) 强震激励下的相干函数

图 9.3.8　通道 3 记录的结构振动响应与坝基自由场加速度间的相干函数

9.3.3　模态参数识别和损伤诊断

进行模态参数识别之前，首先绘制综合功率谱并采用峰值拾取法估算结构的自振频率,如图 9.3.9 所示。采用稳态图法来进行系统定阶和剔除虚假模态,最大的系统阶次定为 30,与一次振动测量对应的稳态图如图 9.3.10 所示,模态识别采用的是 HJAD 技术。

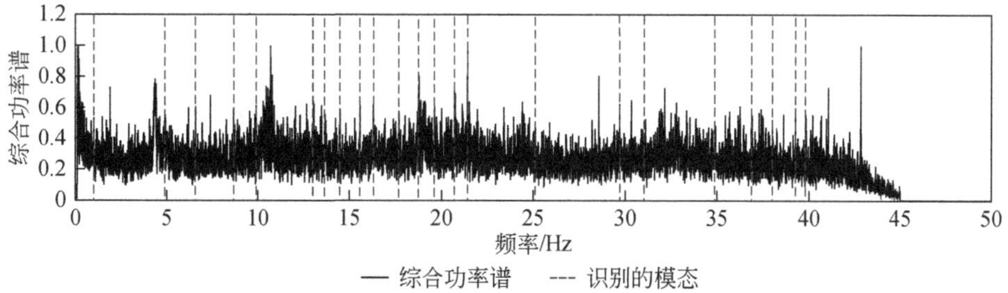

图 9.3.9　根据综合功率谱和峰值拾取法估算的自振频率

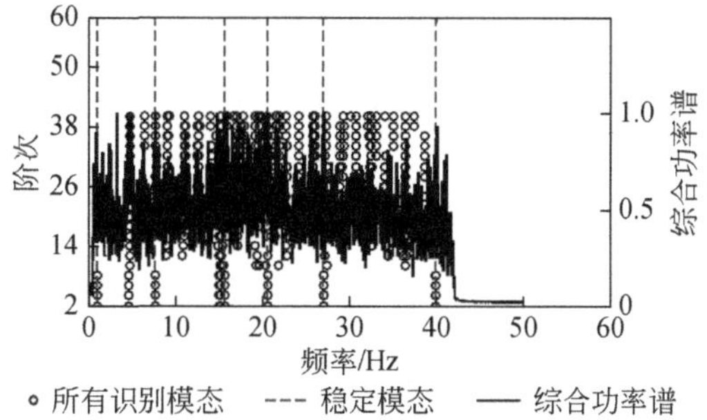

图 9.3.10　系统定阶和剔除虚假模态

根据 55 次微震记录,采用“HJAD+稳态图”的方法识别得到的结构自振频率和阻尼比如图 9.3.11 所示。可以看出,各阶自振频率不是总能被识别出来的。图 9.3.11 中的实线表示一些被识别次数大于 44 次(测量总次数的 80%)的自振频率和对应的阻尼比。从图中可以看出,阻尼比的识别结果波动很大,这主要是由于实际结构阻尼特性比较复杂,采用黏性阻尼来模拟可能还存在一定的缺陷。最容易被识别的一阶模态对应的自振频率、阻尼比和 MAC 与库水位和气温的变化过程,如图 9.3.12 所示。理论上,随着库水位的升高,引起附加质量增加,从而使大坝的自振频率降低,但由于库水位的最大变化只有 5.8m 左右,并考虑到气温等环境变量的干扰,这种关系并不显著,有时甚至呈现相反的变化关系。

采用 5 阶自振频率的 27 次识别结果作为参考数据,9 次识别结果作为诊断数据,分别采用 PCA、KPCA 和 M-SVM 预报模型对数据进行诊断,结果如图 9.3.13 所示。图中的 UCL 采用 KDE 方法获得,设定控制限对应的置信水平 $\alpha=0.001$。从图中可以看出,9 次诊断数据对应的大坝结构状态为正常。

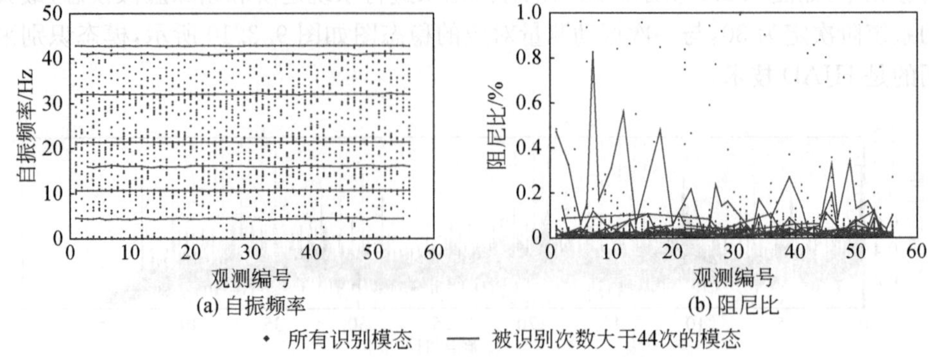

图 9.3.11　自振频率和阻尼比的识别结果

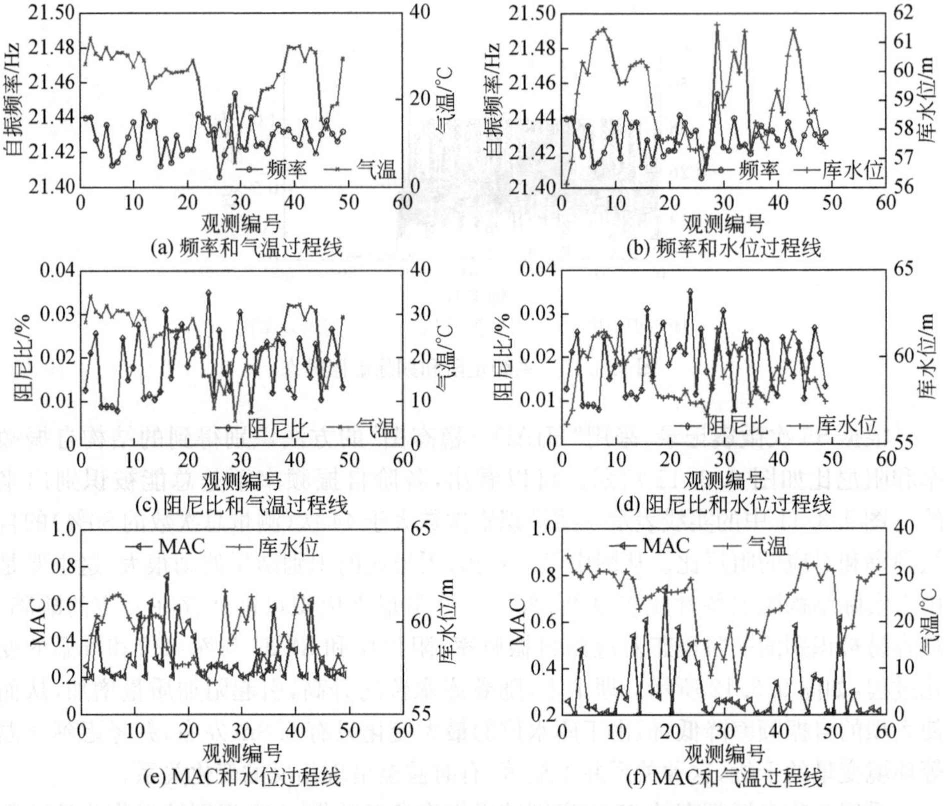

图 9.3.12　自振频率、阻尼比和 MAC 随库水位和气温的变化

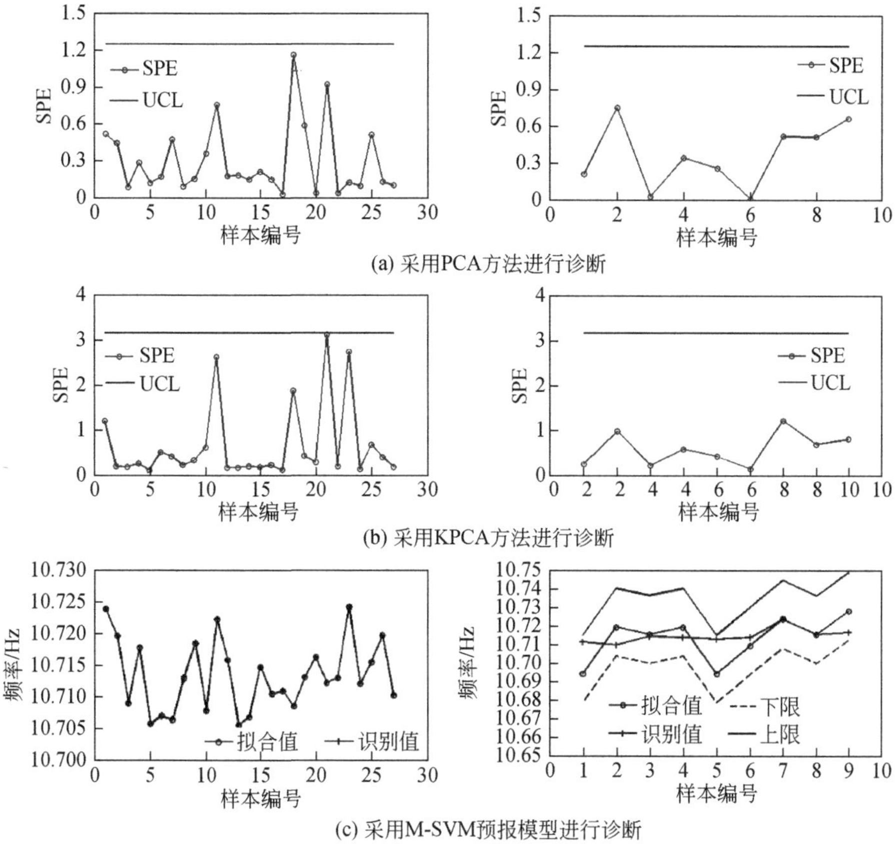

(a) 采用PCA方法进行诊断

(b) 采用KPCA方法进行诊断

(c) 采用M-SVM预报模型进行诊断

图 9.3.13 采用模态参数进行结构的损伤诊断

9.3.4 动力有限元模型修正

为了对模态参数的识别结果进行评价，根据 19# 坝段的有限元模型和大坝的设计参数，采用 MSC. Marc 软件提取结构前 10 阶的自振频率。然后，对各测点 4 个典型日的实测振动响应数据采用基于 HJAD 技术的方法识别结构的模态参数，并对结构的动力有限元模型进行校正。采用遗传算法进行优化搜索的过程中，最优解和适应度的变化如图 9.3.14 所示。优化搜索中采用训练好的 M-SVM 模型来代替有限元计算，以减少计算时间，M-SVM 模型的训练效果如图 9.3.15 所示。校正前后，坝体和坝基综合动弹性模量的对比见表 9.3.2。

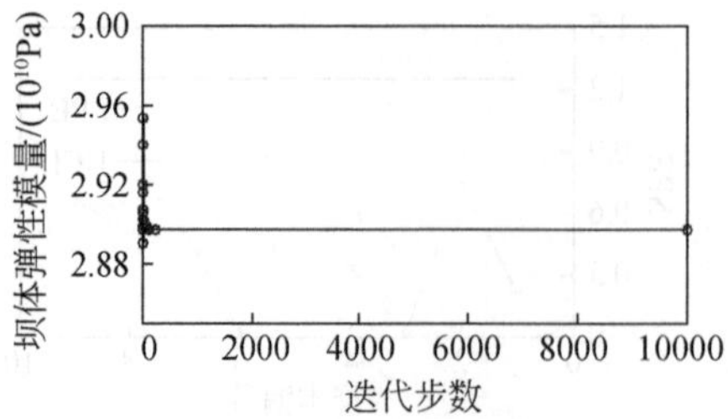

(a) 坝体弹性模量优化

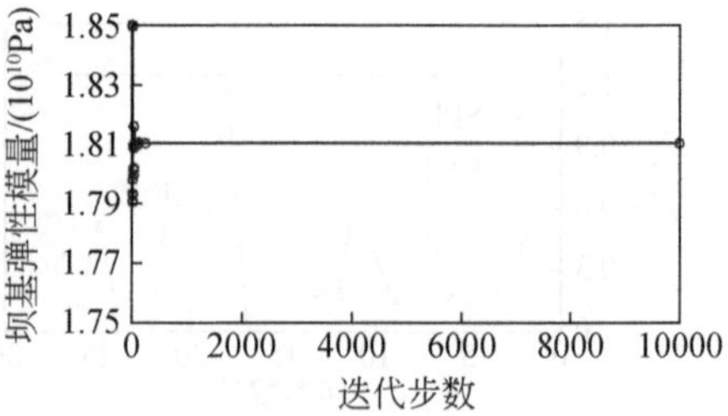

(b) 坝基弹性模量优化

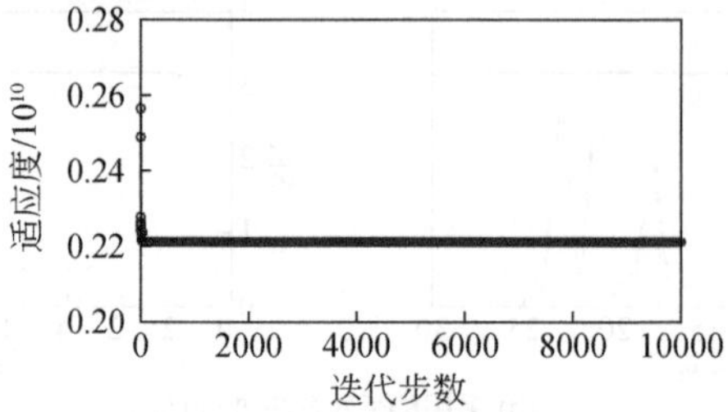

(c) 适应度变化

图 9.3.14　遗传算法优化搜索最优解和适应度的变化

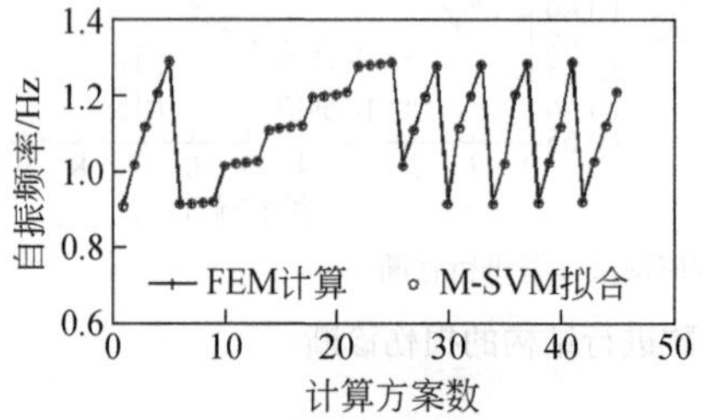

(a) 第1阶自振频率

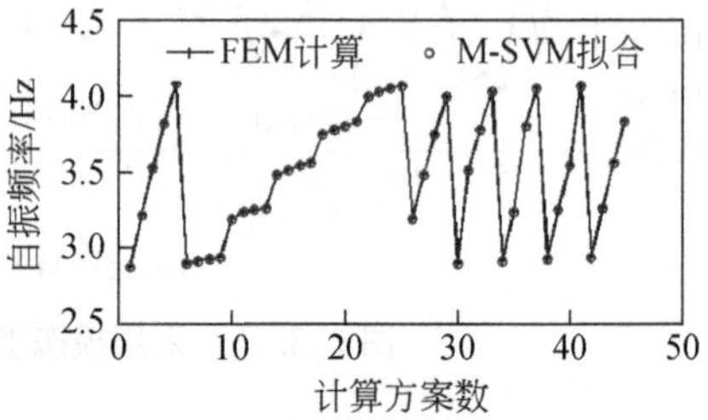

(b) 第2阶自振频率

图 9.3.15　M-SVM 对 FEM 计算结果的拟合

表 9.3.2　校正前后坝体和坝基综合动弹性模量的对比　(单位:GPa)

校正前		校正后	
坝基动弹性模量	坝体动弹性模量	坝基动弹性模量	坝体动弹性模量
18.00	24.00	18.21	28.89

9.3.5　非线性动力系统指标的识别和损伤诊断

根据替换数据法判定的结果,结构的微震响应信号的随机性质更明显。因此,本工程中的微震激励信号被看作带限的白噪声过程,可以采用 NExT 对响应数据进行预处理,得到脉冲响应,然后提取非线性动力系统指标。根据通道 3 在四个不同日期的脉冲响应重构的吸引子如图 9.3.16 所示。选定 2003 年 8 月 5 日的振动测量作为参考,根据顺河向 4 个通道的振动响应,识别得到的 Hurst 指数、递归率和库水位的变化如图 9.3.17 和图 9.3.18 所示。可以看出,根据不同测点响应提取的非线性动力系统指标的变化趋势是相近的,总体上非线性预测误差随库水位增加而变大,Hurst 指数和递归率则随着库水位的增加有减小的趋势。

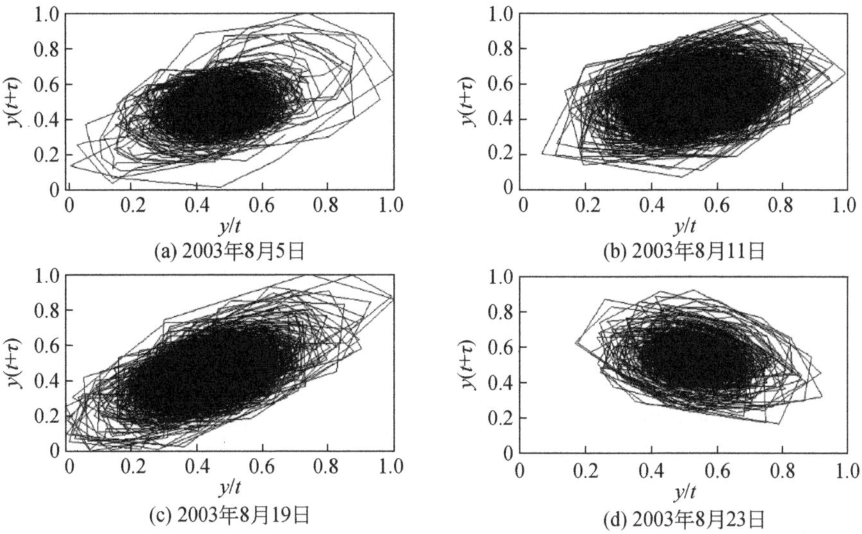

图 9.3.16　通道 3 脉冲响应重构的吸引子

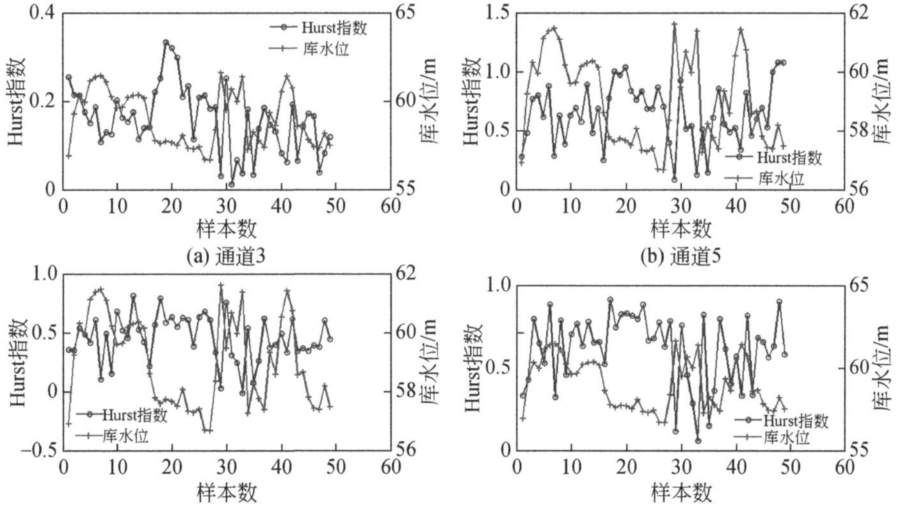

图 9.3.17　Hurst 指数和库水位的变化

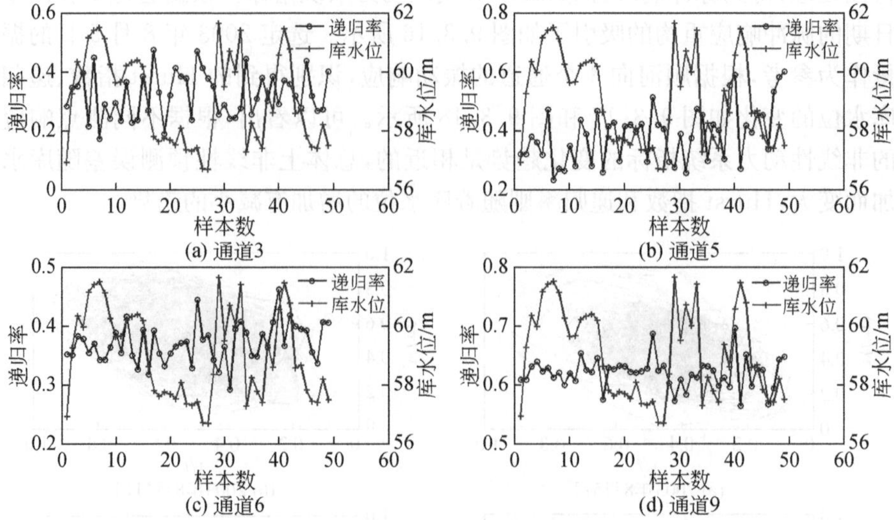

图 9.3.18　递归率和库水位的变化

根据 2003～2007 年 40 次振动观测提取非线性动力系统指标，并将其作为参考数据；根据 2008～2009 年的 15 次典型测量识别损伤指标，并将其作为待诊断的数据。在 15 次测量中，对前 3 次测量的描述见表 9.3.3。

表 9.3.3　3 次诊断数据的描述

序号	观测日期	观测描述
1	2008-03-06	古田地震 4.8 级地震后观测
2	2008-05-12	汶川地震后观测
3	2008-07-17	7 号台风"海鸥"过境期间观测

根据上述参考数据和待诊断数据，采用 KPCA 方法对不同类型的指标进行诊断，结果如图 9.3.19 所示。图中 UCL 采用自助法 Bootsrap 和 KDE 结合的方式获得，对应的置信水平 $\alpha=0.001$。根据 KPCA 的诊断结果可以看出，与上述 15 次典型测量对应的结构状态基本正常。与表 9.3.3 中 3 次典型振动观测对应的结构状态也没出现异常的变化，从而说明这些极端工况并未对结构产生很大影响。

根据参考数据识别得到的分形维数、递归率和非线性预测误差等指标，采用 M-SVM 模型建立诊断指标与环境变量之间的关系。对于待诊断数据，采用M-SVM 对上述三种指标进行预测，结果如图 9.3.20 所示。限于篇幅，图 9.3.20 仅给出了测

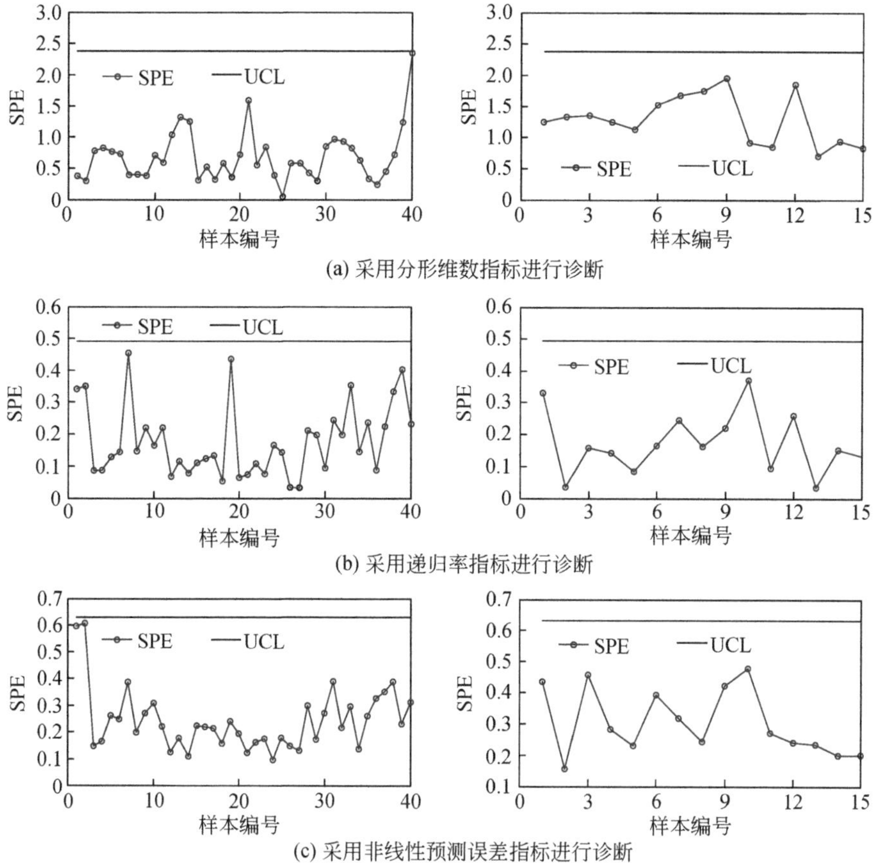
SPE
UCL
样本编号
(a) 采用分形维数指标进行诊断
(b) 采用递归率指标进行诊断
(c) 采用非线性预测误差指标进行诊断

图 9.3.19　采用 KPCA 方法的诊断结果

点 1 损伤指标的拟合结果和预测结果。预报采用的环境变量因子有库水位、气温以及时效因子，控制限采用基于交叉验证的方法来确定，显著水平 $\alpha=0.001$。从图中可以看出，损伤指标的实际识别结果均在控制限以内，未出现异常。

由 KPCA 方法和 M-SVM 预报模型对各种损伤诊断指标数据的分析结果可知，15 次待诊断数据并未出现异常。根据 $19^{\#}$ 坝段上安装的引张线、测缝计和渗压计等静力监测数据的分析结果，也未发现异常，从而间接地验证了上述分析结论的合理性。

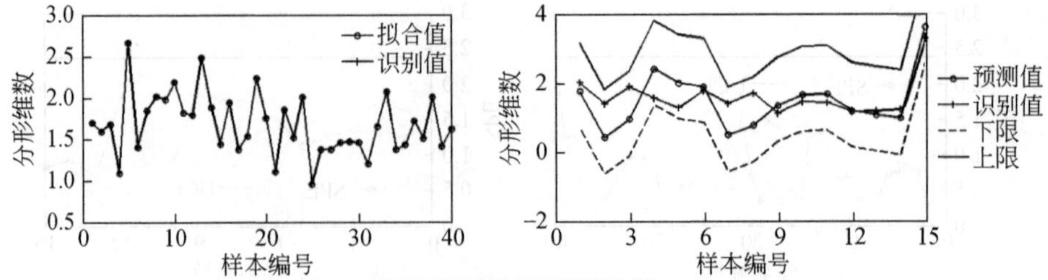

(a) 采用分形维数指标进行诊断

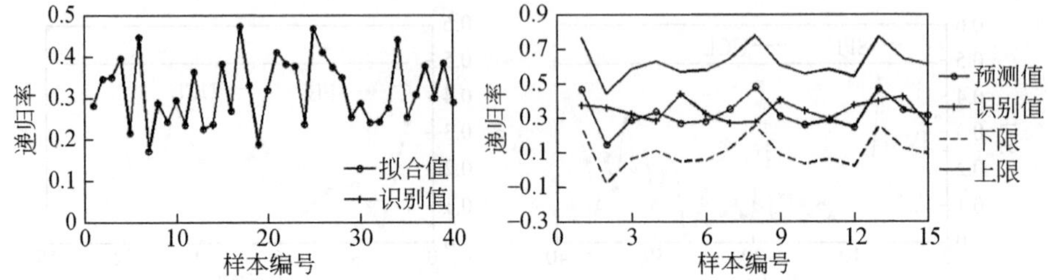

(b) 采用递归率指标进行损伤诊断

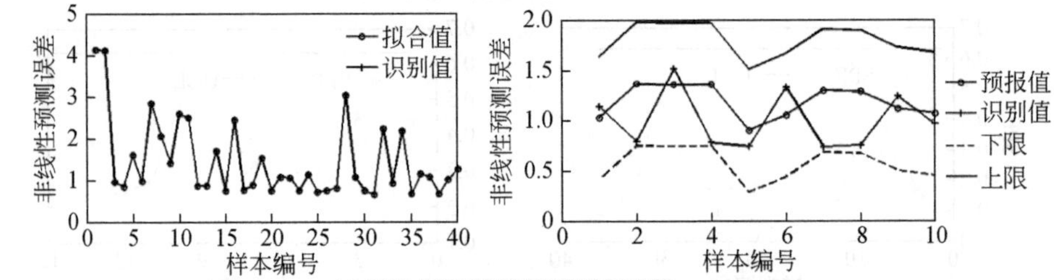

(c) 采用非线性预测指标进行诊断

图 9.3.20　采用 M-SVM 预报模型的损伤诊断结果